P o w e r   A u t o m a t e   D e s k t o p

Power Automate Desktop

株式会社 ASAHI Accounting Robot 研究所 著

感謝您購買旗標書,
記得到旗標網站
www.flag.com.tw
更多的加值內容等著您…

<請下載 QR Code App 來掃描>

- FB 官方粉絲專頁:旗標知識講堂
- 旗標「線上購買」專區:您不用出門就可選購旗標書!
- 如您對本書內容有不明瞭或建議改進之處,請連上旗標網站,點選首頁的 聯絡我們 專區。

若需線上即時詢問問題,可點選旗標官方粉絲專頁留言詢問,小編客服隨時待命,盡速回覆。

若是寄信聯絡旗標客服 email, 我們收到您的訊息後,將由專業客服人員為您解答。

我們所提供的售後服務範圍僅限於書籍本身或內容表達不清楚的地方,至於軟硬體的問題,請直接連絡廠商。

學生團體　訂購專線:(02)2396-3257 轉 362
傳真專線:(02)2321-2545

經銷商　服務專線:(02)2396-3257 轉 331
將派專人拜訪
傳真專線:(02)2321-2545

國家圖書館出版品預行編目資料

比 VBA 更強的 RPA 來了!: Power Automate Desktop 零程式打造辦公室流程自動化 / 株式会社 ASAHI Accounting Robot 研究所 作;施威銘研究室 監修;李彥婷譯. -- 臺北市:旗標科技股份有限公司,
2022.05　面;　公分

ISBN 978-986-312-708-6(平裝)

1.CST: 資訊管理系統 2.CST: 電子資料處理

494.8　111002046

作　者/株式会社 ASAHI Accounting Robot 研究所

發 行 所/旗標科技股份有限公司

台北市杭州南路一段15-1號19樓

電　話/(02)2396-3257(代表號)

傳　真/(02)2321-2545

劃撥帳號/1332727-9

帳　戶/旗標科技股份有限公司

監　督/陳彥發

執行企劃/劉品妤

執行編輯/劉品妤

美術編輯/林美麗

封面設計/林美麗

校　對/陳彥發、劉品妤

新台幣售價:560 元

西元 2023 年 12 月 初版 4 刷

行政院新聞局核准登記-局版台業字第 4512 號

ISBN 978-986-312-708-6

HAJIMETE NO Power Automate Desktop: muryo & no-code RPA de hajimeru gyomujidoka by ASAHI Accounting Robot Research Institute

Original Japanese edition published by Gijutsu-Hyoron Co., Ltd., Tokyo

together with the following acknowledgement:
This Complex Chinese edition published by arrangement with Gijutsu-Hyoron Co., Ltd., Tokyo in care of Tuttle-Mori Agency, Inc., Tokyo

序言

PREFACE

2021 年 3 月微軟宣布 Windows 10 的使用者可以免費使用 Power Automate Desktop，引起了全世界的關注。在城鄉數位差距越來越大的現在，Power Automate Desktop 的出現使每個人不論住所、年齡、職業，都可以使用最先進的技術來將流程自動化。

筆者希望能把自動化的魅力及樂趣分享給更多的人，包括對 Power Automate Desktop 有興趣、剛開始學習以及想要將這個工具活用在工作上的人。因此藉著本書，把多年來從公司內部使用，到協助日本國內客戶導入此工具所累積的經驗及訣竅傳達給讀者。

本書的目的在於讓初學者能夠學會基礎的操作以及如何自動化例行性工作。書中除了會說明如何申請帳號、安裝，也會說明 Power Automate Desktop 的各種功能。讀者可以藉由筆者提供的範例網站和展示程式，將 Web 應用程式、桌面應用程式及 Excel 操作自動化，學習運用在實務上的流程製作方法。書中內容是筆者每天解決顧客疑惑所總結出來的經驗分享。希望讀者可以透過學習 Power Automate Desktop 的操作體會自動化的樂趣。

Power Automate Desktop 原始設計者 Softomotive 公司的工程師 Sunil Barate 來到日本時留下一句話：「Think beyond」。他告訴我們「不要想著該做什麼，而是做必要的事」。不要局限於既定的想法，讓我們敞開心胸進行各式各樣的嘗試吧！

最後，手裡拿著這本書的各位，讓我們一起推動「人與機器人的協作時代」！

本書的閱讀方法

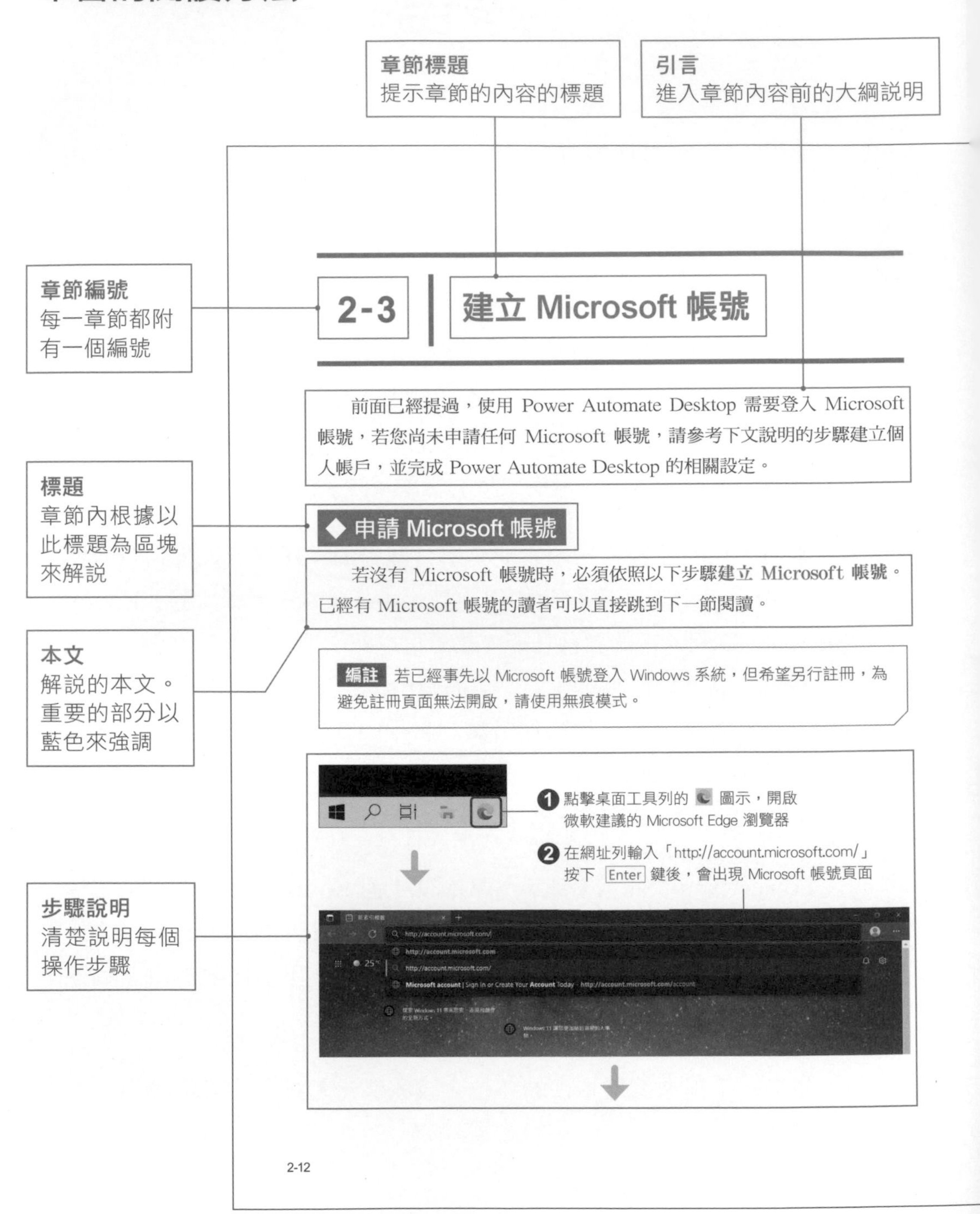

章節標題
提示章節的內容的標題
引言
進入章節內容前的大綱說明
章節編號
每一章節都附有一個編號
2-3
建立 Microsoft 帳號
前面已經提過，使用 Power Automate Desktop 需要登入 Microsoft 帳號，若您尚未申請任何 Microsoft 帳號，請參考下文說明的步驟建立個人帳戶，並完成 Power Automate Desktop 的相關設定。
標題
章節內根據以此標題為區塊來解說
◆ 申請 Microsoft 帳號
若沒有 Microsoft 帳號時，必須依照以下步驟建立 Microsoft 帳號。已經有 Microsoft 帳號的讀者可以直接跳到下一節閱讀。
本文
解說的本文。重要的部分以藍色來強調
編註 若已經事先以 Microsoft 帳號登入 Windows 系統，但希望另行註冊，為避免註冊頁面無法開啟，請使用無痕模式。
❶ 點擊桌面工具列的 圖示，開啟微軟建議的 Microsoft Edge 瀏覽器
❷ 在網址列輸入「http://account.microsoft.com/」按下 Enter 鍵後，會出現 Microsoft 帳號頁面
步驟說明
清楚說明每個操作步驟
2-12

索引
章節編號及標題

❸ 點擊「建立 Microsoft 帳號」

註解 若想要使用現有的電子郵件地址作為 Microsoft 帳號時，請在電子郵件設定項目中輸入想要使用的電子郵件地址並按下「下一步」。

❹ 顯示建立 Microsoft 帳號頁面後，點擊「取得新的電子郵件地址」的連結

補充說明

設定密碼時為避免太容易被猜到、破解，可依據以下條件來設定高強度的密碼：

- 長度超過 8 個字元
- 不包含使用者名稱、姓名、公司名稱等資訊
- 不包含有意義的字彙
- 使用過去從未用過的密碼
- 包含大小寫的英文字母、數字和特殊符號

2-13

註解、編註、小編補充
輔助閱讀及內文補充

補充說明
補充本文的內容，說明與本文相關的內容

目錄

CONTENTS

第 1 章 | 什麼是 RPA？

第 2 章 | Power Automate Desktop 的基本操作

第 3 章 | 基本自動化流程的建立

第 4 章 | 瀏覽器設定與網頁 UI 元素

第 5 章 | 網頁操作自動化

第 6 章 | Excel 自動化

第 7 章 Windows 應用程式自動化

第 8 章 實戰演練：跨應用程式的自動化流程

第 9 章 日期時間與檔案清單

第 10 章 | 快速打造流程的進階技巧

書附檔案

本書會提供範例和實作檔案，協助讀者精進實力。檔案會以各章節作為區分，除了本書大部分章節都會用到的應用程式檔案會用有自己的資料夾。範例檔案會放置在章節資料夾內，並以 .txt 文字檔儲存，若要使用，請先複製裡面全部內容 (看到不知名編碼請不用緊張，這是正常的)，並將它貼到 Power Automate Desktop 的工作區，就可以看到範例流程。

讀者可從以下網頁下載：

https://www.flag.com.tw/bk/st/F2035/

進入網頁後，請讀者依照網頁指示輸入通關密語即可下載取得本書檔案，也可進一步輸入 Email 加入 VIP 會員，取得更多豐富的 Bonus 資源。

第 1 章

什麼是 RPA？

1-1 RPA 概要

RPA 為 Robotic Process Automation 的簡稱，意指使用機器人來達成流程自動化的技術。這裡所說的機器人並非實際存在的機器人，而是一種存在於電腦中，能夠代替人們執行工作的自動化軟體技術或工具。像是將網站內容複製到 Excel 檔或是每天例行性 key 單到系統中等作業，都可以使用這種技術來達到自動化。因此 RPA 也被視為是虛擬數位勞動力。

◆ RPA 能做什麼？

- Excel/Word 檔案操作
- 檔案管理，例如修改檔名、搬移檔案等
- Web 網頁操作
- 寄送電子郵件
- PDF 檔案操作
- 其他電腦應用程式操作
- 雲端登入、開啟網頁
- 整合以上作業工作的綜合流程

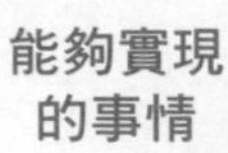

- 篩選 Excel 的特定欄位建立新檔案
- 複製 Web 網頁的內容至 Excel 檔中
- 將大量檔案壓縮為方便保存的 ZIP 檔
- 將檔案內容寫成電子郵件發出通知

由於 RPA 是軟體機器人，**只要不關掉電腦就可以 24 小時 365 天持續運轉，也可以將現有的軟體功能整合成新的工具**。RPA 可以將單調的重複性工作或例行性工作進行自動化，多出來的時間，員工可以進行更具附加價值的工作，不僅可以解決人才不足的問題，對提升生產力也有很大幫助。

零程式碼 (no code)、低程式碼 (low code) 的開發形式是目前 IT 應用的趨勢，也是 RPA 發展的主流。這種開發形式不需要使用程式語言，即使第一線的作業人員沒有任何程式背景，也可以參與自動化的導入工作，甚至成為整個自動化流程的核心。或者原先礙於龐大 IT 外包經費而遲滯不前的數位轉型工作，也可以透過 RPA 踏出第一步，即使沒有專業的 IT 部門，也可以嘗試將原有的流程自動化，而且剛起步階段，流程時常會需要變更，也不須假他人之手，第一線人員就有能力修改流程。**這種可以迅速建立及變更的機動性和彈性也是 RPA 的特色之一**。

> **小編補充** RPA 的概念存在已久，只是以往都要仰賴工程師撰寫程式來開發，有了 Power Automate Desktop 之類的免程式工具，讓 RPA 的應用更加普及。

◆ 什麼工作適合使用 RPA ?

機器人並不能完全取代人類，完成所有工作，像是設計創作等需要創意或個人風格的工作，機器人就無法代勞。

那麼，有哪些工作是 RPA 擅長的呢？

① **有明確的規則，已有固定步驟的工作；**

② **不論誰來做都有相同結果的工作；**

③ **不需要人為判斷的工作；**

④ **不斷重複且單調的工作。**

這些繁瑣的工作，本來就是我們不擅長的。長時間持續做單調的工作，人類會因為感到疲勞而發生錯誤；必須定期施行的作業，人類會因為忘記而遺漏；不論誰來做都有相同結果的任務，則會讓人們感受不到價值而失去對工作的熱忱。然而，機器人不會執行流程以外的工作，因此可以長時間持續單調的工作而不出錯；只要設定好時間，機器人就會在該時間點執行任務，不會遺漏；當然機器人也不會有失去工作動力的問題。只要將上述這些繁瑣工作交給 RPA 來處理，不僅可以提升效率，也可以大幅度的降低員工的工作壓力。

舉例來說，某公司在旺季時，讓機器人在員工不在的深夜中執行大量的列印工作，藉此減輕了員工必須大量列印及等待列印的壓力。

Robot Process Automation

▶▶▶ 運用深度學習、人工智慧等技術，**讓電腦中的軟體機器人代替人類來工作**，讓上班族做起事來更有效率。

▶▶▶ 可視為一種**虛擬數位勞動力** (Digital Labor)，可以快速適應工作變化，執行作業的正確性遠超過一般人，而且處理速度飛快且可以無限制的大量複製。

▶▶▶ 適合處理「**人類不擅長的繁瑣工作**」，包括：

單調**重複性**作業。

容易忘記的**例行性**任務。

長時間作業。

適合在休息時間 (深夜、假日) 進行的作業。

POINT

RPA 就是「減少你處理繁瑣工作」的工具。

1-2　RPA 的種類

網路上搜尋「RPA 工具」，會發現 RPA 工具種類繁多，要從眾多工具中找到最適合公司使用的 RPA，就必須了解各種工具的功能和特徵。我們可以從 RPA 的運作模式來做分類。

◆ RPA 的運作模式

依照不同運作模式，RPA 大致上可分成單機版、伺服器版和雲端版三種，以下我們依序介紹其差異。

單機版

單機版可直接安裝於個人電腦上運作，通常是免費使用或者價格低廉，不需要太多背景知識就可以輕鬆導入。不過由於是個別安裝於每一部電腦上，對於企業來說管理上較不方便，容易出現俗稱「Rogue Robot (即資訊部門管理不到的機器人)」的狀況。

單機版 RPA 也被稱為 RDA (Robotic Desktop Automation)，本書的主角 Power Automate Desktop 就被歸類於 RDA 中。

> **編註** 微軟將 Power Automate Desktop 的中文名稱翻譯為 Power Automate 電腦版。

伺服器版

伺服器版是由一部專用的電腦 (即伺服器) 控管所有 RPA 流程的運作，包括流程的建立、執行，也可以監控每個 RPA 機器人的運作狀態。由於可以統一管理機器人和流程，更適合企業內部全面使用。

在此模式下，流程的建立和執行可以在不同的電腦上進行，因此可以執行大規模的流程自動化，也就是可以將一個自動化流程拆解成不同的RPA，交由不同電腦協同來執行。由於功能較為複雜，因此導入的技術門檻非常高，軟體價格或授權費用也較昂貴。微軟的 Power Automate (在 2-1 節會進行詳細介紹) Power Automate Desktop 搭配 Microsoft 的組織進階帳號 (需付費授權)，就可以做到伺服器版 RPA 的控管功能。

雲端版

雲端版顧名思義就是在雲端上運作的 RPA，不需要安裝、而且會自動更新、增加新功能，就使用上的便利性來看，在 3 種類型的 RPA 中最容易導入。

不過由於並未安裝於電腦上，因此並無法操控電腦上的應用程式，其功能僅侷限提供雲端服務的自動化，而且多半是以 Web API 的形式運作，資料自然也都存在雲端。

微軟的 Power Automate 就屬於這種形式的 RPA 工具。

編註 Web API 是指雲端服務與外部連接、溝通的管道，透過這個管道提供處理好的資訊或結果，也可以接收外界的資料，使用上必須遵照固定的資料格式。

不同運作模式的比較

三種模式都有其優缺點。我們必須根據公司的規模、業務性質、需要自動化的工作內容等來選擇適合的模式。

	單機版	伺服器版	雲端版
優點	成本低 能夠以最小的硬體來使用	功能完善 可避免 Rogue Robot 的產生	不需要安裝於電腦上
缺點	可能會發生 Rogue Robot 的情況	成本高	無法執行電腦應用程式的自動化

對於有心將 RPA 全面導入公司內部的管理者來說，可以考慮先在某個部門進行測試，小規模導入 RPA，再慢慢擴展到全公司。因此可以先從單機版 RPA 開始使用，確定可行之後，再全面導入伺服器版。

以本書所介紹的 Power Automate Desktop 來說，一開始可以先使用免費版本，之後再視需要付費購買 Microsoft 組織進階帳號，就可以在雲端上管理流程。不需要價格高昂的伺服器版就可以進行管理和監控，也更經濟實惠。

而且付費授權的 Microsoft 組織進階帳號，還可以使用 Power Automate，同時兼具雲端版 RPA 的功能，對於中小企業在運用上十分有彈性。

小編補充 看了上面的介紹也許你有發現，雖然這本書的書名是 Power Automate Desktop，但我們有時候會說是 Power Automate。這並不是作者打字漏掉了，而是不同層級的產品名稱。

下一章會提到，微軟針對商務應用提供了 Power Platform 的線上服務平台，其中專門用來打造商務流程自動化的服務就是 Power Automate。考量到許多流程需要實際操作軟體介面，若只有雲端服務是無法做到的，因此 Power Automate 另外提供可以安裝於電腦上的小工具，也就是 Power Automate Desktop (Power Automate 電腦版)。你可以將 Power Automate Desktop 當成是 Power Automate 服務之下的用戶端工具。

◆ RPA 識別 UI 介面的方式

打造自動化流程的重要步驟就是，要讓 RPA 可以正確操作應用程式的介面，像是按下指定的按鈕、在指定的欄位輸入文字等，而 RPA 識別操作介面、找到正確元件的方式也有所不同，大致可成影像辨識型、結構解析型或是兩者兼具的 RPA。型態的不同會影響工具的操作和功能。

影像辨識型

影像辨識型是依照介面元件的影像來做比對，需要事先保存元件的影像，等實際操作時再透過比對影像的方式找到正確的元件或處理對象。其優點在於操作上比較直覺，而且可以適用各種操作流程，不過由於執行過程需要比對影像，因此執行效率較差，而且萬一實際操作畫面有所更動，就容易發生無法辨識的情況，需要重新調整設計 RPA。

結構解析型

結構解析型又稱為 UI 識別型，或物件識別型，透過解析 Web 網站或電腦內部軟體的結構來找到正確的元件。其速度比影像辨識的 RPA 更快，且因為它是依靠介面結構來識別而非外觀，就算視窗介面最小化或是畫面有些更動 (新增其他元件或元件名稱改變)，也可以正常運作。

不過結構解析型在操作上較不直覺，一開始可能不太習慣，會花費較多的時間；另外，有些操作介面可能無法取得其結構，這時就只能改用影像辨識的形式來設計 RPA 了。

1-3 RPA 的導入

讀者可能會在 RPA 的課程或講座上看到一些 RPA 的範例，範例中流暢的電腦自動作業就像是被施展了魔法一般。其實這些為了說明所編輯出來的範例，往往都經過人為的修飾。事實上並不是只要導入 RPA 就可以馬上提升效率及生產力。在開始建立 RPA 之前，必須仔細思考並進行「工作小步驟分割」及「持續改善機器人」，如此一來才能達到提昇效率及生產力的效果。

◆ 導入 RPA 的流程

在導入 RPA 時，最重要的就是將目標工作標準化及精益化。所謂標準化就是統一工作的處理方式。精益化是重整所有流程，排除冗餘的部分。要大規模的進行標準化及精益化會遇到許多困難。實務上，當我們想要以 RPA 使某個工作更有效率時會發現，同一工作的處理方法會因為負責人和客戶而有所不同，處理流程也會不太一致。在這樣的情況下想要進行標準化和精益化，必須多次和相關人員進行協調及確認。導入 RPA 前經常會在這個階段受到阻礙。

此時，**與其一直想要把 RPA 應用到所有目標工作，我們可以先將工作細分，找出適用於 RPA 的部分**。例如如果公司是使用傳真及電子郵件兩種方式接單，若想要把 RPA 應用於所有的接單作業，會難以處理傳真接單的作業，那麼我們可以先將 RPA 導入的目標作業範圍，限縮在電子郵件的接單作業，如此一來就可以迅速且簡單的運用 RPA 了。完成上述作業之後，再來統整作業流程，將其標準化和精益化也不遲。

「持續改善機器人」也是不可或缺的觀念。機器人會依照建立的流程執行工作。若在此流程中跳出平常不會出現的視窗、或是發生和平常不同的狀況時，流程就會中止。**當 RPA 因為異常而中止時，我們不能放任 RPA 變得無法使用，必須試著改善 RPA**。我們可以建立異常處理 (參考 10-4 節) 的流程，並定期維護，使機器人能夠持續運轉。持續改善 RPA 就是 RPA 成功的關鍵。

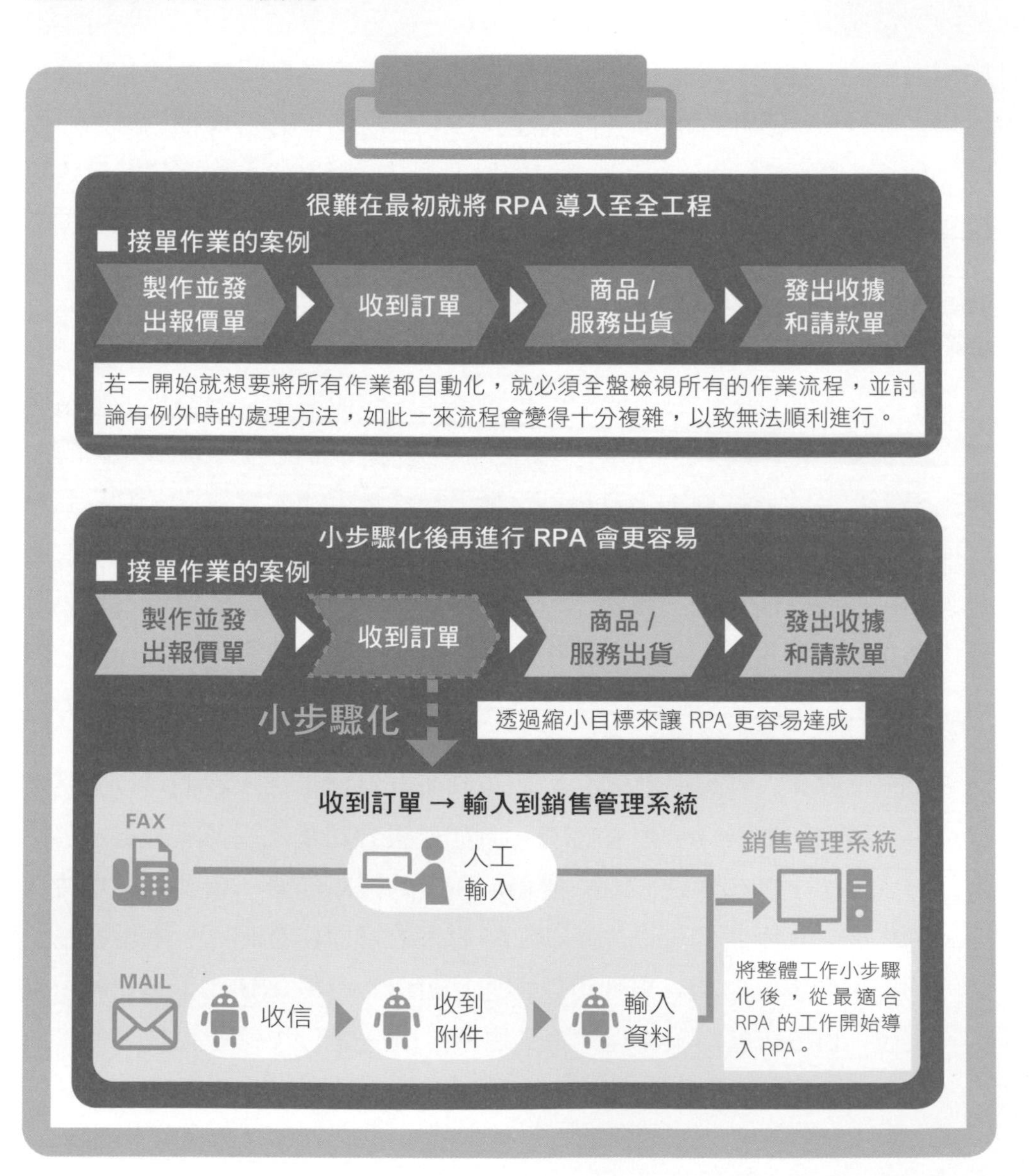

◆ 從打造個人助理機器人開始

如果還有其他各種顧慮，導致您對導入 RPA 有所疑慮，不妨就從打造個人助理機器人開始著手吧！

導入 RPA 時當然會希望能得到與價格同等的回報。然而，若在剛開始就追求最大的成果，可能會因龐大的業務轉換到 RPA 的需求，衍生出要將工作標準化和精益化的沉重負擔，最後往往無法得到好結果。目前市面上已經有許多免費或便宜的 RPA 工具，**即使是小規模的導入 RPA，價格和效果也能達到平衡**。

因此，我們建議大家可以先試著打造「個人助理機器人」，將手邊單調的、重複性的工作試著用 RPA 來處理。由於是個人的工作，應該會很清楚每個步驟的細節，可以很快速建立好 RPA，也可以立即感受到 RPA 的優點。**若能鼓勵更多同仁自行打造 RPA，將有助於未來全面實施的可能性**。這樣也可以將導入 RPA 的費用降至最低，且不需要花費協調的人力就能快速的將工作 RPA 化，具有高度的性價比。

Power Automate Desktop 是最適合打造個人 RPA 的工具，除了本身功能完全免費之外，就算需要監控或排程啟動等功能時，Power Automate 的使用者授權費也在台幣 1500 元以內，而且是第一線人員就可以輕鬆使用的零程式碼/低程式碼工具，不須太多教育成本，很值得所有辦公室人員都來試用看看。

MEMO

第 2 章

Power Automate Desktop 的基本操作

2-1 微軟 Power Automate 介紹

IT 界近年來大力鼓吹以低程式碼或零程式碼進行開發的商業應用，微軟也趁勢推出 Microsoft Power Platform。本書所要使用的 Power Automate Desktop 就是這個平台的其中一項產品。

◆ 微軟開發的低程式碼工具

所謂低程式碼 (low code) 就是**使用簡短的程式碼，就能開發自動化處理功能或應用程式**。若完全不需要撰寫任何程式碼時，我們稱之為零程式碼 (no code)。由於零程式碼/低程式碼工具讓**沒有專業程式背景的人也能進行開發**，近年來備受關注。

微軟針對商務需求所推出的 Microsoft Power Platform，透過各種低程式碼、零程式碼的介面，協助企業自行打造所需的商業應用，其中包括了視覺化工具 Power BI、商務應用程式開發工具 Power Apps、打造各種工作流程自動化的 Power Automate 以及聊天機器人工具 Power Virtual Agent 等四種軟體。

Power BI
商業分析、視覺化

Power Apps
應用程式開發

Power Automate
工作流程自動化

Power Virtual Agents
聊天機器人

本書的主題是流程自動化，因此就深入來介紹 Power Automate。針對不同類型的工作流程，Power Automate 提供了各種低程式碼的介面或工具，讓任何人都可以簡單的將工作流程自動化。不僅可以提升個員生產力，也整合了管控整個組織流程的功能，可以適應不同應用規模，適合企業階段性自動化流程的拓展。其主要特色如下：

- 可以連結各種雲端服務，平台為此準備了超過 500 種連接器。
- 包含 1000 多種範本可以使用，可以輕鬆地將工作流程自動化。
- 與 Microsoft 365 整合，可從 Microsoft 365 建立自動化流程。
- 提供 Power Automate Desktop，可將電腦上單調重複性工作自動化。
- 提供 AI Builder，可在流程中整合各種 AI 功能。
- 提供 Process Advisor，可以視覺化流程的運作，挖掘出工作流程的瓶頸。

◆ Power Automate 和 Power Automate Desktop

要將流程自動化大致上有兩種做法，分別是 DPA (Digital Process Automation) 與 RPA (Robotic Process Automation)。RPA 通常是指整合不同軟體工具或操作介面來完成自動化，而 DPA 則可以整合不同系統，藉此自動彙總、傳遞各種資訊。兩者的目的都是要完成流程自動化，因此有時候分界會有點模糊。

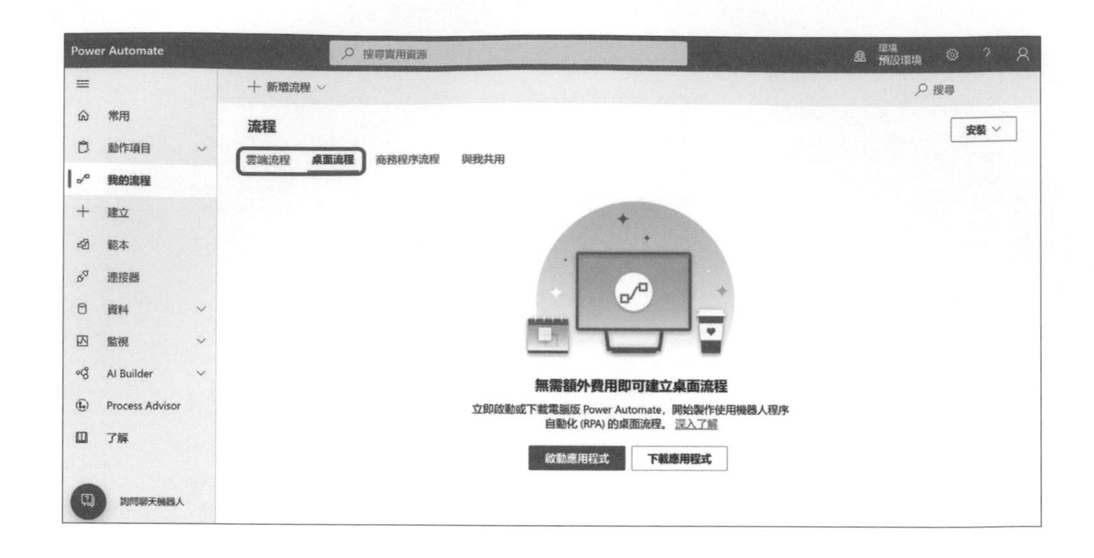

這兩種做法在 Power Automate 中，分別就是「雲端流程」和「桌面流程」。

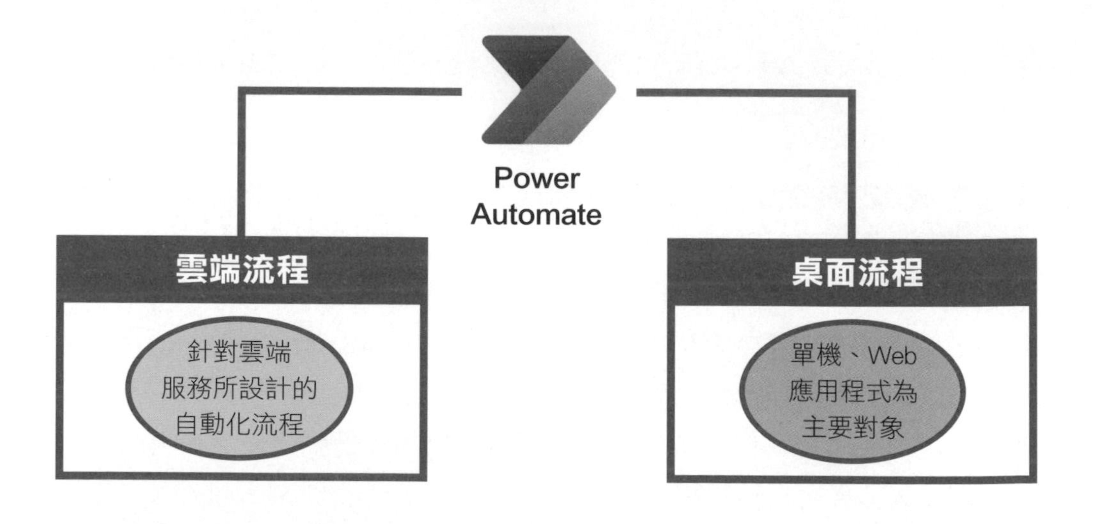

編註 可將不同平台的雲端服務整合在一起，讓彼此可以相互串聯、自動化運作。

Power Automate 雲端流程

雲端流程是 Power Automate 中用來實現 DPA (Digital Process Automation) 的功能，可將不同平台的雲端服務整合在一起，讓彼此可以相互串聯、自動化運作。雲端流程通常是以 Web API 的形式來運作，藉以彼此傳遞資料。

雲端流程可以連接像是 Microsoft 365、Twitter、Salesforce 或 Google 等我們經常使用的雲端服務並進行自動化的工具。另外此工具也適用於雲端會計軟體 freee 會計、視訊會議工具 Zoom、雲端儲存空間 Dropbox 或 Box 以及通訊應用程式 LINE 等雲端服務。

Power Automate 內部設立了 500 個以上的連接器來連接各種雲端服務。我們可以使用這個工具來連接各種雲端服務並將組織內部的工作流程自動化，藉此強化部門之間的合作。

Power Automate 內部備有 500 個以上的連結器。
https://asia.flow.microsoft.com/zh-tw/connectors/

雲端流程＝DPA

雲端流程是各種雲端服務
之間的橋樑

桌面流程＝RPA

ACELINK NX-Pro
Microsoft Edge
DocuWorks
Excel
Tegaki
企業資訊系統
WinAutomation
Word

桌面流程是各種不提供 API
結構的應用程式之間的橋樑

Power Automate Desktop 桌面流程

桌面流程是 Power Automate 中用來實現 RPA (Robotic Process Automation) 的一種功能，即電腦上應用程式的自動化，實現這個功能的操作介面即本書的主角 Power Automate Desktop。Power Automate Desktop 可以跟各種電腦應用程式互動，扮演應用程式之間的橋樑，依照使用者需求打造出各種自動化流程的應用。

> **編註** 除了電腦應用程式外，Power Automate Desktop 其實也有提供呼叫 Web API 的功能。

桌面流程 (Power Automate Desktop) 是可以自動化個人電腦上簡單且高重複性工作的工具。除了桌面應用程式之外，它也可以自動化網頁上的工作。

不要拘泥於 Desktop 這個名稱，總之凡是需要操作介面才能運作的事物，使用 Power Automate Desktop 就對了！

自從微軟宣布將 Power Automate Desktop 整合為 Windows 內建功能後，**現在只要電腦有安裝 Windows 10 就可以免費使用，將電腦中單調且重複性高的工作全部自動化**。

Power Automate Desktop 的主要特色如下：

- 可以把桌面應用程式和網頁應用程式的操作自動化。
- 備有 300 種以上滑鼠或鍵盤操作的自動化「動作」範例。
- 使用錄製功能可以自動記錄桌面上的操作 (類似 Excel 錄製巨集)。
- 提供自動排程執行或集中控管功能，不過必須另外付費授權擴充功能。

Power Automate Desktop 是免費的零程式碼/低程式碼 RPA 工具，不論是從成本考量，還是效率評估，導入它對於個人或中小企業都符合自身利益。相較其他自動化軟體，Power Automate Desktop 不但非常容易導入，還不需要配置專業人員或高昂的工具，就可以將日常單調、重複性高的工作進行自動化。以往雖能使用 VBA 來達到效率化和自動化，但仍須先訂閱或是購買 Office 軟體，而 Power Automate Desktop 目前已經屬於 Windows 內建功能，只要安裝 Windows 10 以後版本的作業系統，都可以免費使用。Power Automate Desktop 不僅可以操作 Office 以外的軟體，使用者也不需要具備艱澀的程式語言知識，就可以達到比 VBA 更好的效果。

根據調查公司 Forrester Research 所公布 2021 年 The Forrester Wave 的 RPA 報告，Microsoft 就被列入領導性品牌的分類之中，而 Power Automate Desktop 獲得了相當高的評價，更重要的是可以免費使用。

2-2 不同情況下的 Power Automate Desktop

雖然 Power Automate Desktop 在 Windows 10 系統上可以免費使用。不過，根據使用的電腦環境、Microsoft 帳號和授權狀態的不同，Power Automate Desktop 的狀態會略有差異。我們將在這個小節說明這些差異之處。

◆ Microsoft 帳號和 Power Automate Desktop

我們必須申請一個 Microsoft 帳號 (下一節會說明申請流程)，啟動 Power Automate Desktop 後，只要登錄 Microsoft 帳號，就可以開始使用。

> **編註** 由於學校帳戶和公司帳戶這類組織帳戶須由 IT 部門進行申請，一般使用者只能申請到個人帳戶，因此本書使用個人帳戶進行實作。

使用個人帳戶登入 Power Automate Desktop 後，所有建立的自動化流程內容和執行記錄等資訊都會保存在個人雲端儲存空間 OneDrive 中。若是以公司或學校帳號等組織帳號登入，則會將所有的流程資訊都會儲存在微軟提供得資料平台 Microsoft Dataverse 中。

由於 Power Automate Desktop 將所有流程資訊和執行記錄都保存在雲端，即使是使用不同的電腦，只要在新的電腦上登錄 Microsoft 帳號，就可以繼續使用所有原有的流程資訊。

◆ Power Automate Desktop 的系統規格和需求

為了要讓 Power Automate Desktop 可以正常運作，必須滿足 Microsoft 所建議的系統規格和要求。我們也必須注意在操作流程時，桌面應用程式和 Web 應用程式都各自所需的系統規格和要求。

▼ 系統規格和要求

OS	Windows 10 Home/Pro/Enterprise Windows Server2016/2019
最低規格的硬體配置	儲存空間：1GB RAM：2GB
建議的硬體配置	儲存空間：2GB RAM：2GB
其他	.NET Framework 版本 4.7.2 以後 使用的電腦需要連接網路

Power Automate Desktop 的更新頻繁，應用程式的版本也常常在更新。因此，若發生「無法正常顯示流程開發的畫面」或「平時正常運作的流程發生錯誤」的情況時，**可能是 Power Automate Desktop 的舊版和應用程式最新版不相容，所以請趕快去確認，並把 Power Automate Desktop 也升級到最新版，就能解決問題了。**

◆ Power Automate 的授權和功能比較

Windows 10 的使用者可以免費使用 Power Automate Desktop，但若想配合 Power Automate 內的其它功能，通常就必須付費購買進階帳號 (Power Automate 其他功能多數需要進階帳號才能用)。而 Power Automate 的功能除了會因 Microsoft 帳號或授權變化外，也會因 Windows 10 版本的不同而有不同的功能，整理如下表。

項目	Microsoft 個人帳號	Microsoft 組織帳號	組織進階帳號	
OS（作業系統）	Windows 10 Home/Pro/ Enterprise/erver	Windows 10 Home/Pro/ Enterprise/Server	Windows 10 Home	Windows 10 Pro/Enterprise/ Server
流程資訊保存位置	個人的 OneDrive	組織的 Microsoft Dataverse 預設環境	Microsoft Dataverse 的客製環境	Microsoft Dataverse 的客製環境
Power Automate Desktop 的使用、流程的製作	○	○	○	○
人工/手動執行	○	○	○	○
自動執行事件觸發/排程功能(經雲端流程自動啟動)	×	×	×	○ (若要全自動執行需添加全自動 RPA)
顯示流程運轉的監視、執行記錄	×	×	○	○
分享桌面流程	△ (透過複製/貼上分享)	△ (透過複製/貼上分享)	○	○
桌面流程的共同開發	×	×	○	○
桌面流程的開發權限或執行專用權限等使用權限的分級管理	×	×	○	○
AI Builder、500 個以上的連接器使用、Process Advisor 的使用、自動附加元件的使用	×	×	△ (不能從雲端流程呼叫出桌面流程)	○

* **Microsoft 組織帳號**：學校、公司等組織的 Microsoft 帳號
* **組織進階帳號**：Power Automate 付費授權的帳號 (針對半自動 RPA 使用者的方案)
* **全自動執行**：經由事件觸發功能或排程功能自動叫出桌面流程時，若該裝置需要進行登入，就必須加入付費的 Power Automate 中並另外加入全自動 RPA 擴充功能
* **參考來源**：http://flow.microsoft.com/zh-tw/pricing/

◆ Power Automate 付費授權

Power Automate 有提供**排程執行**或**觸發執行**的功能，不過必須付費授權才能解鎖使用。具備這些功能才有辦法真正實現工作流程自動化。譬如，「每周一的早上 8 點半」須依計畫執行任務、或是當我們把檔案保存於資料夾後，流程可以自動將 Excel 檔案轉換為能匯入會計軟體的形式等先決條件 (觸發執行)，免費版本則每次都要手動執行流程。

其他付費授權版本提供的專屬功能還有：**與其他使用者共享流程**、**監看流程的執行狀況**、**管理執行**等。一般公司行號若要全面導入 RPA，會需要統一控制、管理組織內部流程的建立與執行，也要減少有不受控的「Rogue Robot」發生。這時就可考慮付費授權，以取得這些功能，加速促進組織內部各種工作流程的自動化。有關付費授權的其他功能可以參考網站 (https://powerautomate.microsoft.com/zh-tw/desktop/)

2-3 建立 Microsoft 帳號

前面已經提過，使用 Power Automate Desktop 需要登入 Microsoft 帳號，若您尚未申請任何 Microsoft 帳號，請參考下文說明的步驟建立個人帳戶，並完成 Power Automate Desktop 的相關設定。

◆ 申請 Microsoft 帳號

若沒有 Microsoft 帳號時，必須依照以下步驟建立 Microsoft 帳號。已經有 Microsoft 帳號的讀者可以直接跳到下一節閱讀。

> **編註** 若已經事先以 Microsoft 帳號登入 Windows 系統，但希望另行註冊，為避免註冊頁面無法開啟，請使用無痕模式。

❶ 點擊桌面工具列的 圖示，開啟微軟建議的 Microsoft Edge 瀏覽器

❷ 在網址列輸入「http://account.microsoft.com/」按下 Enter 鍵後，會出現 Microsoft 帳號頁面

註解　若想要使用現有的電子郵件地址作為 Microsoft 帳號時，請在電子郵件設定項目中輸入想要使用的電子郵件地址並按下「下一步」。

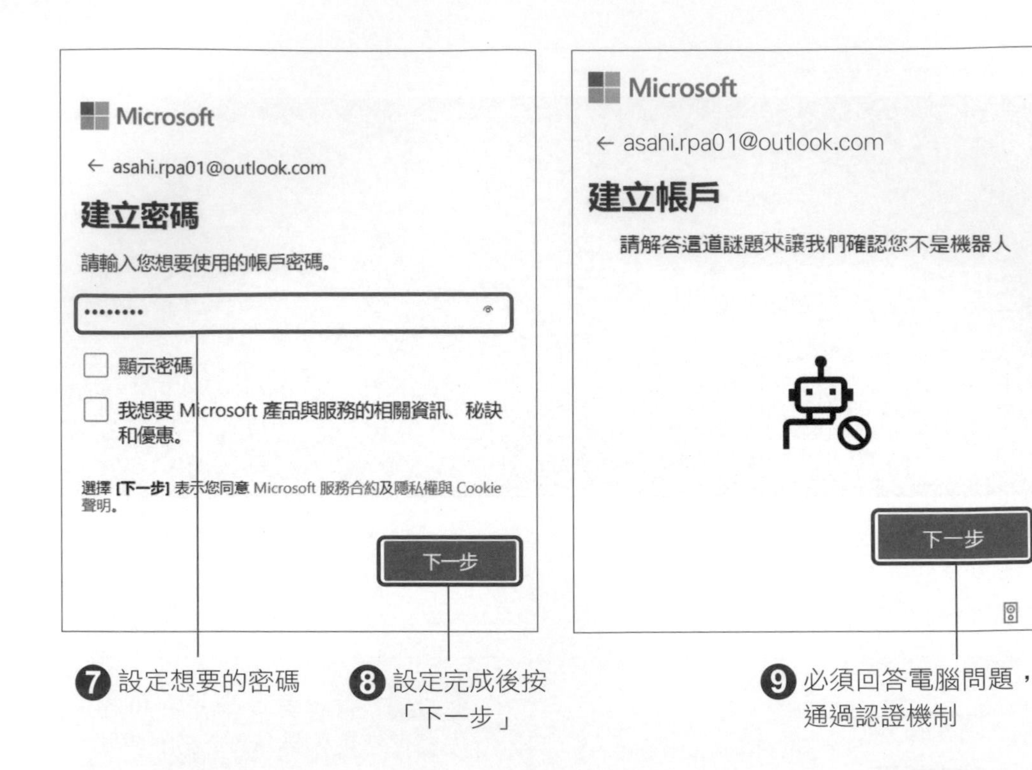

補充說明

設定密碼時為避免太容易被猜到、破解，可依據以下條件來設定高強度的密碼：

- 長度超過 8 個字元
- 不包含使用者名稱、姓名、公司名稱等資訊
- 不包含有意義的字彙
- 使用過去從未用過的密碼
- 包含大小寫的英文字母、數字和特殊符號

編註 每個人遇到的驗證機制都不一樣，有些人會和上面一樣，也有些人會碰到其他情形，像是把圖片轉正、依照影像輸入文字等。

⑩ 請在畫面中找到正確的影像，並點下去，成功回答問題後就完成建立帳號了。此時會顯示 Microsoft 的管理頁面

◆ 帳號資訊設定

顯示 Microsoft 帳號的管理頁面後，我們可以設定帳號資訊。

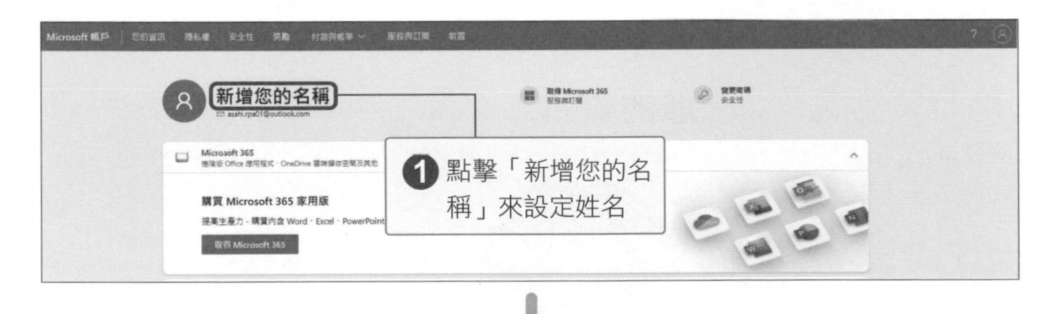

❶ 點擊「新增您的名稱」來設定姓名

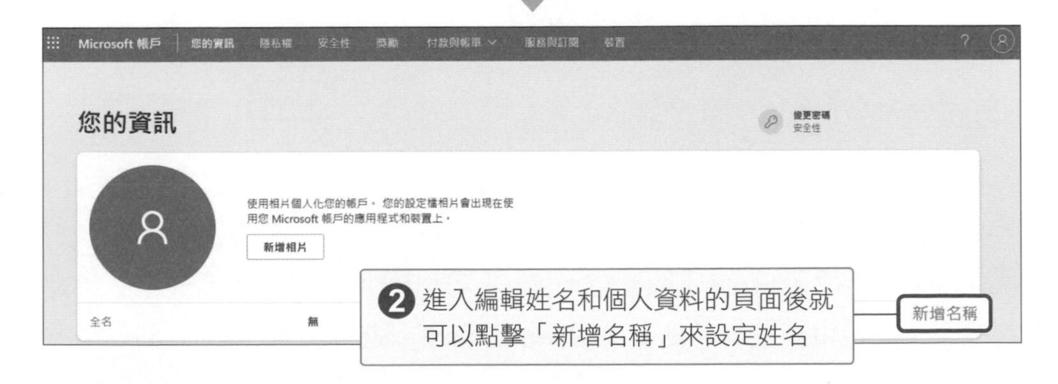

❷ 進入編輯姓名和個人資料的頁面後就可以點擊「新增名稱」來設定姓名

若要設定「生日」、「國家或地區」，可以到「編輯設定檔資訊」中進行設定。設定電話號碼時則在「編輯帳戶資訊」進行設定。

2-4 安裝並登入使用 Power Automate Desktop

要使用 Power Automate Desktop，需要先進行安裝此應用程式，並在網頁瀏覽器上安裝擴充套件，還需要擁有 Microsoft 帳號用於登入。

◆ 安裝 Power Automate Desktop

這個小節將說明 Power Automate Desktop 的實際安裝流程，並使用剛剛建立的 Microsoft 帳號登錄。只要 Windows 10 作業系統之後的版本都可以免費安裝，Windows 11 中甚至已經內建 Power Automate Desktop，不需要安裝就可以使用。

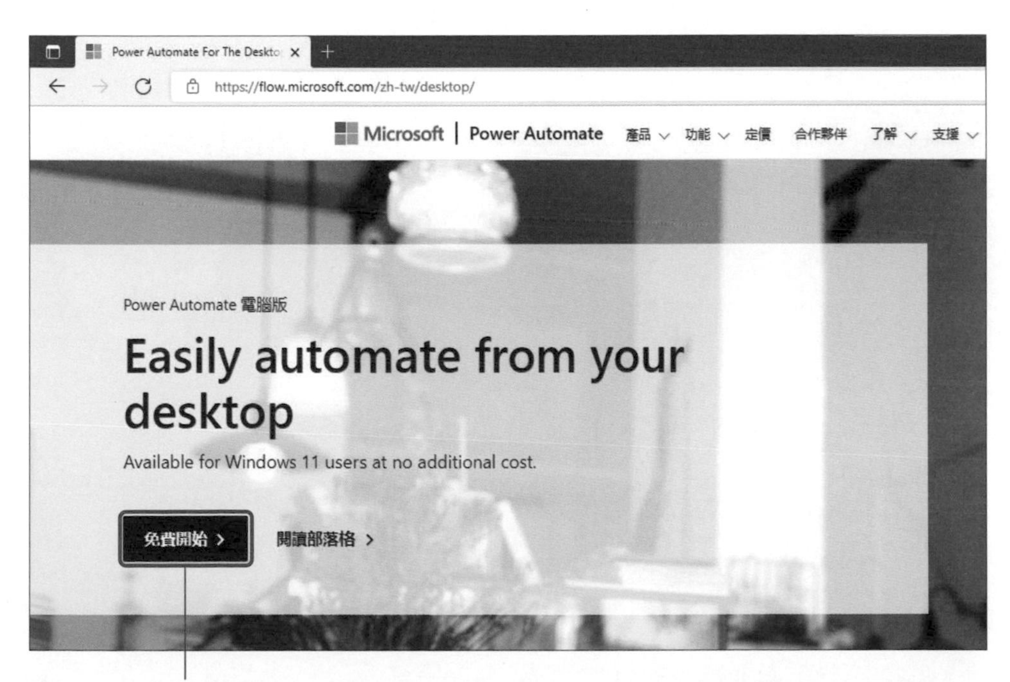

❶ 進入網頁 https://flow.microsoft.com/zh-tw/desktop/ 並按下「免費開始」之後，就可以下載 Power Automate Desktop 的應用程式安裝檔

❷ 下載好安裝檔後，可以點擊「開啟檔案」或是點擊下載好的檔案進行安裝

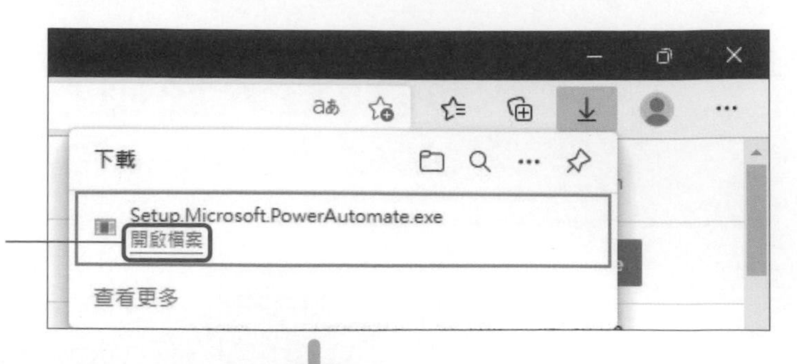

❸ 出現「安裝 Power Automate 套件」畫面後，按「下一步」

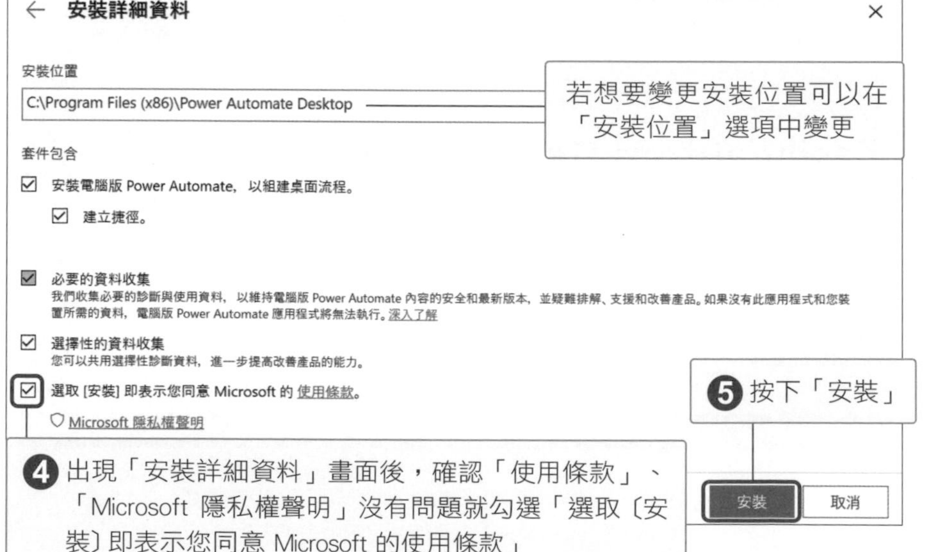

若想要變更安裝位置可以在「安裝位置」選項中變更

❹ 出現「安裝詳細資料」畫面後，確認「使用條款」、「Microsoft 隱私權聲明」沒有問題就勾選「選取〔安裝〕即表示您同意 Microsoft 的使用條款」

❺ 按下「安裝」

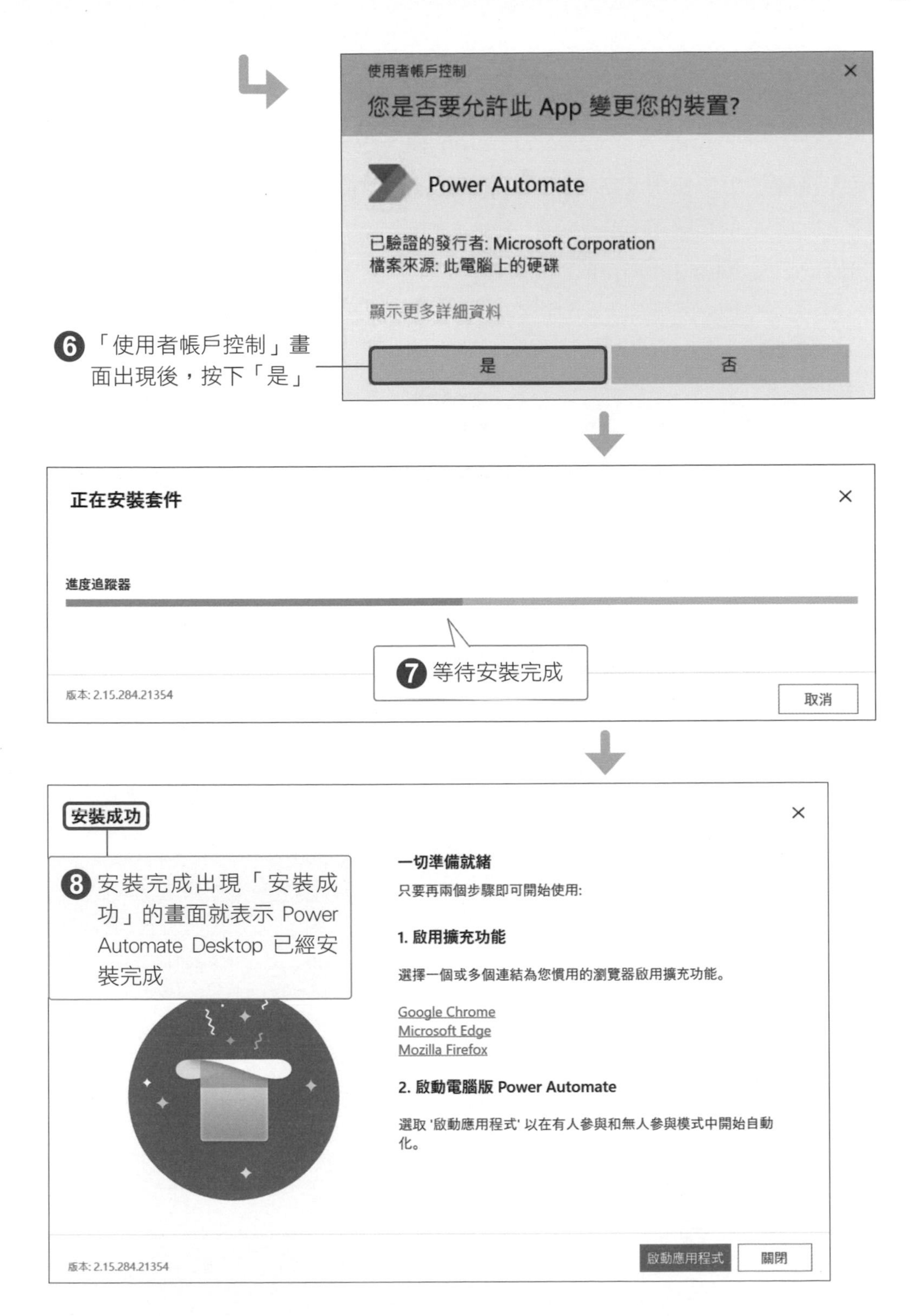
使用者帳戶控制
您是否要允許此 App 變更您的裝置?
Power Automate
已驗證的發行者: Microsoft Corporation
檔案來源: 此電腦上的硬碟
顯示更多詳細資料
是
否
❻「使用者帳戶控制」畫面出現後，按下「是」
正在安裝套件
進度追蹤器
❼ 等待安裝完成
版本: 2.15.284.21354
取消
安裝成功
❽ 安裝完成出現「安裝成功」的畫面就表示 Power Automate Desktop 已經安裝完成
一切準備就緒
只要再兩個步驟即可開始使用:
1. 啟用擴充功能
選擇一個或多個連結為您慣用的瀏覽器啟用擴充功能。
Google Chrome
Microsoft Edge
Mozilla Firefox
2. 啟動電腦版 Power Automate
選取 '啟動應用程式' 以在有人參與和無人參與模式中開始自動化。
版本: 2.15.284.21354
啟動應用程式
關閉

◆ 安裝擴充功能（用於網頁瀏覽器）

安裝好 Power Automate Desktop 後，也需要在瀏覽器中啟用擴充功能，後續才可以使用 Power Automate Desktop 打造網頁應用的自動化流程。此處先示範啟用 Microsoft Edge 的擴充功能，後續會再說明 Google Chrome 及 Mozilla Firefox 的步驟。

❷ 點選後網頁瀏覽器會自動啟動，並連結到 Microsoft Edge 外掛程式頁面 (Microsoft Power Automate)。此時按下「取得」來進行安裝

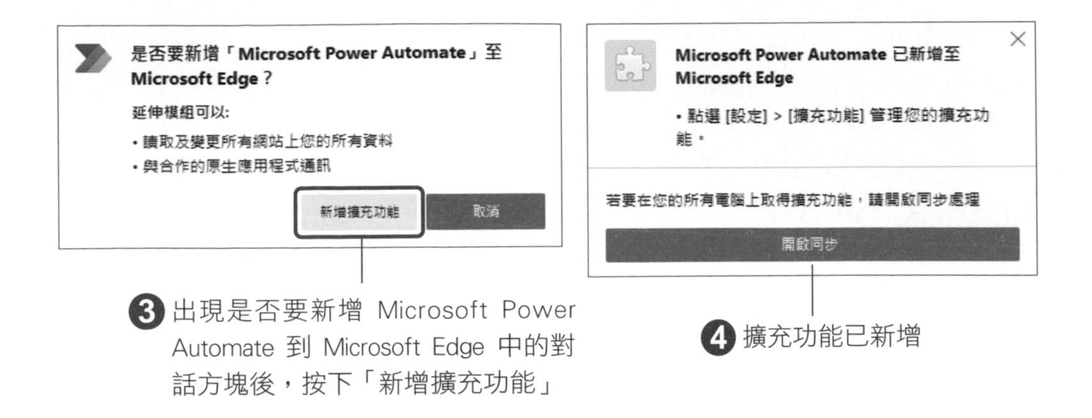

這樣一來就完成網頁瀏覽器的安裝作業，可以關閉 Microsoft Edge。其他瀏覽器也是類似的操作方式，此處先不贅述，在第 4 章會再補充說明。

補充說明

「開啟同步」是 Microsoft Edge 的內建功能，可以讓擴充功能在不同裝置同步，再也不用每換一部電腦就要重新安裝，你可以自由選擇要不要啟用。

◆ 開啟並登入 Power Automate Desktop

相關的安裝步驟都完成後，接著就可以開啟 Power Automate Desktop，我們還需要登入 Microsoft 帳號才能使用。

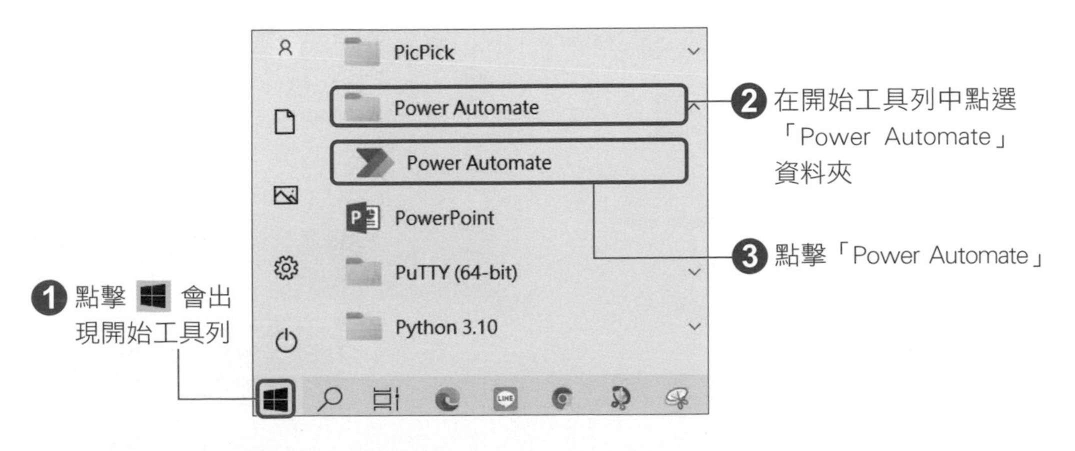

我們也可以在工具列的「在這裡輸入文字來搜尋」文字方塊中，輸入「Power Automate」並點選搜尋結果來開啟 Power Automate Desktop。

若需要頻繁的使用到 Power Automate Desktop，也可以將 Power Automate Desktop 釘選到開始或是在桌面上建立捷徑來快速的開啟程式。

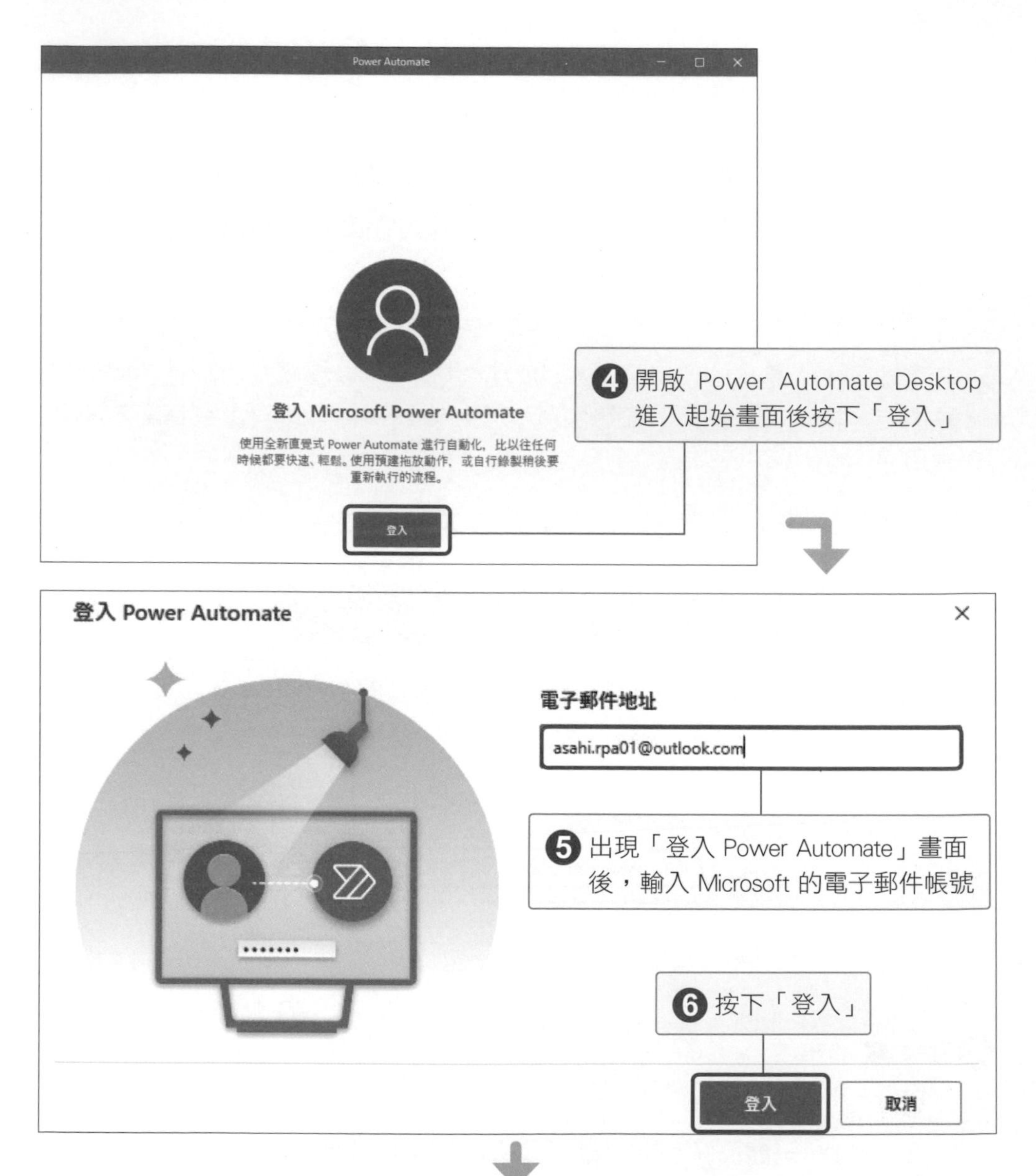

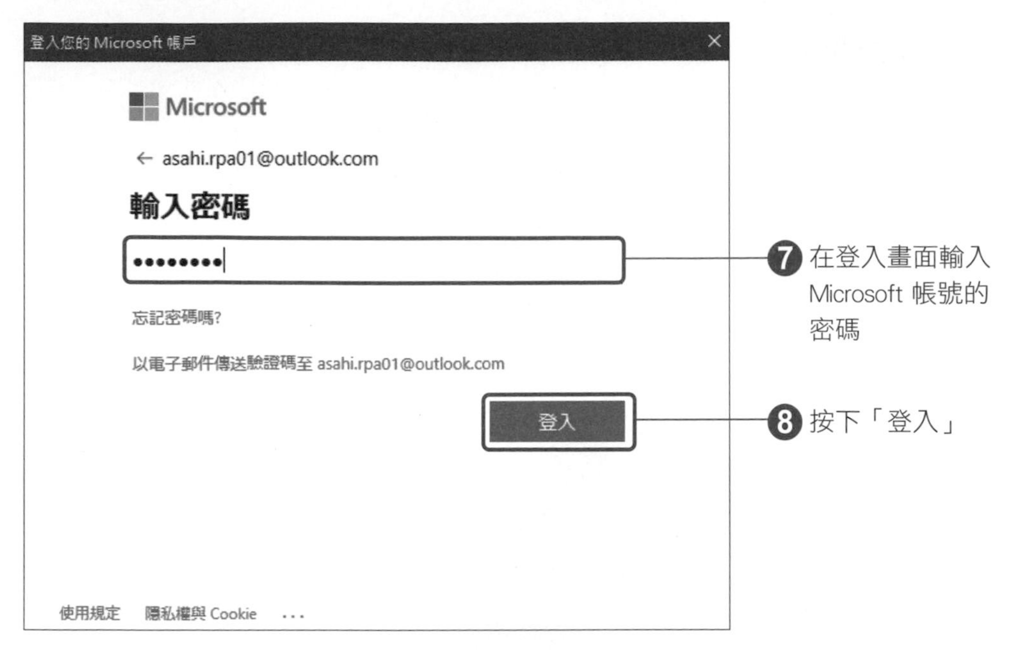

❼ 在登入畫面輸入 Microsoft 帳號的密碼

❽ 按下「登入」

❾ 首次登入會出現「歡迎使用 Power Automate」畫面，在「國家/地區」中選擇「台灣」。並自行決定是否勾選「我同意傳送不定期的促銷電子郵件給我」

❿ 按下「開始使用」

現在，我們就可以使用 Power Automate Desktop 來建立桌面或網頁應用程式的自動化流程了。

2-5　Power Automate Desktop 的使用介面

上一節我們完成了 Power Automate Desktop 的安裝。在開始實際操作之前，我們先來認識一下 Power Automate Desktop 的使用介面。

◆ 主控台

主控台為操控流程的介面，若之前曾登入過 Power Automate Desktop，下次開啟時將會直接登入，直接進入此介面。使用者可以在主控台新增或編輯流程，也可以執行已建立好的流程。

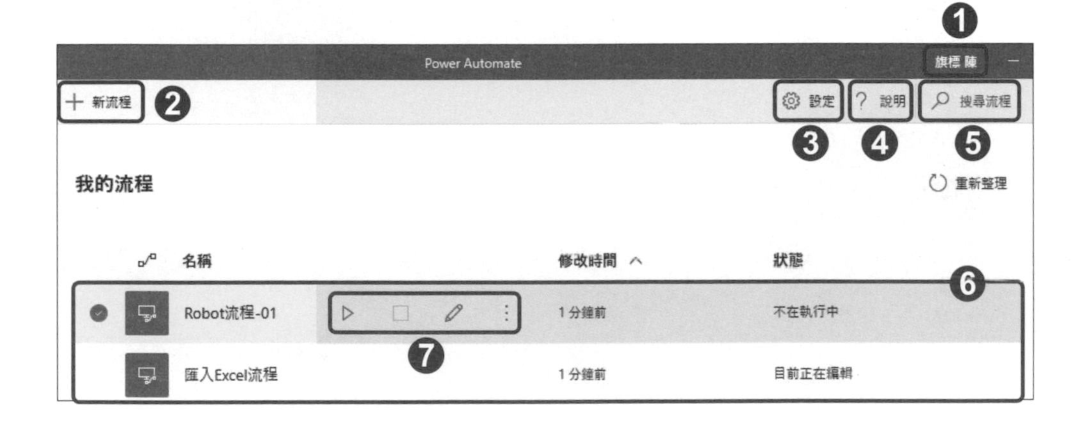

1. **帳戶**：表示登入的帳戶名稱。
2. **新流程**：建立新流程的按鈕，由此開啟桌面流程設計工具。
3. **設定**：進行 Power Automate Desktop 的相關設定。
4. **說明**：可以連結到 Microsoft 所提供的文件頁面，也可以確認目前 Power Automate Desktop 的版本。
5. **搜尋流程**：從我的流程中搜尋流程。
6. **我的流程**：可以確認流程最後更新時間以及執行狀態。
7. **流程控制按鈕**：選取的流程上會顯示執行/停止/編輯的按鈕。

建立新流程

若尚未建立任何一個流程，顯示在畫面中間的「＋新流程」也能用來建立流程。

稍待一下子，即可進入桌面流程設計工具。

❹ 在「檔案」選取「儲存」存取流程，完成流程建立

編輯流程

若先前有建立好的流程，可隨時從主控台中修改流程內容，稍後會再進一步介紹流程設計的相關操作。

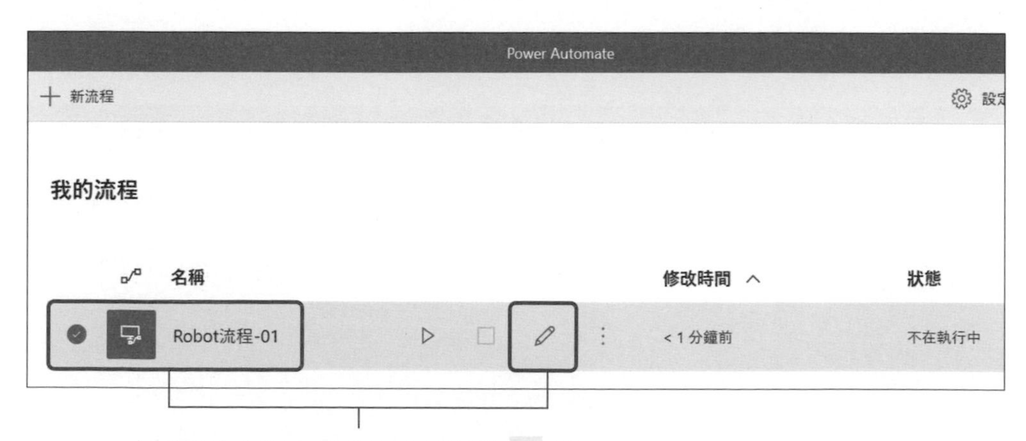

在選取的流程上點兩下或是點擊 ✎ 就可以開啟桌面流程設計工具來編輯流程

執行流程

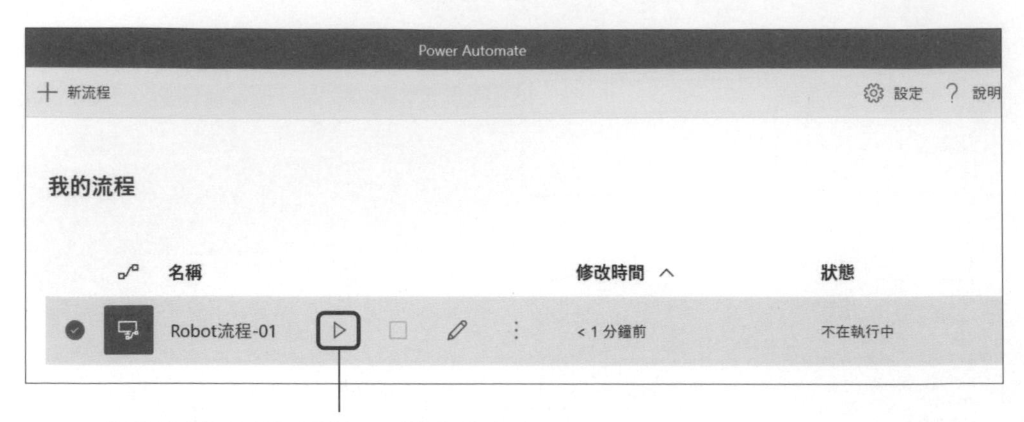

在「狀態」列可以確認程式執行狀況等狀態，由於目前我們尚未建立任何有效的流程，此處先略過這部分，稍後章節我們會再補充執行流程的細節。

主控台設定

主控台中也可以進一步調整 Power Automate Desktop 應用程式本身的相關設定：

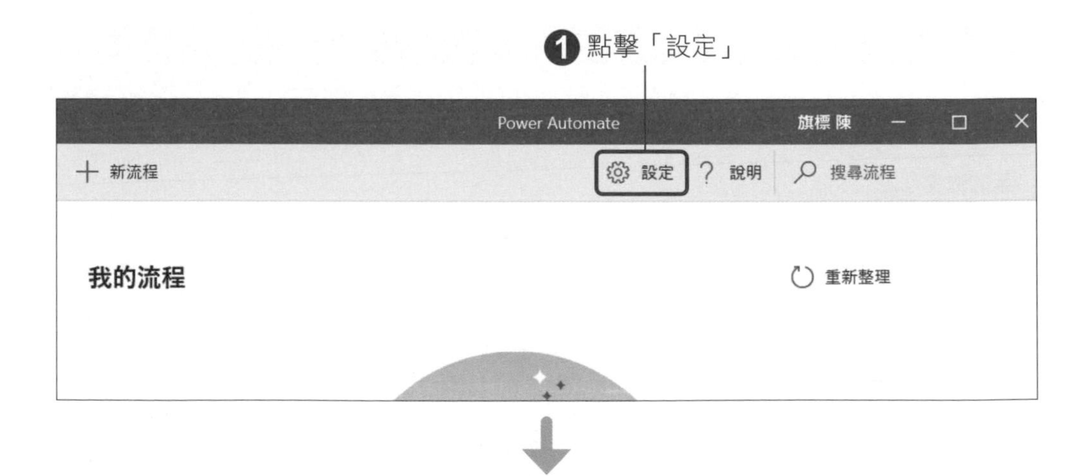

❷ 在「設定」中可以調整 Power Automate Desktop 軟體運作的相關設定

小編補充　各設定選項說明

- **自動啟動應用程式**：當電腦開機時，Power Automate Desktop 也在後台啟動。
- **關閉時，保持應用程式繼續執行**：關閉主控台，Power Automate Desktop 不會關閉，仍在後台運作。
- **使用快速鍵停止正在執行的流程**：設定停止流程的快速鍵，可以自行設定 Ctrl ＋ T、Shift ＋ Ctrl ＋ W、Alt ＋ 空格鍵 等。
- **監視/通知**：選項有「Windows 通知」、「流程監視視窗」和「不要顯示」。「Windows 通知」會在流程執行、成功完成執行、發生錯誤時顯示快顯視窗。而「流程監視視窗」是在「Windows 通知」基礎上顯示更多事項，如：執行第幾個動作，發生在哪個子流程，已執行多少時間等。最後「不要顯示」就是不論流程執行到哪個階段或發生錯誤都不會跳出快顯視窗。

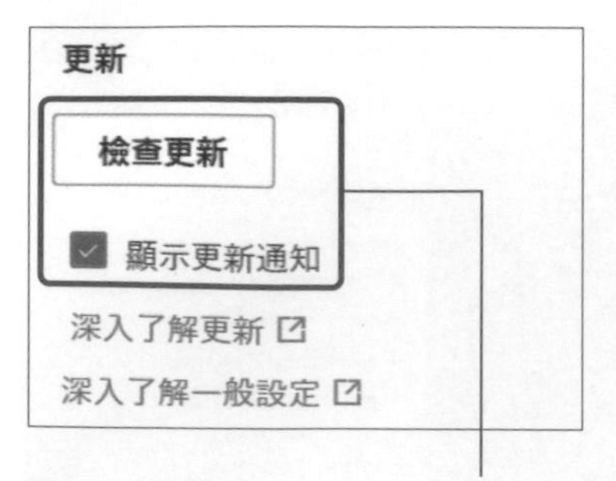

編註 若通知有新版本時，建議就直接升級，才能適應大環境和最新的技術，可以避免相容性問題。若沒有勾選「顯示更新通知」請定期自行檢查是否有新版。

❸ 「檢查更新」中可以確認是否有 Power Automate Desktop 需要更新的程式。勾選「顯示更新通知」當程式需更新時會跳出通知對話框

◆ 桌面流程設計工具

桌面流程設計工具由多個區塊所組成，其中備有建立、除錯 (測試) 的功能，我們可以在這個視窗中管理變數、UI 元素及影像。接下來將逐一說明這些功能。

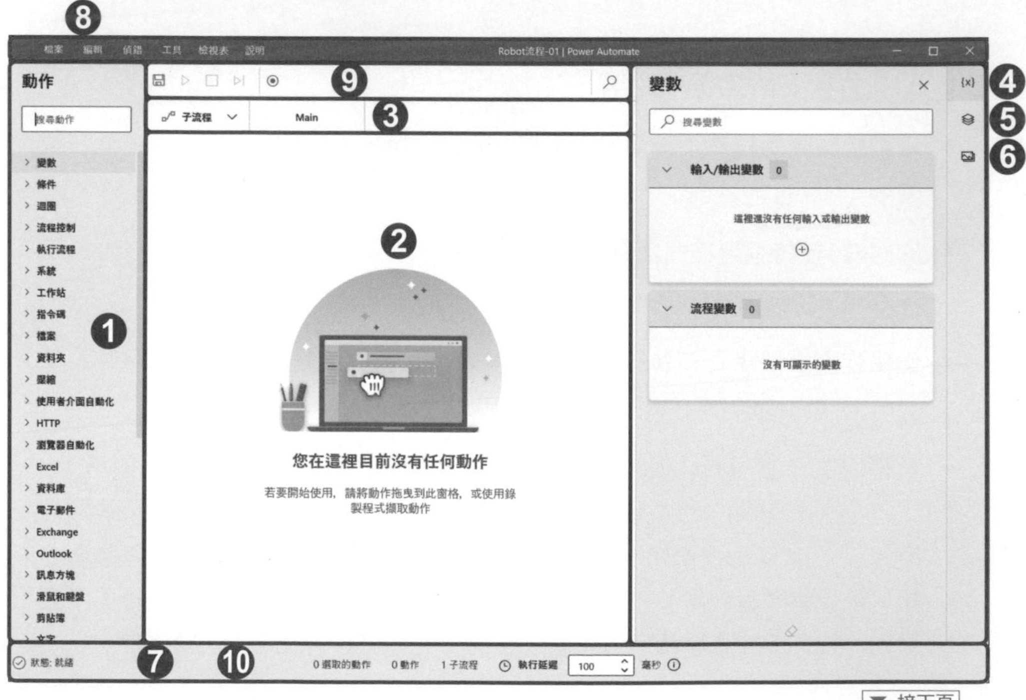

▼ 接下頁

1 動作窗格
2 工作區
3 子流程標籤
4 變數窗格
5 UI 元素窗格
6 影像窗格
7 錯誤窗格
8 功能表列
9 工具列
10 狀態列

動作窗格

Power Automate Desktop 的自動化處理功能及**動作**都會顯示在動作窗格中。每一個動作會根據其功能歸類在不同的動作群組。

由於桌面流程可使用的動作不少，因此動作窗格也提供搜尋功能。只要在搜尋列輸入關鍵字，像是在搜尋列輸入「Excel」，就會列出名稱含有關鍵字的動作，這時拖曳或是直接點擊兩下，就可以快速將將動作新增到工作區。

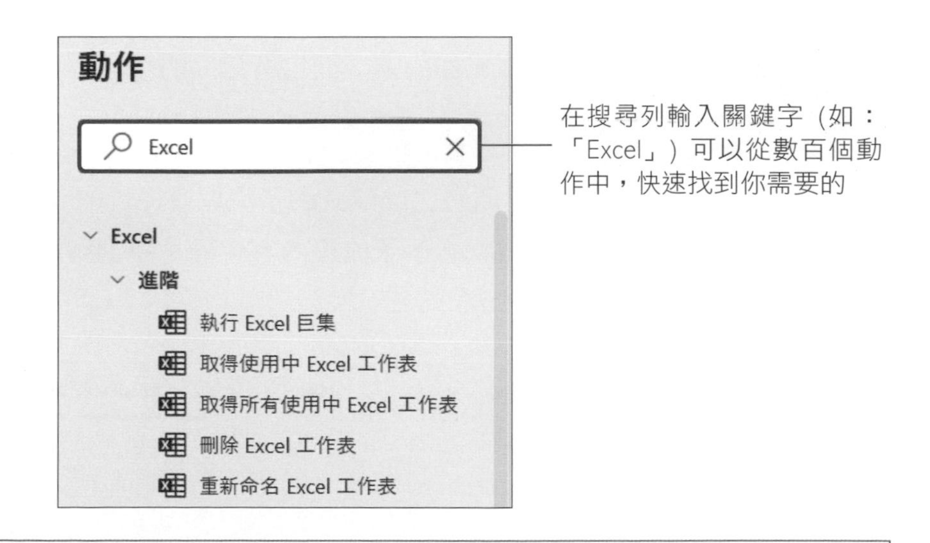

編註 隨著軟體更新，可能會新增其他動作群組，而原有的動作也可能會重新分到不同群組中，可以多加利用搜尋功能。

工作區

1
啟動新的 Microsoft Edge
啟動 Microsoft Edge，瀏覽至 'https://support.asahi-robo.jp/learn/'，並將執行個體儲存至 Browser

2
填入網頁上的文字欄位
使用模擬輸入在文字欄位 <input:text> 'userid' 中填入 'asahi'

3
填入網頁上的文字欄位
使用模擬輸入在文字欄位 <input:password> 'password' 中填入 'asahi'

工作區是開發流程的地方，任何新增動作都會顯示在這個區域，我們可以在這區域裡編輯、複製刪除、停用動作，創建適合自己的流程，達到自動化目的。

子流程標籤

子流程就是由多個動作組合而成的群組，每個桌面流程預設都是在「Main」這個子流程中開啟建立 (也稱為主流程)，我們也可以自行建立其他子流程，將整個桌面流程拆解成一個一個不同的群組，避免桌面流程過於複雜，讓流程的管理和編輯更加簡潔，而自行建立的子流程也可以重複使用。

工作區上方為子流程列，所有已經建立的子流程會從「Main」開始依序排列，可以一一切換頁次編輯各個子流程內容，最左邊則可以展開「子流程」選單。

子流程 | Main | ReadExcel_Setting

搜尋子流程
Main
ReadExcel_Setting
新的子流程

展開「子流程」選單後，按下「＋新的子流程」可以新增子流程，如果有很多子流程，也可以用「搜尋子流程」來尋找。

桌面流程執行時，都會由「Main」這個子流程開始執行，至於其他建立的子流程，必須利用「執行子流程」這個動作放進主流程中才會被執行(編註：術語稱為「呼叫」)，子流程中同樣可以再呼叫子流程來使用。

> **編註** 如果只是很簡單的流程，就不需要另外建立子流程，遇到比較複雜的流程才會需要。

變數窗格

在自動化流程中常會利用變數來儲存或傳遞資料，我們可以透過變數窗格來管理這些在流程中會使用到的所有變數，包括查看這些變數的內容，或是修改變數名稱。

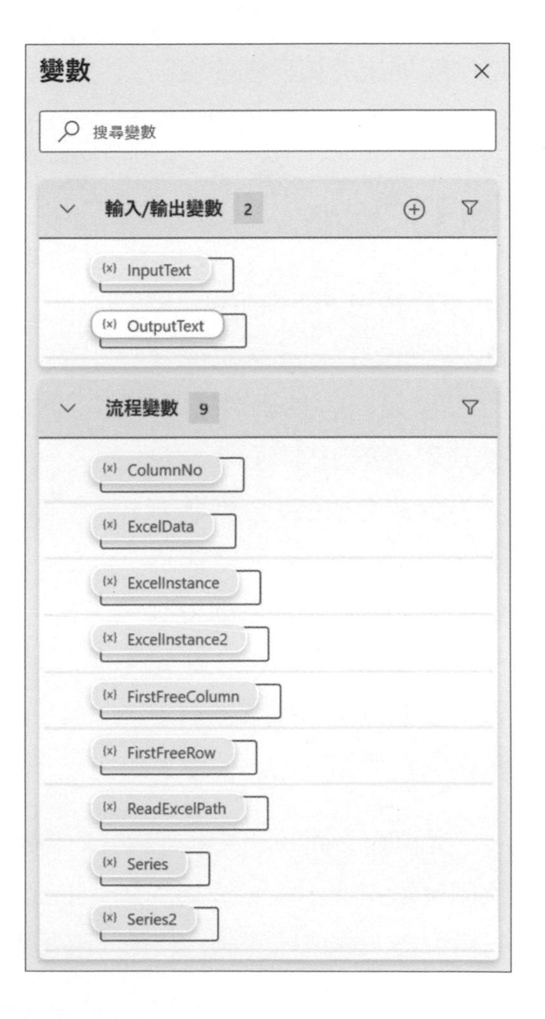

> **編註** 變數窗格若被關閉了，可以點選桌面流程設計工具右上方的 {x}，即可再顯示出來 (編註：此圖示跟關閉窗格的 ✕ 和關閉視窗的 ✕ 很像，不要搞混了)。

Power Automate Desktop 將變數分為兩種：

- **輸入/輸出變數：**是自動化流程之間相互傳遞資料所使用。會放在「輸出/輸入變數」區域中。
- **流程變數：**是在建立桌面流程時，內部所產生的變數。會放在「流程變數」區域中。

UI 元素窗格

我們可以在 UI 元素窗格中管理用於流程中的視窗或網頁元件。點擊桌面流程設計工具右側的 就會顯示 UI 元素窗格。

在 Power Automate Desktop 中，各種視窗介面或網頁內容的元件都會有其對應的 UI 元素，包括：視窗/交談窗、核取方塊、文字方塊、下拉式選單、...等。在建立自動化流程時，我們要先取得 UI 元素，才能控制讓電腦去點擊或選取我們指定的元件等。

從視窗介面或網頁應用程式取得的 UI 元素，會呈現在 UI 元素窗格。我們可以在 UI 元素窗格內對 UI 元素進行新增、排序等操作，也可以編輯選取器、修改、查詢、移除 UI 元素。

影像窗格

第一章有提過，我們可以透過擷取影像的方式來指定要操控的元件，而擷取下來的影像就會放在影像窗格中方便您進行管理。只要點擊桌面流程設計工具右側的 [icon] 就會顯示影像窗格。

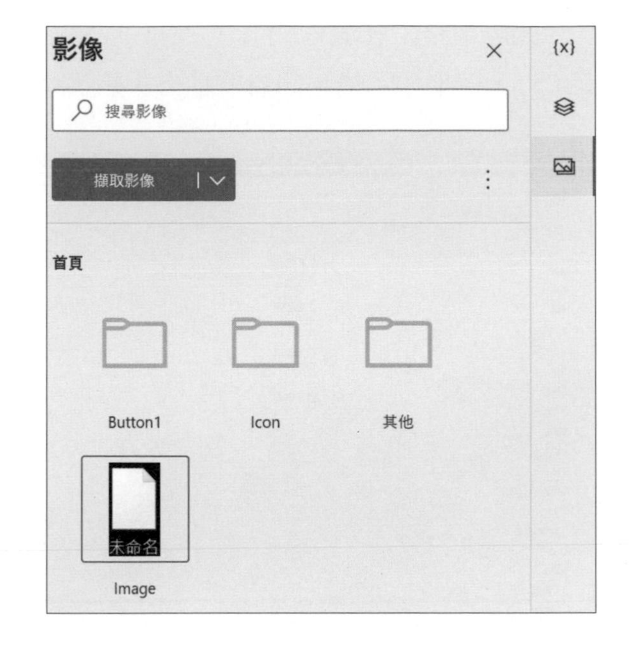

在執行擷取視窗元件時，雖然使用 UI 元素來進行操作會比使用影像處理來的穩定，但針對一些沒有辦法取得 UI 元素的應用程式來說，擷取影像就是唯一的方法。由於是以影像來記錄特定應用程式的按鍵或圖示，因此擷取影像會受到電腦的畫面解析度等很大的影響，實際運用上一定要特別注意。

在擷取的影像上按下滑鼠右鍵會出現如下圖的選單。在這個選單中，我們可以重新命名該擷取畫面、尋找特定影像在流程中被使用的方式及刪除影像。

錯誤窗格

錯誤窗格是在流程開發 (設計) 時發生問題 (如：操作錯誤、執行錯誤等) 時，用來顯示錯誤訊息的地方，如下圖紅框所示。

選取錯誤視窗內的錯誤行並雙點擊，或在它上面按右鍵點選「檢視詳細資料」，會顯示該錯誤的詳細資訊 (如下圖)。

設定變數 動作 - 錯誤詳細資料 ✕

位置	子流程: Main，動作: 4，動作名稱: 設定變數
錯誤訊息	參數 '值': 不可空白。

關閉

另外，錯誤又分為「設計階段錯誤」和「執行階段錯誤」。

● 設計階段錯誤

設計階段錯誤是指在安排動作的相關設定時所發生的錯誤，譬如動作設定中的必要欄位未輸入值或是設定了未定義的變數都會發生此類錯誤。在設定當下發生錯誤，就無法執行流程。以下為流程中某動作的必要欄位未設定時所顯示的錯誤。

● 執行階段錯誤

執行階段錯誤指的是在執行流程時所發生的錯誤。Power Automate Desktop 發現未預期的錯誤時就視為執行錯誤。以下的例子為找不到動作中所指定的檔案而發生錯誤。

功能表列

檔案　編輯　偵錯　工具　檢視表　說明　　Robot流程-01 | Power Automate

透過功能表列，我們可以開啟開發流程時所需的各種操作功能。

功能表	說明
檔案	儲存流程或結束桌面流程設計工具
編輯	對設定的動作進行剪下、複製、貼上等動作
偵錯	執行或停止流程、設定中斷點
工具	開啟錄影功能、新增擴充功能
檢視表	流程設計師的介面等顯示相關的操作
說明	Power Automate Desktop 簡介說明文件、功能導覽、線上課程學習、社群討論、意見反應、Microsoft Power Automate 部落格、確認目前應用程式版本

工具列

我們可以在工具列找到開發流程或測試時需要的功能。

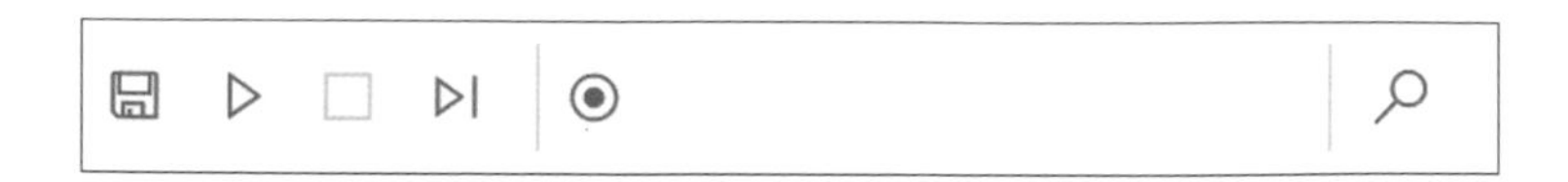

點擊左邊的圖示依序可進行保存、執行、停止、暫停、錄製自動化步驟並轉化成流程。點擊右側圖示會出現「在流程中搜尋」的文字輸入框，可以在此搜尋流程內使用的動作或變數。

狀態列

狀態列會顯示流程的狀態、選取的動作、流程中的動作數量、流程中的子流程數量。

「執行延遲」可以設定在執行流程時，執行每個動作之間的間隔時間。我們可以透過上下鍵變更延遲的數值，數值是以毫秒為單位。若延遲的數值越大，待機時間就越長；數值越小，待機時間就越短，因此在執行流程測試時，延遲的時間應調整到最適當的數值。

另外，狀態列中也會顯示流程執行的處理時間以及設計錯誤數量。在執行流程測試時可以在狀態列確認這些資訊。

MEMO

第 3 章

基本自動化流程的建立

3-1 建立流程

2-5 節中，已經介紹了 Power Automate Desktop 的主控台及流程設計工具。實際要建立一個自動化工作流程，必須在流程設計工具中將這個工作拆解成一個一個的執行步驟，我們可以在 Power Automate Desktop 中新增多個對應的動作來達到這個效果。

本節將說明重現工作操作流程時所需的基礎知識與操作步驟，像是如何在 Power Automate Desktop 流程中新增動作、動作的種類、動作的使用方式等知識。首先，我們將說明如何建立流程。

◆ 建立新流程

我們先跟著以下步驟來試著建立流程。建立流程之後，再詳細說明流程與動作。

❶ 開啟 Power Automate Desktop 後會顯示主控台。在主控台上點擊「＋新流程」就會建立一個新的流程

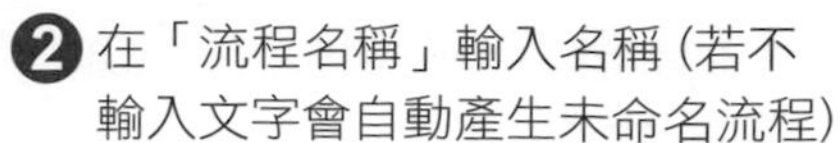

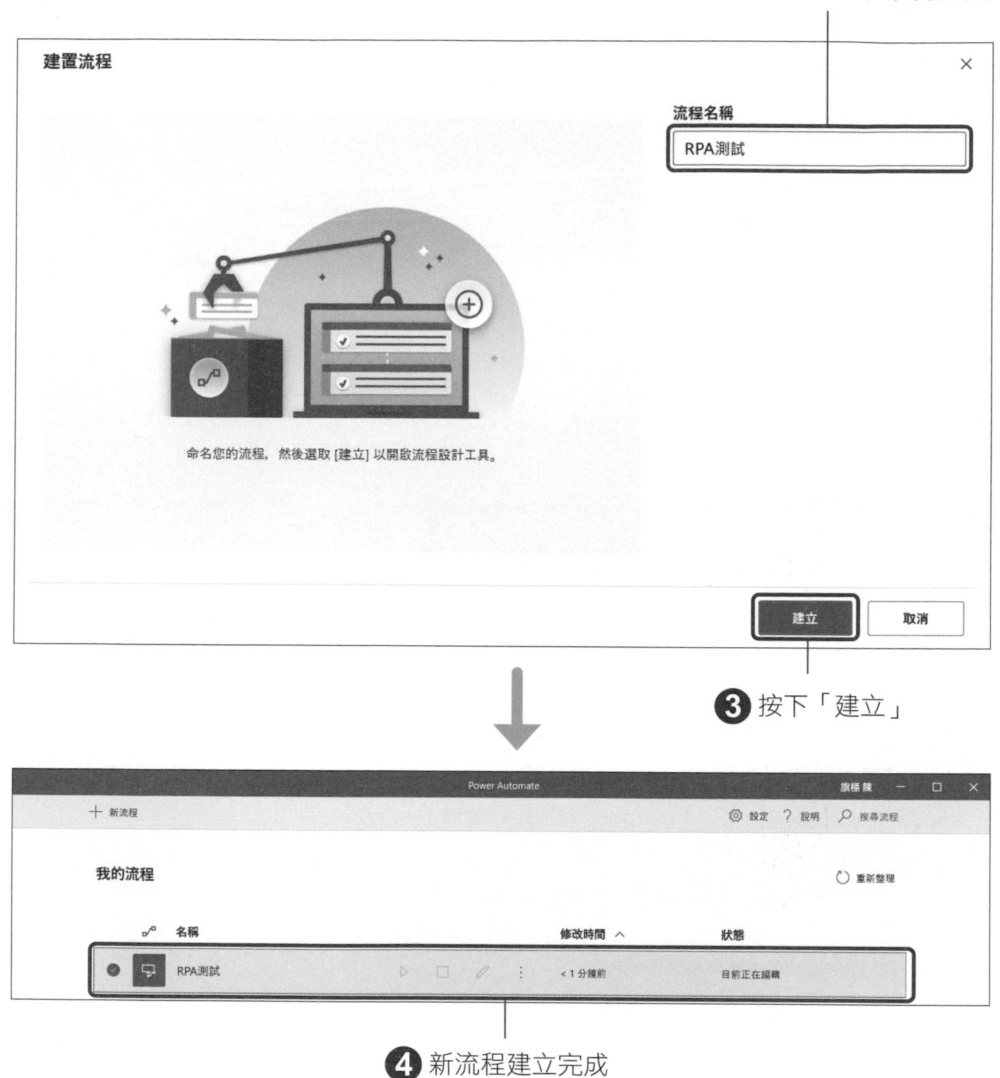

建立好流程後，稍待一會兒，電腦會自動顯示流程設計工具。

補充說明

在設定流程名稱時，建議讀者以可辨別其用途、具體的工作名稱來命名，如：「匯入月銷售資料」、「發行請款單」等名稱。熟悉此工具的運用之後，使用一些更平易近人的名稱也可以讓建立的流程更落實於工作上。譬如，假設該流程是由茉莉小姐所開發的，就可以把流程命名為茉莉請款流程。這樣一來，該流程可以更融入於公司內部，成為共通語言，不僅更具有親近感，也可以提昇員工使用流程的意願，讓流程更快速在公司內部流通。這次的範例我們將流程命名為「RPA測試」。

◆ 在流程中加入動作

在本章的序文中有提到，在建立流程時，必須使用流程設計工具，在流程中新增適當的動作。那麼動作和流程究竟是什麼呢？在實際開始建立流程之前，我們必須先認識動作和流程。

動作

動作是驅動流程的零件。流程設計工具內建了具有各式各樣功能的動作，**我們必須根據目的，組合適當的動作來建立流程**。

流程

流程是由動作所組成，讓機器人依序執行的一連串過程。**基本上動作都是由上而下依序進行處理，我們必須仔細思考該如何安排動作的順序。**

舉例來說，試想要執行 Excel VBA 的流程。

① 「開啟 Excel」

② 「執行 Excel VBA」

③ 「關閉 Excel」

若新增上述三個動作，並依序新增「開啟 Excel」、「執行 Excel VBA」、最後「關閉 Excel」三個動作，那麼流程就會依 ①～③ 的順序來進行處理，形成一個一連串的流程。

> **編註** 順序如果設錯了，變成 ②、①、③，還沒開啟 Excel 就要執行 VBA，那整個流程就會出錯。

▼ 流程 (處理的順序)

◆ 執行第 1 個流程

接著，我們可以試著建立一個流程來顯示訊息並試著執行看看。請依照以下步驟來搜尋、新增、執行「顯示訊息」動作。

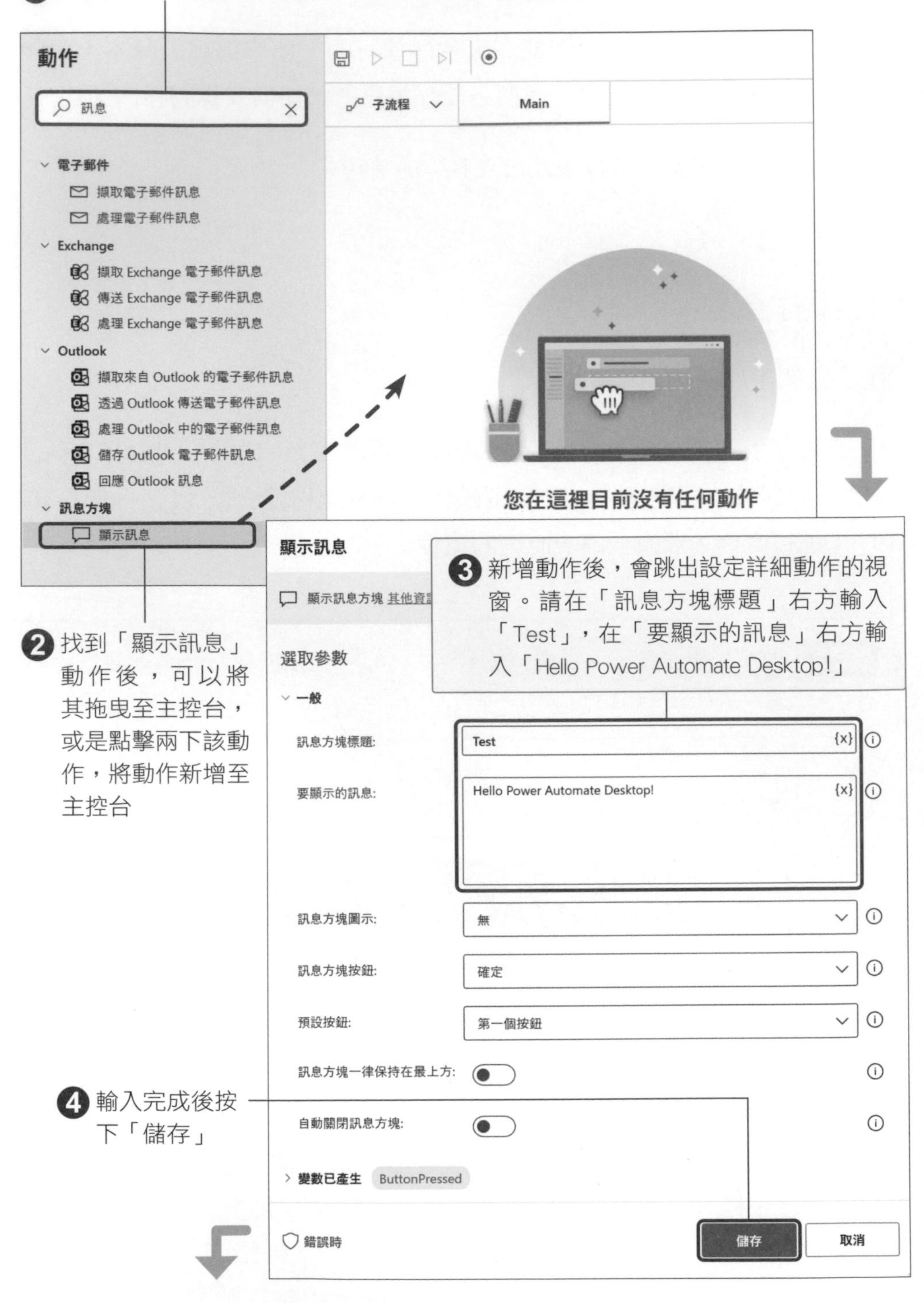
❶ 在搜尋動作中輸入「訊息」，就會出現相關的動作
動作
訊息
電子郵件
擷取電子郵件訊息
處理電子郵件訊息
Exchange
擷取 Exchange 電子郵件訊息
傳送 Exchange 電子郵件訊息
處理 Exchange 電子郵件訊息
Outlook
擷取來自 Outlook 的電子郵件訊息
透過 Outlook 傳送電子郵件訊息
處理 Outlook 中的電子郵件訊息
儲存 Outlook 電子郵件訊息
回應 Outlook 訊息
訊息方塊
顯示訊息
子流程
Main
您在這裡目前沒有任何動作
❷ 找到「顯示訊息」動作後，可以將其拖曳至主控台，或是點擊兩下該動作，將動作新增至主控台
❸ 新增動作後，會跳出設定詳細動作的視窗。請在「訊息方塊標題」右方輸入「Test」，在「要顯示的訊息」右方輸入「Hello Power Automate Desktop!」
顯示訊息
顯示訊息方塊 其他資訊
選取參數
一般
訊息方塊標題:
Test
要顯示的訊息:
Hello Power Automate Desktop!
訊息方塊圖示:
無
訊息方塊按鈕:
確定
預設按鈕:
第一個按鈕
訊息方塊一律保持在最上方:
自動關閉訊息方塊:
變數已產生 ButtonPressed
錯誤時
儲存
取消
❹ 輸入完成後按下「儲存」

編註　若想要再次編輯此動作，則可以點擊該動作兩下或是點選其右側選單中的「編輯」選項。

❺ 新增完成後，可以使用工具列的 ▷ 來執行這個流程

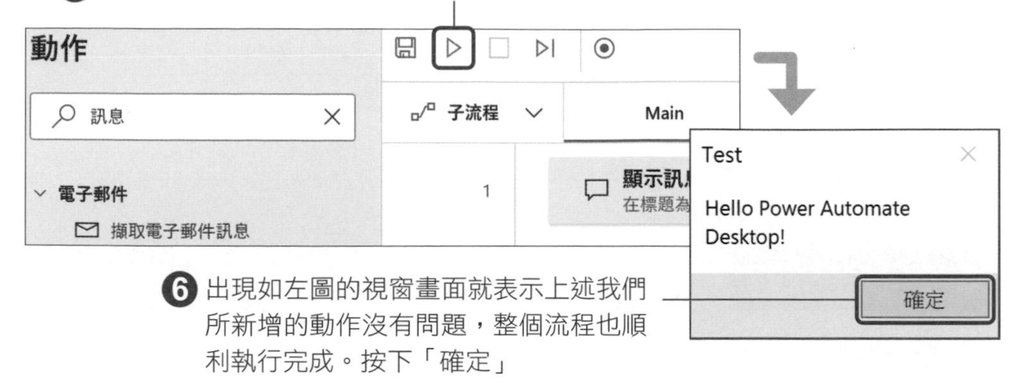

❻ 出現如左圖的視窗畫面就表示上述我們所新增的動作沒有問題，整個流程也順利執行完成。按下「確定」

補充說明

建立流程時，可以新增「流程控制」群組的「註解」動作會使之後檢視流程時更加清楚明瞭。註解就像是小筆記，不會影響執行內容。我們可以隨意填入任何內容，但更建議讀者在註解中填寫流程執行做了什麼，或是流程、動作是如何被處理等相關內容，當有其他人要使用這個流程時，可以更容易進行維護。

動作
註解
流程控制
註解
子流程
Main
1 註解
RPA的測試
2 顯示訊息
在標題為 'Test' 的通知快顯視窗中顯示訊息 'Hello Power Automate Desktop!'。

註解
使用者註解 其他資訊
註解: RPA的測試
儲存　取消

建立好的流程若沒有儲存會消失不見，因此在結束之前一定要儲存檔案。

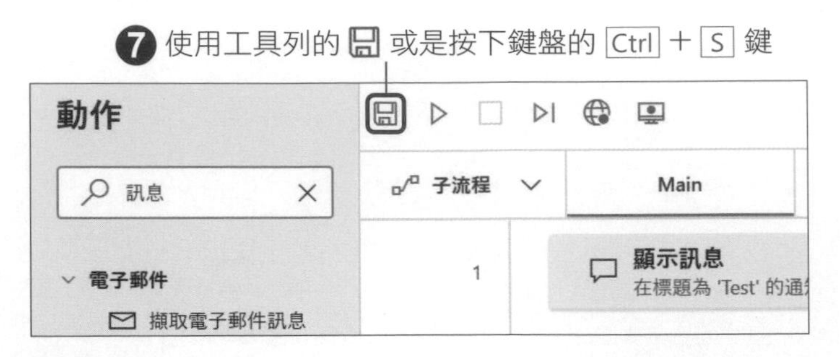

◆ 建立子流程

流程分為「Main」流程 (也就是主流程) 及子流程二種。

你建立的每個自動化流程都會包含一個主流程 (但可以有很多子流程)，做為整個流程的起點，任何動作都是由此開始進行處理。不過，如果我們不斷新增動作至主流程，會造成流程過於龐大、複雜，這樣一來使用者要維護、編輯流程內容時，就會花費許多時間。

我們可以運用子流程來解決這個問題。將執行網頁操作、建立電子郵件等各種工作放在子流程中進行管理，主流程就不至於過於龐大、複雜。

接下來我們試著建立一些簡單的流程。為了讓流程更簡潔易懂，請參考以下步驟來運用子流程。

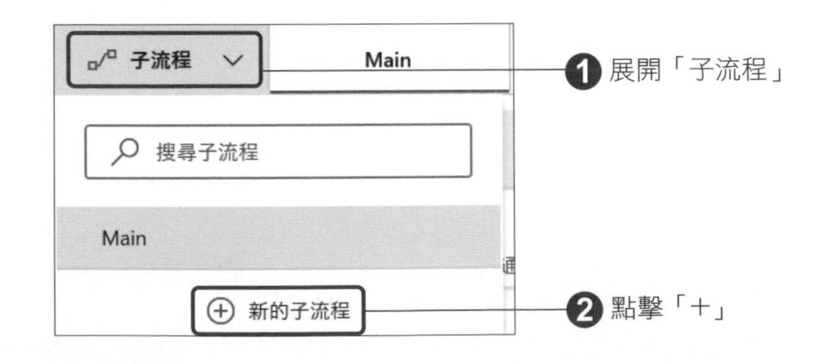

◆「從這裡執行」與「中斷點」

剛剛有示範過，使用流程設計工具的 ▷，流程就會被執行，只要沒有中途按下 II 或是 □，主流程就會從頭到尾完整執行。

這個功能在建立簡單流程時沒有問題。但當我們熟悉 Power Automate Desktop 後，會有越來越多建立複雜流程的機會。我們可能會需要暫時中斷流程，檢視一下動作執行的狀況 (編註：這個動作在程式設計中稱為 debug 除錯)。透過設定「從這裡執行」和「中斷點」就能達到這個效果。

使用「從這裡執行」可以決定要從哪裡開始執行流程。**只要將起始點設定在主流程或子流程的任何一點**，就可以輕鬆地確認此點之後的流程，可用於檢查動作新增後的結果，或子流程中的動作。發生錯誤而無法動作時，使用此功能進行確認也十分方便。

「中斷點」功能可以**讓執行中的流程在任何一點中斷**。由於程式能停止於指定處，有利於使用者確認變數 (參考 3-3 節) 的數值，或用來檢查特定位置的處理方式。

「從這裡執行」和「中斷點」是實務上建構自動化流程不可或缺的功能，請讀者一定學會運用。

從這裡執行

在想要執行的動作上按下滑鼠右鍵，會出現選單。我們可以由此來使用「從這裡執行」功能。如下圖，在第二行的動作上按下滑鼠右鍵並執行「從這裡執行」時，動作就會從第二行開始執行。

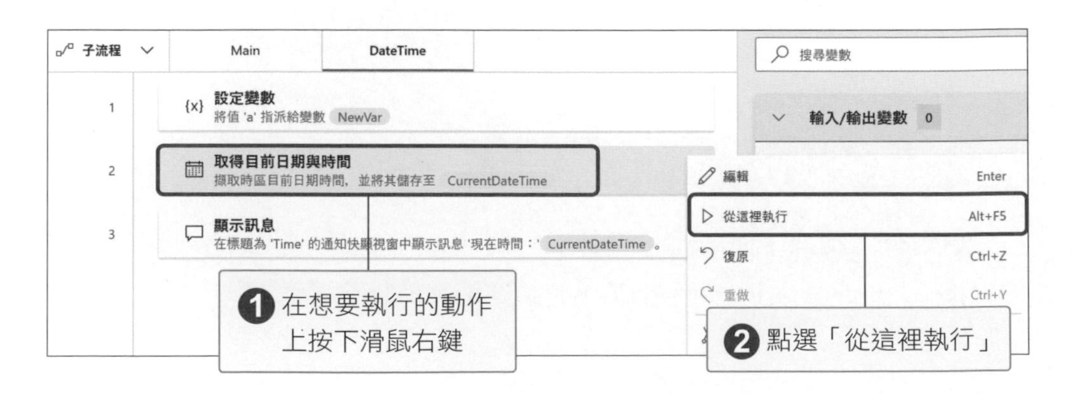

在執行「從這裡執行時」必須注意流程的動作之間有沒有相關性，例如：使用網頁瀏覽器或 Excel 的動作時，若在一開始沒有執行到「啟動新的 XXX (網頁瀏覽器的其中一種種類)」動作或「啟動 Excel」動作，之後的動作就會無法執行，並且出現以下錯誤。

錯誤 1

子流程	動作	錯誤 ^
DateTime	5	引數 'BrowserInstance' 必須是 '網頁瀏覽器執行個體'。

在使用操作網頁瀏覽器或 Excel 的動作時，必須在動作中選取操作對象，若沒有開啟網頁瀏覽器或 Excel，就代表動作找不到操作對象，於是會發生錯誤。

另外，「條件」和「迴圈」執行的途中不能使用「從這裡執行」。因為「條件」和「迴圈」是從開始到結束的一連串處理。這一連串處理我們稱之為「區塊」。若想要在區塊中使用「從這裡執行」必須用在區塊的起始點。有關「區塊」在後面的章節中會和「條件」和「迴圈」一起說明。

區塊 (水藍色範圍) 為一連串的處理，
因此不能在中途使用「從這裡執行」

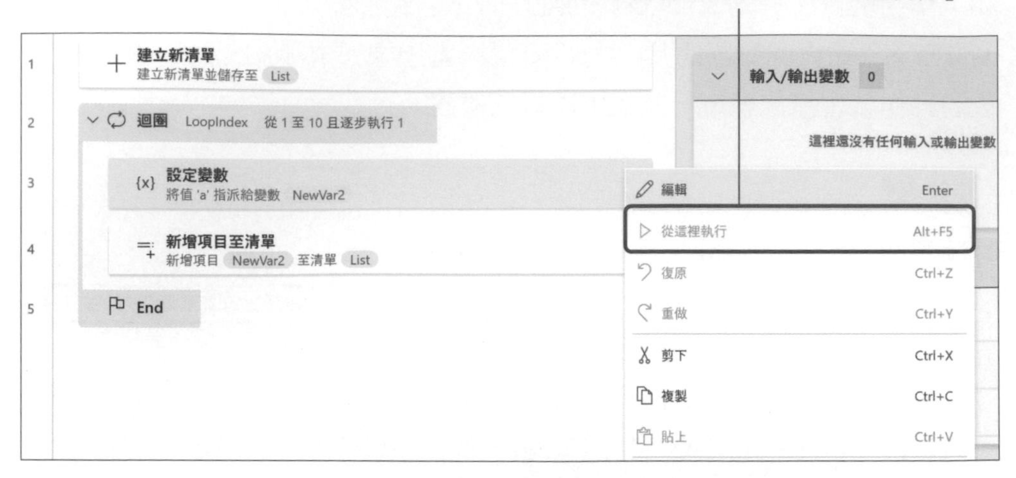

中斷點

點擊動作序號的左側，會出現一個紅點，我們可以使用此紅點來設定「中斷點」。當流程停在「中斷點」時，我們可以查看一下目前流程狀態或是變數內容，若沒有問題再使用 ▷(執行) 或▷|(執行下一步) 來繼續流程。

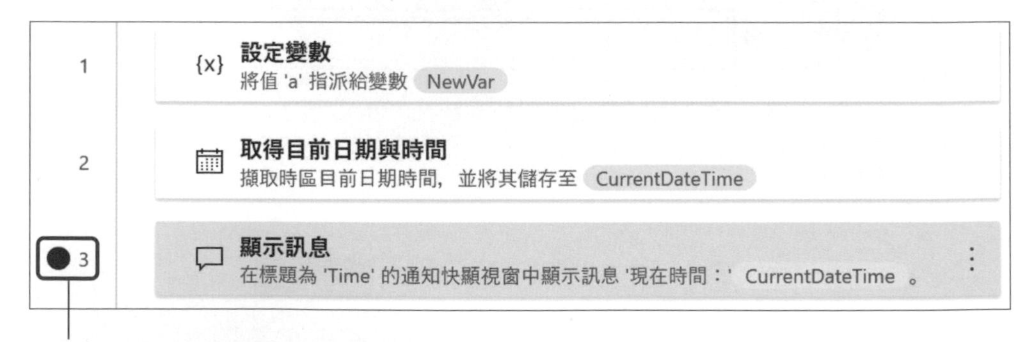

點擊動作左側序號來設定中斷點

我們可以**同時使用「中斷點」和「執行下一步」來執行流程中個別特定動作**。使用這個功能可以確認流程中的動作是否有如預期在運行，這個功能可以幫助我們調查發生錯誤的原因或為什麼無法取得理想數值。

3-2 動作

在上一節中使用「顯示訊息」動作來做為說明範例，而在這一節中我們將更詳細的說明流程設計工具中的動作。複習一下，流程是由動作所組成，每個動作在流程都有其功能。在 Power Automate Desktop 中，根據流程不同的目的，備有不同功能的動作。

動作根據「系統」、「檔案」、「網頁」、「Excel」等不同的操作對象來分類。這些類別我們稱之為「群組」。這個章節我們將針對建立流程時使用頻率較高的群組進行詳細說明。

◆「變數」群組

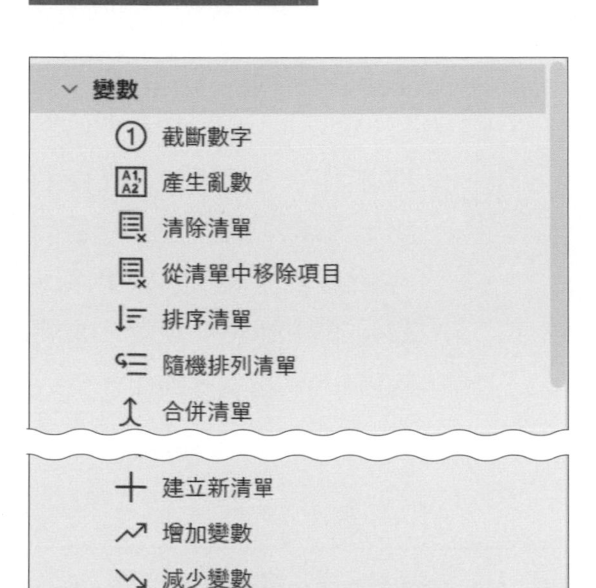

這個群組中的動作可以進行變數的相關操作，例如：產生亂數、新增項目至清單、設定變數、增加變數 (變數數值的增加) 等動作。

變數群組裡面出現的「清單」是指某一種資料類型的變數，在後面的章節中會詳細說明。變數的詳細說明可以參考 3-3 節，資料類型和清單的詳細說明可以參考 3-4 節。

◆「流程控制」群組

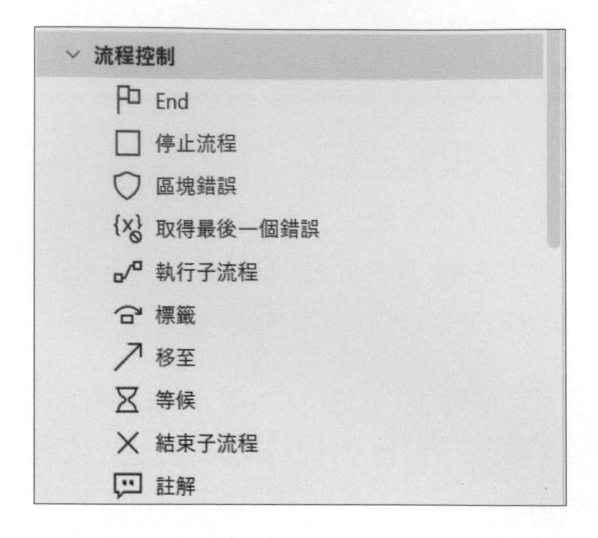

這個群組中的動作是用來操控流程的執行，其中包括：結束流程 (主流程)、執行子流程、結束子流程、設置註解等動作。

◆「系統」群組

系統
如果處理序
等待處理序
執行應用程式
終止處理序
Ping
{x} 設定 Windows 環境變數
{x} 取得 Windows 環境變數
{x} 刪除 Windows 環境變數

「系統」群組中可執行 Windows 環境中的各種工作，並能從中取得資訊。它的功能包含：執行應用程式、終止處理序、設定 Windows 環境、取得 Windows 環境等動作。

編註 處理序即為處理流程的程序。另外若讀者使用的是較舊的版本，例如：2.10，會發現「工作站」和「指令碼」群組中的功能被放在「系統」群組中。

◆「工作站」群組

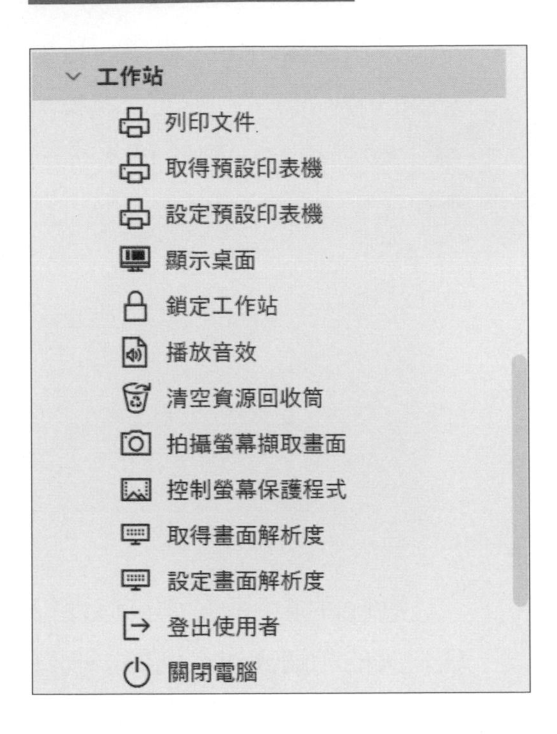

這個群組能執行 Windows 的基本操作，像是設定預設印表機、清空資源回收桶、取得畫面解析度、電腦關機等。

◆「指令碼」群組

指令碼
執行 DOS 命令
執行 VBScript
執行 JavaScript
執行 PowerShell 指令碼
執行 Python 指令碼

這個群組是用來將指令或程式碼加入自動化流程，種類包含 DOS 命令、VBScript、JavaScript、PowerShell 和 Python。

◆「檔案」群組

檔案
- 如果檔案已存在
- 等候檔案
- 複製檔案
- 移動檔案
- 刪除檔案
- 取得暫存檔案
- 將檔案轉換為 Base64

這個群組中可以找到與檔案相關的操作動作，例如：複製檔案、移動檔案、刪除檔案等動作。

◆「資料夾」群組

資料夾
- 如果資料夾存在
- 取得資料夾中的子資料夾
- 取得資料夾中的檔案
- 建立資料夾
- 刪除資料夾
- 取得特殊資料夾

這個群組中的動作可以進行資料夾的相關操作，例如：取得在資料夾中的子資料夾、取得在資料夾中的檔案、建立資料夾、刪除資料夾等動作。

補充說明

2022 年 3 月當下 Power Automate Desktop 中有 39 種群組，其中包括約 369 種動作。在這邊僅說明一部分的動作，讀者可以至以下網頁中查詢其他本書未提及的動作：

https://docs.microsoft.com/zh-tw/power-automate/desktop-flows/actions-reference

◆「使用者介面自動化」群組

使用者介面自動化
- Windows
  - 取得視窗
  - 焦點視窗
  - 設定視窗狀態
- 資料擷取
  - 取得視窗的詳細資料
  - 取得視窗中 UI 元素的詳細...
  - 取得視窗中選取的核取方塊
  - 取得視窗中選取的選項按鈕
  - 從視窗擷取資料
  - 取得 UI 元素的螢幕擷取畫面
- 如果視窗包含
- 等待視窗內容
- 使用桌面
- 如果影像
- 等待影像
- 選取視窗中的索引標籤
- 按一下視窗中的 UI 元素
- 選取視窗中的功能表選項
- 拖放視窗中的 UI 元素
- 展開/摺疊視窗中的樹狀節點
- 如果視窗

這個群組中包含了可以操作桌面/Windows 應用程式的動作，例如：設定視窗狀態、移動視窗、填入視窗中的文字欄位、按視窗中的按鈕、取得視窗的詳細資訊等動作。

◆「瀏覽器自動化」群組

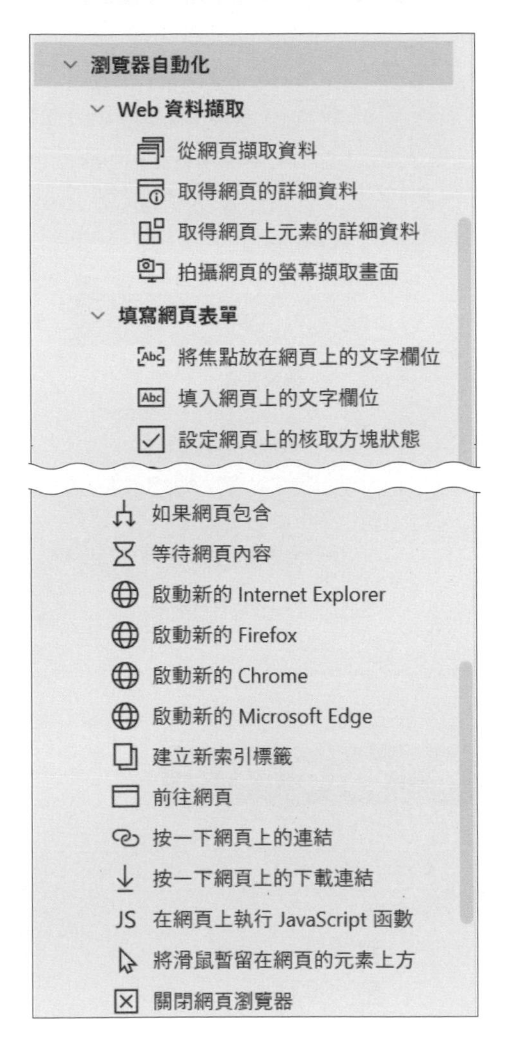

這個群組中包含了可以操作網頁的動作，例如：從網頁擷取資料、選取網頁上的選項按鈕、啟動新的瀏覽器、關閉網頁瀏覽器等動作。

補充說明

Power Automate Desktop 可以操作的網頁瀏覽器包括：Microsoft Edge、Google Chrome、Mozilla Firefox、Internet Explorer 等 4 種，另外也有內建瀏覽器可以直接檢視網站，在第 4 章會更詳細的說明。在 Microsoft Edge、Google Chrome、Mozilla Firefox 等瀏覽器的操作必須另外安裝「擴充功能」。擴充功能可以從 Power Automate Desktop 功能表列「工具」中的「瀏覽器延伸模組」來進行安裝。

◆「Excel」群組

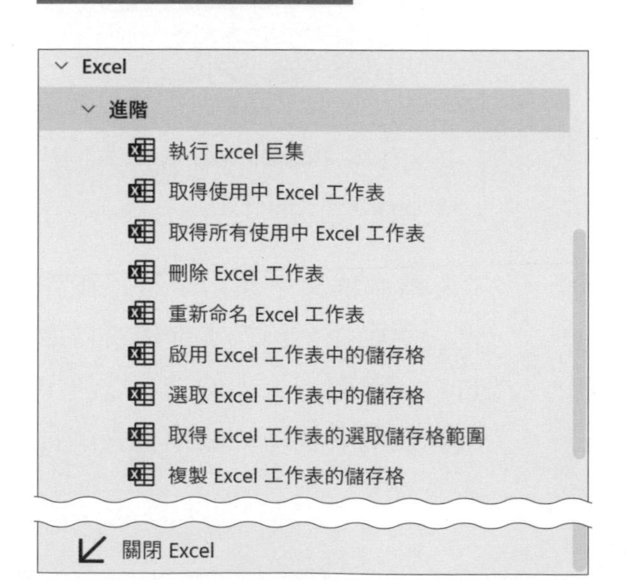

群組包含各種操控 Excel 的動作，例如：啟動 Excel、讀取自 Excel 工作表、儲存 Excel、寫入 Excel 工作表等。

◆「電子郵件」群組

電子郵件
擷取電子郵件訊息
處理電子郵件訊息
傳送電子郵件

從 IMAP 伺服器擷取電子郵件訊息 其他資訊
選取參數
IMAP 伺服器
IMAP 伺服器:
連接埠: 993
啟用 SSL:
使用者名稱:
密碼:
接受不受信任的憑證:
電子郵件篩選
變數已產生 RetrievedEmails
錯誤時
儲存
取消

這個群組包含電子郵件的相關操作，包括：擷取電子郵件訊息、傳送電子郵件等動作。在使用時必須先設定 SMTP、IMAP 等資訊，相關資訊請參考本章最後的專欄。

「擷取電子郵件訊息」動作中可以指定擷取的條件，僅擷取想要的電子郵件內容。設定的條件可以是：「當有郵件傳送至特定資料夾時」、「當特定寄件者傳送電子郵件」或「當主旨或本文中含有特定文字時」等。Outlook 相關的電子郵件自動化處理動作都包含於「Outlook」群組中。

◆「滑鼠與鍵盤」群組

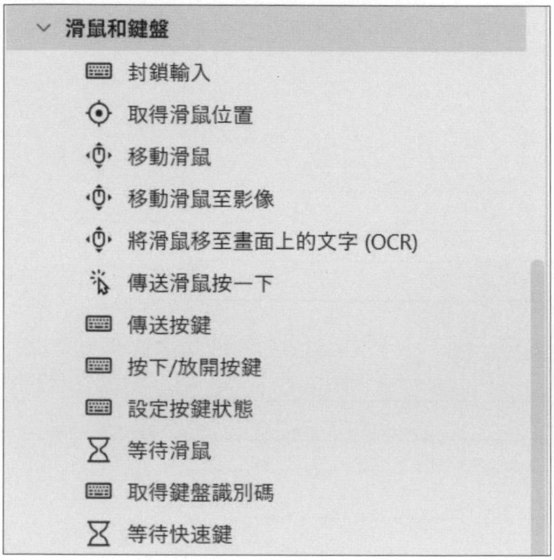

滑鼠和鍵盤
- 封鎖輸入
- 取得滑鼠位置
- 移動滑鼠
- 移動滑鼠至影像
- 將滑鼠移至畫面上的文字 (OCR)
- 傳送滑鼠按一下
- 傳送按鍵
- 按下/放開按鍵
- 設定按鍵狀態
- 等待滑鼠
- 取得鍵盤識別碼
- 等待快速鍵

這個群組中包含了可以進行滑鼠及鍵盤操作的動作，包含移動滑鼠、按下滑鼠左鍵 (或右鍵)、按下任何按鍵 (或輸入資料) 等動作。其中「傳送按鍵」可以設計成按下快速鍵的效果 (同時按下多個按鍵)，因此被使用的頻率很高。

◆「日期時間」群組

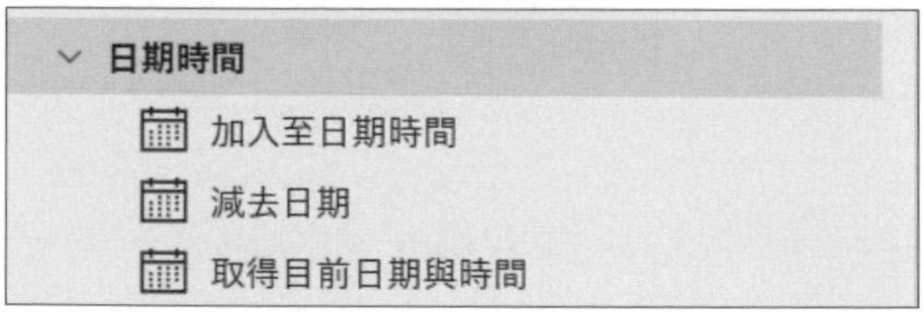

日期時間
- 加入至日期時間
- 減去日期
- 取得目前日期與時間

這個群組包含了可以取得日期時間的動作，包括：取得目前日期時間、算出兩個日期時間的差距 (減去日期) 或是從指定的時間點加上多長的時間等等。

3-3　變數

在 Power Automate Desktop 中使用到的數值，我們可以將它作為「變數」來管理。當我們要在動作中設定數值或是要存取動作的處理結果時都必須使用到變數。使用 Power Automate Desktop 時，「變數」是一個不可或缺的概念。

◆ 什麼是變數？

在 Power Automate Desktop 流程中使用的值會被作為變數來管理。變數就像一個可儲存資料或數值的箱子。以算式「x=1」來說明的話，變數就是其中的 x，而「1」就代表資料或數值。

變數示意圖

在變數中輸入資料，運用起來更簡單
將資料放入名為變數的箱子後，可以方便保存並能在需要的時候重複運用

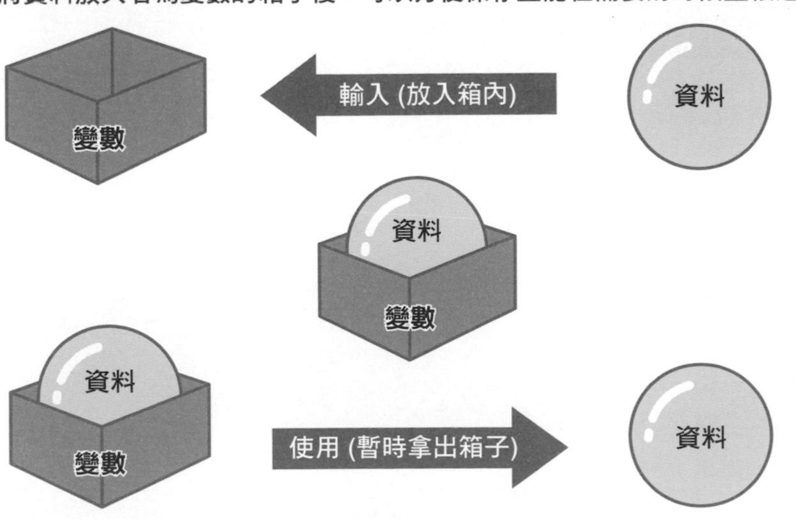

Power Automate Desktop 中，我們以左右兩邊加上 % 符號來表示變數。若 Variable 為變數的話，我們就將其表示為「%Variable%」。本書中被兩個 % 包圍的值都是變數。變數的名稱只能使用半形英文字母和數字和底線(_)，其中半形數字不能用於第一個字元，中文字、全形英文字母和數字及符號皆不能用於變數。舉例來說，「%flag%」可以做為變數，但「%旗標%」則不行。用兩個 % 包圍起來，也可以建立運算式，稍後會看到這種用法。

◆ 變數的使用

曾使用 Power Automate Desktop 的讀者應該已經有使用變數的經驗了。究竟我們該在什麼時候使用變數呢？以下使用「取得目前日期與時間」動作來舉例。該動作位於動作窗格中的「日期時間」群組中。

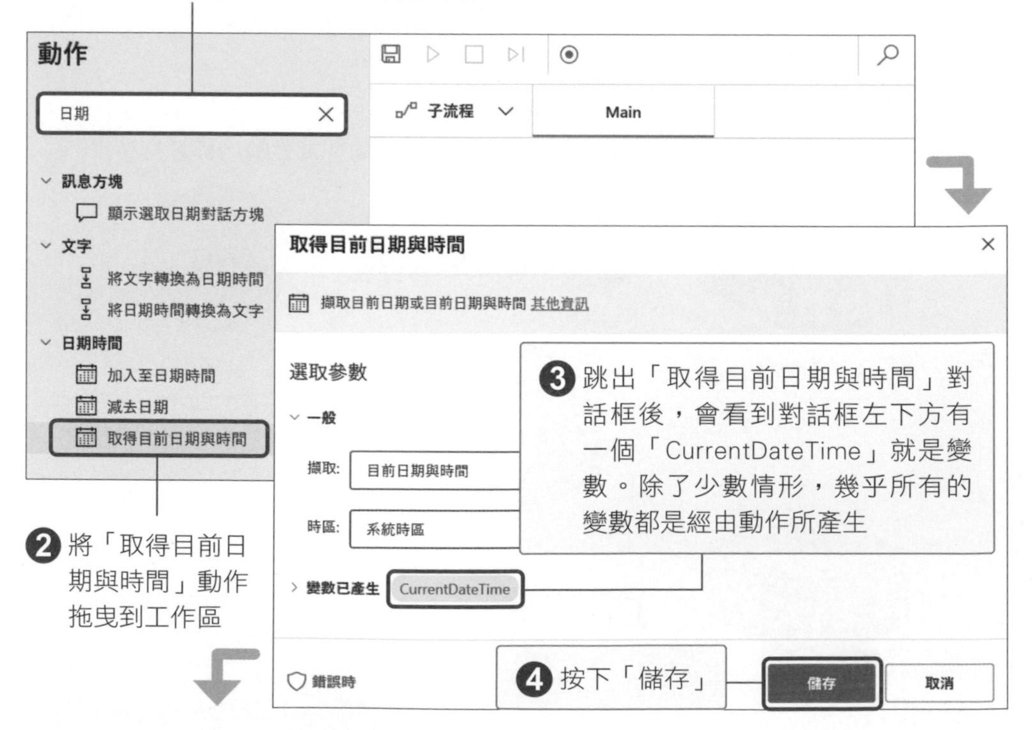

❺ 變數窗格中的「流程變數」會新增「CurrentDateTime」變數。之後我們只要輸入「%CurrentDateTime%」就可以使用此變數

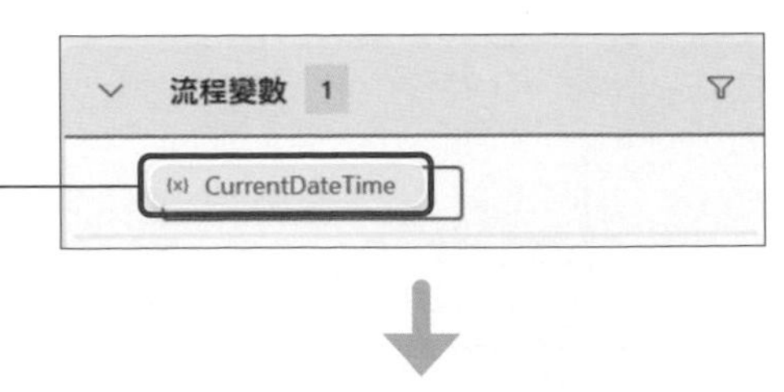

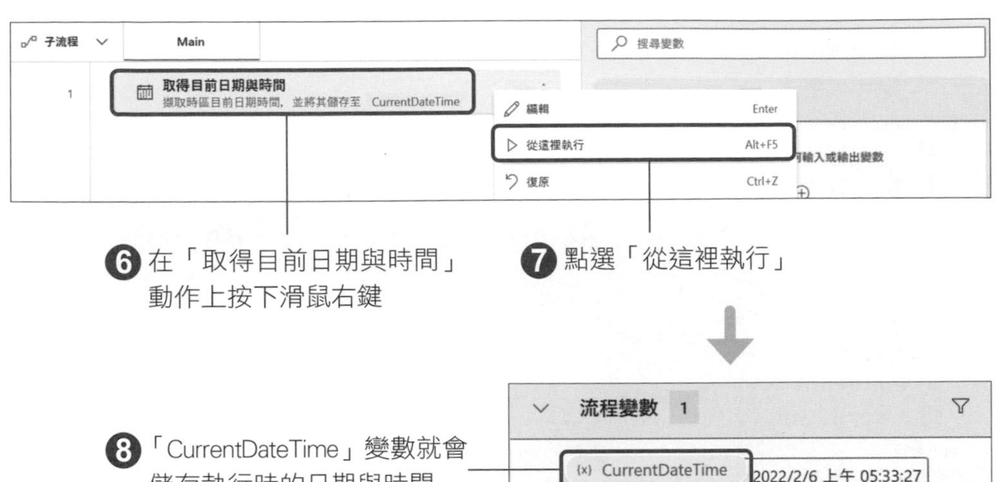

❻ 在「取得目前日期與時間」動作上按下滑鼠右鍵

❼ 點選「從這裡執行」

❽「CurrentDateTime」變數就會儲存執行時的日期與時間

流程變數 1

CurrentDateTime　2022/2/6 上午 05:33:27

補充說明

「變數窗格」中的「流程變數」也可以查看日期及時間的資訊。但長度比較長的值，像是 URL 位址、或是含有多列資料的清單型變數等資料，顯示在「流程變數」時會被截斷。

此時，我們可以在變數窗格中選取該變數並點擊兩下來查看變數的值。

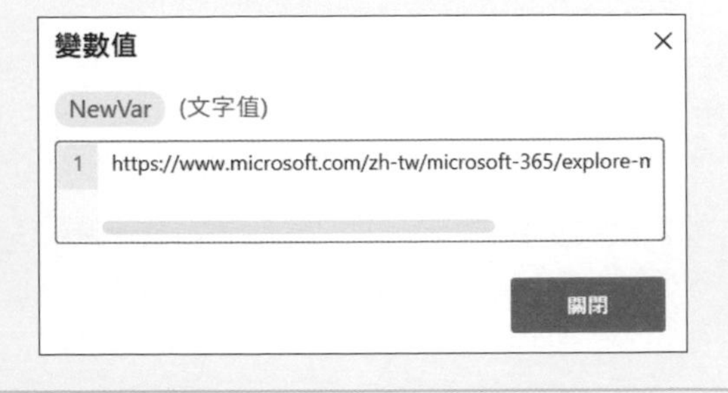

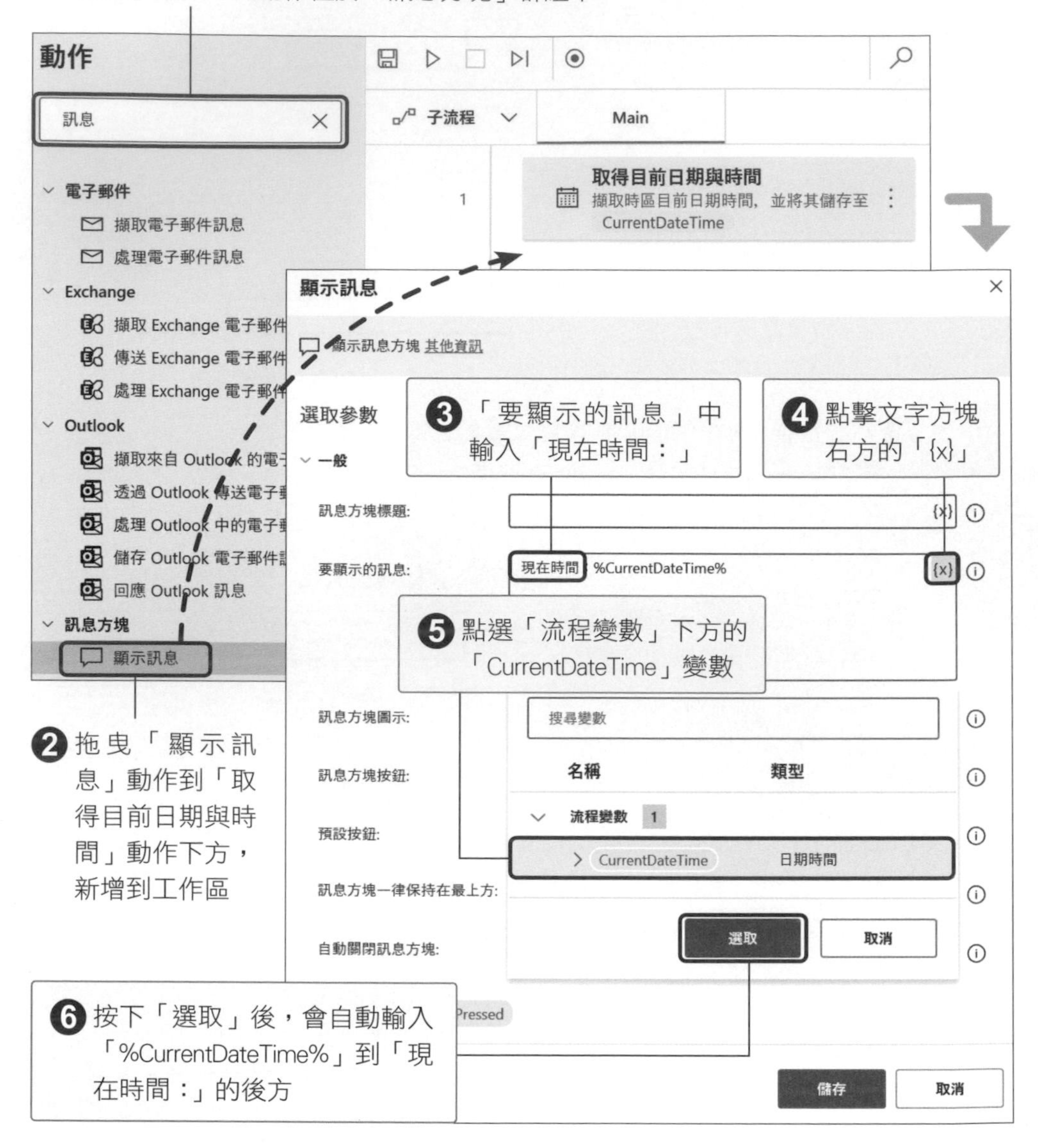

補充說明

如 p.3-22 所說明，在 Power Automate Desktop 中被兩個 % 符號包圍起來的值會被視為變數。如果變數值是「100%」等含有 % 符號的值，該如何表示呢？

▼ 接下頁

直接輸入為「100%」，Power Automate Desktop 看到 % 會跟變數表示法混淆，而產生語法錯誤。必須改用「100%%」表示才符合語法，Power Automate Desktop 實際上會以「100%」來儲存。

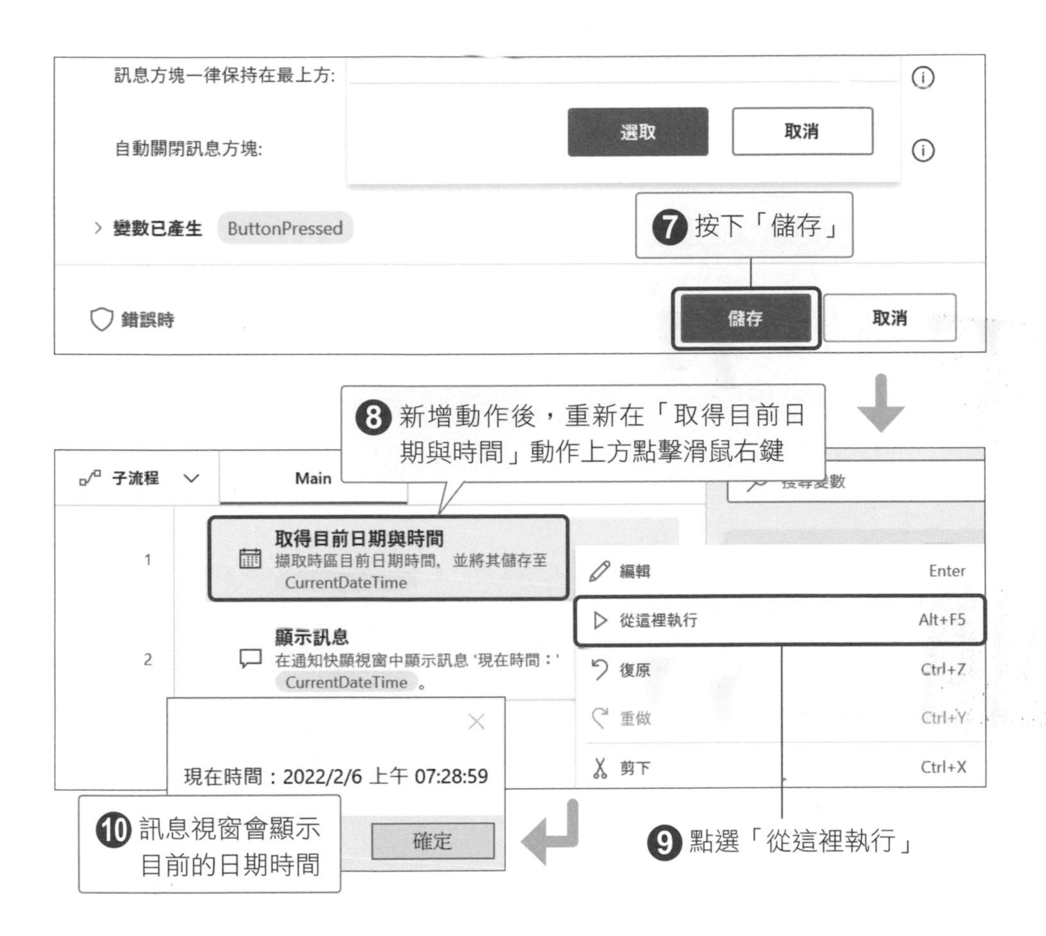

由此可知，產生的變數也可以用於其他的動作。另外，我們也可以使用「變數」群組中的「設定變數」動作來產生任意值的變數。

當流程中重複使用同一個數值，而且該數值可能會有所變動時，用變數管理就非常方便。

流程中，如果有用到檔案位置或網頁 URL 位址等資訊，在沒有使用變數的情況下，我們必須將這些資訊填寫到流程中的各個動作，若有變動，也必須修改所有相關資訊，當遺漏時，流程就會發生錯誤。若使用變數來管理這些資訊，上述情況，我們只要修改變數內容，流程中使用到該變數的地方都會自動更新。

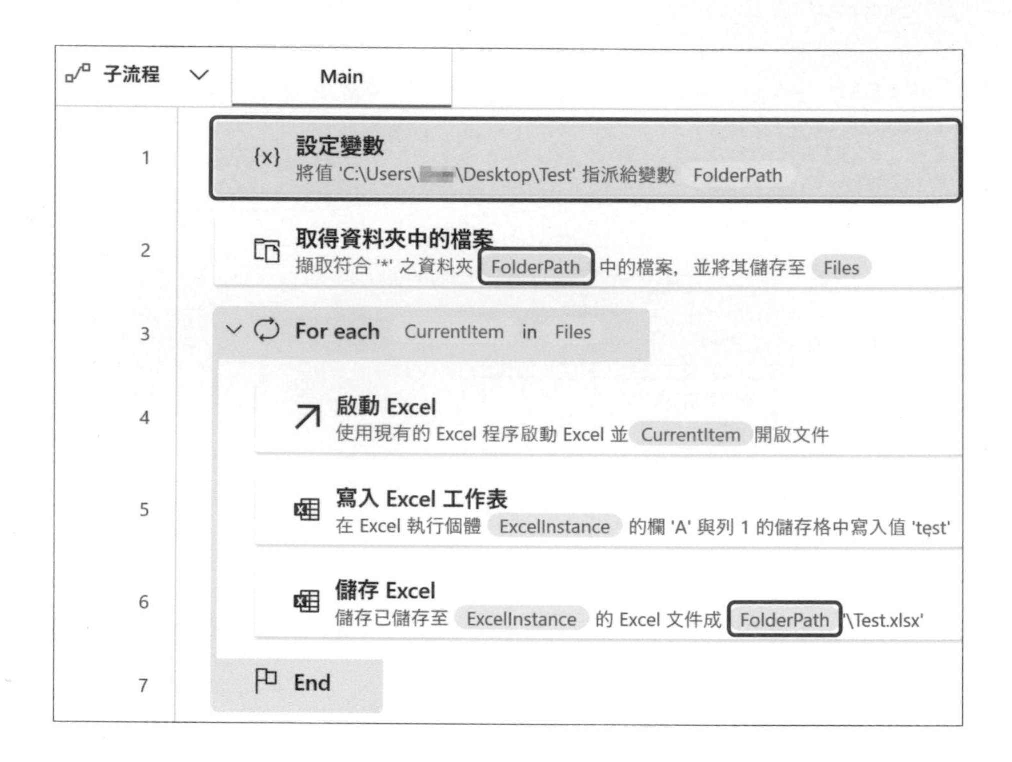

以上圖的流程為例，流程內容是要寫入資料到指定資料夾內的 Excel 檔並儲存於相同資料夾。動作中指定了儲存檔案的資料夾，當我們要變更資料夾時，我們只要變更使用變數的值就可以了。

若我們直接輸入資料夾的位置，這時就必須去修改各個動作中資料夾的位置，不僅非常耗時也容易出錯。

3-4 資料類型及屬性

變數所代表的值可能是數字、文字、日期等各種類型的資料。就像數字不能和文字一起做加法等運算，我們必須區分這些資料類型，不能混合使用。這些種類，我們稱之為變數的「資料類型」。

◆ 資料的類型

資料有各式各樣的類型，Power Automate Desktop 會根據變數值自動將變數歸類到適合的類型。**當我們要在動作中使用變數或是要進行變數之間的運算時，我們必須確認變數的類型，並在必要時轉換成正確的類型。**

在此將介紹 Power Automate Desktop 中比較常使用的資料類型。何為資料類型只要有程式編寫基礎或是使用過 VBA 應該不難理解，若是初次接觸可能就要花一點時間了解。現階段只要初步的了解較簡單的資料類型，在使用上不會有太大的問題。實際的使用方式可以參考本書各個章節的介紹，也可以參考微軟的官方文件：

https://docs.microsoft.com/zh-tw/power-automate/desktop-flows/variable-data-types

數值

表示數字 (含負數) 資料的資料類型我們稱之為數值。Power Automate Desktop **中若需要進行變數之間的加、減等四則運算時，該變數的資料類型就必須都是數值**。具體來說，像是「1」或「-10」都可以算是數值。就像在 Excel 函數中，若需要指定列號的參數，就屬於數值類型。

我們可以用算式當作變數的內容，會自動以運算的結果來儲存。

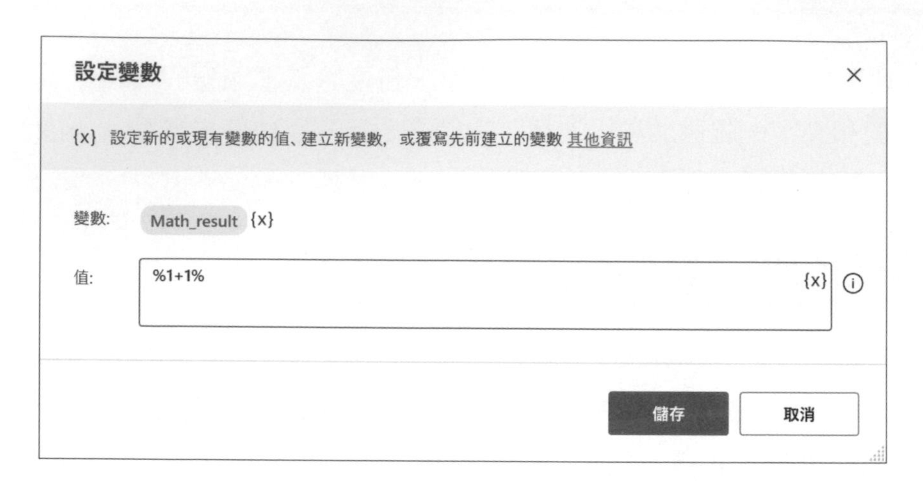

儲存後，實際存入變數的值為「2」。

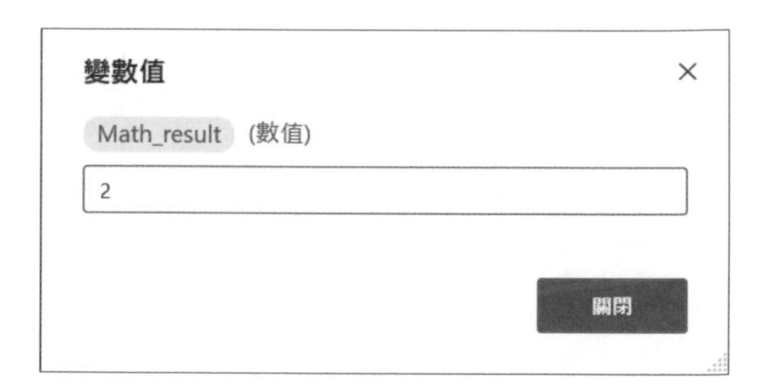

在「設定變數」動作中，輸入的值若除去「%1+1%」的 % 符號的話，會直接被作為文字儲存而不會進行運算。另外，只有數值類型可以做加減乘除的運算，文字值或是日期時間是不能直接運算的 (需要先想辦法轉成數值才行)。

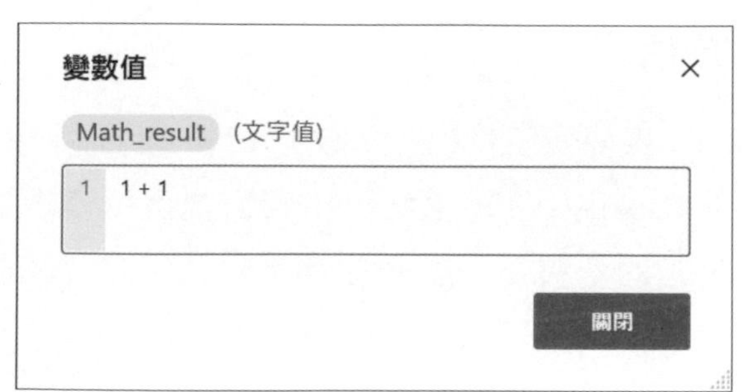

文字值

中文文字、英文字母、符號等都是屬於文字值。所以像是「甲乙丙丁」、「abcd」或「ㄅㄆㄇㄈ」這樣的資料，都是文字值。

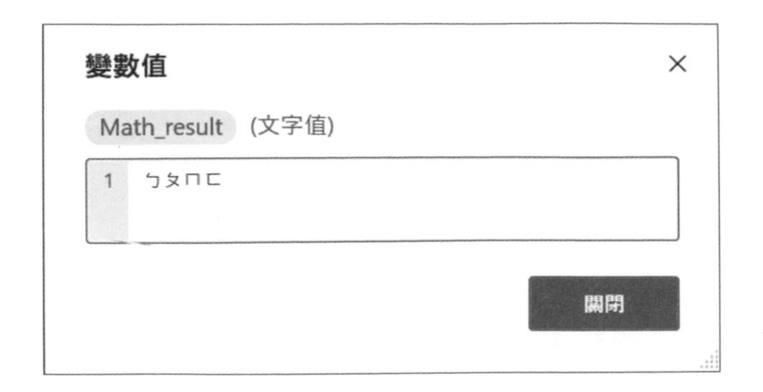

日期時間

當變數為日期和時間如：「2/6/2022 6:23:14 AM」，因符合日期時間格式，其資料類型會自動被歸類。系統預設的表示日期與時間的方式為台灣不常用的「月日年」，這是美國慣用的表示方式。在第六章將會詳細說明日期時間格式，並教你變更為台灣常用的「年月日」表示方式。

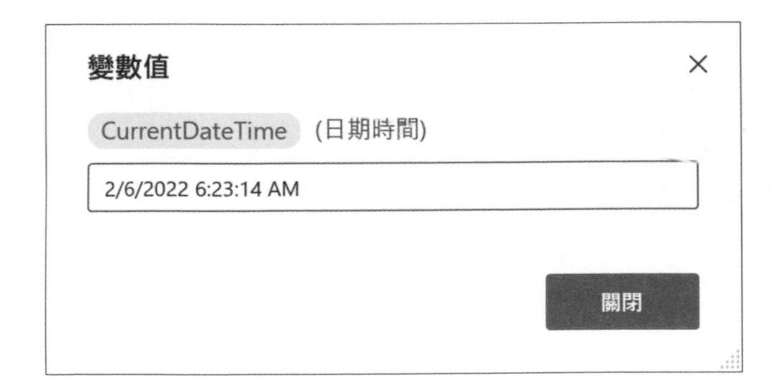

布林值

當變數值是針對某個條件表示 Yes/No 兩種狀態的資料時，其資料類型為布林值。兩種狀態中以 True 來表示 Yes，並以 False 表示 No。通常是在使用條件判斷時才會用到布林值，關於條件判斷會在後面的章節—「條件」詳細說明。

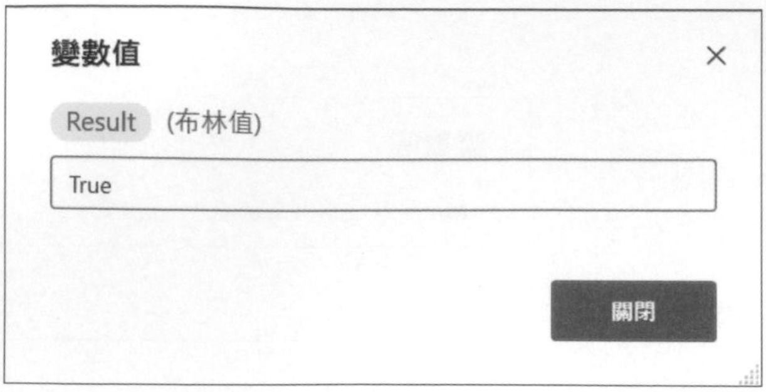

變數值

Result (布林值)

True

關閉

清單

當我們將複數的值作為一個變數，其資料類型就屬於清單。

變數值

List (清單數值)

#	項目
0	1
1	2
2	3
3	4
4	5
5	6
6	7
7	8
8	9
9	10

資料列號

關閉

當資料類型為清單時，變數中包含的值就像是 Excel 中的其中一欄。只要輸入「%清單名稱[資料列號]%」就可以指定要使用哪一列的值。

另外，要注意資料列號的起始點為 0 而非 1。以左圖為例，要使用「1」這個值時，我們必須輸入「%List[0]%」。程式設計用語中，清單資料類型也被稱為「一維陣列」。

資料表

資料表和清單一樣，都是一個變數包含了多筆資料的資料類型。不過，清單包含的資料只有 1 欄資料行，而資料表包含了 2 欄以上的資料行。我們可以輸入「%資料表名稱[資料列號][資料行號]%」指定資料列和資料行來取用特定的值。請注意和清單資料類型相同，資料列號和資料行號的起點皆為 0。

以下頁的資料表為例，當我們輸入「%變數名稱[2][1]%」時，就可以取得「13」這個值。

資料表相當於程式設計用語中的「二維陣列」。

變數值

ExcelData (資料表)

#	Column1	Column2	Column3	Column4	Column5	Column6
0	1	11	21	31	41	51
1	2	12	22	32	42	52
2	3	13	23	33	43	53
3	4	14	24	34	44	54
4	5	15	25	35	45	55
5	6	16	26	36	46	56
6	7	17	27	37	47	57
7	8	18	28	38	48	58
8	9	19	29	39	49	59
9	10	20	30	40	50	60

資料表

關閉

執行個體

啟動 Excel
啟動新的 Excel 執行個體或開啟 Excel 文件 其他資訊
選取參數
一般
啟動 Excel: 空白文件
顯示執行個體:
進階
變數已產生 ExcelInstance
錯誤時
儲存
取消

執行個體是在進行「啟動 Excel」、「啟動新的網頁瀏覽器」、「取得視窗」等動作時所產生的變數的資料類型，同時執行這些動作會給變數的 .Handle 屬性一個值，像 id 號碼般每個都獨一無二，不論是開很多個，還是關掉重開，每個數值都不同，具唯一性，所以執行個體資料類型主要的功能就是定位特定操作對象。

假如你不做這個動作會發生什麼事？

舉例來說，若想要開啟 2 個以上的 Excel 活頁簿，要在 Excel 中輸入資料時，Power Automate Desktop 並不知道我們想要輸入到哪個活頁簿。

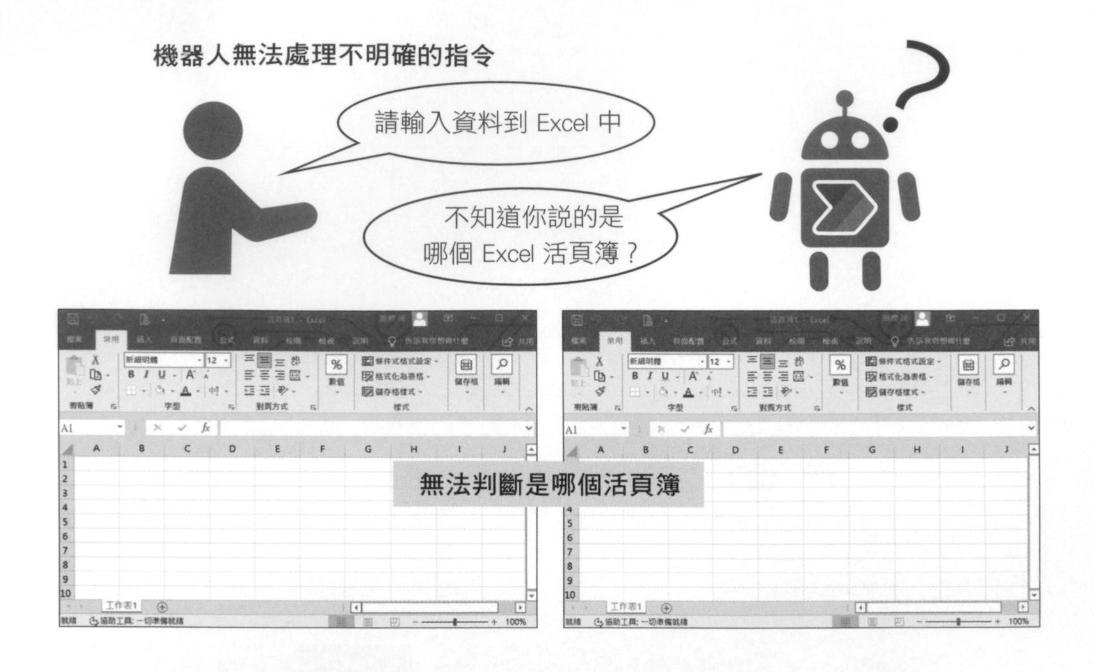

由於執行個體變數儲存了可以判別操作對象的資訊，所以我們可以使用執行個體變數將資料輸入到指定的 Excel 活頁簿中。

檔案

← **變數值**

Files [0] (檔案)

屬性	值
.FullName	C:\Users\[illegible]\Desktop\Test\test.pdf
.Name	test.pdf
.Extension	.pdf
.NameWithoutExtension	test
.Directory	C:\Users\[illegible]\Desktop\Test
.RootPath	C:\
.Size	492180
.CreationTime	1/22/2022 12:07:48 AM
.LastModified	10/1/2021 10:45:45 AM
.LastAccessed	1/22/2022 12:07:51 AM
.IsHidden	False

檔案資料類型的變數內容為取得的檔案資料。

可從資料夾群組中「取得資料夾中的檔案」動作進行操作。取得 Files 清單檔案後，可以查看裡面項目，點開的項目就是檔案資料類型。

資料夾

← **變數值**

Folders [0] (資料夾)

屬性	值
.FullName	C:\Users\[illegible]\Desktop\Test\新資料夾
.Name	新資料夾
.Parent	C:\Users\[illegible]\Desktop\Test
.RootPath	C:\
.CreationTime	1/22/2022 12:10:07 AM
.LastModified	1/22/2022 12:10:07 AM
.IsHidden	False
.IsEmpty	True
.Exists	True
.FilesCount	0
.FoldersCount	0

資料夾資料類型的變數內容為取得的資料夾資料。

可從資料夾群組中「取得資料夾中的子資料夾」動作進行操作。和檔案資料類型相同，取得 Folders 清單檔案後，點開裡面的項目就是資料夾資料類型。

◆ 屬性

屬性是指該資料類型所包含的資料，之前我們在執行個體、檔案、資料夾都有看到它的出現，甚至於在往後章節才為碰到的 UI 元素也有它的蹤影。

以資料夾來舉例，就具有「.FullName (全名)」、「.Name (名稱)」、「.Parent (資料夾儲存位置)」、「.CreationTime (建立日期)」等屬性。

屬性	值
.FullName	C:\Users\\[illegible]\Desktop\Test\新資料夾
.Name	新資料夾
.Parent	C:\Users\\[illegible]\Desktop\Test
.RootPath	C:\
.CreationTime	1/22/2022 12:10:07 AM
.LastModified	1/22/2022 12:10:07 AM
.IsHidden	False
.IsEmpty	True
.Exists	True
.FilesCount	0
.FoldersCount	0

只要在變數名稱後加上屬性名稱，就可以在動作中使用這些屬性。特別注意屬性名稱中都含有「. (點)」符號。下圖為用「顯示訊息」動作顯示資料夾名稱的案例。習慣使用變數之後，可以試試看使用屬性來學會更多的功能。

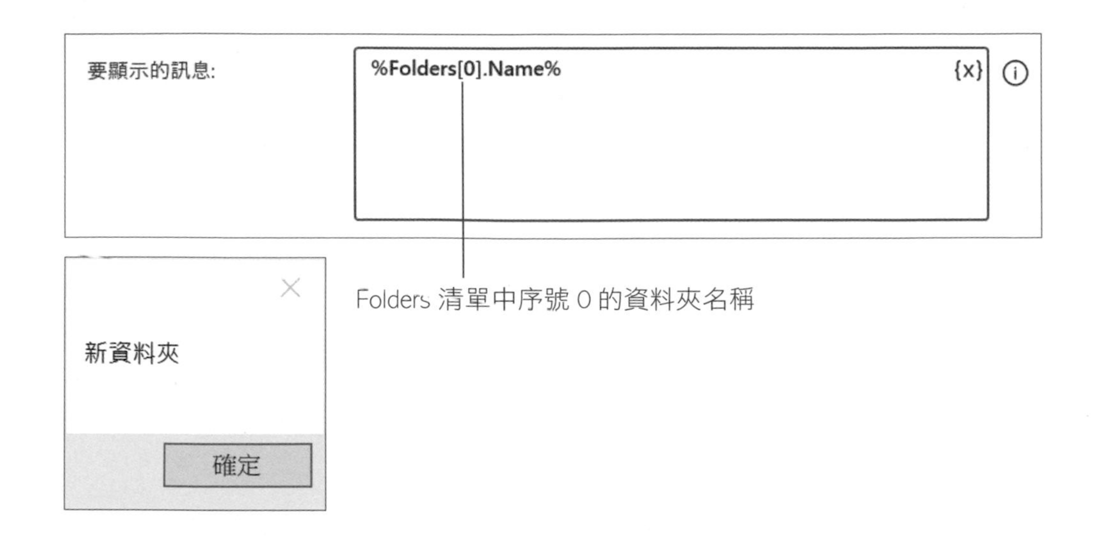

◆ 對話方塊

前文中已經介紹了兩種設定變數值的方法，一種是「經由流程取得」，一種是「直接指定某個值給變數」。

除了上述兩種方法，我們也可以透過流程從外部獲取資訊並使用於變數中。

舉例來說，若我們想要建立一個考勤管理流程，讓機器人輸入員工的上下班時間。那麼我們就必須從外部獲得員工姓名及時間等資訊。

像這種必須從流程外部獲取資訊或是需要人工判斷的情況，我們會使用「對話方塊」功能，**只要使用「對話方塊」，我們就可以在流程執行的途中輸入變數值。**

「顯示輸入對話方塊」動作

「顯示輸入對話方塊」動作可以讓系統顯示對話方塊讓我們輸入任意的值。我們可以在下圖的視窗中輸入指定對話方塊的標題和訊息內容。

顯示輸入對話方塊

顯示提示使用者輸入文字的對話方塊 其他資訊

選取參數

一般

輸入對話方塊標題: 上/下班

輸入對話方塊訊息: 請輸入姓名

預設值:

輸入類型: 單行

輸入對話方塊一律保持在最上方:

變數已產生 UserInput ButtonPressed

錯誤時 儲存 取消

我們可以試著建立一個流程來檢視使用「顯示輸入對話框」動作的結果，確認變數 %UseInput% 是否被儲存為輸入的值。首先，我們以上圖內容來設定「顯示輸入對話方塊」動作，並使用「顯示訊息」動作來檢視結果。設定好的所有流程如下圖所示。

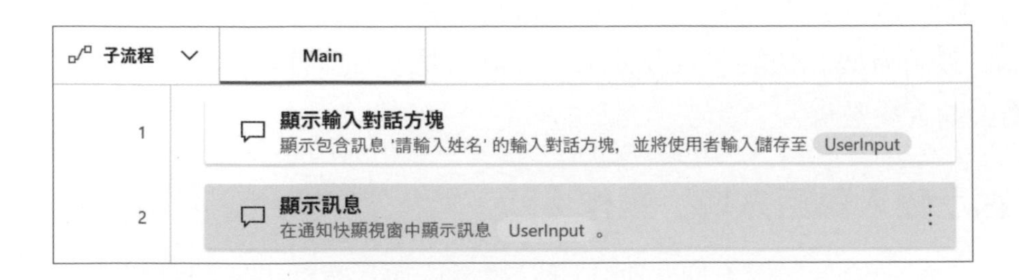

開始執行流程後，會出現下圖的對話方塊。在對話方塊中輸入「陳旗標」後按下 OK。

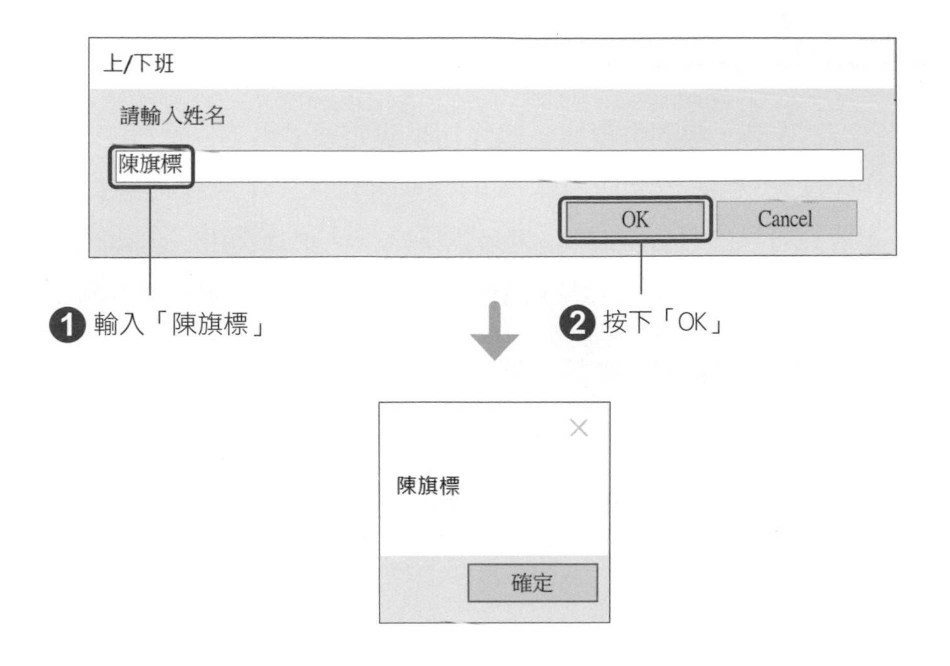

就會出現如左圖的訊息方塊。我們輸入在對話方塊中的「陳旗標」顯示在訊息方塊中。

使用對話方塊設定好的變數，除了像範例般用於訊息方塊，也能用在其他地方，如運用在實際工作中，我們可以將輸入在對話方塊中的姓名，再次輸入到以 Excel 建立好的名冊中。

3-5 條件

在公司工作時，我們會根據各種條件來決定或變更工作進行的方式，譬如工作完成時就報告上司，這時候的條件就是「工作是否完成」。另外像是，如果資料夾內存有兩個以上的檔案的話就移動資料夾；如果檔案為 PDF 檔的話就合併檔案等，這些作業都是根據條件來進行接下來的工作。

建立流程時，我們將「如果…就…」這種根據條件來決定處理方式的動作稱為「條件」。

條件動作通常會與其他的動作組合使用，當條件一致時就進行指定的動作。

◆ 條件的動作

「If」為 Power Automate Desktop 中基本的條件動作。

「If」動作

使用「If」動作，可以在變數的值與設定的條件一致時執行特定動作。

下圖為一個簡單的條件流程範例。此條件要在變數的檔案型態為 PDF 時移動檔案。

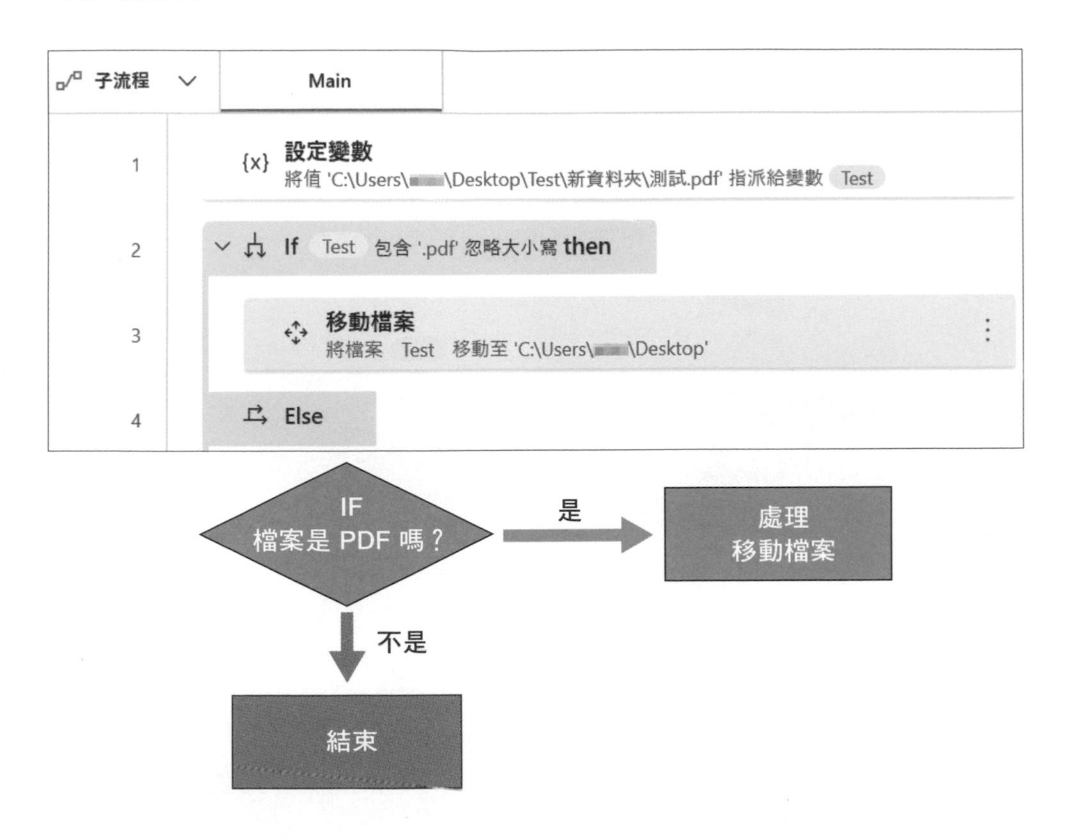

「Else」動作

當不滿足 If 的條件時，我們可以使用「Else」動作來執行特定的動作，此時不需要輸入參數。

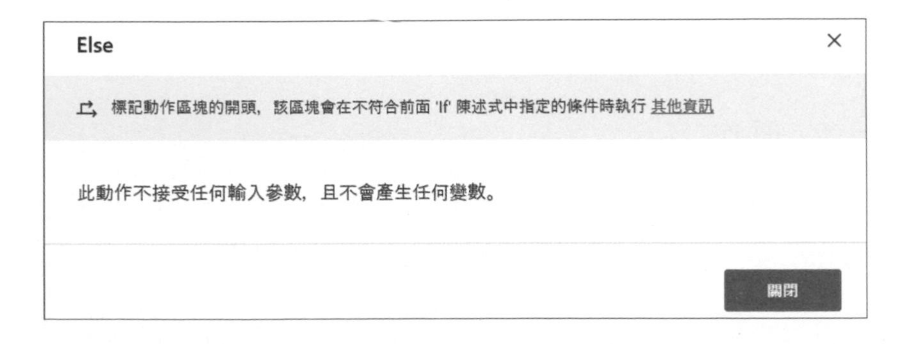

下圖為使用「Else」動作的範例。我們在剛剛的流程中加上「Else」動作，意思就是當變數的值為 PDF 檔時就移動檔案，若不是的話就刪除檔案。

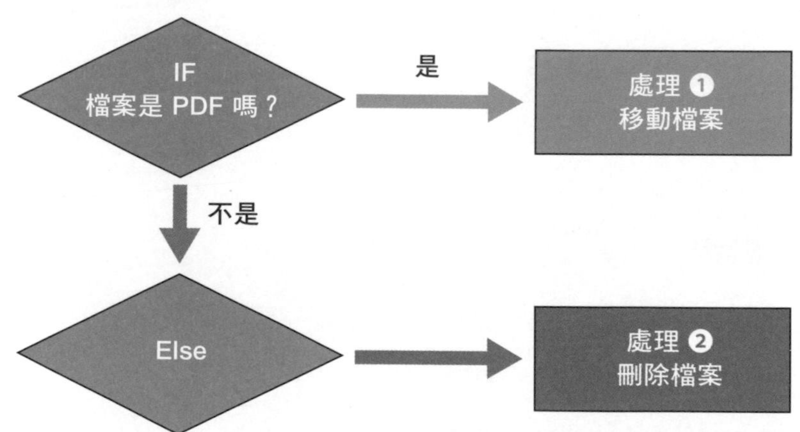

「Else if」動作

我們可以使用「Else if」動作在「If」動作中增加條件。當變數的值和 If 的條件不一致時，我們可以透過設定其他條件來指定要執行的動作。

Else if

標記動作區塊的開頭，該區塊會在不符合前面 'If' 陳述式中指定的條件，但符合此陳述式中指定的條件時執行 其他資訊

選取參數

第一個運算元: %Test%

運算子: 包含

第二個運算元: .jpg

忽略大小寫:

儲存　取消

下圖為使用「Else if」的範例。我們在剛剛的流程中加入「Else if」動作。當變數值為 PDF 檔時就移動檔案，若不是 PDF 檔而是 JPEG (JPG) 檔的話就複製檔案，若兩者都不是則刪除檔案。

1 設定變數
將值 'C:\Users\\Desktop\Test\新資料夾\測試.pdf' 指派給變數 Test

2 If Test 包含 '.pdf' 忽略大小寫 then

3 移動檔案
將檔案 Test 移動至 'C:\Users\\Desktop'

4 Else if Test 包含 '.jpg' 區分大小寫 then

5 複製檔案
將檔案 Test 複製至 'C:\Users\\Desktop'

6 Else

7 刪除檔案
刪除檔案 Test

8 End

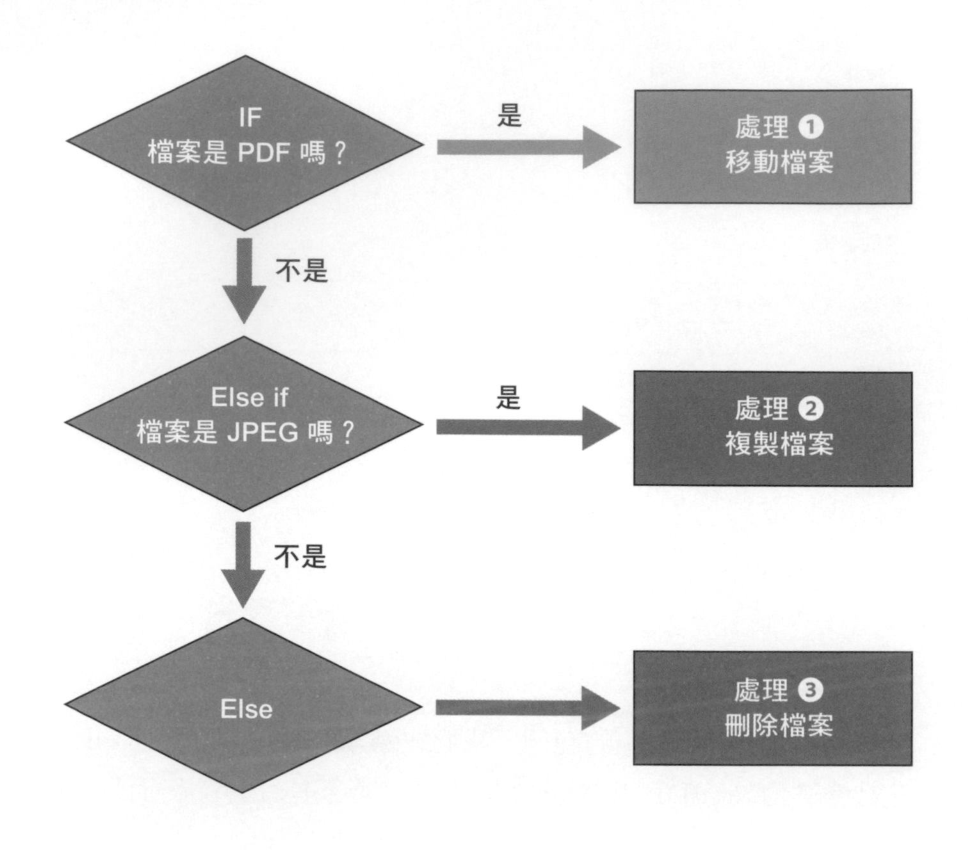

編註 「Switch」和「Case」動作的講解放在專欄 2。

◆ 運算子

前文在說明「If」動作和「Else if」動作時都有提及條件，而設定條件的方法是透過「選取參數」視窗來指定。其中「運算子」欄位就是指定比較的方法，看是要比大、比小、或是有沒有相等、有沒有包含等等，而運算元就是要拿來比較的元素，通常「第一個運算元」多半是變數，「第二個運算元」則是要比較的對象 (有可能是另個變數也有可能是固定值)。

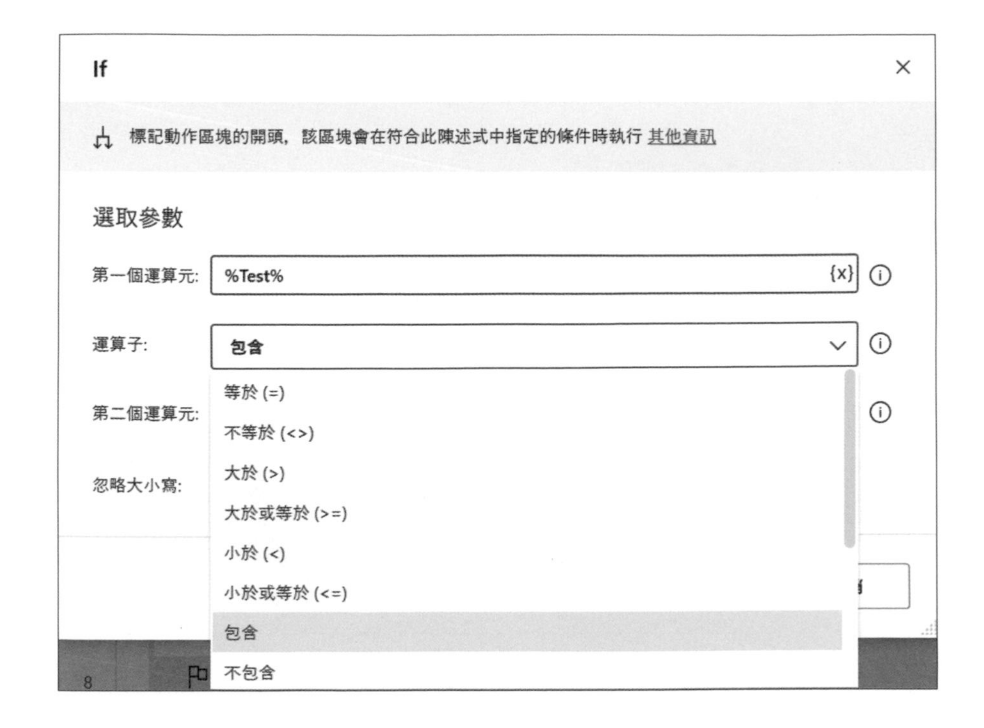

以下介紹是可以運用的運算子。

運算子	說明
等於 (=)	第一和第二個運算元相同
不等於 (<>)	第一和第二個運算元不同
大於 (>)	第一個運算元大於第二個運算元
小於 (<)	第一個運算元小於第二個運算元
大於或等於 (>=)	第一個大於或等於第二個運算元
小於或等於 (<=)	第一個小於或等於第二個運算元
包含	第一個運算元內含有第二個運算元的值
不包含	第一個運算元不含有第二個運算元的值

▼ 接下頁

運算子	說明
是空的	第一個運算元不含有值（此運算子僅判斷「空白」，不需要輸入第二個運算元）
不是空的	第一個運算元含有值（此運算子僅判斷「非空白」不需要輸入第二個運算元）
開頭是	第一個運算元的開頭是第二個運算元
開頭不是	第一個運算元的開頭不是第二個運算元
結尾是	第一個運算元的結尾是第二個運算元
結尾不是	第一個運算元的結尾不是第二個運算元

小編補充　運算子與運算元

程式中的運算式或判斷式都是由運算子與運算元所構成，例如：

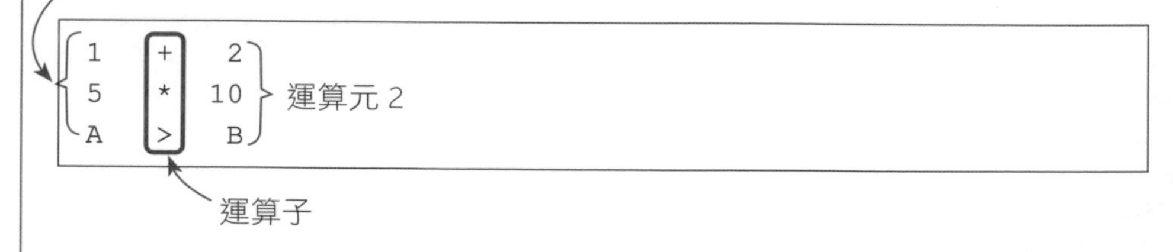

運算子就是運算的符號（也稱算符），常見的數學符號包括 ＋、－、×、÷，或是 >、< 等都是，不過在程式中可能會以不同的符號代替，Power Automate Desktop 則是直接在欄位中指定項目即可。運算元就是參與運算的元素，通常位置是不能對調的（運算結果會不同）。

有些運算式或判斷式比較複雜，可能會含有多個運算子，這時就要注意優先權的問題，有興趣請自行參考程式設計相關書籍，Power Automate Desktop 不太會遇到類似的狀況。

3-6 迴圈

在我們日常工作中經常有需要不斷重複的工作，例如：大量變更公文中的收件者、輸入產品名稱到生產管理系統等。

不斷重複這些單調的工作可能會因為分心而產生錯誤。Power Automate Desktop 可以快速且正確的進行這些大量的重複性工作。

接下來就是要介紹 Power Automate Desktop 中，進行重複性作業不可或缺的迴圈動作。

◆ 三種迴圈動作

當我們想要複製有多欄、多列的 Excel 資料到另個 Excel 上時，若要針對每一個資料都設定一個複製內容到其他檔案的動作，動作會大量增加，導致流程的製作或維護變得非常繁雜。

1 啟動 Excel
使用現有的 Excel 程序啟動 Excel 並'C:\Users\\Desktop\活頁簿1.xlsx'開啟文件

2 讀取自 Excel 工作表
讀取範圍從欄 'A' 列 1 至欄 'F' 列 10 的儲存格值，並將其儲存至 ExcelData

3 啟動 Excel
使用現有的 Excel 程序啟動空白 Excel 文件

4 寫入 Excel 工作表
在 Excel 執行個體 ExcelInstance2 的欄 'A' 與列 1 的儲存格中寫入值 ExcelData [0][0]

5 寫入 Excel 工作表
在 Excel 執行個體 ExcelInstance2 的欄 'A' 與列 2 的儲存格中寫入值 ExcelData [1][0]

6 寫入 Excel 工作表
在 Excel 執行個體 ExcelInstance2 的欄 'A' 與列 3 的儲存格中寫入值 ExcelData [2][0]

7 寫入 Excel 工作表
在 Excel 執行個體 ExcelInstance2 的欄 'A' 與列 4 的儲存格中寫入值 ExcelData [3][0]

8 寫入 Excel 工作表
在 Excel 執行個體 ExcelInstance2 的欄 'A' 與列 5 的儲存格中寫入值 ExcelData [4][0]

	A	B	C	D	E	F	G	H
1	1	11	21	31	41	51		
2	2	12	22	32	42	52		
3	3	13	23	33	43	53		
4	4	14	24	34	44	54		
5	5	15	25	35	45	55		
6	6	16	26	36	46	56		
7	7	17	27	37	47	57		
8	8	18	28	38	48	58		
9	9	19	29	39	49	59		
10	10	20	30	40	50	60		
11								

若想要重複執行一連串的處理動作，雖然我們可以將這些動作依照想要執行的次數新增到流程中來達到目的，但這樣不僅耗時，也會讓流程看起來非常複雜。

上述的狀況只要使用迴圈動作就可以依照我們想要的次數執行相同的處理動作。Power Automate Desktop 中內建有三種迴圈動作，以下將依序介紹。

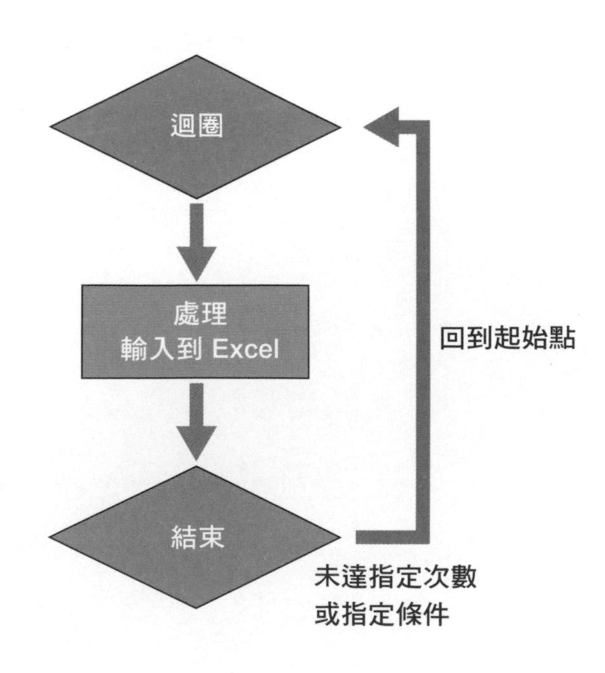

「迴圈」動作

使用「迴圈」動作可以依照指定的次數反覆執行「迴圈」到「End」之間的動作。譬如當我們想要讀取 Excel 的值並複製到其他檔案中的時候，就可以使用迴圈動作。

左圖有一個可以指定「遞增量」的欄位。**產生的變數會根據遞增量的值增加，直到達到結束位置所設定的值。**

若要使用「迴圈」動作來將 Excel 內的資料複製到其他檔案，一開始的設定也需要將動作一個個輸入到流程中，不同的是，只要新增三個動作就可以讓動作不斷重複。

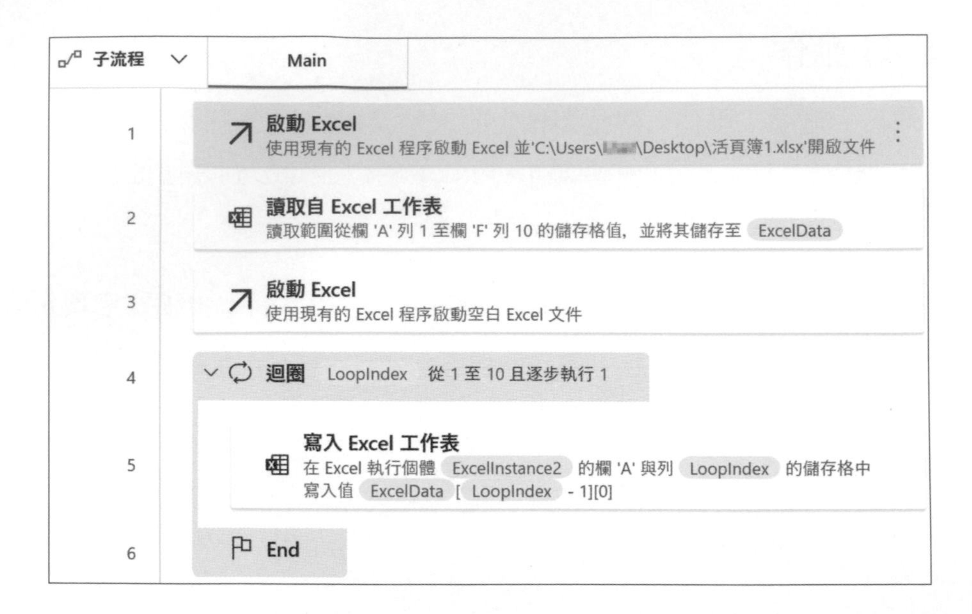

「迴圈條件」動作

使用「迴圈條件」動作時，會一直重複想要執行的動作直到變數不再滿足條件。這是一個和條件合併使用的迴圈動作。由於不會在設定時就決定執行的次數，可用來偵測是否有特定的情況發生。

「For each」動作

「For each」動作僅能用於含有複數值的資料，如資料表或清單資料。它可以使用資料表或清單的資料列數來設定重複的次數，例如：%List[4:7]%，表示第 4 資料列到第 6 資料列；若沒有設定起始或結尾，就代表最前面或最後面的資料列數，像：%List[:2]%，表示從第 0 資料列到第 1 資料列 (不包含第 2 列)，For each 會以資料列為單位輸出每一列的值。**注意此動作不能使用於「單一值」的變數，指定單一列數的資料 (如 %List[0]%) 也是不行的。**

像是將顧客資料一筆一筆輸入到應用程式，或是將資料夾內的檔案依序開啟並輸入值，這樣的工作就可以使用「For each」動作。

補充說明

「If」動作和「迴圈」動作的結尾一定需要「End」。從「If」或「迴圈」到「End」之間的範圍，我們稱之為「區塊」。形成區塊的部分，在流程中區塊內的動作會如右圖紅色框線部分，連結在一起。區塊的處理是一連串的，因此不能在區塊內動作的途中執行「從這裡執行」。

3-7 記錄功能

Power Automate Desktop 也針對比較不擅於設定動作組合的使用者內建了記錄功能—「錄製程式」。「錄製程式」可以將使用者執行過的動作全部記錄起來，自動切換成合適的動作，是非常方便的功能。

◆ 切換記錄方式

「錄製程式」預設是以擷取 UI 元素轉換成動作，若要切換成影像錄製模式，請選擇錄製程式右上角 ⋮，打開「影像錄製」開關。

◆ 啟動新的網頁瀏覽器

Power Automate Desktop 的「錄製程式」還提供「啟動新的網頁瀏覽器」的選項，點擊後除了會出現網頁的頁面之外，「錄製程式」中也會出現「啟動網頁瀏覽器」動作，節省我們 Web 網頁操作流程製作的時間。不需要使用傳統方式，開始記錄後，再開啟網頁應用程式。另外你已經打開網頁瀏覽器，再進行記錄，點擊網頁上任何一個 UI 元素 or 影像，「啟動網頁瀏覽器」動作和選取的 UI 元素 or 影像一起增加到「錄製的動作」項目中。

專欄 1　「電子郵件」動作的設定

◆ Outlook.com

在使用「電子郵件」動作時，我們必須先設定欲操作的電子郵件位置，輸入 IMAP/SMTP 資訊。

下文將說明如何設定 Outlook.com。詳細說明也可以參考 https://reurl.cc/qOQojq。

在接收 (擷取) 郵件時請依下表設定 IMAP 資訊。

Outlook_ 收信設定

IMAP 伺服器	outlook.office365.com
IMAP Port	993
啟用 SSL	On
使用者名稱	Outlook.com 的電子郵件地址
密碼	Outlook.com 的密碼

傳送郵件時須設定以下 SMTP 資訊。

Outlook_ 傳送設定

SMTP 伺服器名稱	smtp-mail.outlook.com
SMTP Port	587
啟用 SSL	On
SMTP 伺服器憑證	On
使用者名稱	Outlook.com 的電子郵件地址
密碼	Outlook.com 的密碼

◆ Gmail

在使用「電子郵件」動作時，我們必須先設定欲操作的電子郵件位置 IMAP/SMTP 資訊。

下文將說明如何設定 Gmail。詳細說明也可以參考 https://support.google.com/mail/answer/7126229?hl=zh-Hant。在接收郵件時請依下表設定 IMAP 資訊，並且必須在 Gmail 中將 IMAP 功能設定為有效。

Gmail_ 收信設定

IMAP 伺服器	imap.gmail.com
IMAP Port	993
啟用 SSL	On
使用者名稱	Google 的電子郵件地址
密碼	Google 的密碼（若為 2 階段認證時則輸入驗證碼）

傳送電子郵件時須依下表設定 SMTP 資訊。

Gmail_ 傳送設定

SMTP 伺服器名稱	smtp.gmail.com
SMTP Port	465
啟用 SSL	On
SMTP 伺服器憑證	On
使用者名稱	Google 的電子郵件地址
密碼	Google 的密碼（若為 2 階段認證時則輸入驗證碼）

若使用 2 階段驗證則需要設定應用程式密碼。

請參考 https://support.google.com/accounts/answer/185833?hl=zh-Hant。

專欄 2 「Switch」和「Case」

公司中有些流程會依據部門別或行政區域不同而有差異，像這種同一個判斷條件會有許多不同結果時，使用「Switch」動作、「Case」動作來進行處理會更方便。

下圖所表示的為條件「If」和「Switch」/「Case」動作的不同點。每個條件的比較對象都不同時，適合使用「If」動作，若比較對象只有一個，但有多個條件時，則適合使用「Switch」/「Case」動作。

使用「If」的情境

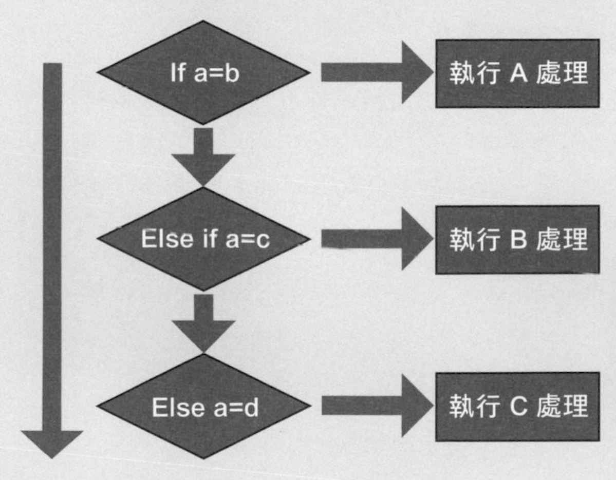

- 每個「If」動作都必須設定比較對象和運算子
- 每個「If」動作都可以設定不同的條件。

使用「Switch」/「Case」的情境

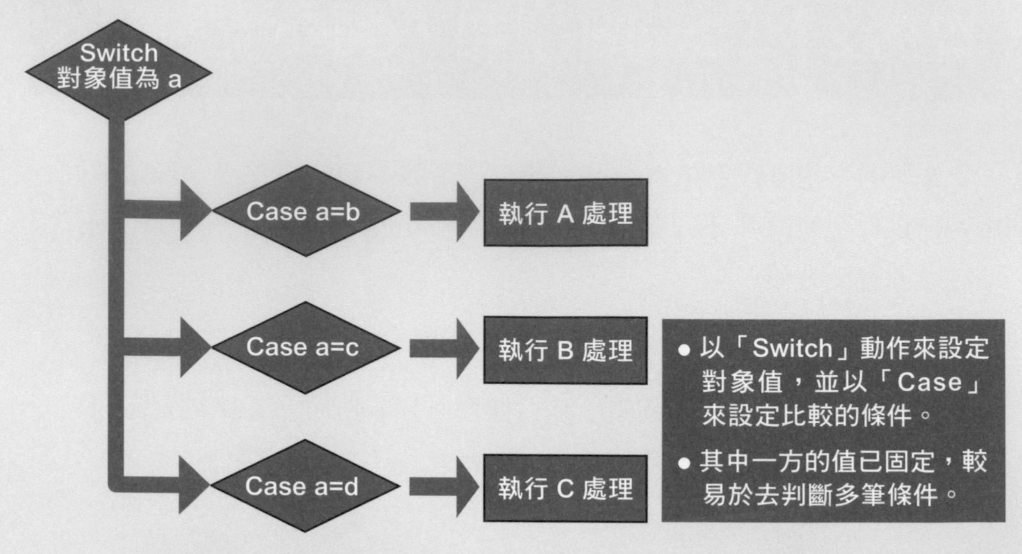

小編補充 **Switch 範例-透過檔名分類檔案**

假設你是一名行政人員，工作是負責歸檔，而檔案目前都放在同一個資料夾。根據公司的分類規則，會議記錄、正式合約、公司月會報告有自己的資料夾，我們必須將它們放到它們該有的位置，並將這些檔案依照放入日期時間重新命名。

透過觀察，我們發現會議記錄都是用 word 檔 (.docx)，正式合約使用 PDF 檔，而月會報告都是由 PPT 製作的，因此按照以下步驟，你可以自己建立一個流程實作看看：

1. 取得資料夾中的檔案 (產生變數 Files 表示檔案清單)。
2. 使用 For each 區塊，從檔案清單中的檔案 (CurrentItem) 的第一筆開始檢查到最後一筆。
3. 取得目前日期與時間 (CurrentDateTime)，等之後重新命名時使用。
4. 使用 Switch，設定比較的主角為檔案清單中的檔案 (CurrentItem)。
5. 使用 case 來判斷檔案清單中的檔案 (CurrentItem)，是否包含 .docx 檔、.pdf 檔、.ppt 檔，若符合條件，就將檔案以日期與時間 (CurrentDateTime) 命名，並將其移至會議記錄資料夾、正式合約資料夾、或是月會報告資料夾。

第 4 章

瀏覽器設定與網頁 UI 元素

4-1 Web 網頁操作的基本動作

接下來的章節，我們會一邊實際操作一邊學習建立流程。這一章將會說明建立 Web 網頁操作的流程，首先會介紹操作網頁瀏覽器的準備事項以及基本動作，下一章會說明建立流程的步驟，其中包括同時從網站上取得多筆資料，並篩選這些資料的流程。

◆ 開始 Web 網頁操作流程之前

在我們日常工作中，許多工作都和網站息息相關，譬如：每個月在固定時間從客戶的網站下載多筆資料，將其複製到公司內部系統等例行的重複性工作，因為取得的資料非常多且不容許出錯，常常造成承辦人很大的負擔。若改以使用 Power Automate Desktop，我們就可以輕鬆地自動化這些網路相關的操作。

本章開頭會先說明操作網頁瀏覽器的準備事項，接著開始建立流程來從網站一次取得多筆資料，並從取得的資料中篩選資料。本章會使用作者提供的練習網站 (https://support.asahi-robo.jp/learn/) 來進行說明。

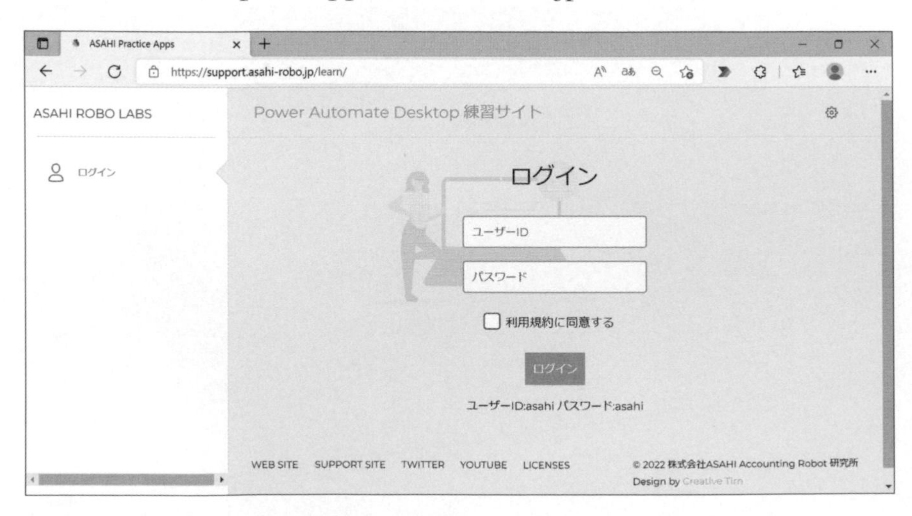

小編補充 由於作者提供的為日文網站 (https://support.asahi-robo.jp/learn)，建議讀者可利用瀏覽器內建的翻譯功能轉為中文，後續畫面會以 Edge 瀏覽器翻譯後的中文畫面進行示範。不同瀏覽器的翻譯結果可能會有些微的差異，不過操作上應不至於有太大影響。之後實作上可能會碰到網頁仍在翻譯，Power Automate Desktop 已經執行下一動作，這個問題的解決方法會在 p.5-15 說明。若還有類似問題，可使用原文網頁搭配本書提供的日文流程範例實作。

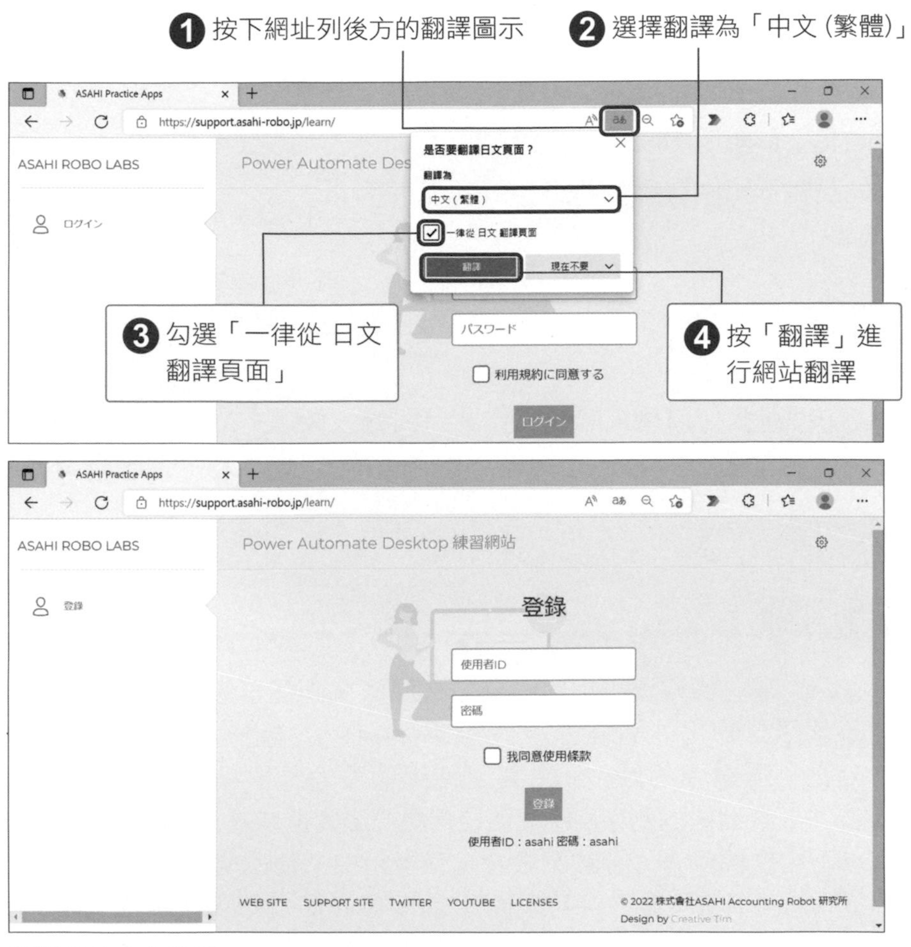

翻譯後的中文畫面

要注意，上述步驟 3 若不勾選，之後 Power Automate Desktop 執行流程時仍會顯示日文網頁，這些流程中的部分設定可能會不一致，而導致執行失敗。

◆ Web 網頁操作流程的相關動作

建立流程時我們會使用到動作，動作會根據其用途分類到各個群組。**Web 網頁操作流程會使用到的動作可從動作窗格的「瀏覽器自動化」群組中找到。**

這裡我們主要會使用「瀏覽器自動化」群組中的動作，我們可以先瀏覽群組中有哪些動作。

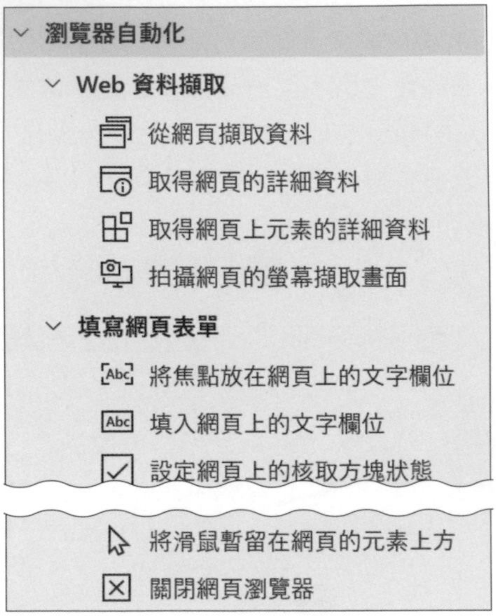

瀏覽器自動化
- Web 資料擷取
  - 從網頁擷取資料
  - 取得網頁的詳細資料
  - 取得網頁上元素的詳細資料
  - 拍攝網頁的螢幕擷取畫面
- 填寫網頁表單
  - 將焦點放在網頁上的文字欄位
  - 填入網頁上的文字欄位
  - 設定網頁上的核取方塊狀態
  - 將滑鼠暫留在網頁的元素上方
  - 關閉網頁瀏覽器

使用搜尋動作窗格來尋找動作，只要輸入像是「Microsoft Edge」或「文字」等關鍵字，就會出現相關聯的動作，請讀者一定要試著使用看看。

補充說明

和 Web 網頁操作流程相關的動作被歸類在兩個群組中，除了上述的「瀏覽器自動化」群組之外，還有「HTTP」群組。歸類在「瀏覽器自動化」群組中的動作，主要是使用網頁瀏覽器操作網頁的動作；「HTTP」群組中的動作則不需要使用網頁瀏覽器或網頁，只有和「Web 服務」相關的動作才會被歸類在這個群組中。使用「HTTP」群組中的「從 Web 下載」動作，可以從指定的 URL 位址取得檔案或文字，將這些資料作為變數值或是作為檔案下載並儲存在電腦中。使用「叫用 Web 服務」動作則會開啟 Web 服務並進行處理。本章不會使用到上述「HTTP」群組中的動作。

4-2 啟動網頁瀏覽器

在 Power Automate Desktop 我們可以選擇以下幾種瀏覽器來檢視網頁，包括：Microsoft Edge、Google Chrome、Mozilla Firefox、Internet Explorer 及內建的自動化瀏覽器。本章會大致說明各種瀏覽器的設定步驟，不過實際建立流程會以 Microsoft Edge 來進行說明。

◆ 在 Microsoft Edge 安裝擴充功能

在第 3 章已經說明了**要使用 Power Automate Desktop 進行網頁瀏覽器操作時，必須先在使用的網頁瀏覽器內安裝擴充功能**。除非是使用 Internet Explorer 及內建的自動化瀏覽器，不需要設定擴充功能。

若讀者尚未安裝擴充功能，可以到 Power Automate Desktop 功能表列中「工具」內的「瀏覽器延伸模組」前往安裝頁面。

安裝完成後表示擴充功能已經開啟，可以開始網頁瀏覽器的操作。按

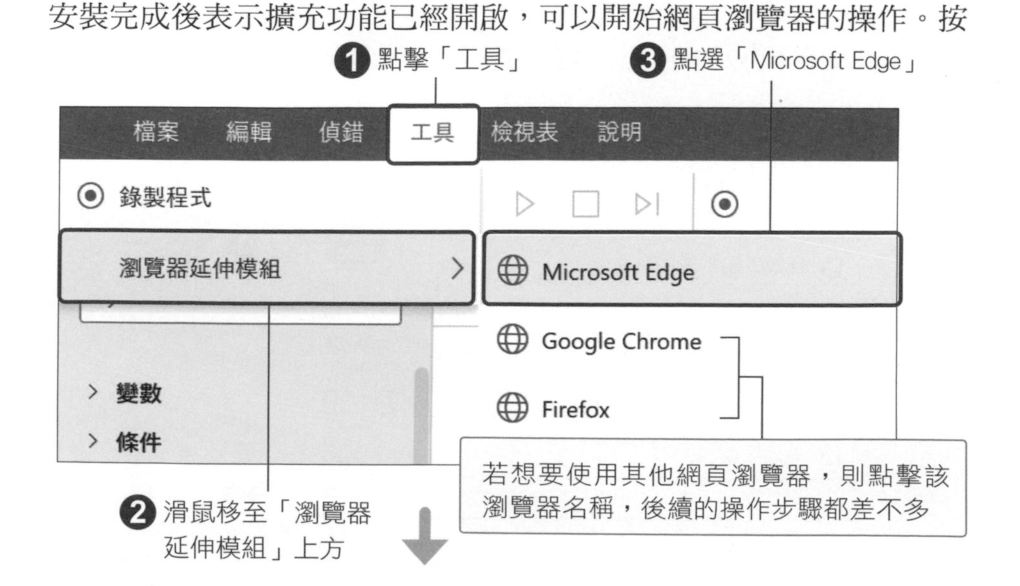

下 Microsoft Edge 的擴充功能選項可以查看擴充功能是否為開啟狀態。

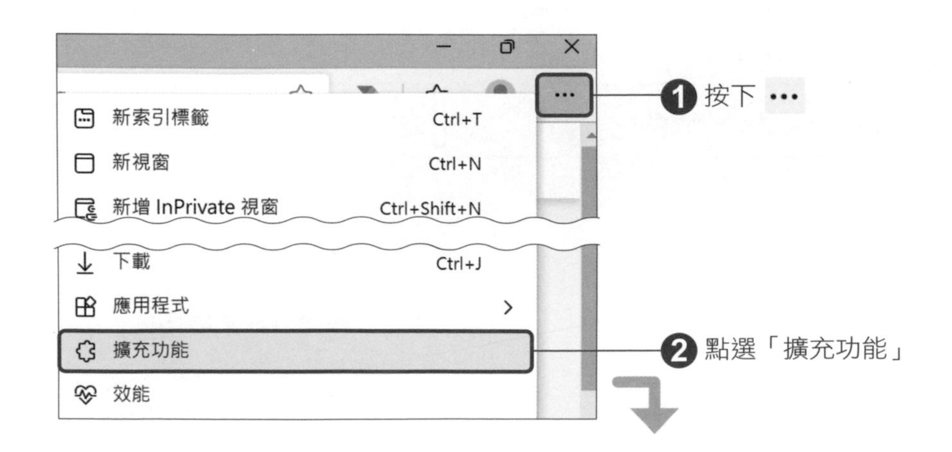

❸ 查看「Microsoft Power Automate」是否顯示為開啟
(如圖的符號為已開啟，多了刪去符號則是關閉)

◆ 避免 Microsoft Edge 在背景運作

有時候我們雖然已經將 Microsoft Edge 的視窗關閉，瀏覽器可能仍在後台持續作業。此時，如果我們使用 Power Automate Desktop 來開啟 Microsoft Edge，可能會發生無法操作等錯誤 (編註：例如瀏覽器可能出現無法預期的彈跳訊息，導致執行失敗)。

為了在 Power Automate Desktop 正常操作 Microsoft Edge，必須將瀏覽器設定成不會進行背景作業的模式，也就是關閉「當 Microsoft Edge 關閉時，繼續執行背景擴充功能及應用程式」。

完成設定後，就可以從 p.4-16「建立流程來啟動網頁瀏覽器」開始閱讀，並實際操作。

新索引標籤 Ctrl+T
新視窗 Ctrl+N
新增 InPrivate 視窗 Ctrl+Shift+N
大聲朗讀 Ctrl+Shift+U
更多工具
設定
說明與意見反應

❶ 按下 •••

❷ 點選「設定」

❸ 點擊「系統與效能」

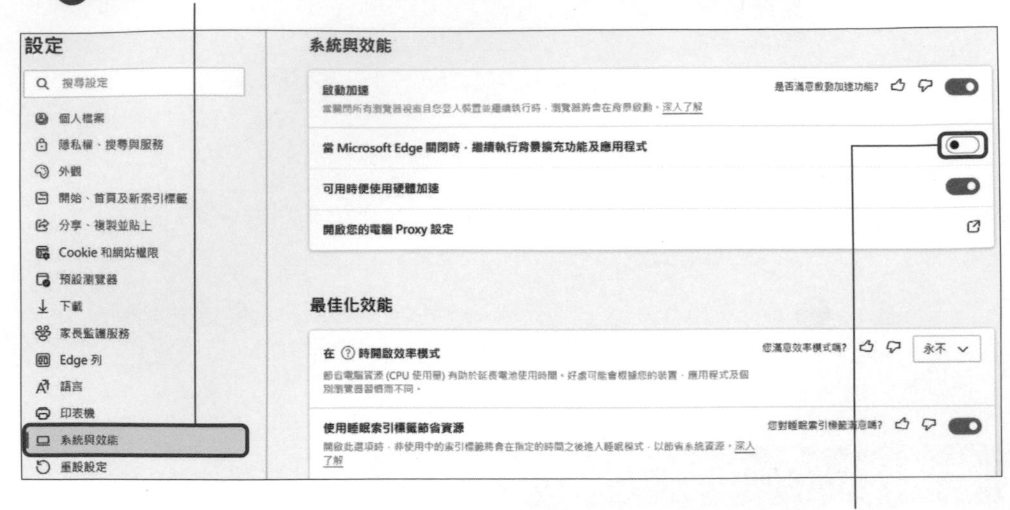

❹ 關閉「當 Microsoft Edge 關閉時，繼續執行背景擴充功能及應用程式」

完成以上步驟後，準備工作就完成了。

補充說明

Power Automate Desktop 內建的自動化瀏覽器是以 Internet Explorer 為核心，因此不管是要開啟 Internet Explorer 或是內建的自動瀏覽器，都要使用「啟動新的 Internet Explorer」動作。兩者相比，會比較建議使用自動化瀏覽器，原因如下：

- 可以使用「按一下網頁上的下載連結」動作（編註：此動作不支援 Internet Explorer 9 以上的版本）。
- 可以更快擷取 UI 元素。
- 不會跳出任何彈跳式訊息視窗。
- 不會讀取不需要的元素或擴充功能。

◆ Google Chrome 的設定步驟

以下說明在 Google Chrome 進行設定的步驟給讀者作為參考，雖然之後實作是以 Microsoft Edge 接續，若有需要使用 Chrome 進行自動化瀏覽的使用者，可以自行安裝。

和 Microsoft Edge 相同，若要安裝擴充功能，可從 Power Automate Desktop 功能表列「工作」中的「瀏覽器延伸模組」前往擴充功能的安裝頁面。

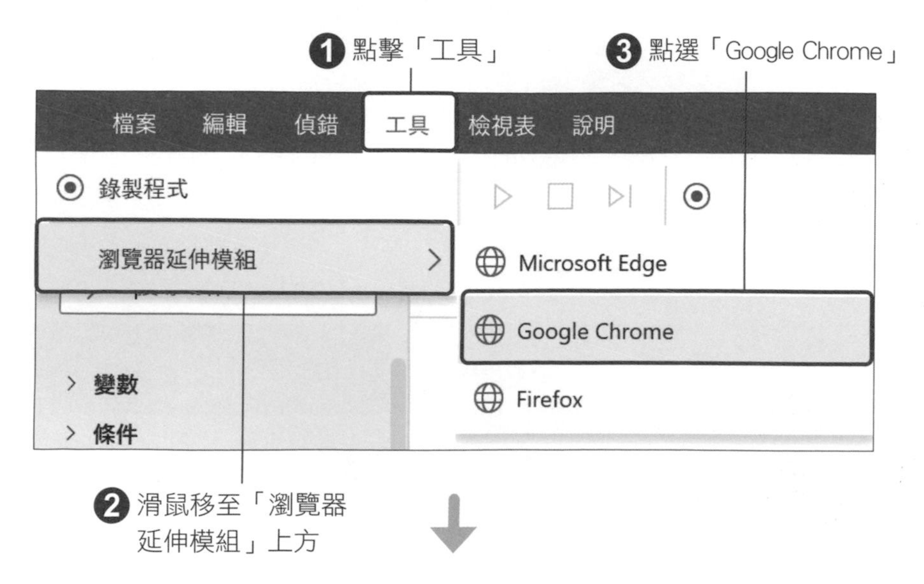

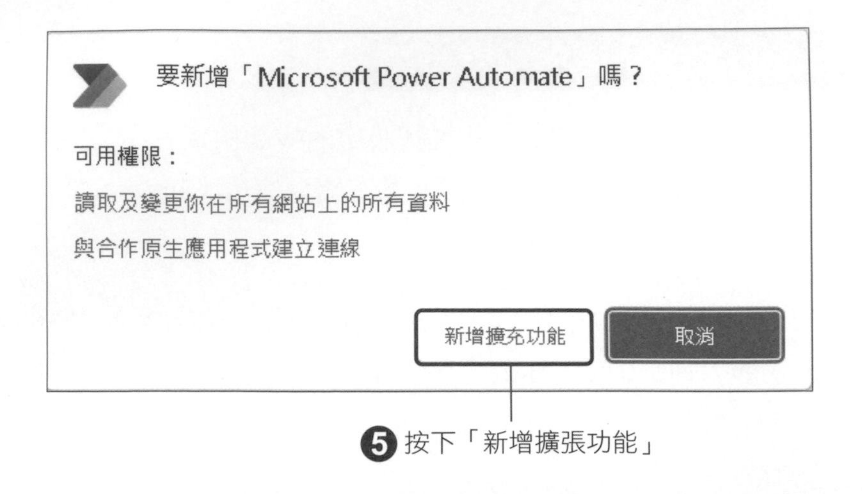

安裝完成後表示擴充功能已經開啟，可以開始網頁瀏覽器的操作。前往 Google Chrome 的設定畫面可以查看擴充功能是否為開啟狀態。

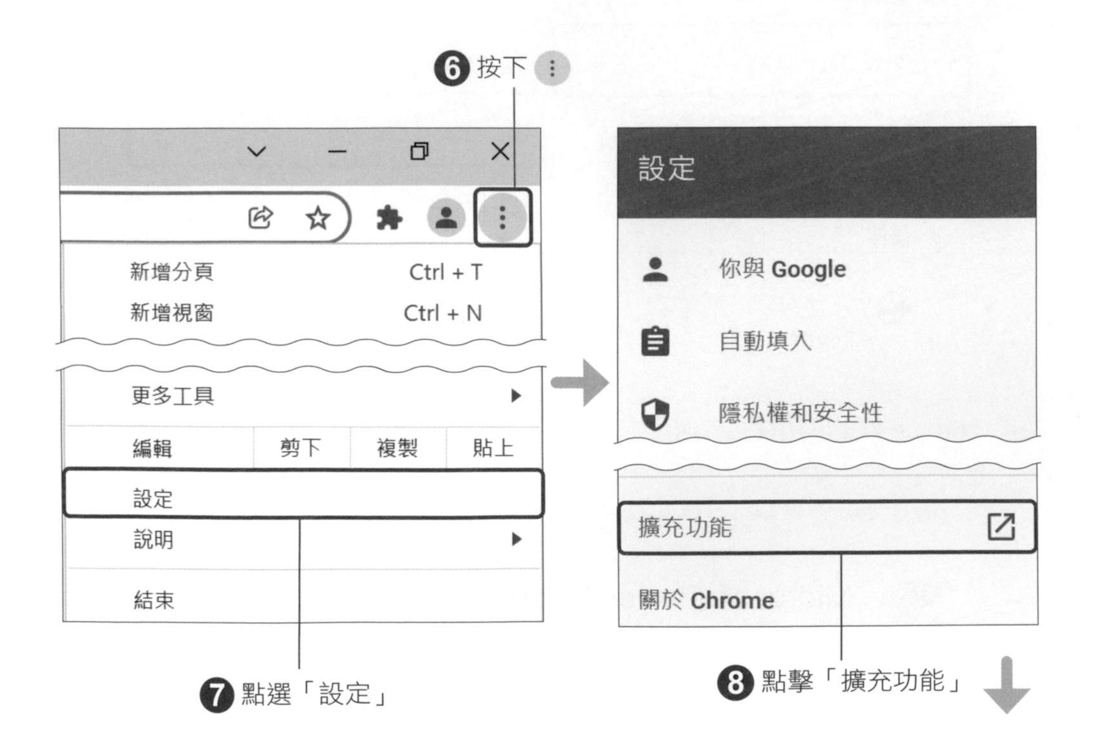

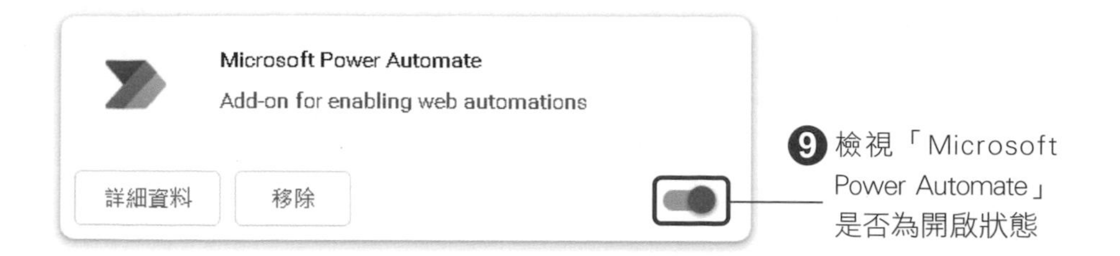

Google Chrome 和 Microsoft Edge 一樣，必須關閉「Google Chrome 關閉時繼續執行背景應用程式」，讓 Google Chrome 不再進行背景作業才能夠正常執行 Power Automate Desktop。

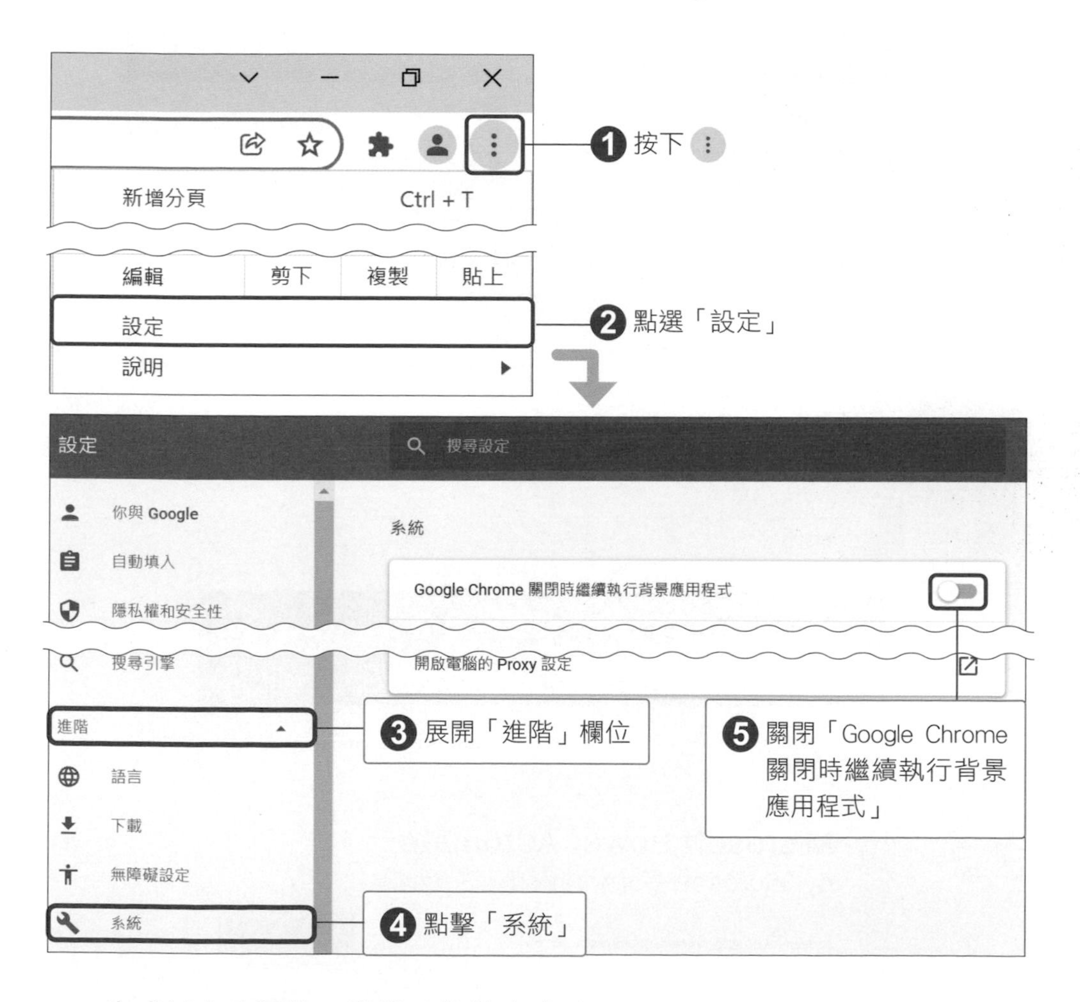

完成以上步驟後，準備工作就完成了。

◆ Mozilla Firefox 的設定步驟

以下說明在 Mozilla Firefox 進行設定的步驟給讀者作為參考。使用 Microsoft Edge 時可以省略以下步驟。

和 Microsoft Edge 相同，若要安裝擴充功能，在 Power Automate Desktop 流程設計工具的功能表列可以前往擴充功能的安裝頁面。

安裝完成後表示擴充功能已經開啟，可以開始網頁瀏覽器的操作。前往 Firefox 的設定畫面可以查看擴充功能是否為開啟狀態。

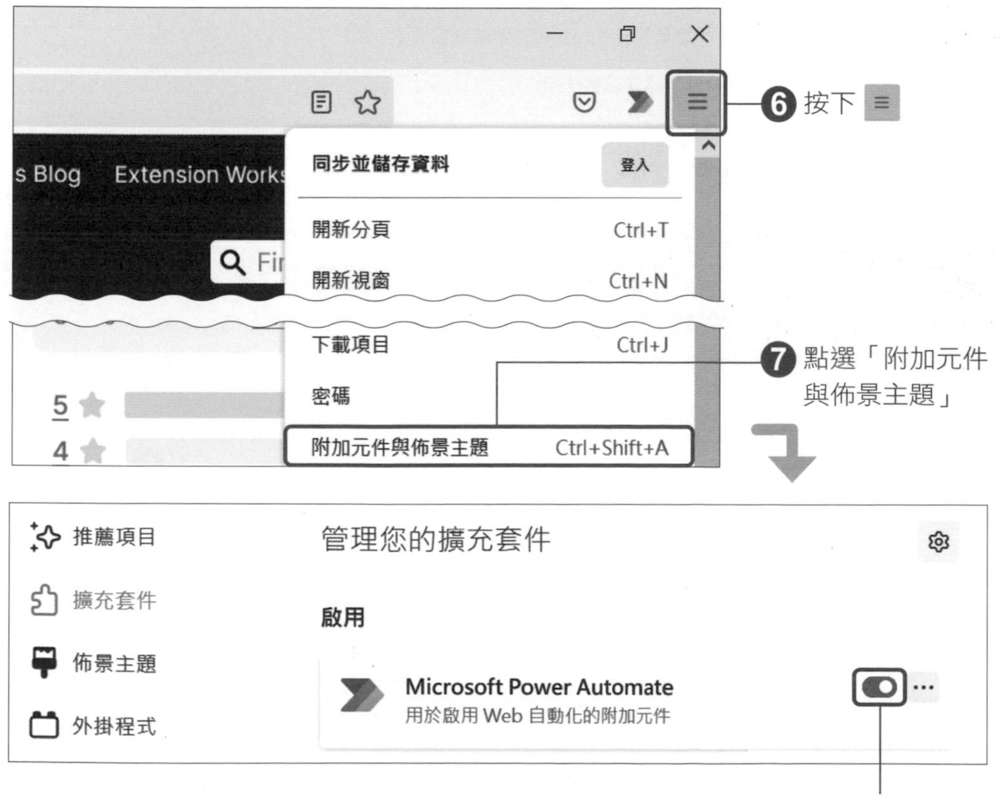

Firefox 瀏覽器內建了一個安全性功能。當使用者想要前往具有危險性的網站時，此安全性功能會中斷瀏覽器以致使用者無法切換到其他分頁標籤或視窗。這個功能可能會影響流程的運行，因此必須在 Firefox 前往 config 畫面將「prompts.tab_modal.enabled」變更為「false」來關閉此功能。

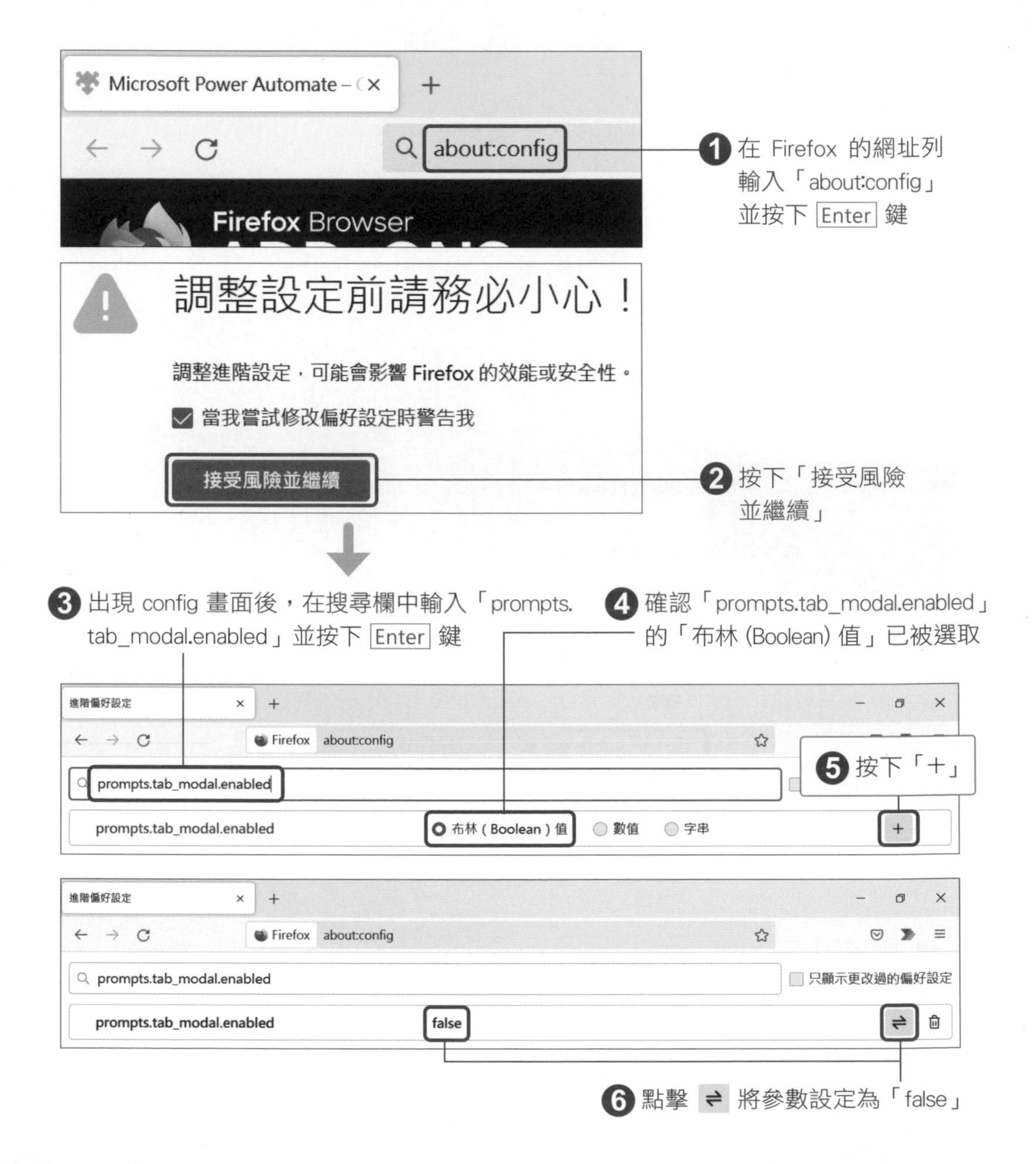

變更 config 畫面的設定後，必須重新啟動網頁瀏覽器。先暫時關閉 Firefox，重新啟動後準備工作就完成了。

◆ Internet Explorer 的設定步驟

以下說明在 Internet Explorer 進行設定的步驟給讀者作為參考。在 Power Automate Desktop 中使用 Internet Explorer 不需要安裝擴充功能，只要根據以下步驟來進行 Internet Explorer 的設定即可。

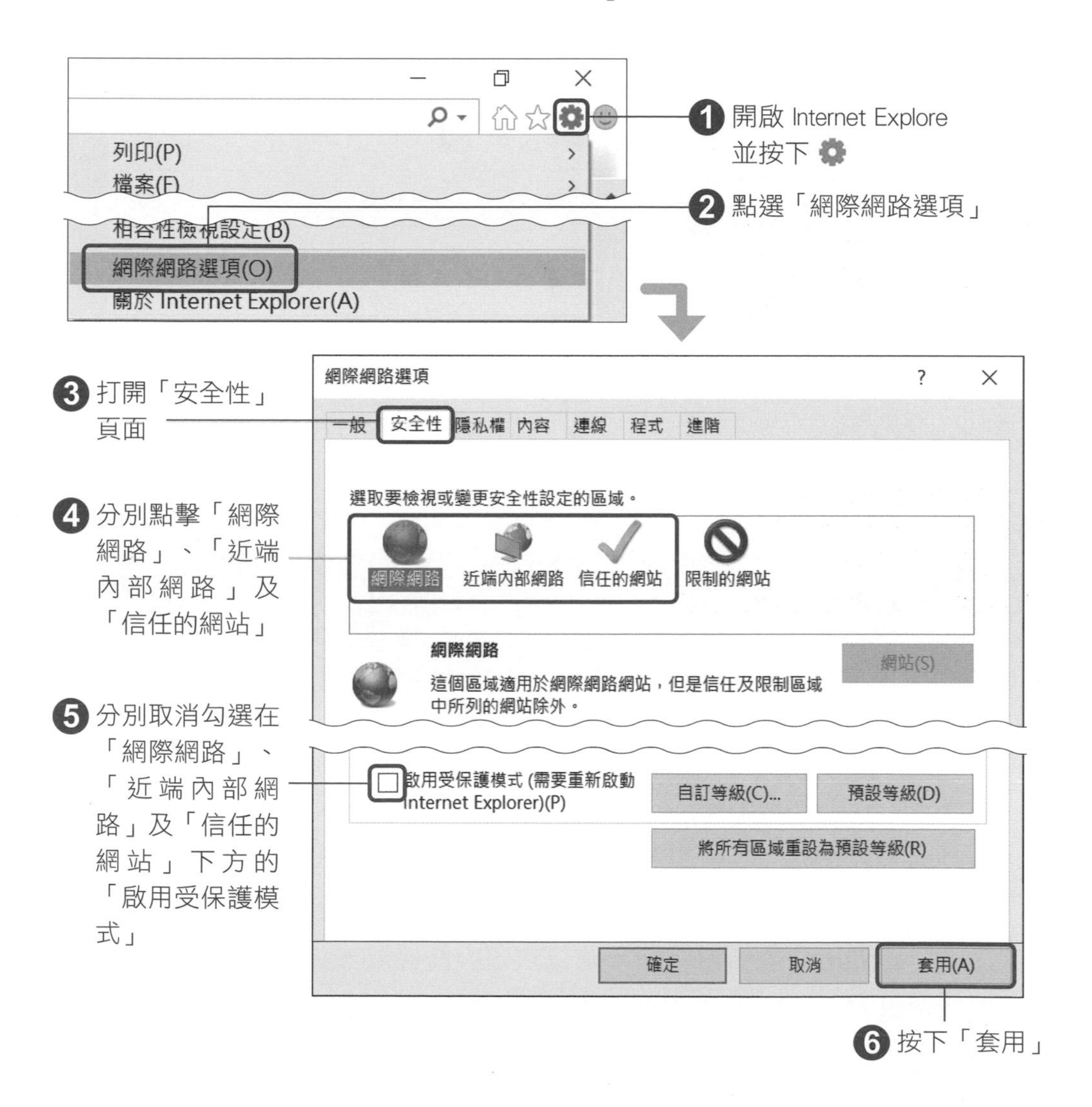

變更設定後必須重新啟動網頁瀏覽器，因此關閉 Internet Explore 重新開啟一次。

◆ 建立流程來啟動網頁瀏覽器

完成擴充功能的安裝及設定後，我們回到 Power Automate Desktop，使用「啟動新的 Microsoft Edge」動作，實際建立一個流程來開啟網頁瀏覽器。

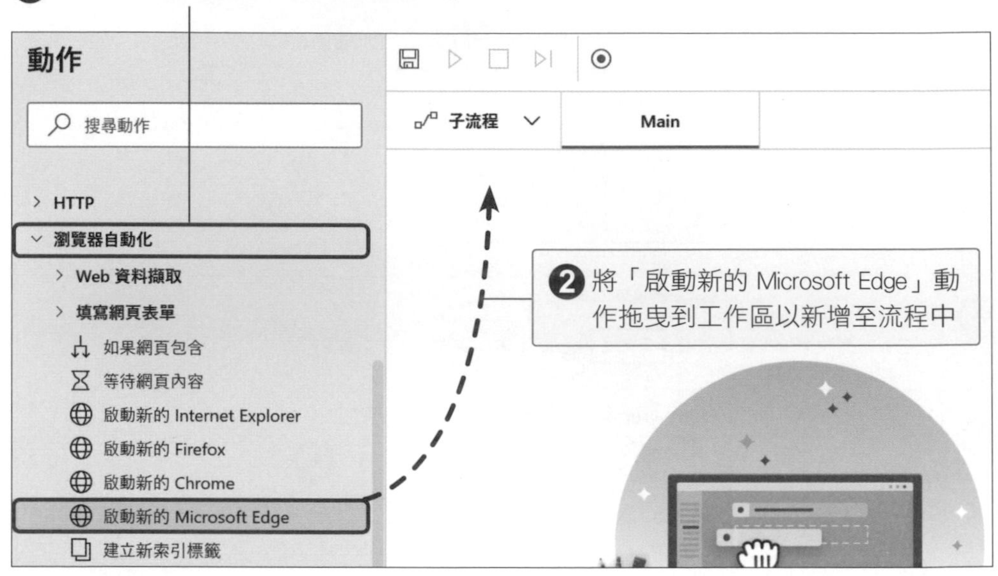

接著設定動作的參數。

首先，在「啟動模式」欄位中，若想要開啟新的網頁瀏覽器就選擇「啟動新執行個體」，若想要繼續使用之前已開啟的網頁瀏覽器，則選擇「附加至執行中的執行個體」。「附加至執行中的執行個體」就是要切換到之前已經開啟的瀏覽器視窗，可以依照視窗標題或網頁 URL 來判斷，這裡我們是初次建立網頁流程，選擇「啟動新執行個體」開啟一個全新的瀏覽器視窗，設定上會比較單純。

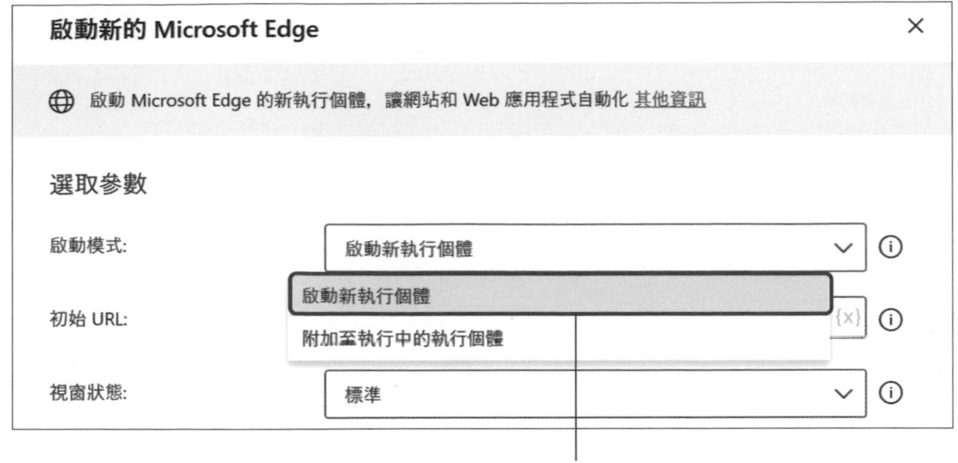

❸ 在「啟動模式」欄位中選取「啟動新執行個體」

「初始 URL」欄位需要輸入的是啟動網頁瀏覽器後要連結的 URL 網址。這裡我們輸入 p.4-2 介紹過的練習網站的 URL (https://support.asahi-robo.jp/learn/，若依照先前設定會自動日翻中)。

❹ 在「初始 URL」欄位中輸入「https://support.asahi-robo.jp/learn/」

在「視窗狀態」欄位中設定啟動網頁瀏覽器時的視窗大小。在這邊我們選擇的是「已最大化」。

初始 URL: https://support.asahi-robo.jp/learn/ {x}

視窗狀態: 已最大化

> 進階

> 變數已產生 Browser

標準

已最大化

已最小化

❺ 在「視窗狀態」欄位中選取「已最大化」

我們可以在「進階」內設定其他參數。如果開啟「等待頁面載入」，當載入時間過長就不會出現錯誤訊息，而是會等待特定頁面的畫面出現。

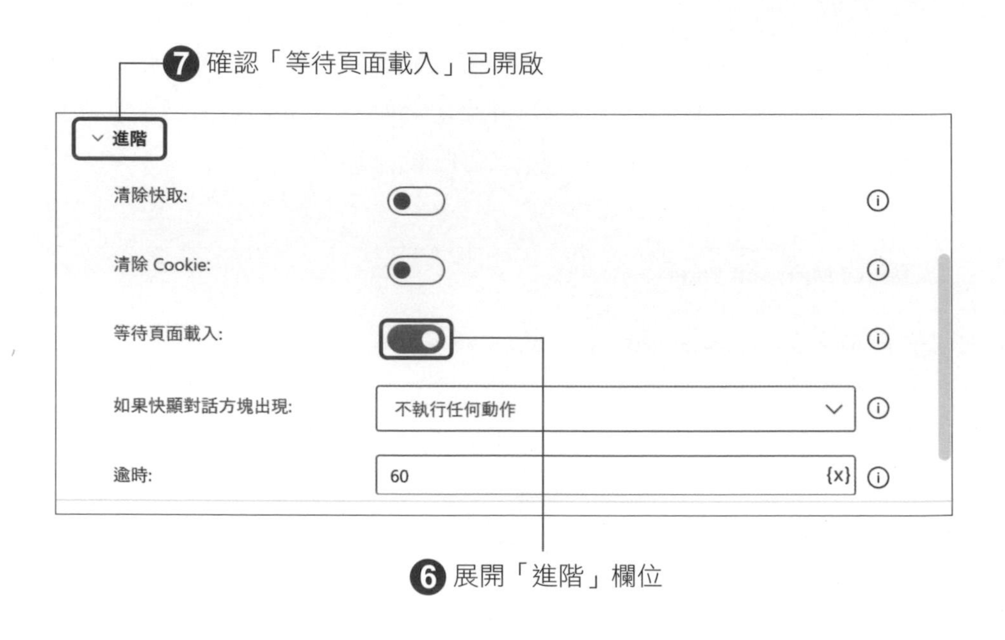

「變數已產生」右側的「Browser」是動作自動產生的變數，變數內容可以看到 %Browser%，指的就是「啟動新的 Microsoft Edge」這個動作所開啟的瀏覽器視窗，在 Power Automate Desktop 中稱為執行個體變數，後續我們要在網頁上操作的動作，就必須指定這個變數才能進行。

設定完成後就按下儲存。

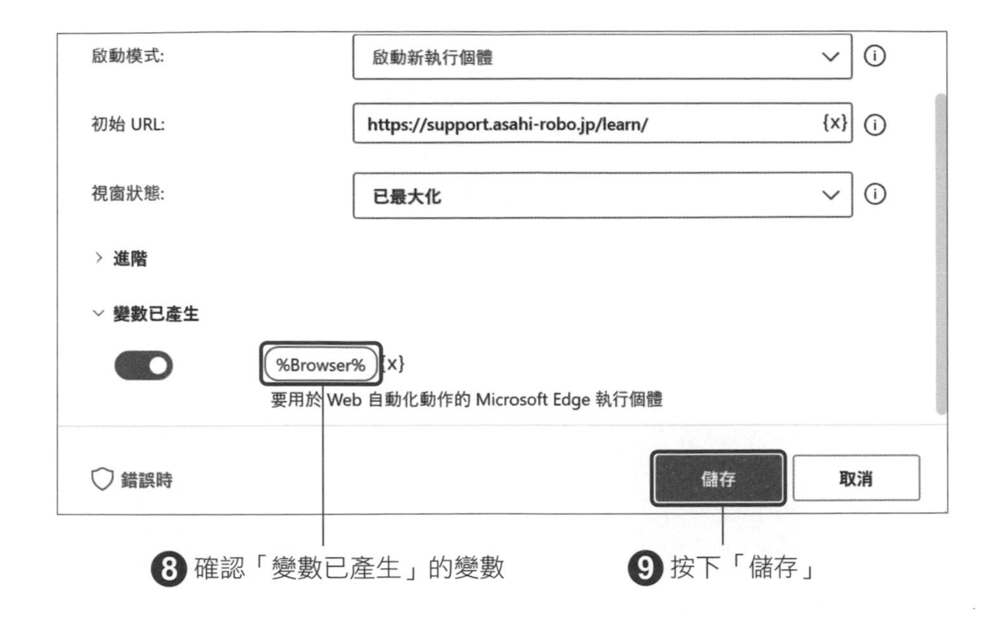

在流程設計工具上使用執行按鈕就可以啟動流程來檢視動作。

流程執行後會在 Microsoft Edge 上顯示「Power Automate Desktop 練習網站」頁面。

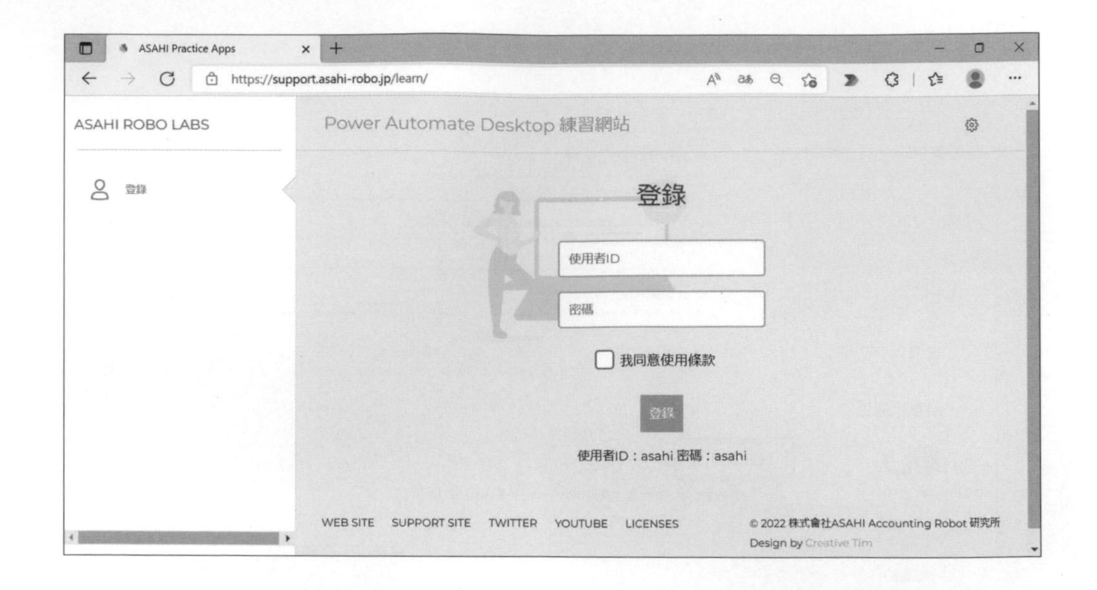

流程的動作測試在建立流程時是很重要的一個步驟，請讀者不要忘記每次增加完某些動作，可以先執行一下測試看看。**透過動作測試，我們可以檢視流程中各個動作的運作狀況、整體流程是否如我們設計的方式運行，以及流程中每個變數的值是否都根據處理流程設定為正確的值。**

◆ 未顯示網頁時的處理方式

即使設定正確，執行「啟動新的 Microsoft Edge」時也有可能發生以下錯誤。

錯誤 1

子流程	動作	錯誤
Main	1	無法取得 Microsoft Edge 的控制權 (與瀏覽器通訊失敗。請確定已安裝附加元件)。

此時發生錯誤的原因有很多種，可能是 Power Automate Desktop 的版本、使用的電腦設備或網頁瀏覽器等原因所造成的錯誤。當發生錯誤時，可以嘗試下列兩種方法來排除錯誤。

重新安裝擴充功能

點擊流程設計工具上的「工具」、「瀏覽器延伸模組」前往 Microsoft Edge 擴充功能安裝頁面，暫時移除「Microsoft Power Automate」的擴充功能。

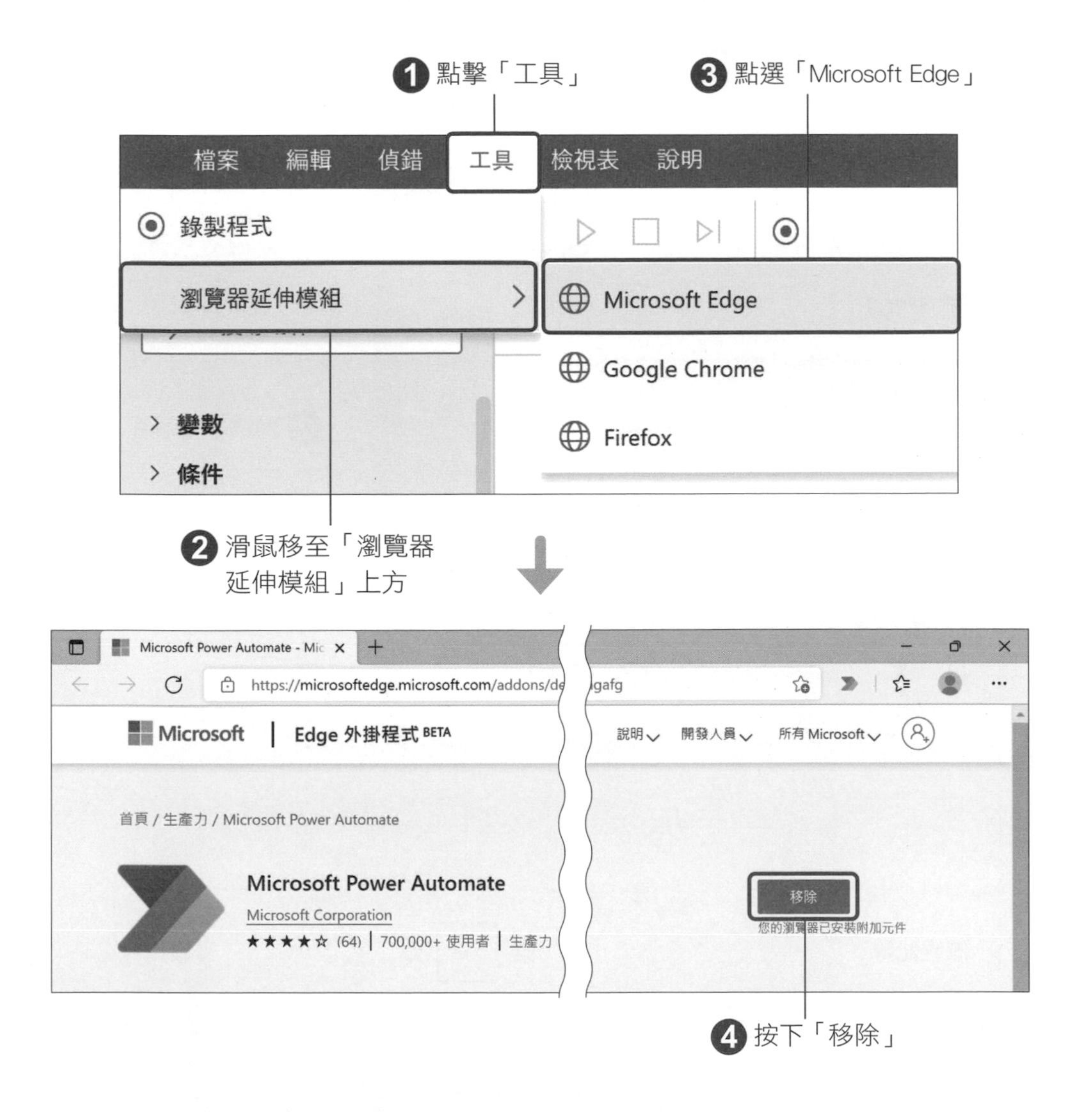

移除 Microsoft Power Automate 後，再依照安裝擴充功能的步驟安裝一次。完成後重新啟動瀏覽器，並確認擴充功能為開啟狀態。

完成擴充功能重新安裝後，再從 p.4-19 的步驟 10 開始操作，確認可以正常執行流程。

刪除網頁瀏覽器的瀏覽紀錄及 Cookie

另一個方法為刪除網頁瀏覽器的瀏覽紀錄及 Cookie，這些可以清除瀏覽器可能保存的瀏覽設定，避免影響自動化流程的進行。

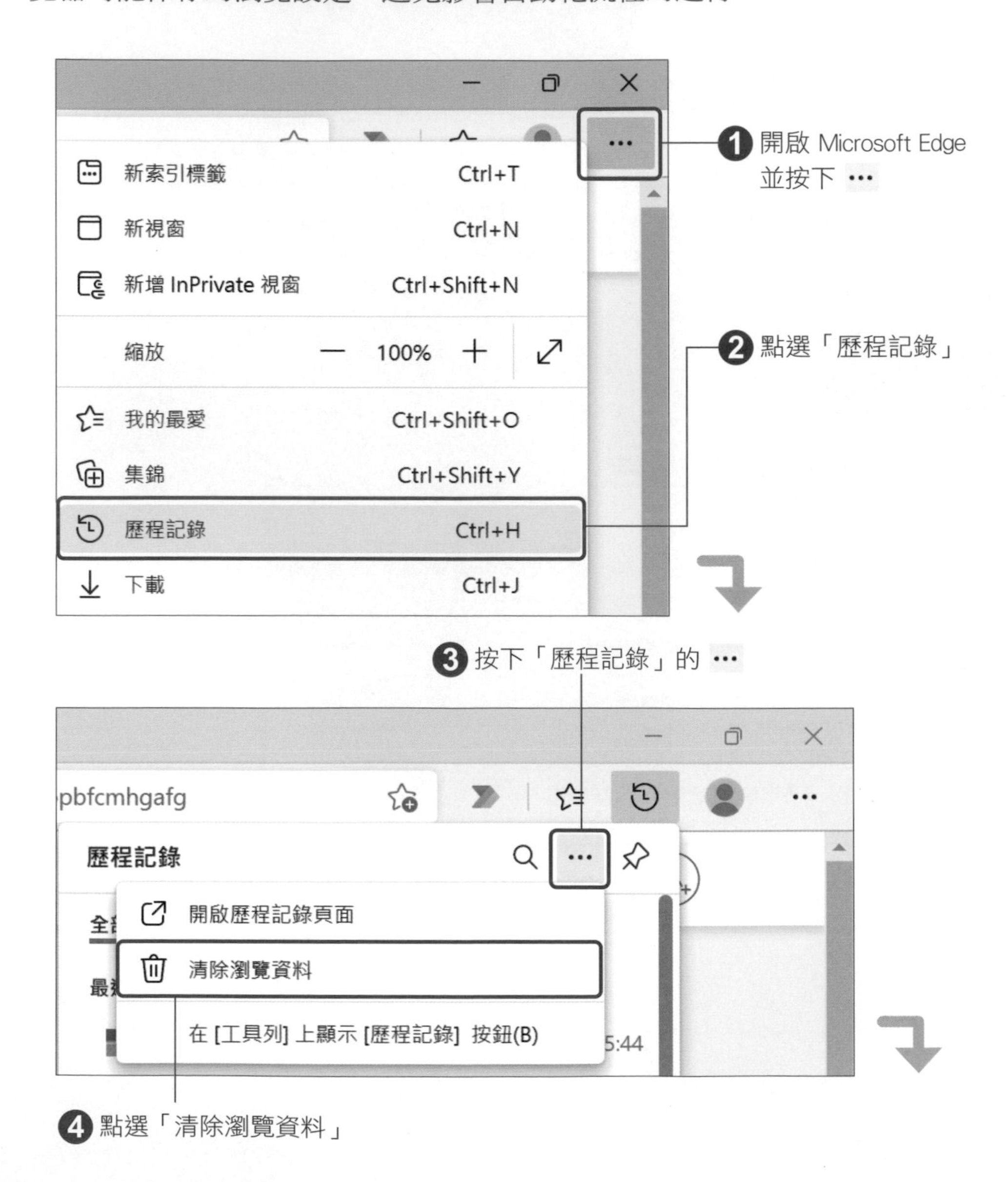

清除瀏覽紀錄和 Cookie 後，重新啟動網頁瀏覽器並依照 p.4-19 的步驟 10 進行操作，確認流程可以正常執行。上述只有清除近一小時的資料，如果還是沒有用，也許可以試試清空「所有時間」的資料，不過可能會稍稍影響平時的瀏覽體驗 (速度會慢一些)。

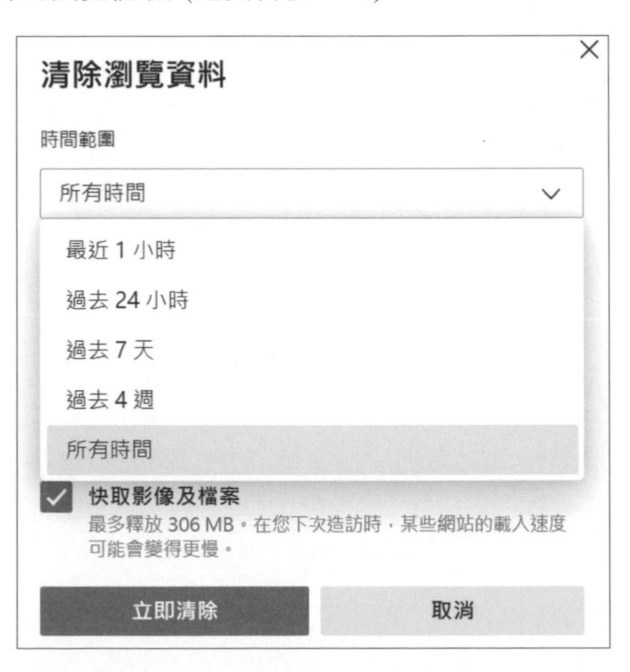

4-3 拍攝網頁的螢幕擷取畫面

成功開啟網頁瀏覽器後，我們來練習如何建立流程，在啟動網頁瀏覽器後拍攝網頁的螢幕擷取畫面。

◆ 新增拍攝網頁動作

在啟動網頁瀏覽器動作下方新增「拍攝網頁的螢幕擷取畫面」動作。

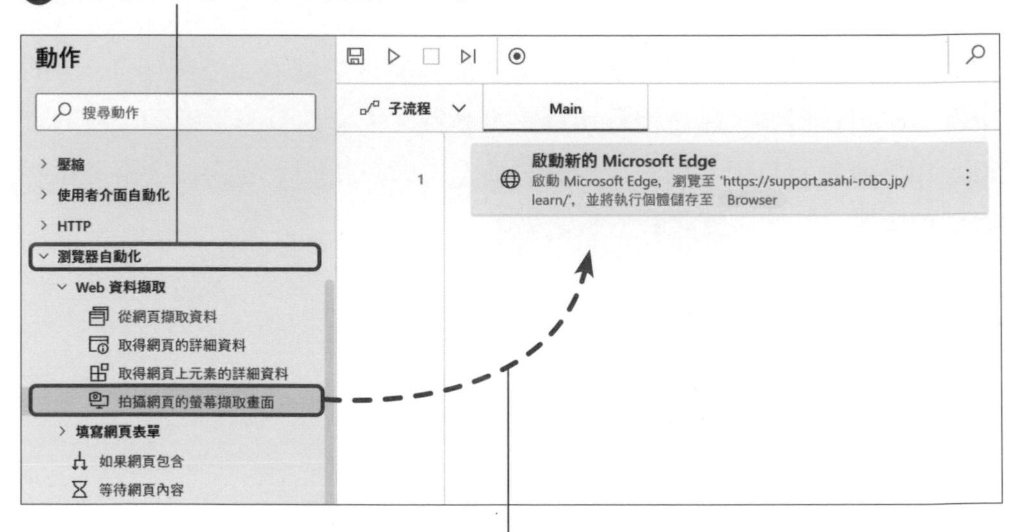

在「網頁瀏覽器執行個體」設定欲操作的網頁瀏覽器。這個範例中我們必須設定為「%Browser%」，也就是延續使用前面開啟的瀏覽器。

我們要在「擷取」欄位設定要擷取的網頁範圍。其中有「整個網頁」和「特定元素」兩種可以選取，「特定元素」指的是從 UI 元素選取，p.4-30 會詳細說明 UI 元素。在這裡我們先選取「整個網頁」。

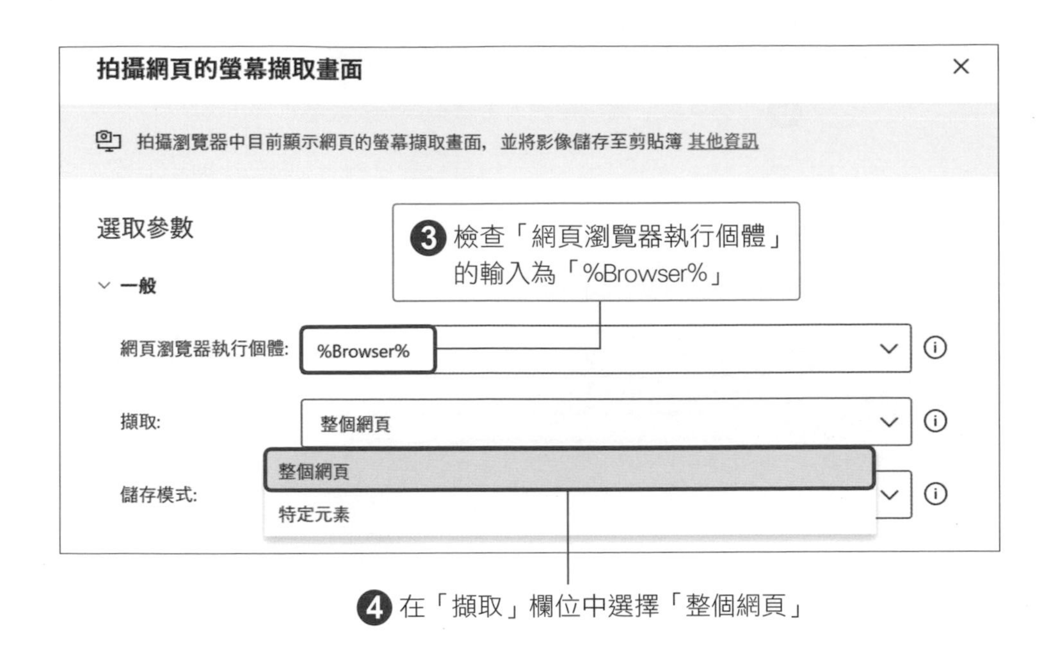

❹ 在「擷取」欄位中選擇「整個網頁」

「儲存模式」欄位中有「剪貼簿」和「檔案」可以選擇。選擇「剪貼簿」的話，只會暫時儲存擷取的畫面，要按滑鼠右鍵點選「貼上」，才能使用該畫面。在這裡我們選擇直接存成「檔案」。

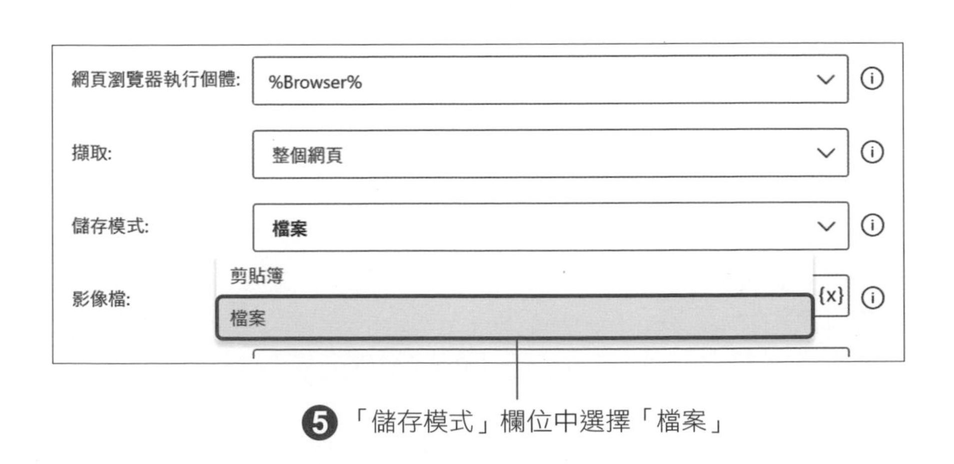

❺「儲存模式」欄位中選擇「檔案」

若「儲存模式」選擇的是「檔案」，就必須在「影像檔」欄位中輸入取得影像在電腦的儲存位置。此處我們輸入的是「C:\Users\<使用者名稱>\Desktop\Test.jpg」將檔案儲存於電腦的桌面。最後在「檔案格式」欄位中選取檔案格式，請選擇「JPG」檔。

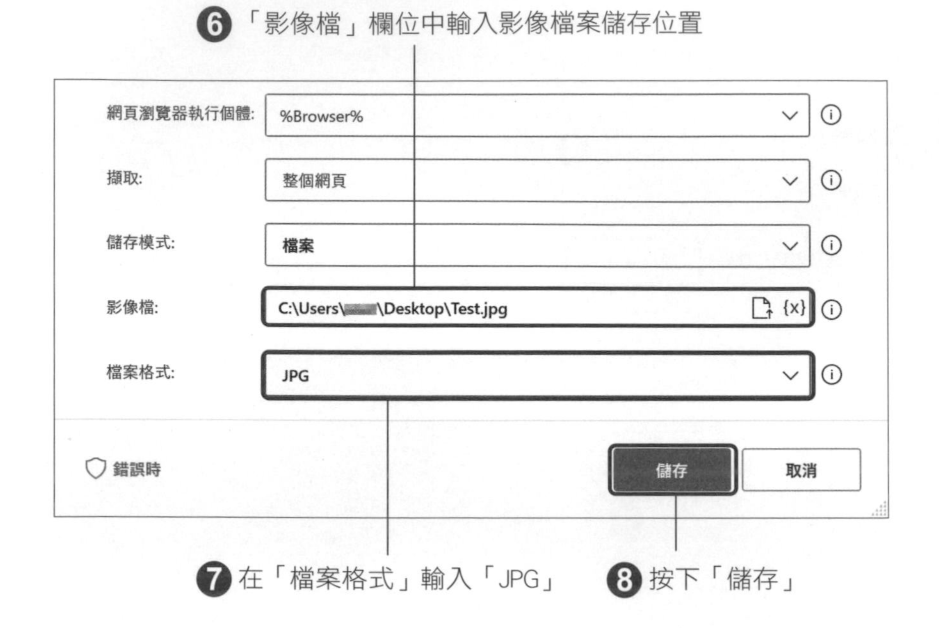

新增完動作後的流程如下圖所示。

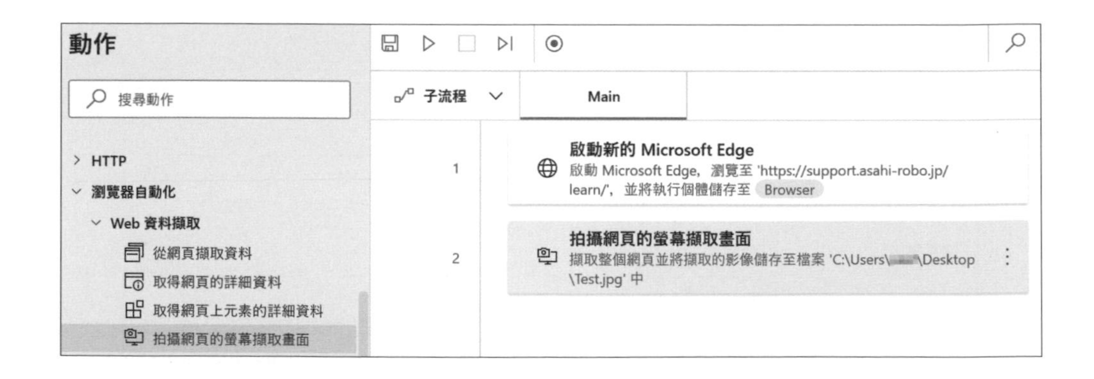

◆ 執行流程

新增完動作後，我們試著執行所有流程。若執行完成後桌面上出現檔案「Test.jpg」，就表示流程建立成功。

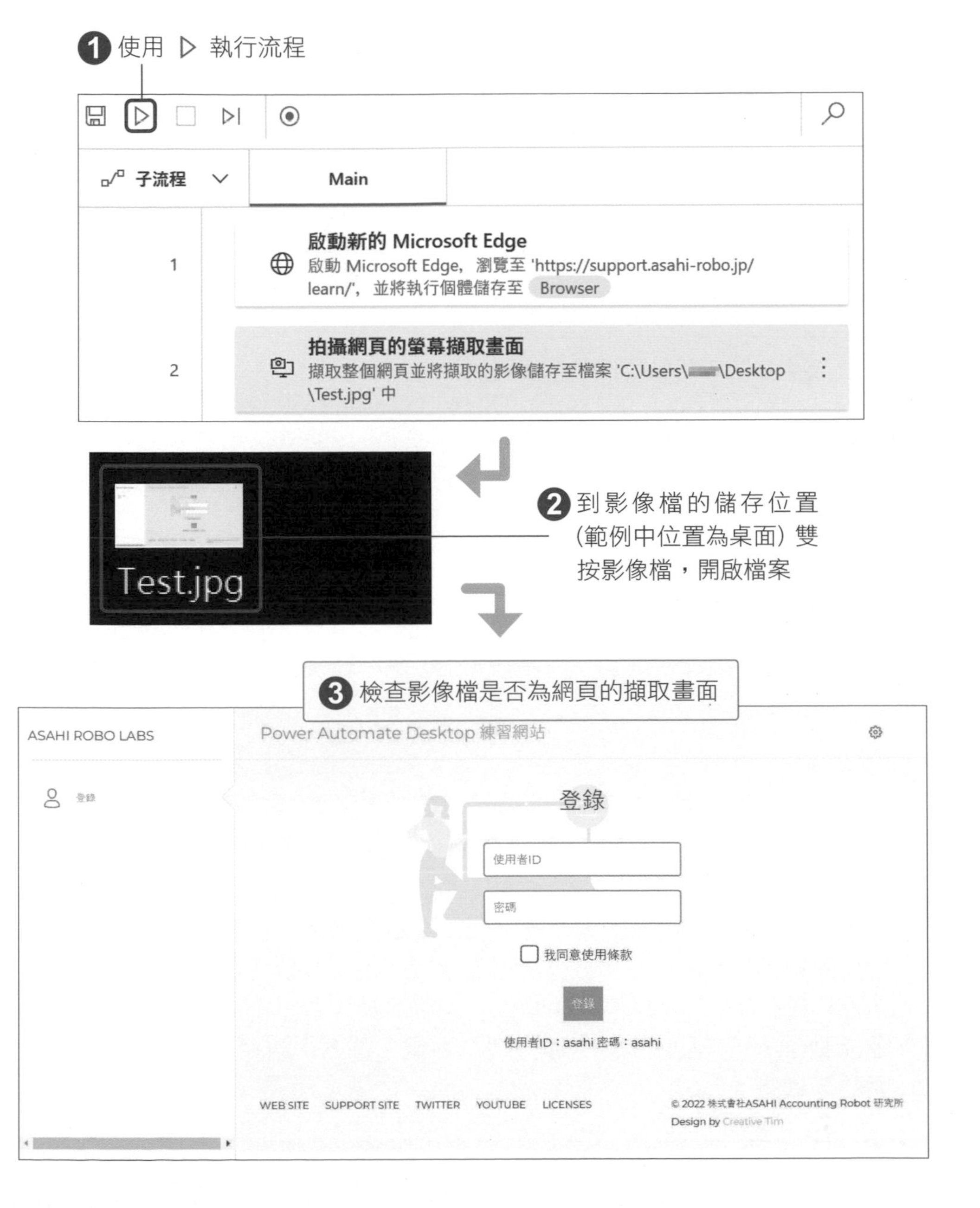

◆ 刪除動作

由於之後我們不再需要「拍攝網頁的螢幕擷取畫面」動作，因此要刪除此動作。

在該動作上按下滑鼠右鍵，出現選單後點選「刪除」，就可以刪除動作。我們也可以以滑鼠左鍵選取要刪除的動作並按下鍵盤的 Delete 鍵來刪除動作。

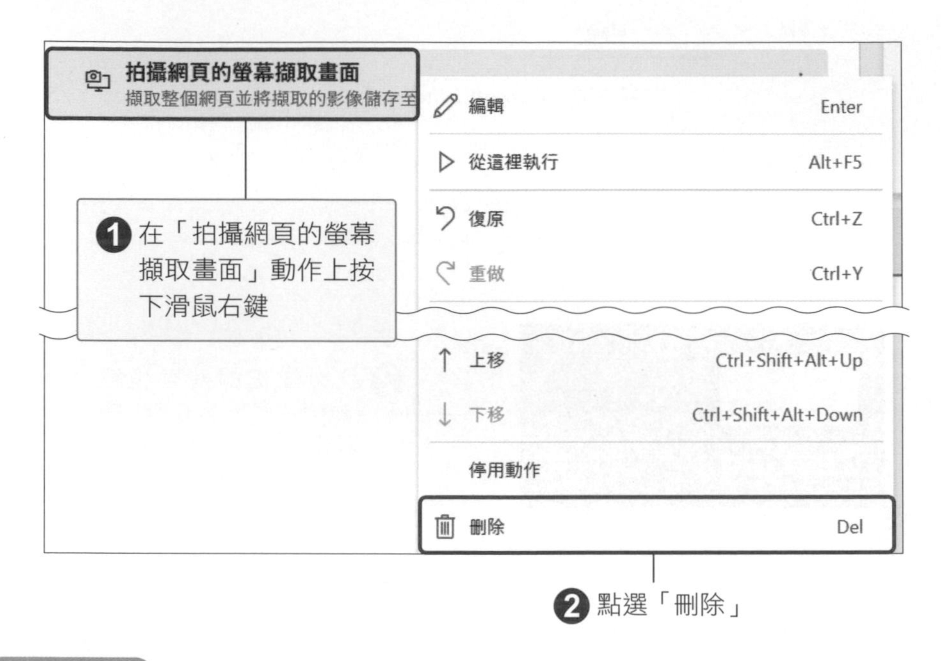

補充說明

未來我們在建立、編輯流程或進行動作測試時，可能會想要在保留原動作的狀態下測試其他動作。這時我們就可以使用 Power Automate Desktop 的暫時停用特定動作的功能，讓執行流程時自動跳過該動作。想要停用動作時，就在想要停用動作上按下滑鼠右鍵，出現選單後點選「停用動作」，就可以停用該動作。停用的動作會呈現灰色，若想要開啟該動作，一樣在該動作上按下滑鼠右鍵，點選「啟用動作」，就可以開啟該動作。

▼ 接下頁

拍攝網頁的螢幕擷取畫面
擷取整個網頁並將擷取的影像儲存至
編輯 Enter
從這裡執行 Alt+F5
復原 Ctrl+Z
重做 Ctrl+Y
剪下 Ctrl+X
複製 Ctrl+C
貼上 Ctrl+V
上移 Ctrl+Shift+Alt+Up
下移 Ctrl+Shift+Alt+Down
停用動作
刪除 Del
子流程
Main
1
啟動新的 Microsoft Edge
啟動 Microsoft Edge，瀏覽至 'https://support.asahi-robo.jp/learn/'，並將執行個體儲存至 Browser
2
拍攝網頁的螢幕擷取畫面
擷取整個網頁並將擷取的影像儲存至檔案 'C:\Users\ \Desktop\Test.jpg' 中

4-4 UI 元素

操作網頁或桌面應用程式時，必須指定想要操作的按鍵或輸入欄位。在 Power Automate Desktop 中，我們可以從網頁或應用程式上取得「UI 元素」的資訊，並將取得的資訊輸入到動作中來進行操作。若想要用 Power Automate Desktop 來操作應用程式，一定要具備 UI 元素的知識。讓我們好好來認識 UI 元素吧！

◆ 什麼是 UI 元素

UI 元素是什麼呢？UI 元素中的「UI」為「User Interface (使用者介面)」的簡寫，也就是使用者與電腦間傳遞訊息的機制。下圖的「Power Automate Desktop 練習網站」本身就是一個具 UI 功能的網站。

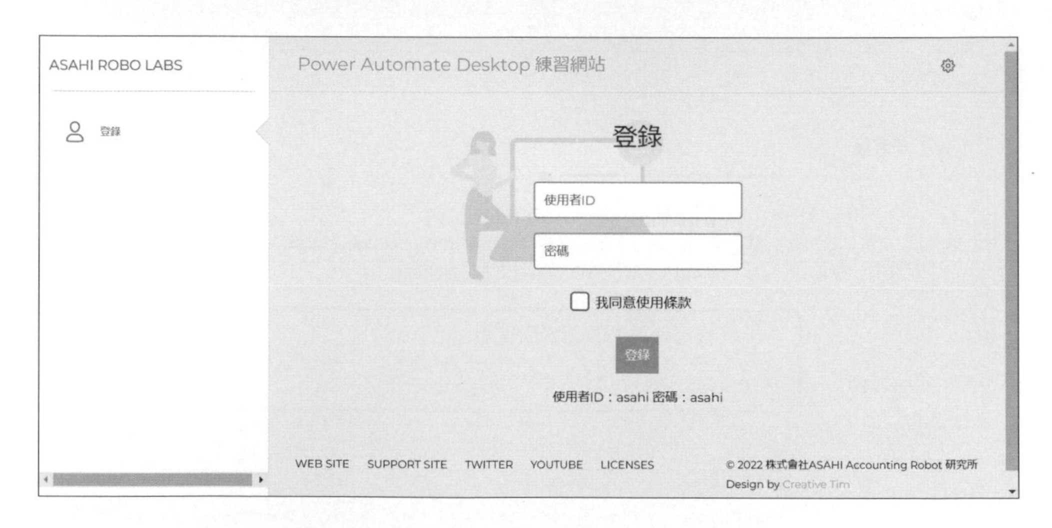

綜合以上，**UI 元素就是為了實現 UI 而配置在畫面上的各個元件**。以網頁為例，「網頁中的文字」、「文字欄位」、「核取方塊」、「按鈕」、「連結」等元件都是 UI 元素。

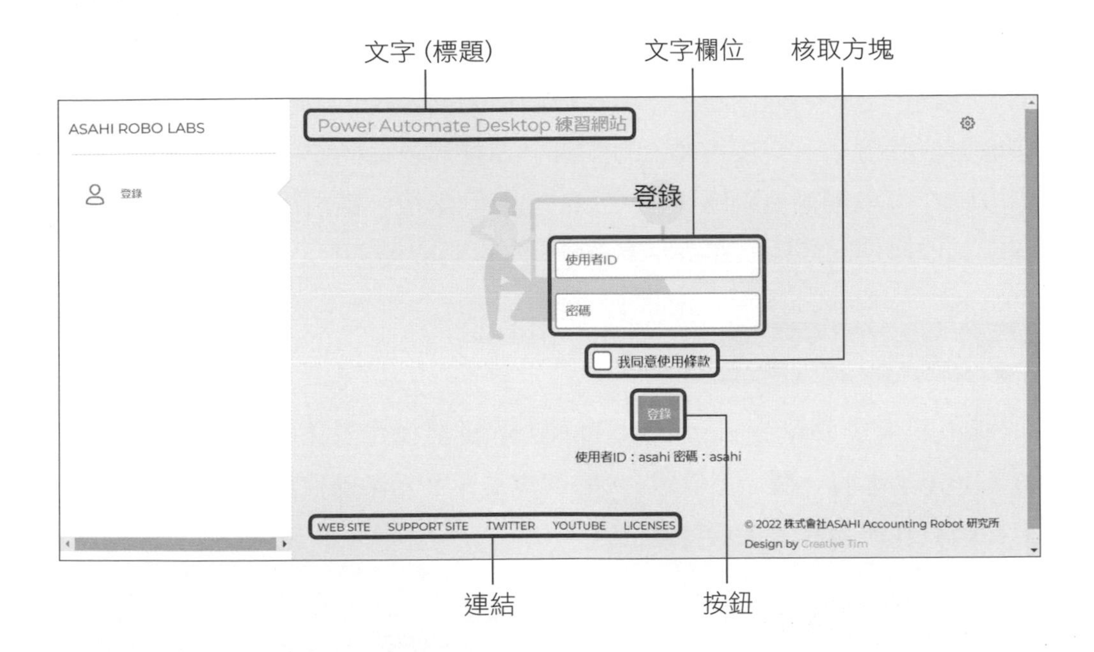

◆ UI 元素的指定方法

UI 元素主要用於「使用者介面自動化」及「瀏覽器自動化」群組中的動作。我們必須指定 UI 元素來讓 Power Automate Desktop 可以判別網頁或應用程式上的操作對象。

按一下網頁上的連結

按一下網頁的連結或任何其他元素 其他資訊

選取參數

一般

網頁瀏覽器執行個體: %Browser%

UI 元素:

進階

錯誤時　儲存　取消

指定適合「UI 元素」到動作中執行。這裡以「瀏覽器自動化」群組中的「按一下網頁上的連結」動作為例

「使用者介面自動化」、「瀏覽器自動化」群組中除了「按一下網頁上的連結」之外，還內建了「填入視窗中的文字欄位」、「設定視窗中的核取方塊狀態」、「按視窗中的按紐」等各式各樣操作 UI 元素的動作。選取動作並取得網頁或應用程式上的 UI 元素後，就可以設定要輸入的內容或其他操作的條件。在 p.5-3~p.5-5 會說明取得 UI 元素的方法。

◆ UI 元素的結構

UI 元素是 Power Automate Desktop 認識操作對象不可或缺的元素。**各 UI 元素都有一個「選取器」，它就像是 UI 元素的住址，設定了 UI 元素在網頁和應用程式上的特定位置。**

我們以這個 UI 元素 (按鈕) 為例進行說明。此網頁網址為已日翻中的 https://support.asahi-robo.jp/learn/dashboard/

當我們用「新增 UI 元素」從 https://support.asahi-robo.jp/learn/dashboard/ (之後我們也會用此網站已翻成中文的畫面進行實作，因此請像之前網站般設定自動翻譯) 上選取第 2 頁按鈕後，回到 Power Automate Desktop 的 UI 元素窗格點開選取項目，就能看到第 2 頁按鈕 UI 元素的選取器。

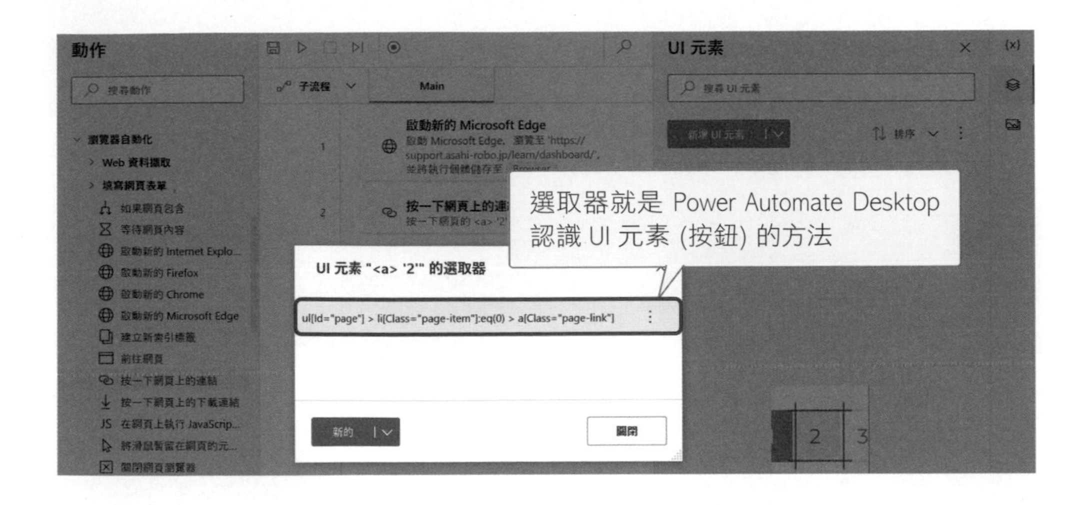

動作新增好之後，可以先關閉瀏覽器，然後試著執行一下流程試試看，順利的話應該會自動開啟指定的「儀錶板」頁面，並切換到第 2 頁：

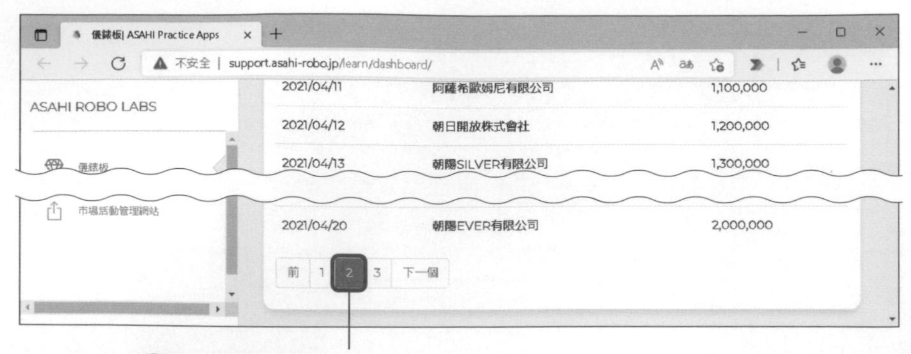

❸ 自動開啟頁面，並切換到第 2 頁

補充說明

對初學者來說，使用 Power Automate Desktop 建立自動化流程，最不容易搞懂的應該就是 UI 元素了。因此本書作者和小編會不厭其煩，再三說明和提醒 UI 元素的相關細節。

您可以試想當你操作軟體，想要按下介面上的按鈕時，通常就是單純看到你要的按鈕，然後舊案下去了，換成電腦軟體就沒那麼直覺了。Power Automate Desktop 要按下某個按鈕，必須知道按鈕「在哪裡」、「長什麼樣子」。

當我們要請一個人按下按鈕時，我們會說：「請按下中間的按鈕。」但對 Power Automate Desktop 下指令時，我們必須更仔細地說：「請按下『Window > Pane > Pane > Button』的按鈕。」而這樣的指令就是選取器的結構。

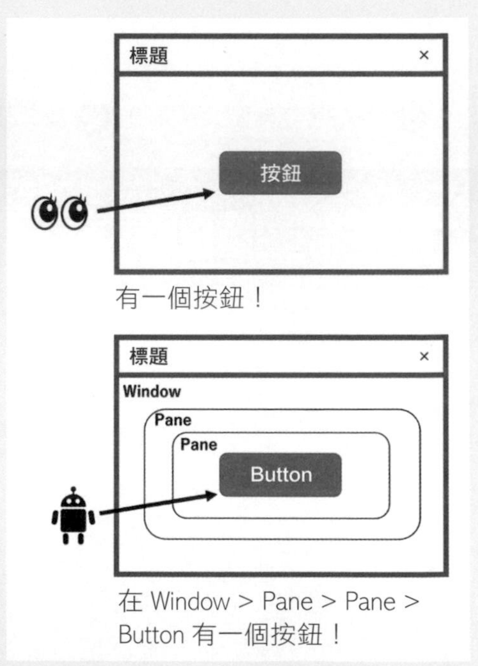

有一個按鈕！

在 Window > Pane > Pane > Button 有一個按鈕！

編註 此處是以介面結構來指定 UI 元素，後續會以影像辨識的方式來指定，概念上跟人類操作上的邏輯比較接近。

第 5 章

網頁操作自動化

5-1 Web 網站自動登入

對網頁操作流程有基本了解後，本章要實際示範網頁自動化的建立方法。接著我們會以上一章已經出現過的示範網站為例，展示各種常見網頁自動化的流程。

> **編註** 再次提醒，請將示範網站 (https://support.asahi-robo.jp/learn/) 翻譯成中文頁面後，再跟著以下步驟操作。

◆ 本節的網頁操作內容

跟許多其他網站一樣，此處示範網站 (https://support.asahi-robo.jp/learn/) 一開啟就會先要求進行登入，因此本節要先來建立自動登入網站的流程。

① 在登入頁面輸入使用者 ID 及密碼。

※ 使用者 ID 及密碼皆為 asahi。

② 勾選「我同意使用條款」前的核取方塊。

③ 按下「登錄」按鈕。

登入前網頁狀態如下圖。

◆ 如何新增 UI 元素

我們必須取得網頁的 UI 元素，在設定動作時將 UI 元素加入動作中，才能夠開始操作網頁。新增 UI 元素時，會顯示「UI 元素選擇器」的視窗，新增的 UI 元素都會顯示在此視窗內。請開啟「UI 元素選擇器」視窗依照以下步驟操作。

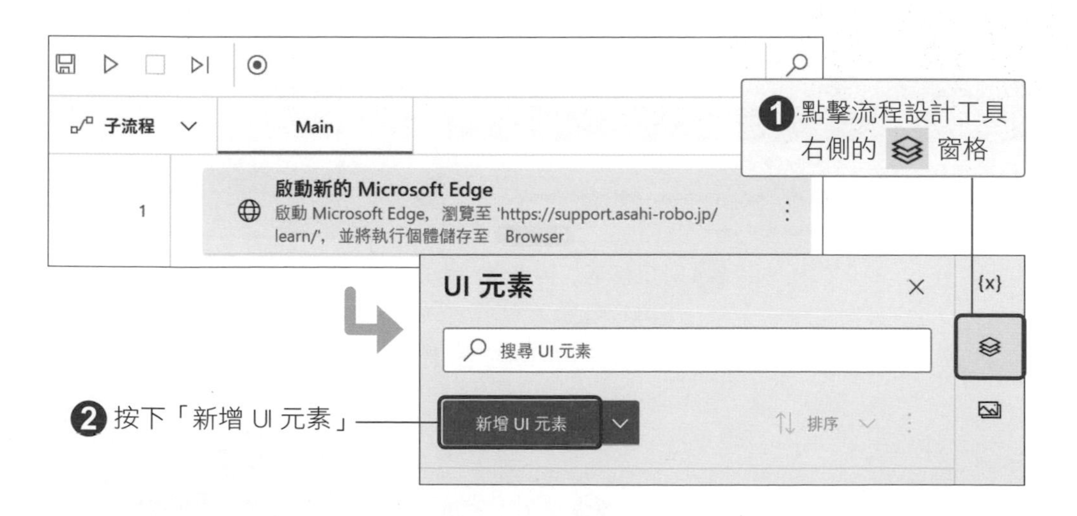

出現「UI 元素選擇器」視窗後，在網頁中滑鼠停留在 UI 元素時，其周圍就會出現紅色方框。

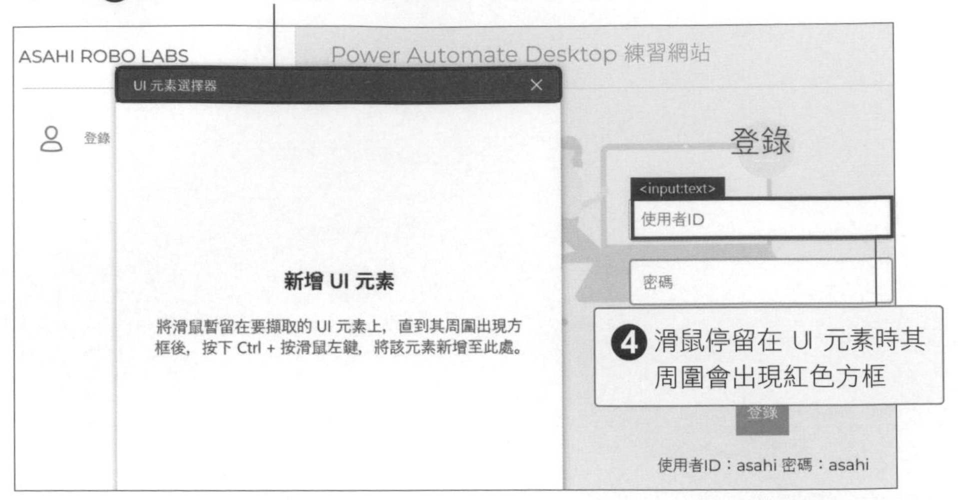

當 UI 元素周圍出現紅色方框時，按 Ctrl 鍵的同時按下滑鼠左鍵，就可以新增該處的 UI 元素。可以連續新增多個 UI 元素。

將 UI 元素新增到「UI 元素選擇器」視窗後，按下「完成」就可以把 UI 元素新增到 Power Automate Desktop 中的 UI 元素窗格中。此時就可以在動作中使用新增好的 UI 元素。

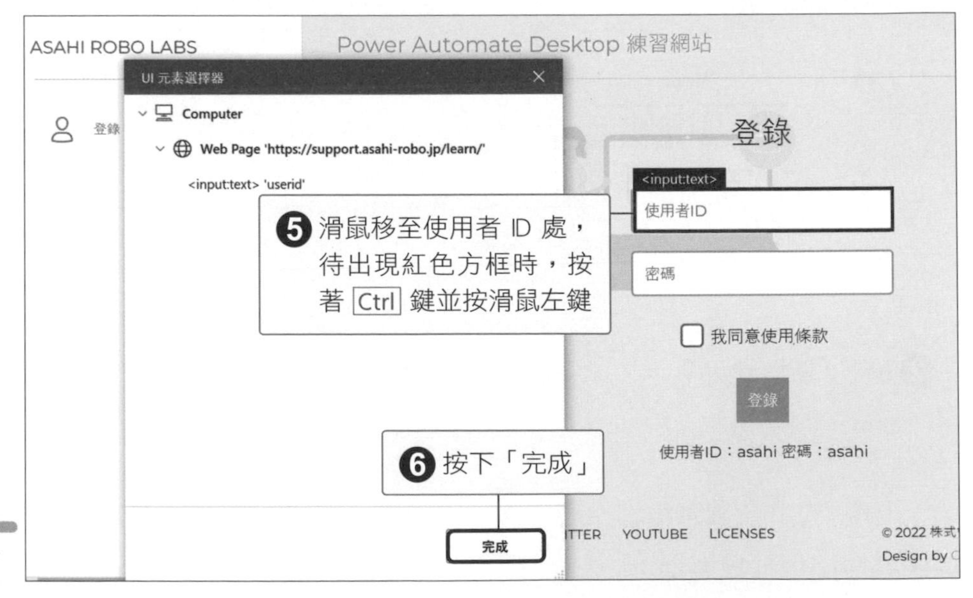

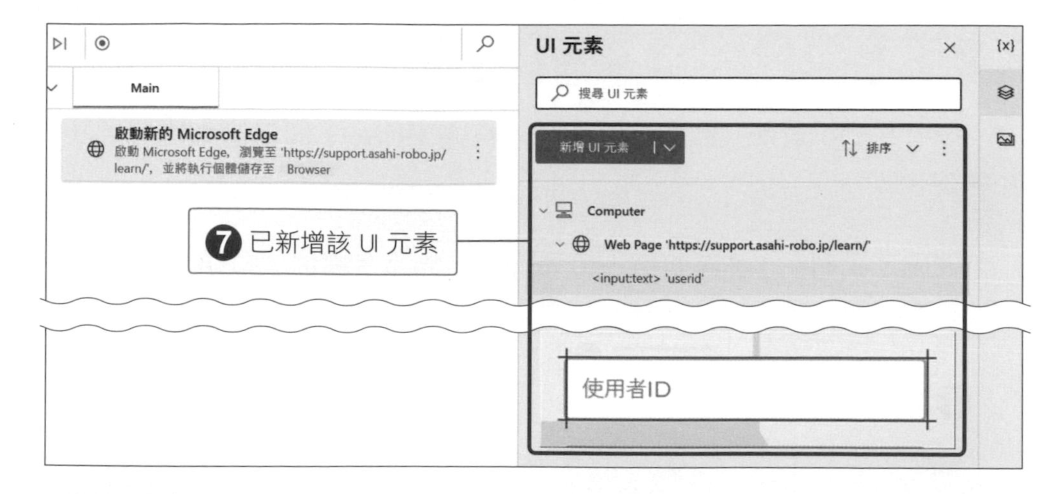

補充說明

在動作中只能選取出現在下拉式選單中的 UI 元素，若未出現在下拉式選單中，就需要進行新增 。新增的方式除了從 UI 元素窗格中新增，更直接的方式是按下「新增 UI 元素」，就會出現「UI 元素選擇器」視窗，接著新增 UI 元素的步驟就和使用 UI 窗格時相同。新增完成後就會出現在下拉式選單中，之後要使用就能直接選取。

◆ 在網頁中輸入使用者 ID 及密碼

接著我們試著建立動作，以在登入頁面中的文字欄位輸入使用者 ID 和密碼。

首先，我們在工作區新增「填入網頁上的文字欄位」動作，我們將透過這個動作來輸入使用者 ID。

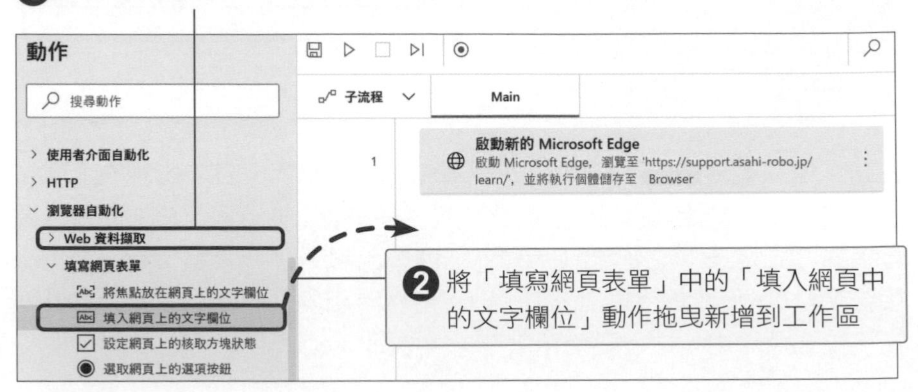

「網頁瀏覽器執行個體」中我們必須選擇已預備好進行操作的瀏覽器執行個體。下拉式選單中會出現已產生的執行個體，我們只要選擇想要操作的網頁瀏覽器即可。在此我們選擇本節一開始連到登入畫面的瀏覽器也就是「%Browser%」。

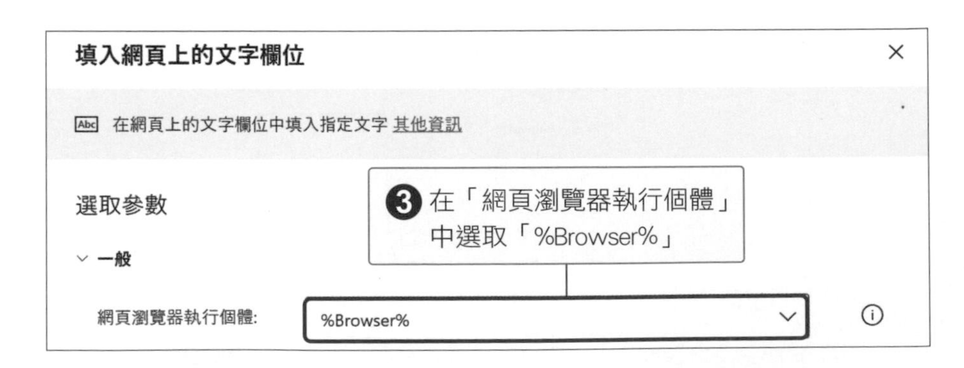

「UI 元素」欄位中選擇要設定於動作中的 UI 元素。在 p.5-5 已經新增了輸入使用者 ID 時會用到的 UI 元素，因此我們可以從下拉式選單中選取。

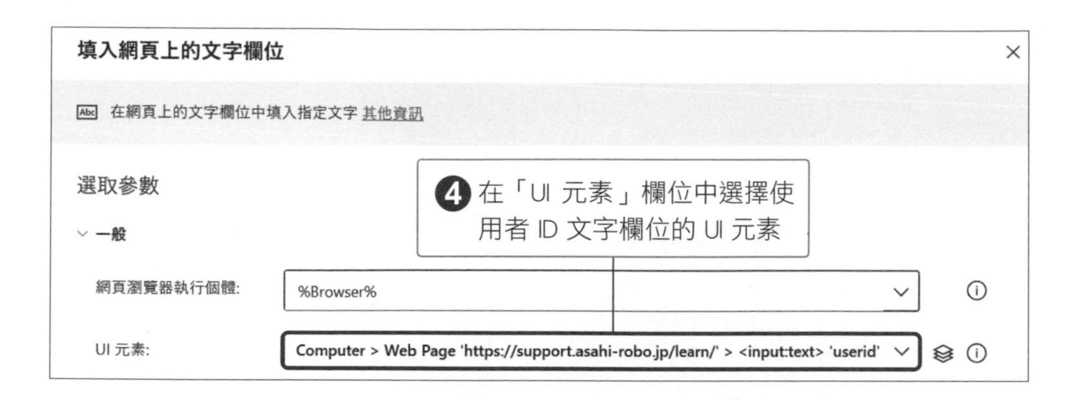

「文字」欄位中可以輸入要填到網頁文字欄位中的內容，也可以指定用某個變數來輸入內容。在這裡我們輸入「asahi」。

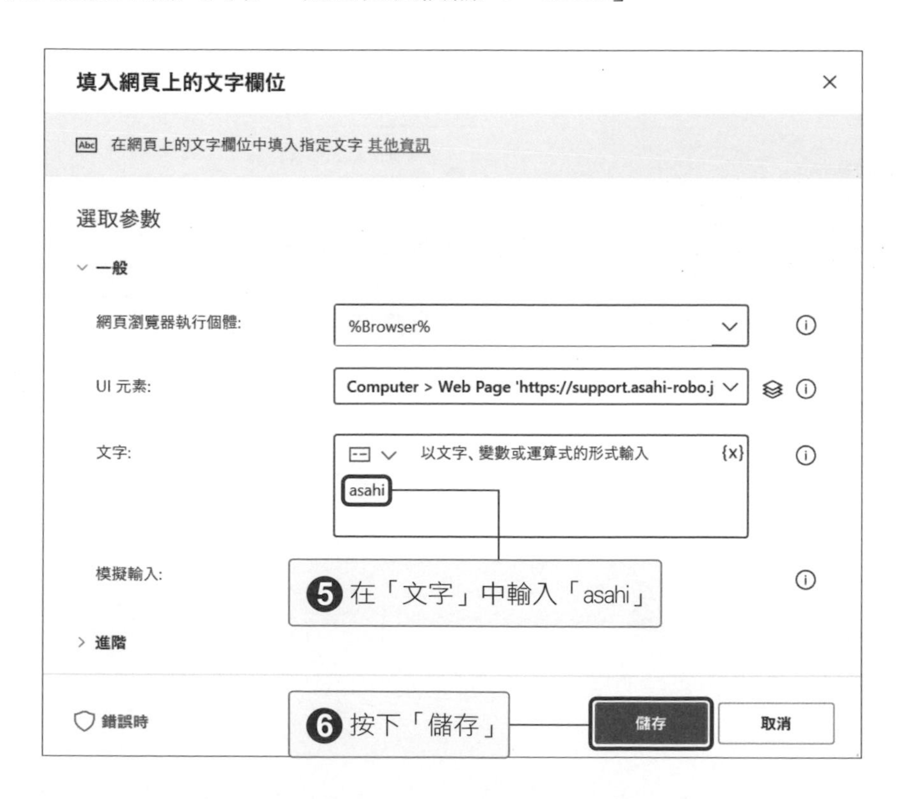

新增密碼文字欄位的 UI 元素也和上述步驟相同，新增完成後，在工作區內新增「填入網頁上的文字欄位」並設定動作的參數。其中「文字」的參數和使用者 ID 的文字參數一樣都是「asahi」。

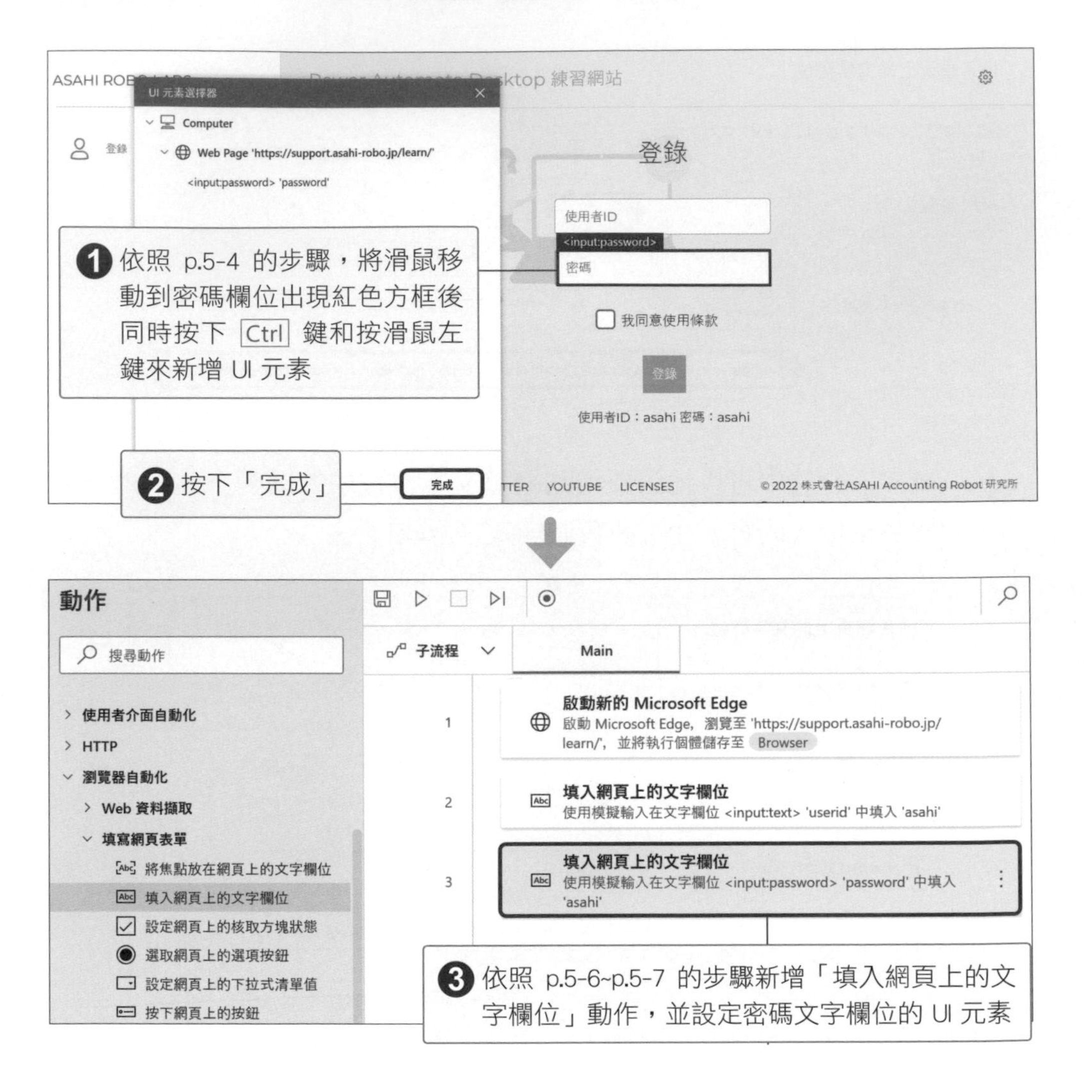

◆ 勾選核取方塊

接下來，我們要建立動作來勾選登入頁面中「我同意使用條款」的核取方塊。

我們使用「設定網頁上的核取方塊狀態」動作來操作核取方塊。

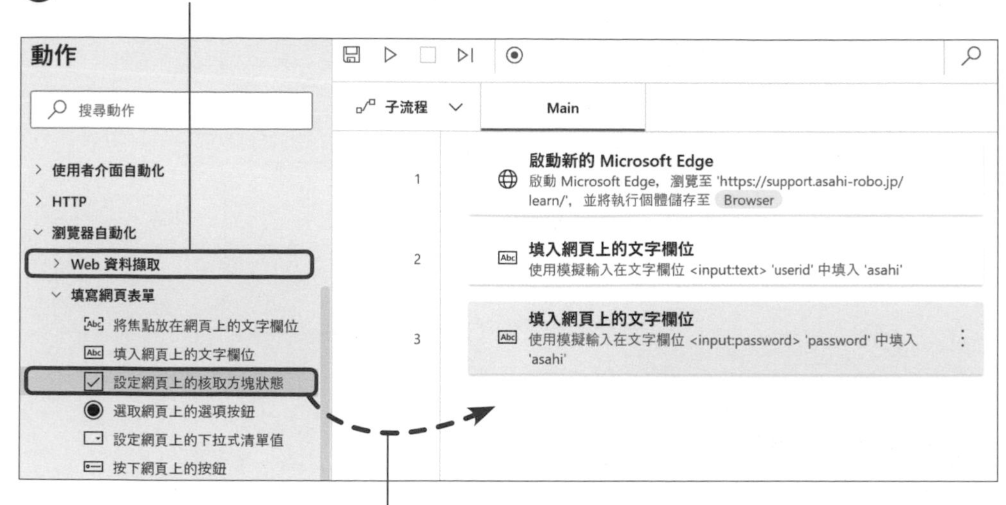

「網頁瀏覽器執行個體」中選擇可用於操作的瀏覽器執行個體。此處要延續前面選取的「%Browser%」。

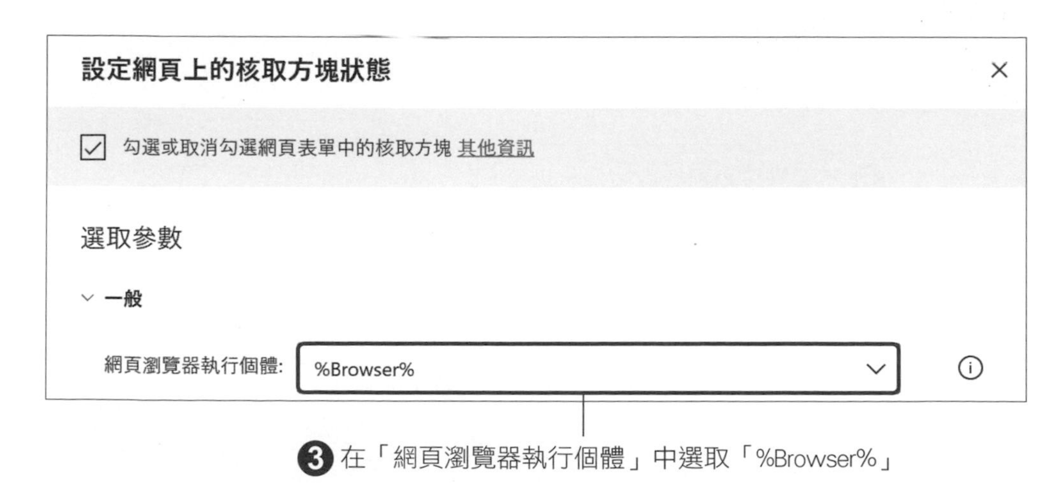

接著要在動作的設定視窗中，新增網頁核取方塊的 UI 元素，才能指定進行勾選。

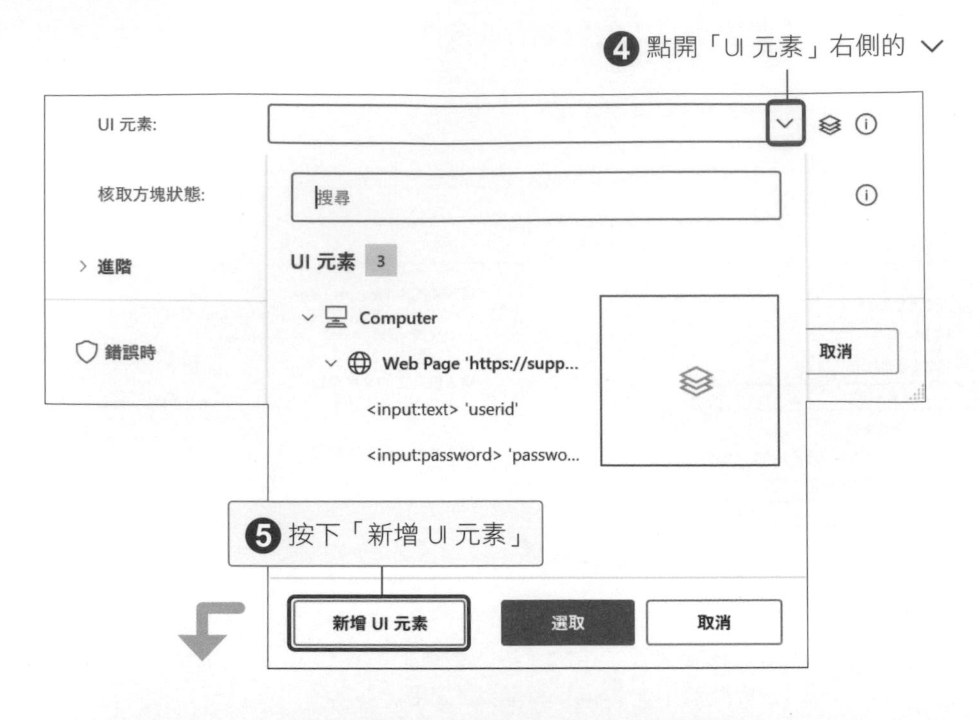

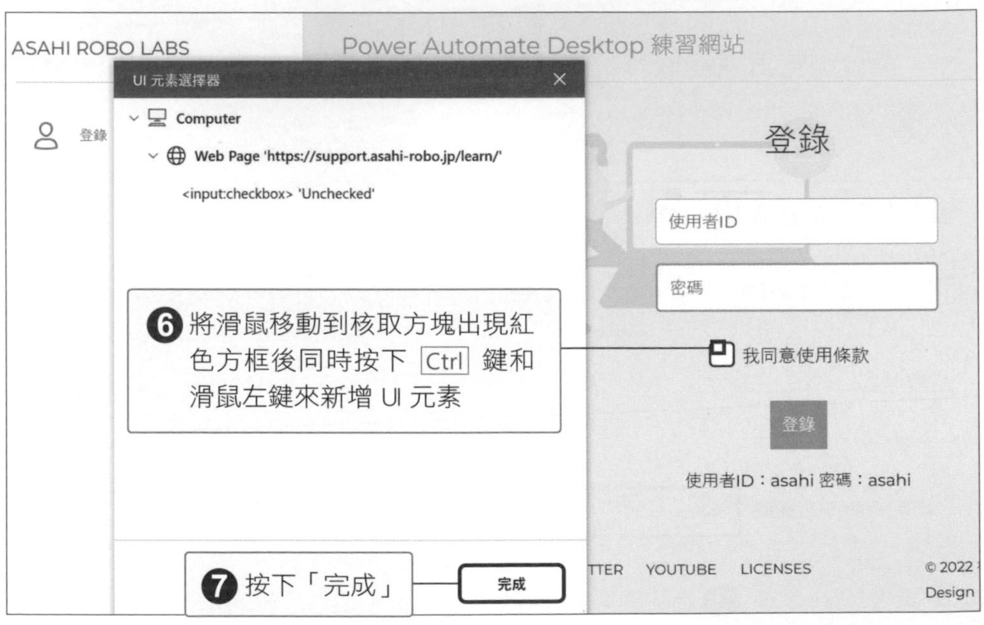

「核取方塊狀態」欄位中可以設定為「已勾選」或「未勾選」。由於在這裡是要勾選核取方塊，故選取「已勾選」。

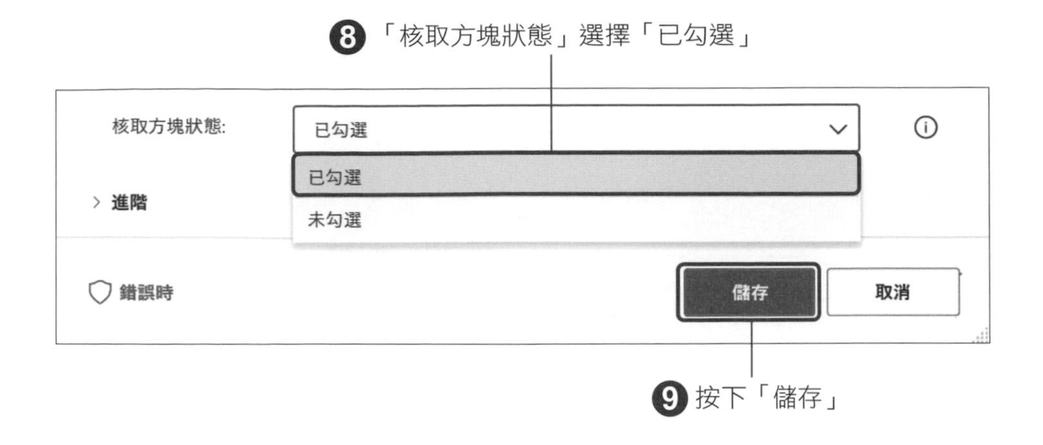

新增完動作後流程如下圖：

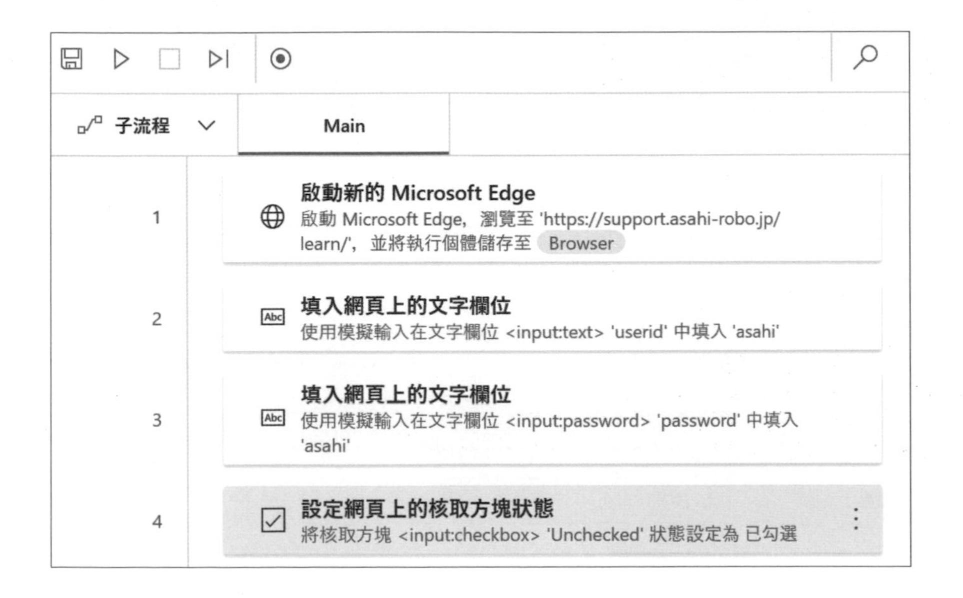

◆ 按下「登錄」按鈕

接下來，我們試著建立動作來按下登入頁面的「登錄」按鈕，操作網頁按鈕需要新增到「按下網頁上的按鈕」動作。

❶ 打開動作窗格中「瀏覽器自動化」的「web 資料擷取」群組

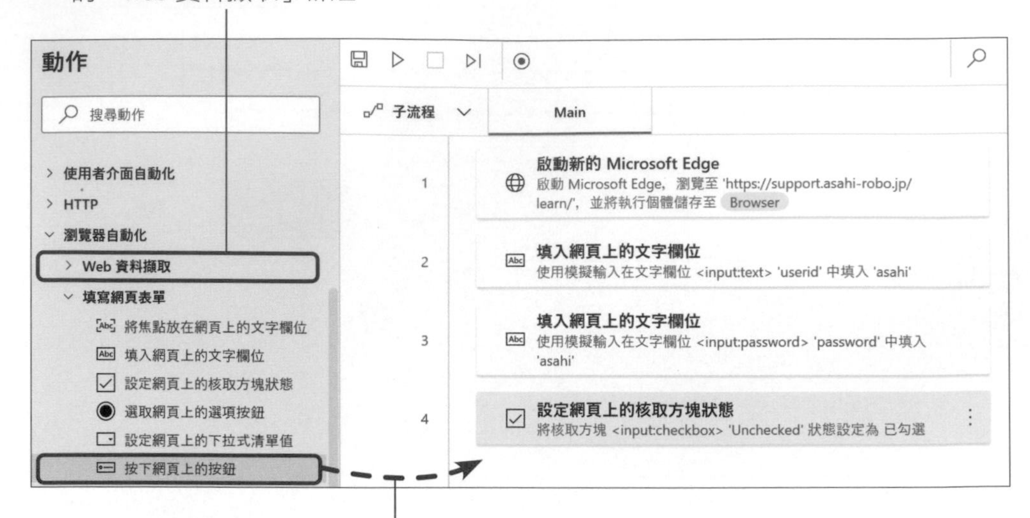

❷ 將「填寫網頁表單」內的「按下網頁上的按鈕」，拖曳並新增至工作區

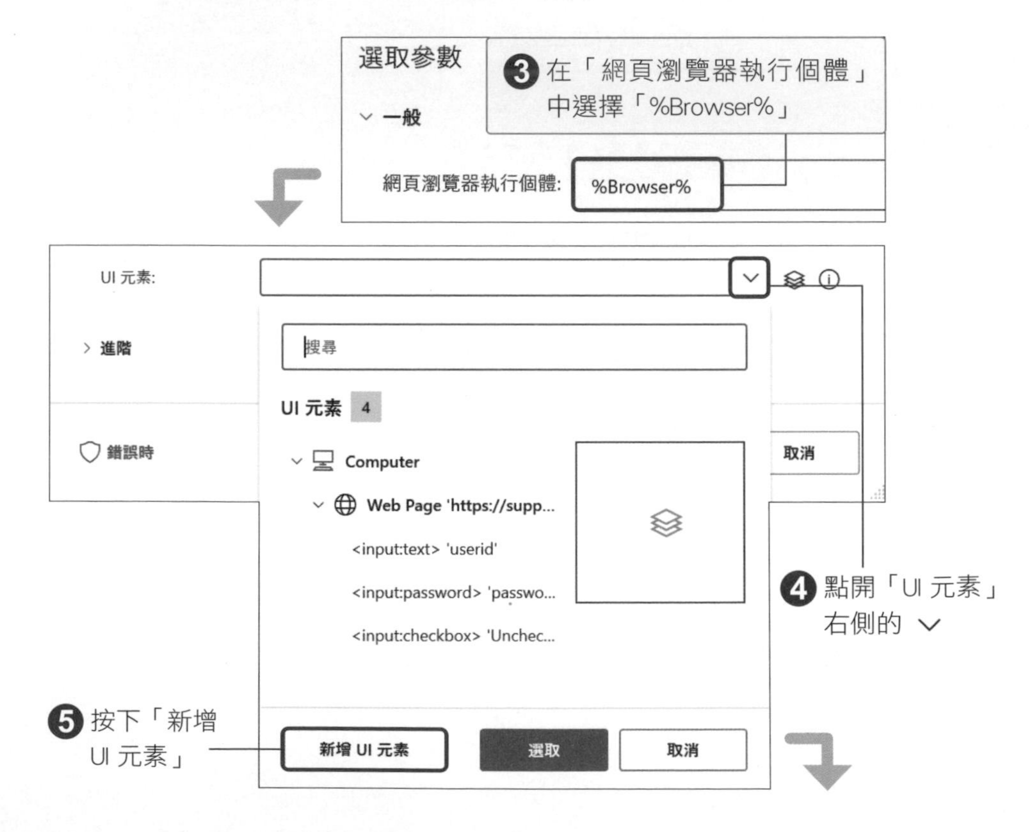

動作新增完成後的流程如下圖所示：

子流程 Main

1 **啟動新的 Microsoft Edge**
啟動 Microsoft Edge，瀏覽至 'https://support.asahi-robo.jp/learn/dashboard/'，並將執行個體儲存至 Browser

2 **填入網頁上的文字欄位**
使用模擬輸入在文字欄位 <input:text> 'userid' 中填入 'asahi'

3 **填入網頁上的文字欄位**
使用模擬輸入在文字欄位 <input:password> 'password' 中填入 'asahi'

4 **設定網頁上的核取方塊狀態**
將核取方塊 <input:checkbox> 'Unchecked' 狀態設定為 已勾選

5 **按下網頁上的按鈕**
按下網頁按鈕 <input:submit> '登錄'

◆ 檢查動作

新增完這些動作之後，自動登入網站的流程就建立好了。我們可以試著執行看看這個流程有沒有問題。

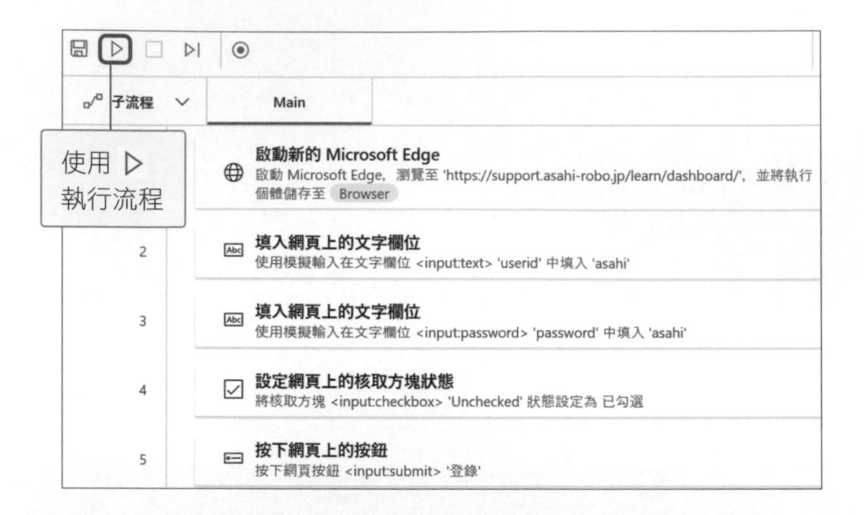

若流程可以順利運行，網頁會直接跳轉到登入後的畫面 (如下圖)。若發生錯誤，可以參考補充說明的方法來除錯。

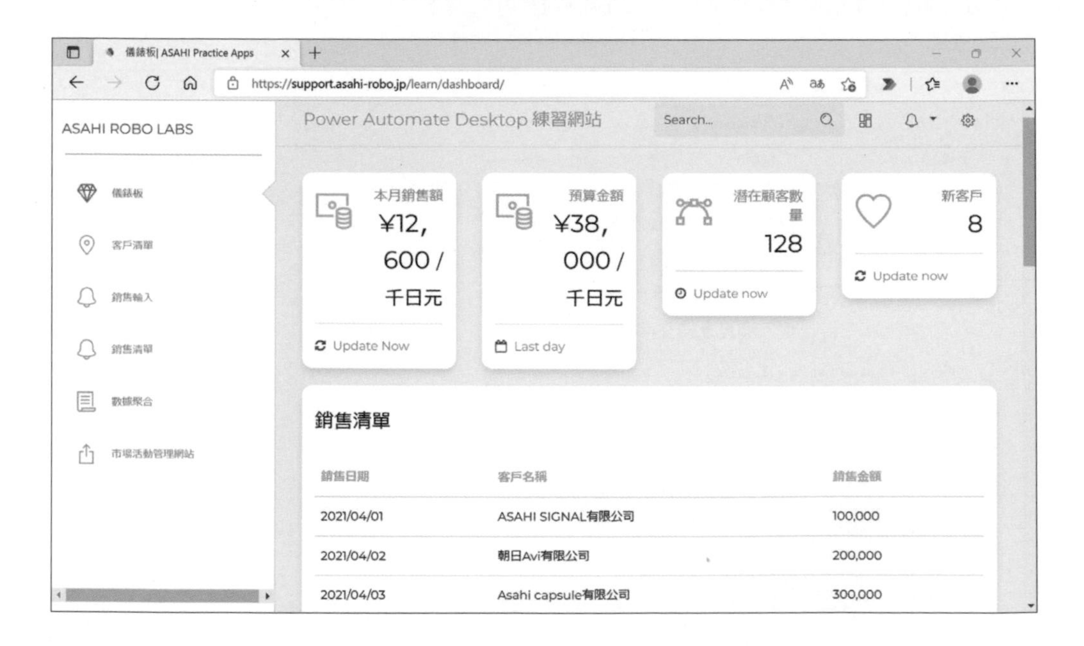

補充說明

「無法在表單欄位中寫入文字」、「無法設定核取方塊狀態」、「按鈕按下失敗」等錯誤訊息，可能是因為你在執行途中關閉執行頁面或電腦本身的執行問題，沒有順利取得文字方塊、核取方塊或登入按鈕的 UI 元素。若發生這類型的錯誤，可以重新新增 UI 元素，並重新設定各個動作中的 UI 元素，最後再進行動作檢查。

錯誤 1

子流程	動作	錯誤
Main	3	無法在表單欄位中寫入文字。

錯誤 1

子流程	動作	錯誤
Main	4	無法設定核取方塊狀態。

錯誤 1

子流程	動作	錯誤
Main	5	按鈕按下失敗。

◆ 等待網頁讀取完成

在網頁中處理登入程序像這類還在載入頁面的過程中立刻執行其他操作可能會發生錯誤。右圖為在「按下網頁上的按鈕」動作發生錯誤的情況。

按下網頁上的按鈕 動作 - 錯誤詳細資料

位置：子流程: Main, 動作: 5, 動作名稱: 按下網頁上的按鈕

錯誤訊息：按鈕按下失敗。

錯誤詳細資料：

```
並未將物件參考設定為物件的執行個體。: Microsoft.Flow.RPA.Desktop.Robin.SDK.ActionExcept
  於 Microsoft.Flow.RPA.Desktop.Modules.WebAutomation.Actions.WebAutomationResultExt
  於 Microsoft.Flow.RPA.Desktop.Modules.WebAutomation.Actions.PressButtonBase.Execute(
  --- 內部例外狀況堆疊追蹤的結尾 ---
  於 Microsoft.Flow.RPA.Desktop.Modules.WebAutomation.Actions.PressButtonBase.Execute(
  於 Microsoft.Flow.RPA.Desktop.Robin.Engine.Execution.ActionRunner.Run(IActionStatement
```

複製詳細資料

關閉

切換到不同網頁可以細分為下列 3 個步驟：

① 點擊網頁上的按鈕或連結前往網頁。

② 等待讀取欲前往的網頁。

③ 網頁顯示後可進行下一步操作。

請注意，當 Power Automate Desktop 切換到不同網頁時，在網頁還沒完全顯示完畢就進行其他操作，像是關閉頁面，流程會發生錯誤，問題就出在步驟 ②。

雖然人工操作時，步驟 ② 是一個無意識的動作。不過，若使用 Power Automate Desktop 這樣的自動化流程工具來操作時，就必須明確指示流程在載入頁面過程中要先等待操作對象完全被讀取。

在自動化流程中，包括載入網頁、啟動應用程式等操作，都需要搭配類似的等待動作，可以確保流程執行更加穩定不容易出錯。由於這裡是操作網頁的範例，因此我們使用在「瀏覽器自動化」群組中的「等待網頁內容」。

❶ 打開「瀏覽器自動化」群組

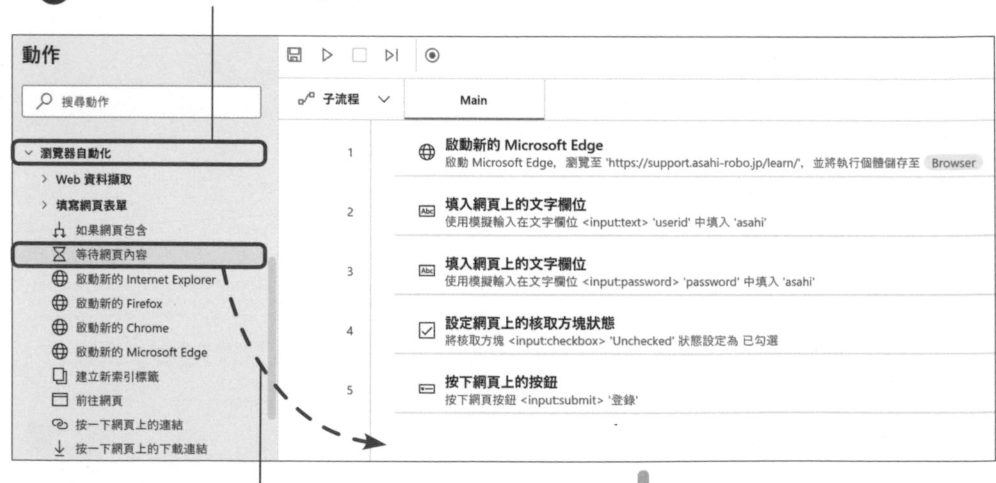

❷ 將「等待網頁內容」，拖曳並新增到工作區

等待網頁內容

暫停流程，直到網頁上特定文字片段或網頁元素出現或消失 其他資訊

選取參數

一般

網頁瀏覽器執行個體: %Browser%

❸ 在「網頁瀏覽器執行個體」中選擇「%Browser%」

在「等待網頁」欄位中，我們可以選擇元素或文字是否存在作為等待完成的依據 (編註：也就是看我們要操作的 UI 元素出現了沒)。這裡我們選擇的是「包含元素」。

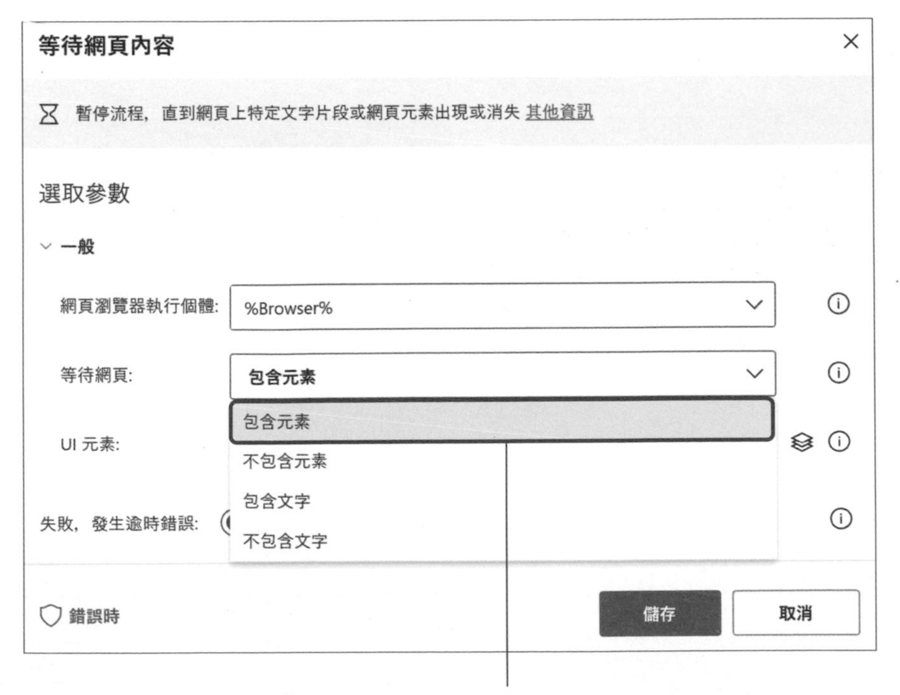

❹ 在「等待網頁」欄位中選擇「包含元素」

在「UI 元素」欄位中選取的 UI 元素，是表示系統會等待該 UI 元素出現後才進行下一步操作。這裡我們新增並選取首頁的「銷售清單 <h5>」。

一般

網頁瀏覽器執行個體: %Browser%

等待網頁: 包含元素

UI 元素: Computer > Web Page 'https://support.asahi-robo.jp/learn/dasł

失敗，發生逾時錯誤:

錯誤時　儲存　取消

❾ 按下「儲存」

下圖為新增動作後的流程。

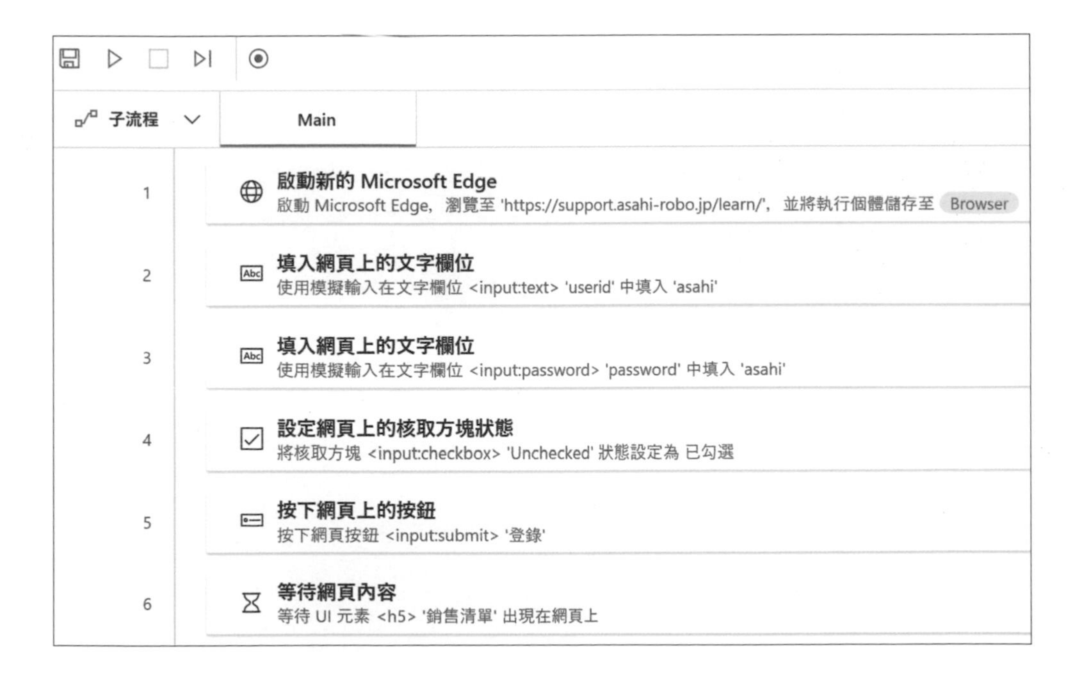

5-2 網頁資料爬蟲

登入網站後，我們可以試著建立流程來從網頁擷取資料。這種從網頁中擷取特定內容或表格等資料的動作，我們稱之為「網頁抓取 (Web scraping)」(編註：而用來爬取資料的程式或工具，通常稱為爬蟲)。

◆ 作業前的準備

以下將依序說明如何從網頁擷取所需的資訊。

- 取得特定位置的資訊。
- 取得完整的清單或資料表。

首先，我們執行在 5-1 節建立好的流程來開啟練習網站的首頁。

這裡我們要試著擷取首頁「銷售清單」內，「客戶名稱」為「ASAHI SIGNAL有限公司」的資料。

銷售清單

銷售日期	客戶名稱	銷售金額
2021/04/01	ASAHI SIGNAL有限公司	100,000
2021/04/02	朝日Avi有限公司	200,000
2021/04/03	Asahi capsule有限公司	300,000
2021/04/04	阿薩希·雷亞爾有限公司	400,000

◆ 取得特定位置的資料

若欲擷取的資料是固定的元素 (如接下來的說明範例)，我們可以使用「取得網頁上元素的詳細資料」來擷取。

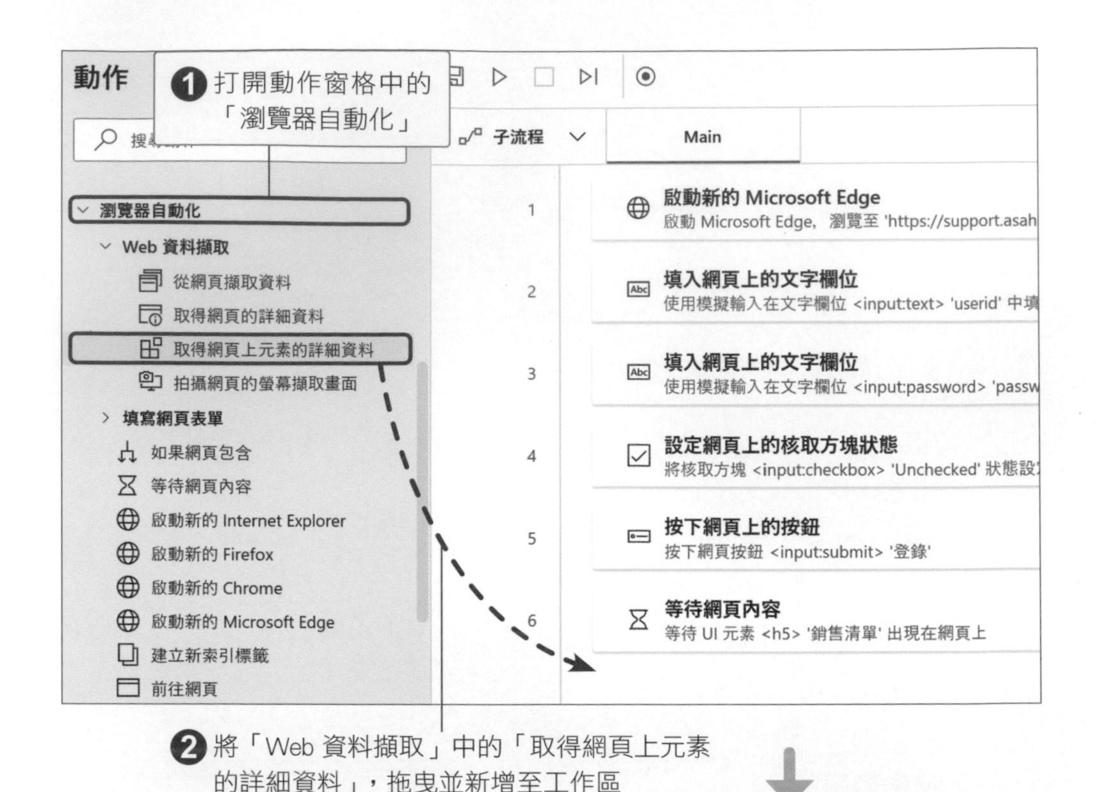

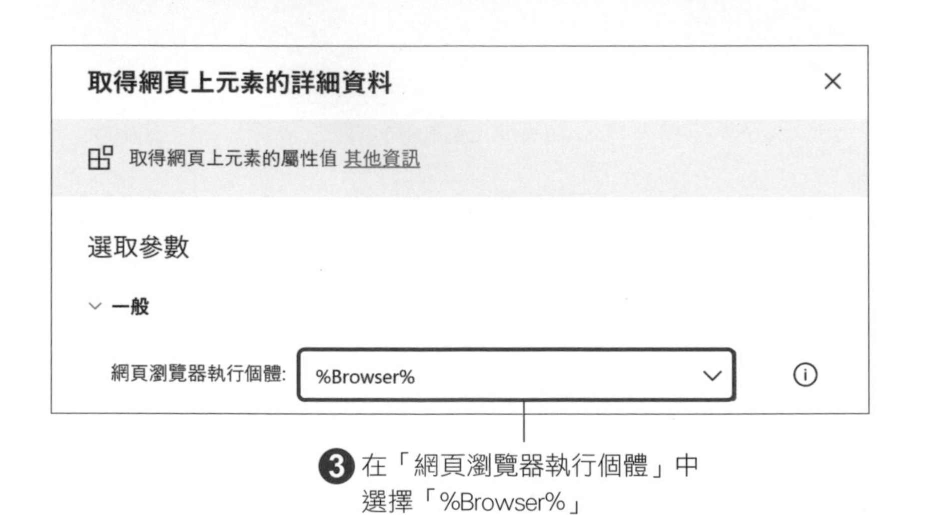

在「UI 元素」欄位中，我們先將首頁上的「客戶名稱」中「ASAHI SIGNAL有限公司」新增為 UI 元素，再選取該元素。

我們必須在「進階」中的「屬性名稱」欄位選擇欲擷取值的資料屬性。這次的範例，要擷取的資料為「ASAHI SIGNAL有限公司」這串文字，因此選取「Own Text」。

擷取的資料會被儲存在「變數已產生」的「AttributeValue」中。

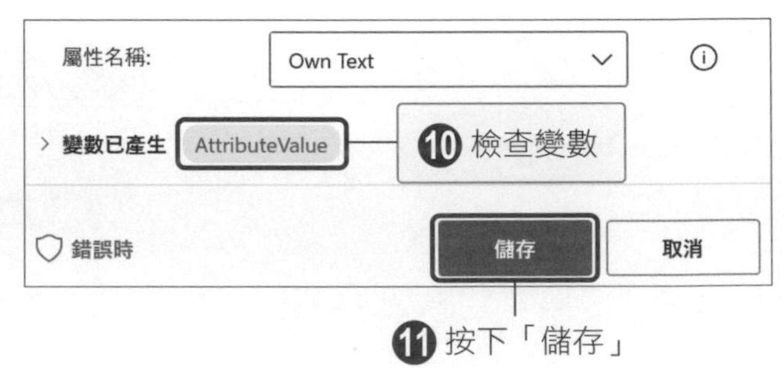

流程建立好後，我們先試著執行一次。執行後檢查看看變數 %AttributeValue% 的內容是否為取得的資訊：「ASAHI SIGNAL有限公司」。

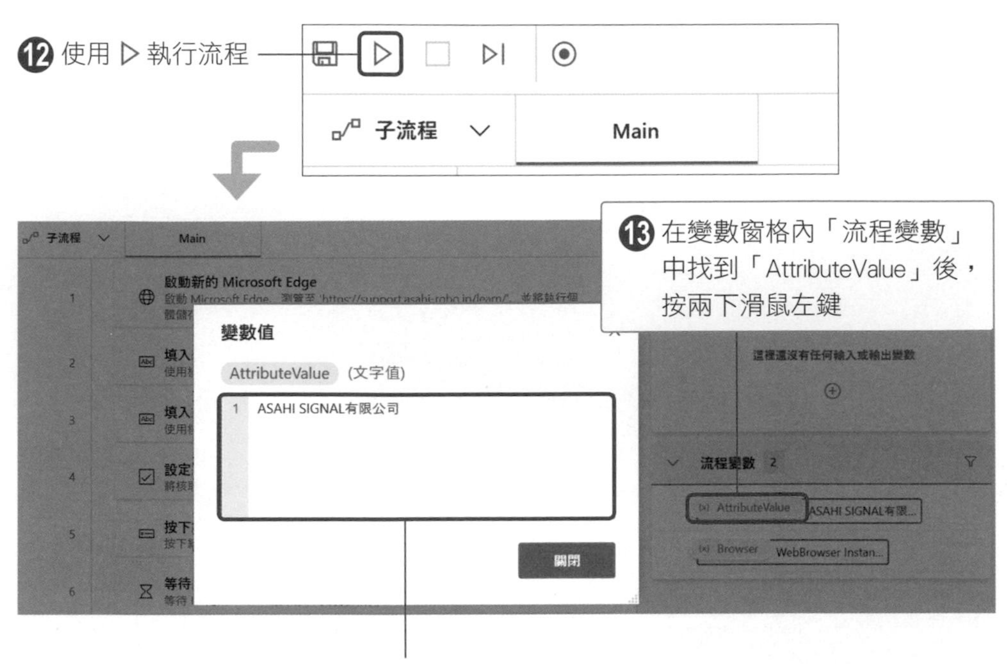

補充說明

在 p.5-23 有提到「進階」的「屬性名稱」欄位可以選擇篩選對象的屬性。篩選對象的屬性包含「Own Text」、「Title」、「Source Link」、「HRef」、「Exists」五個選項。我們可以使用屬性驗證工具來檢查其屬性。在網頁畫面上按下鍵盤的 F12 開啟驗證工具來檢查整個網頁的 HTML。按下 ⧉ 並點選想要篩選的值，就可以查看該元素的屬性。

▼ 接下頁

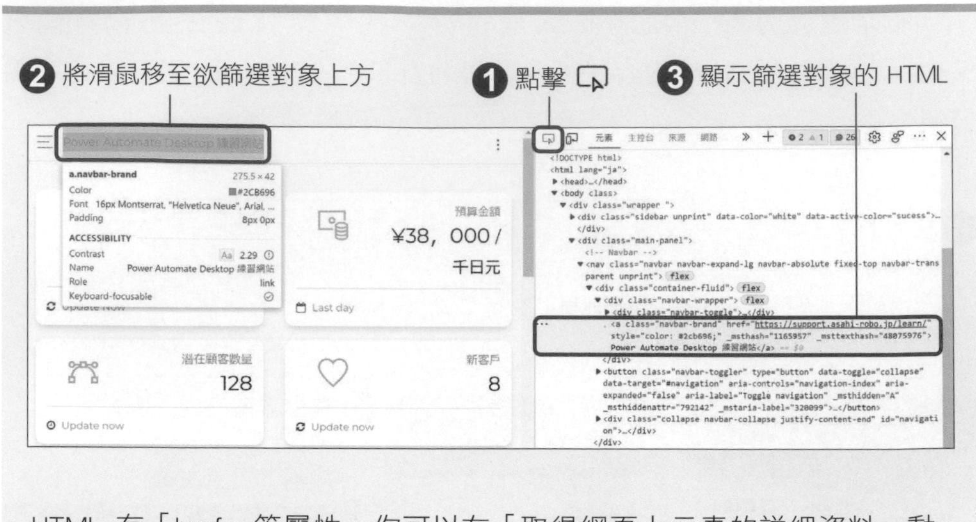

HTML 有「href」等屬性，你可以在「取得網頁上元素的詳細資料」動作中找到和網頁屬性相對應的屬性名稱，取得網頁屬性內的值。

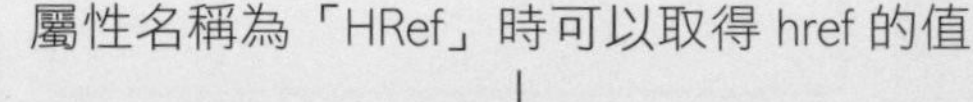

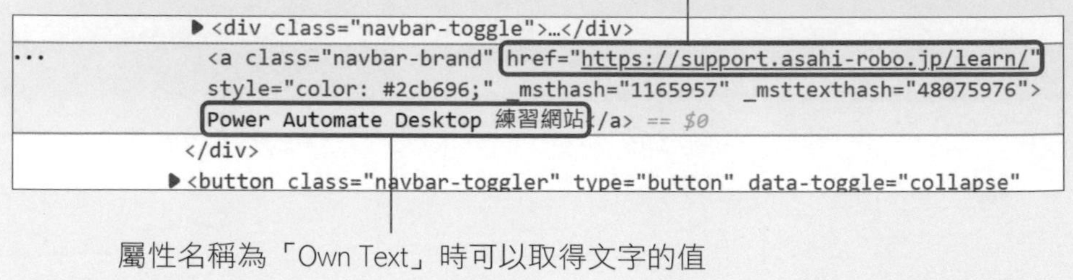

◆ 取得完整的清單或資料表

前文已說明了從網頁特定位置篩選出資料的方法。接著要說另外一個篩選方法，因應有時需要篩選出顧客清單或營業額清單等表格資料。Power Automate Desktop 可以完整篩選出如下圖資料表形式的資料。

如果要一筆一筆擷取的話必須重複操作多次，非常耗時。只要使用「從網頁擷取資料」動作，一個動作就可以將完整的清單或資料表形式的資料一次擷取起來。

❶ 打開動作窗格中的「瀏覽器自動化」

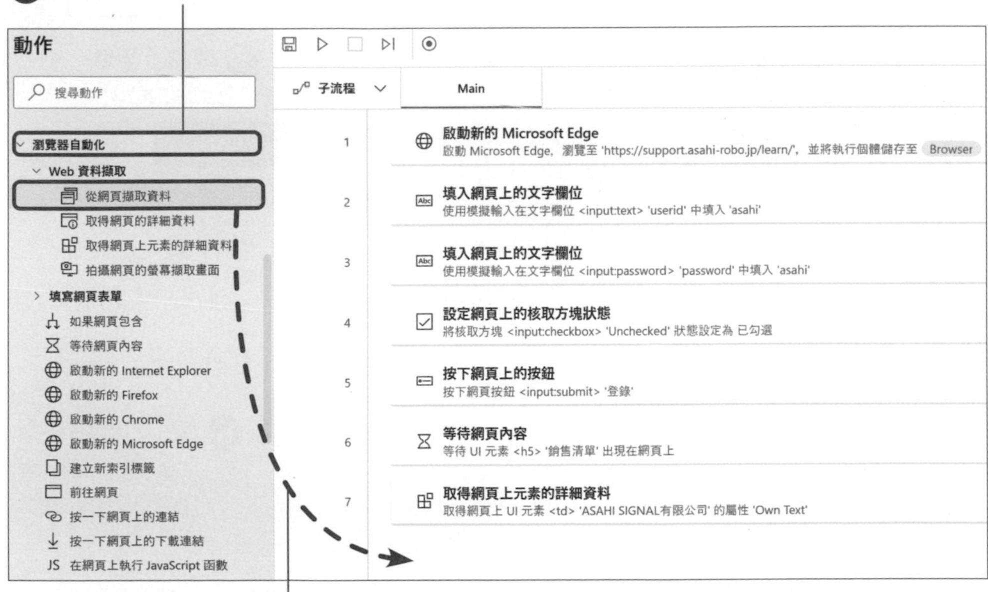

❷ 將「Web 資料擷取」中的「從網頁擷取資料」，拖曳並新增至工作區

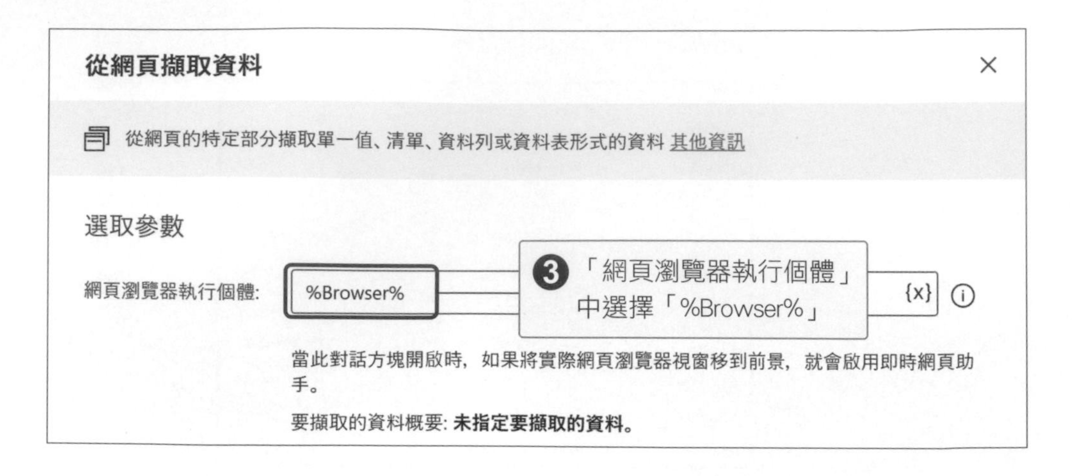

在「儲存資料模式」有「變數」或「Excel 試算表」兩個選項。選擇「Excel 試算表」的話，會自動開啟 Excel 並把值輸入其中。這裡我們選擇「變數」。

取得的資料會儲存於「變數已產生」的「DataFromWebPage」變數中。

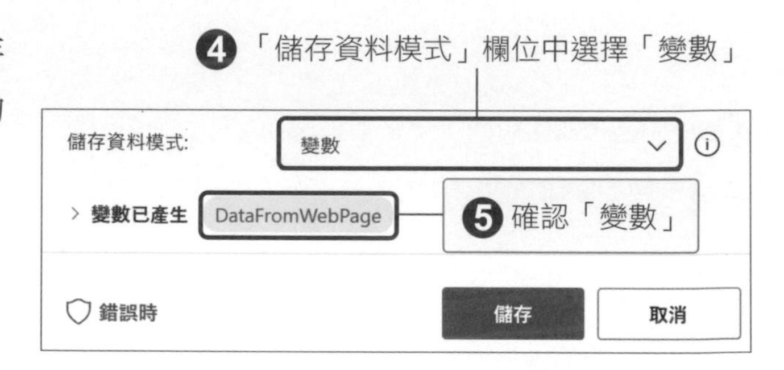

設定好動作之後，不要關閉「從網頁擷取資料」的動作設定視窗，在對話視窗開啟的狀態下，我們開啟想要擷取資料的網頁，並點擊網頁瀏覽視窗，使其維持在執行狀態。

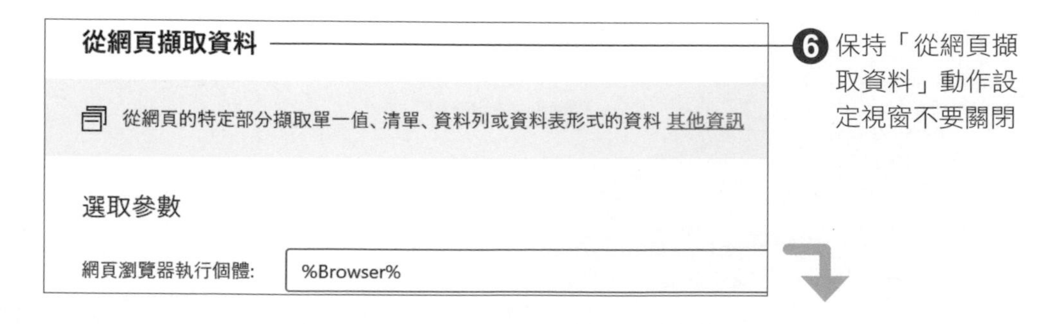

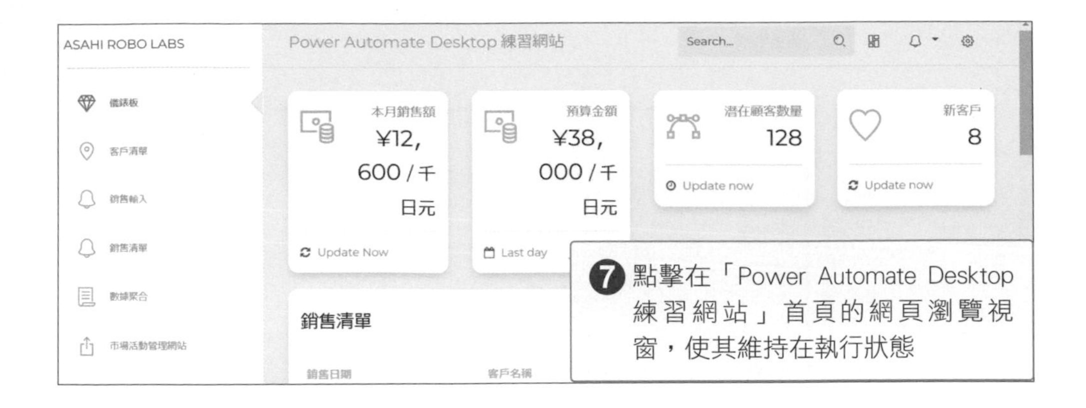

在網頁瀏覽器處於執行狀態時，會顯示「即時網頁助手」視窗。當滑鼠箭頭移動時，瀏覽器上對應的 UI 元素顯示紅色方框，方便比對擷取資料的來源。稍後擷取資料的操作，在「即時網頁助手」視窗中會顯示由「從網頁擷取資料」動作擷取出的資料值。

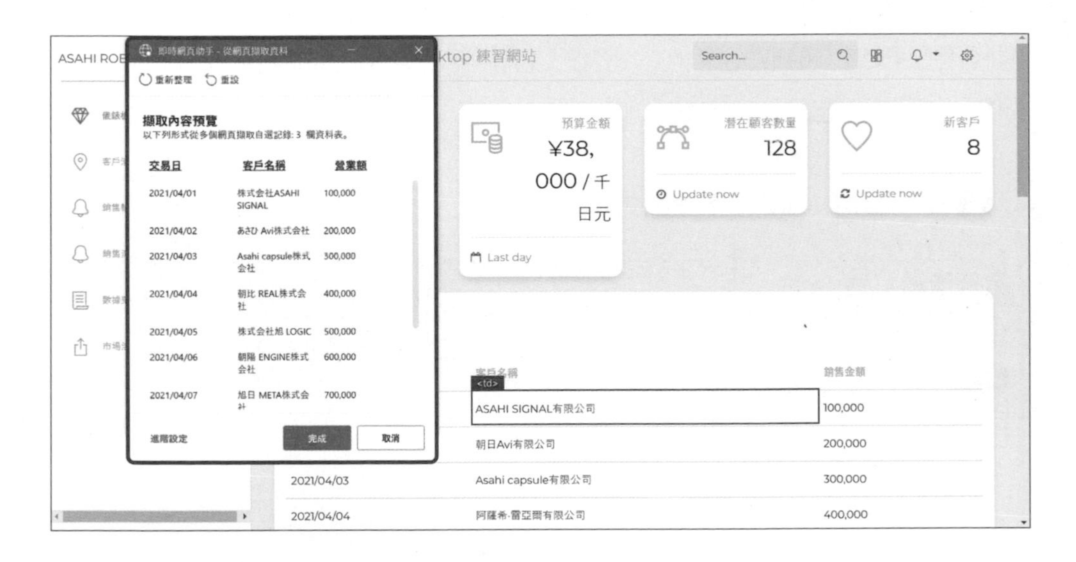

此處我們將擷取練習網站首頁的內容，也就是所有在「銷售清單」中的資料，包含「銷售日期」、「客戶名稱」、「銷售金額」。

ASAHI ROBO LABS

銷售清單

銷售日期	客戶名稱	銷售金額
2021/04/01	ASAHI SIGNAL有限公司	100,000
2021/04/02	朝日Avi有限公司	200,000
2021/04/03	Asahi capsule有限公司	300,000
2021/04/04	阿薩希·雷亞爾有限公司	400,000
2021/04/05	朝日日誌有限公司	500,000
2021/04/06	朝陽英語有限公司	600,000
2021/04/07	朝日美達有限公司	700,000
2021/04/08	ASAHI 汽車有限公司	800,000
2021/04/09	朝日馬特有限公司	900,000
2021/04/10	株式會社Asahi VERGE	1,000,000

首先，我們擷取「銷售日期」的值「2021/04/01」。將滑鼠移到「2021/04/01」上方，當紅色方框出現後，按下滑鼠右鍵。選單出現後，再將滑鼠移到「擷取元素值」選項，會出現元素屬性的選擇清單。這次我們想要擷取的是文字，因此我們選擇「文字」。

❽ 移到「2021/04/01」上方並按下滑鼠右鍵

❾ 選擇「擷取元素值」選單中的「文字」選項

完成選取後，在「即時網頁助手」視窗中會顯示擷取出的值。

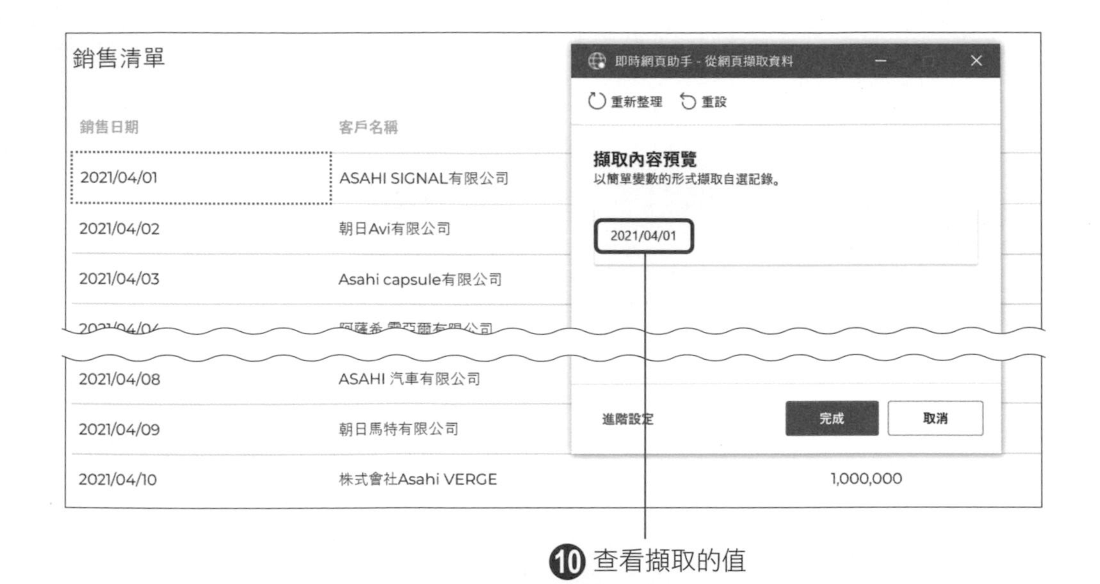

接著，以上述的方法擷取「銷售日期」的值「2021/04/02」。

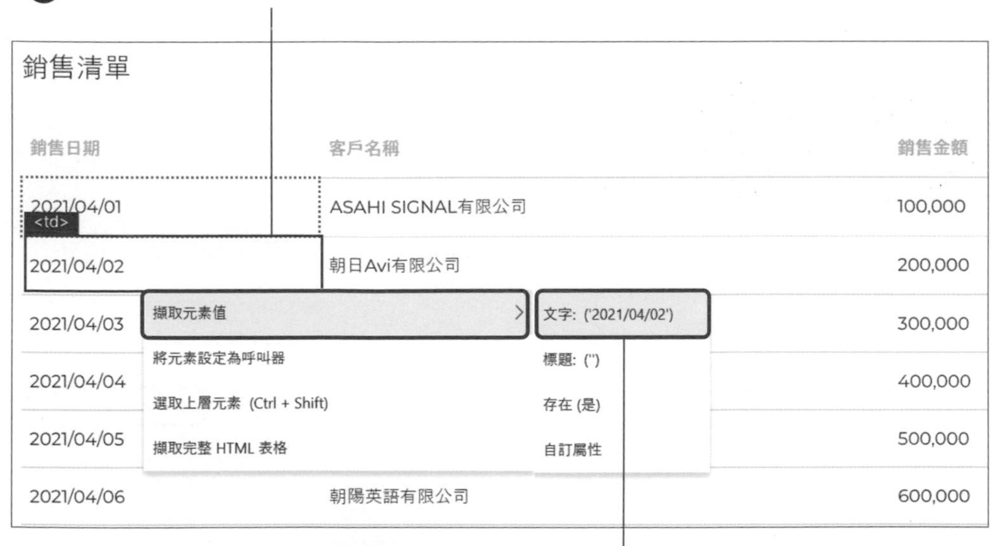

接著，網頁上的「銷售日期」的值就會以清單的形式全部都被擷取下來。如下圖所示。

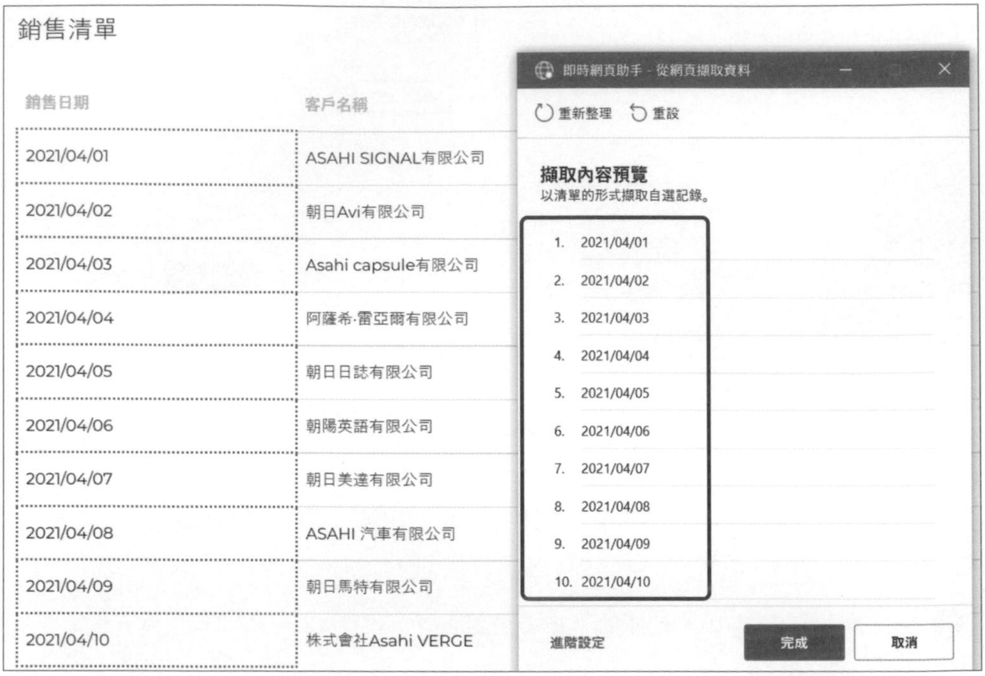

銷售清單

銷售日期	客戶名稱
2021/04/01	ASAHI SIGNAL有限公司
2021/04/02	朝日Avi有限公司
2021/04/03	Asahi capsule有限公司
2021/04/04	阿薩希·雷亞爾有限公司
2021/04/05	朝日日誌有限公司
2021/04/06	朝陽英語有限公司
2021/04/07	朝日美達有限公司
2021/04/08	ASAHI 汽車有限公司
2021/04/09	朝日馬特有限公司
2021/04/10	株式會社Asahi VERGE

即時網頁助手 - 從網頁擷取資料

重新整理　重設

擷取內容預覽

以清單的形式擷取自選記錄。

1. 2021/04/01
2. 2021/04/02
3. 2021/04/03
4. 2021/04/04
5. 2021/04/05
6. 2021/04/06
7. 2021/04/07
8. 2021/04/08
9. 2021/04/09
10. 2021/04/10

進階設定　完成　取消

再來，我們可以擷取「客戶名稱」的「ASAHI SIGNAL有限公司」。

❶ 在選擇「ASAHI SIGNAL有限公司」的狀態下按下滑鼠右鍵

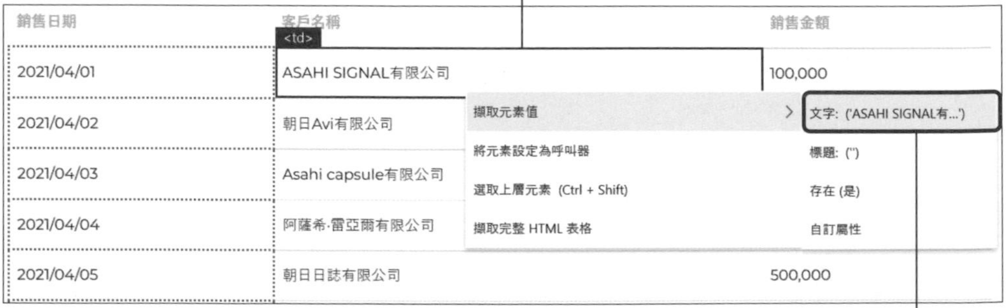

銷售日期	客戶名稱	銷售金額
2021/04/01	ASAHI SIGNAL有限公司	100,000
2021/04/02	朝日Avi有限公司	
2021/04/03	Asahi capsule有限公司	
2021/04/04	阿薩希·雷亞爾有限公司	
2021/04/05	朝日日誌有限公司	500,000

<td>

擷取元素值 ＞　文字: ('ASAHI SIGNAL有...')

將元素設定為呼叫器　標題: ('')

選取上層元素 (Ctrl + Shift)　存在 (是)

擷取完整 HTML 表格　自訂屬性

❷ 點選「擷取元素值」選單中的「文字」選項

如此一來就可以以表格的形式擷取「客戶名稱」的所有資料。

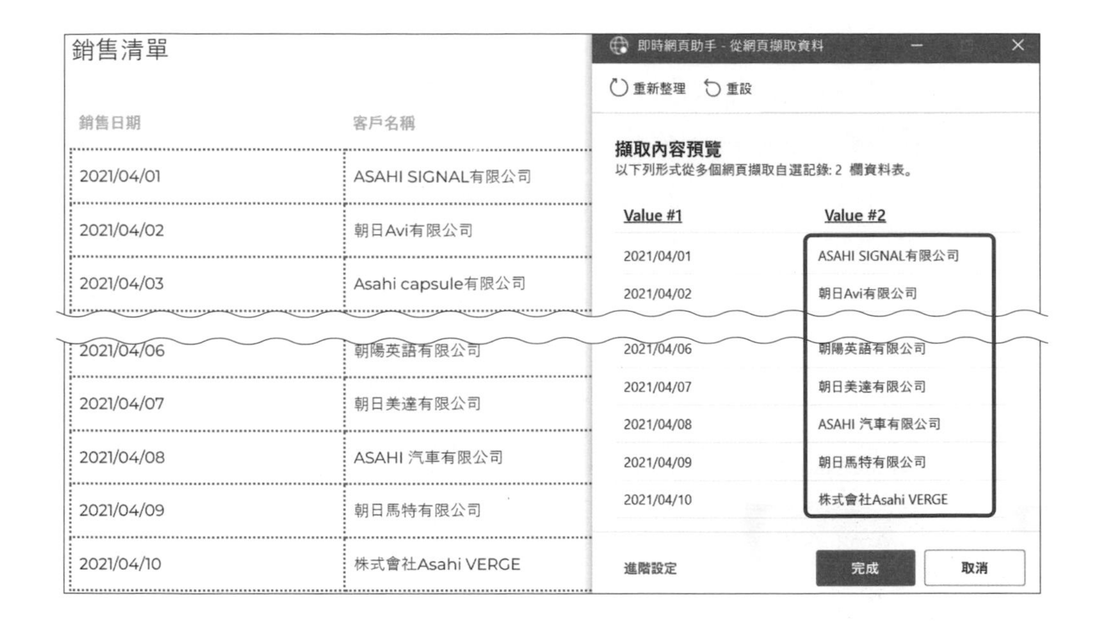

以相同的步驟來新增「銷售金額」的值。

依照上述步驟，我們就可以使用「從網頁擷取資料」動作來擷取特定的值、清單或資料表等形式的資料。

這些由「從網頁擷取資料」動作擷取的資料，其表頭名稱的預設值為「Value#序號」。我們可以點擊「即時網頁助手」視窗中資料表的欄位名稱，依自己的喜好進行變更。此處我們將欄位名稱依序變更為「銷售日期」、「客戶名稱」及「銷售金額」。變更完成後，按下「完成」，再到動作設定視窗按下「儲存」。這樣一來，「從網頁擷取資料」動作的設定就完成了。

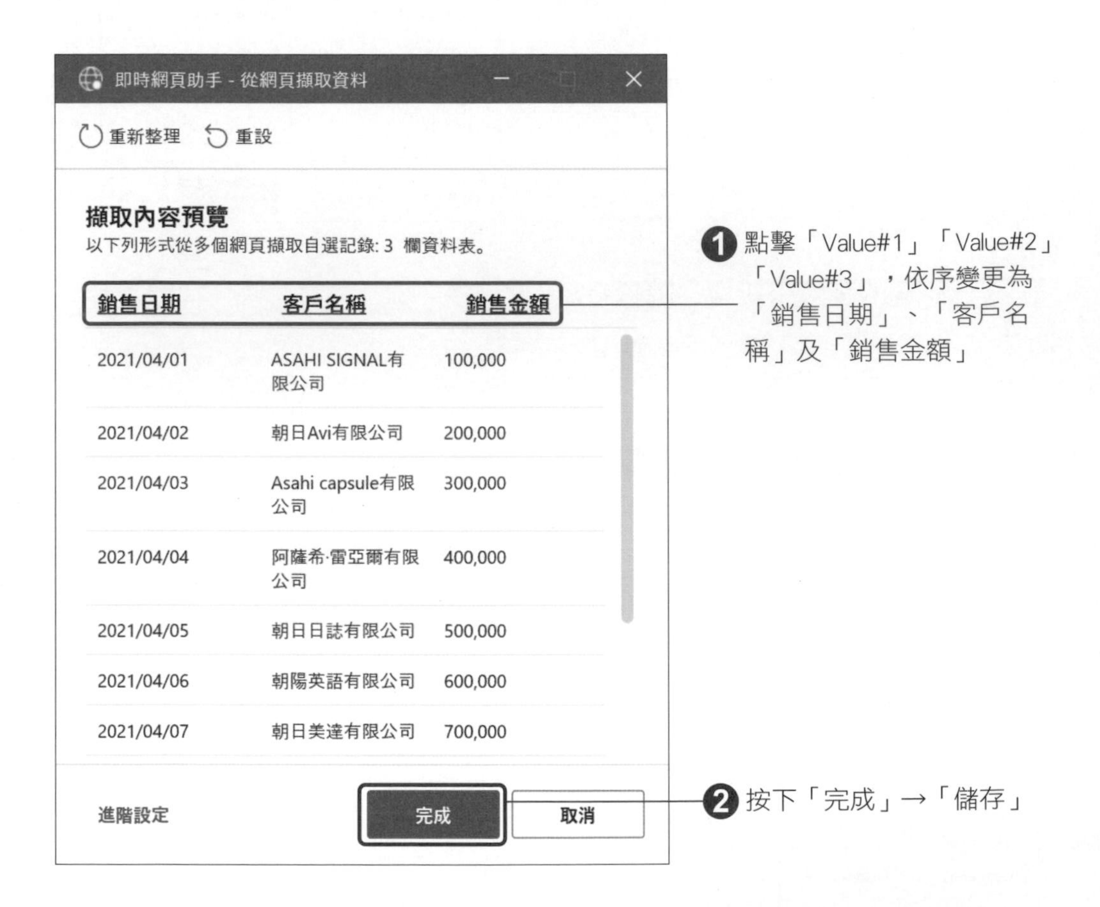

流程建立完成後，試著執行一次檢查 %DataFromWebPage% 的內容是否為表格形式的「銷售清單」的值。

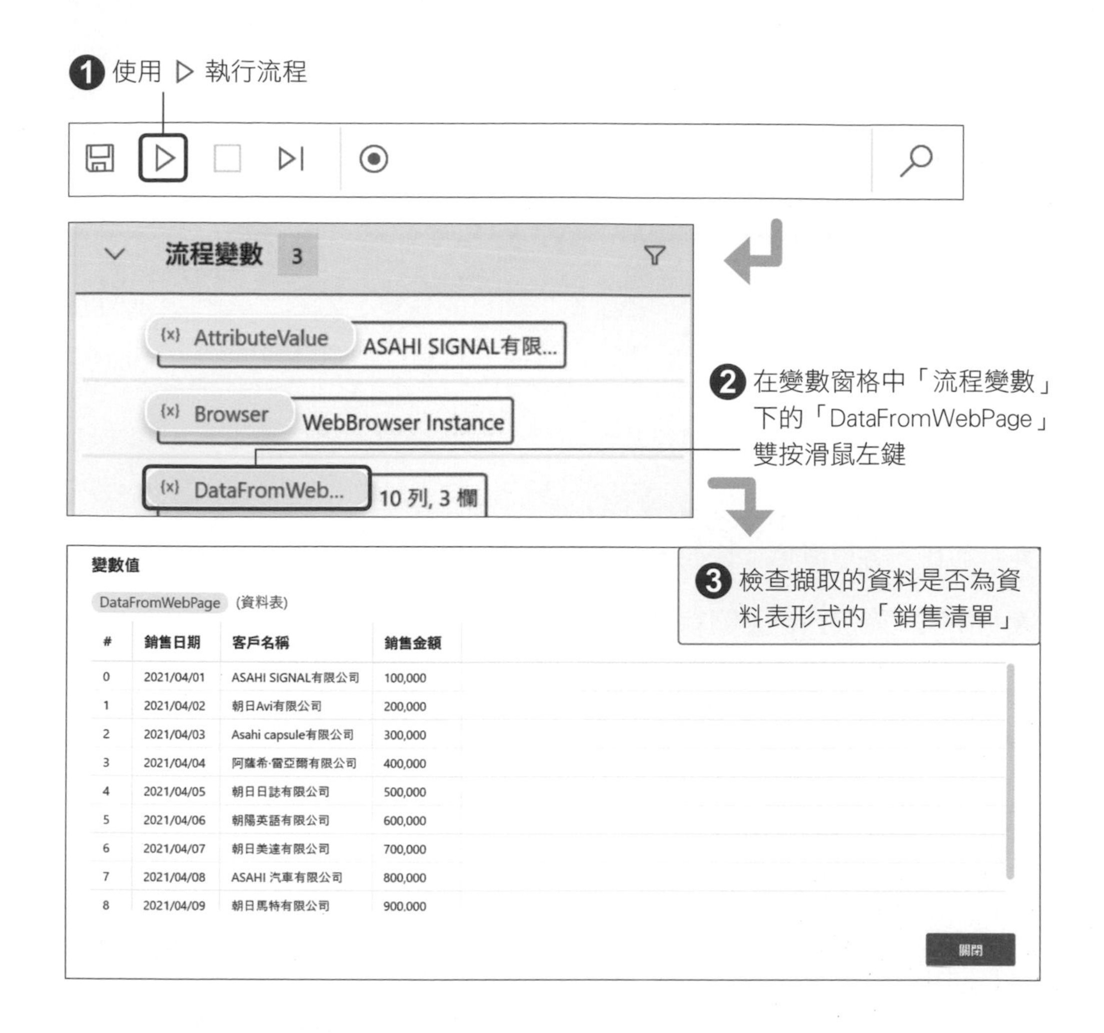

#	銷售日期	客戶名稱	銷售金額
0	2021/04/01	ASAHI SIGNAL有限公司	100,000
1	2021/04/02	朝日Avi有限公司	200,000
2	2021/04/03	Asahi capsule有限公司	300,000
3	2021/04/04	阿薩希·雷亞爾有限公司	400,000
4	2021/04/05	朝日日誌有限公司	500,000
5	2021/04/06	朝陽英語有限公司	600,000
6	2021/04/07	朝日美達有限公司	700,000
7	2021/04/08	ASAHI 汽車有限公司	800,000
8	2021/04/09	朝日馬特有限公司	900,000

補充說明

雖然操作和抓取網頁的功能非常方便，不過要注意有些網路服務在其規範中明文禁止機器人操作或抓取網頁。譬如，Amazon 就在使用規範中聲明禁止使用機器人蒐集資料，也禁止使用擷取工具；NewsPicks（日本的經濟新聞網站）也禁止使用機器人來操作網頁。因此我們在操作或抓取網頁之前必須閱讀該網頁服務的使用規範，確認該網頁是否有禁止機器人操作或抓取網頁。另外，像是 Spyder、Crawler（網路爬蟲）或 Scraper（網頁抓取）等，都是在網頁上重複擷取資料的一種操作，若規範中出現類似的字眼必須特別注意。

5-3 切換不同頁面來擷取資料

目前為止我們所擷取的，都是單一網頁的資料。實務上我們想要擷取的資料可能必須點擊網頁中的連結，前往不同網頁才能看到。

這個章節中，我們將前往其他網頁並擷取資料，請依據下述步驟來建立流程。

- 前往「客戶清單」頁面。
- 擷取「客戶清單」的資料。

◆ 前往「客戶清單」頁面

我們想要擷取的資料在「客戶清單」頁面，因此，我們必須先前往該頁面。點擊首頁左側選單的「客戶清單」後會顯示該頁面。

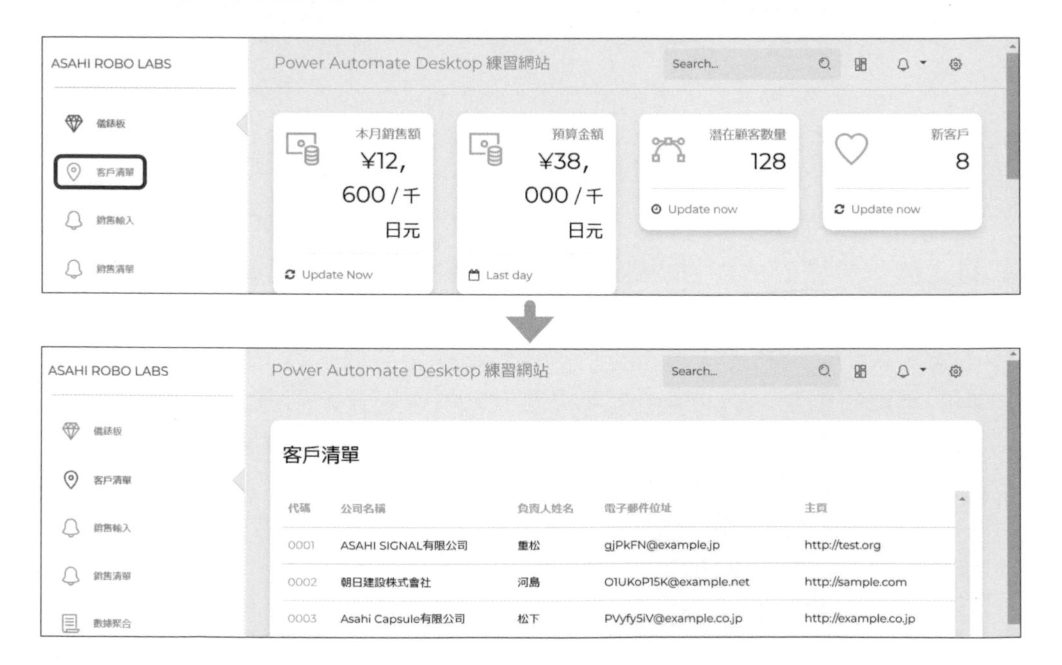

以上是人工操作，接著要使用自動化流程的動作來達到相同效果。我們使用「按一下網頁上的連結」動作來前往網頁上的連結頁面。

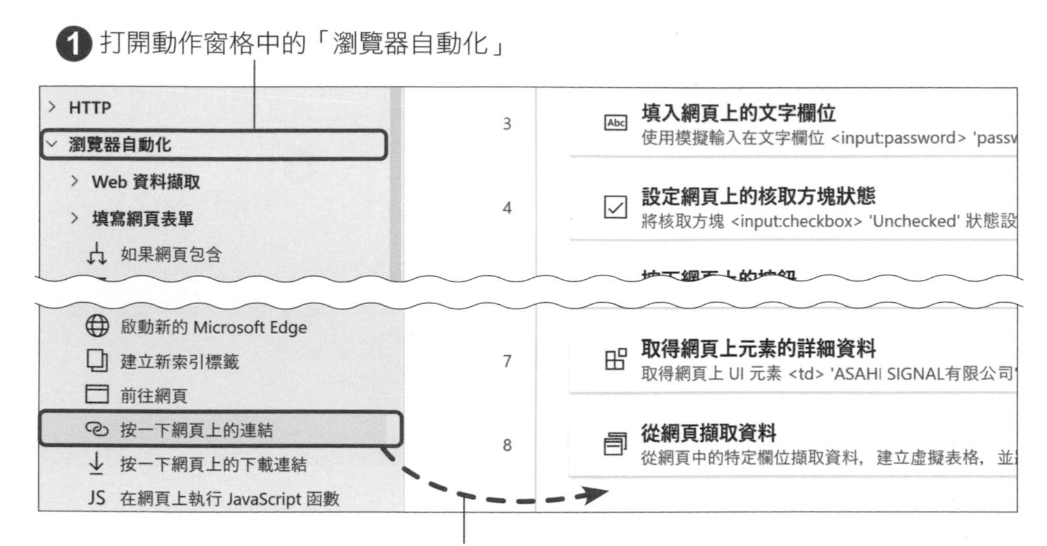

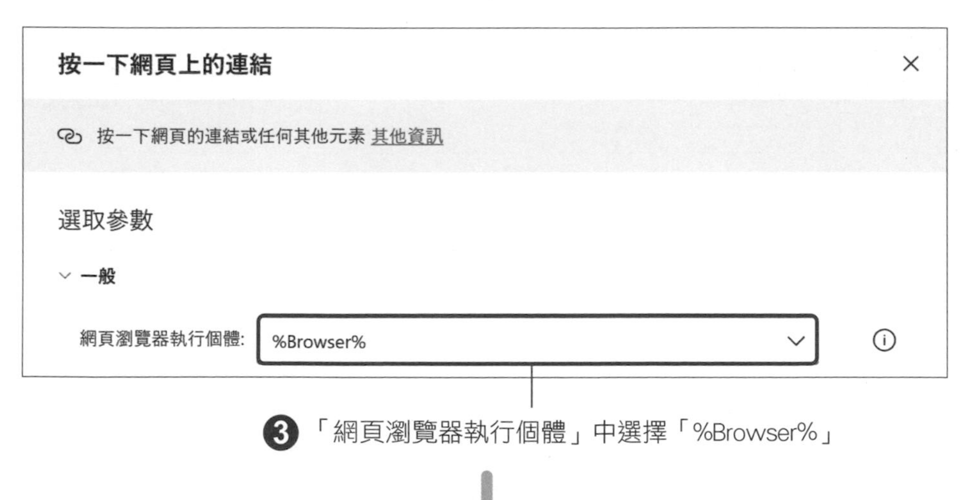

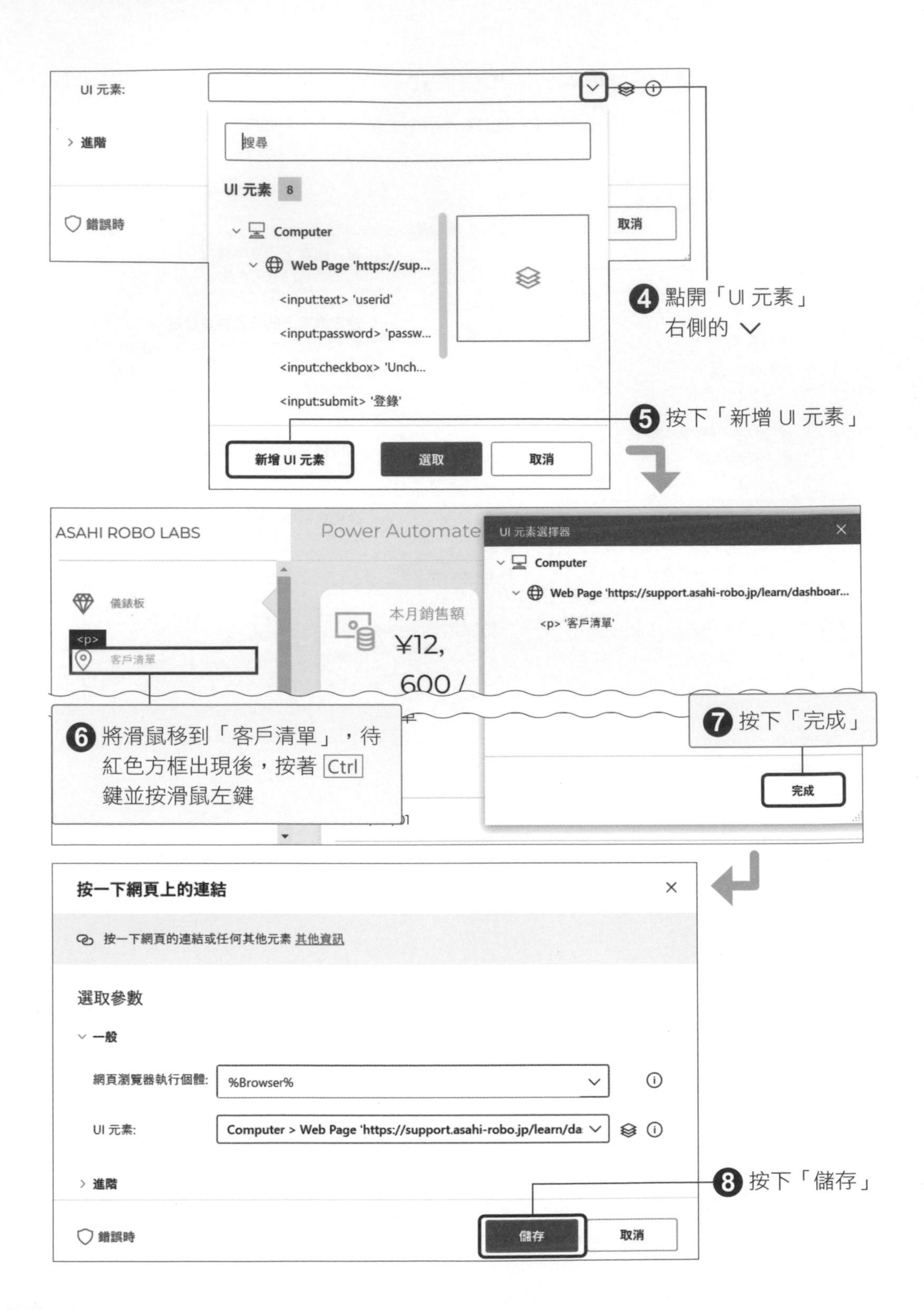
UI 元素:
進階
錯誤時
搜尋
UI 元素 8
Computer
Web Page 'https://sup...
<input:text> 'userid'
<input:password> 'passw...
<input:checkbox> 'Unch...
<input:submit> '登錄'
取消
新增 UI 元素
選取
取消
4 點開「UI 元素」右側的 ∨
5 按下「新增 UI 元素」
ASAHI ROBO LABS
Power Automate
儀錶板
<p>
客戶清單
本月銷售額
¥12,
600 /
UI 元素選擇器
Computer
Web Page 'https://support.asahi-robo.jp/learn/dashboar...
<p> '客戶清單'
6 將滑鼠移到「客戶清單」，待紅色方框出現後，按著 Ctrl 鍵並按滑鼠左鍵
7 按下「完成」
完成
按一下網頁上的連結
按一下網頁的連結或任何其他元素 其他資訊
選取參數
一般
網頁瀏覽器執行個體:
%Browser%
UI 元素:
Computer > Web Page 'https://support.asahi-robo.jp/learn/da
進階
錯誤時
儲存
取消
8 按下「儲存」

新增動作後流程如右圖所示。執行此動作後，我們要操作的網頁就會出現。

◆ 擷取「客戶清單」的資料

再來，我們使用「從網頁擷取資料」動作來擷取「客戶清單」頁面的資料。步驟和 p.5-27~5-33 相同。

此處您看到的網頁也是經過瀏覽器翻譯，網頁會顯示「客戶清單」，接著就依照前一節說明的方法，將資料擷取成資料表形式。

ASAHI ROBO LABS　Power Automate Desktop 練習網站　Search...

儀錶板
客戶清單
銷售輸入
銷售清單
數據聚合
市場活動管理網站

❶ 依照 p.5-27~5-33 的步驟，使用「從網頁擷取資料」動作來擷取「客戶清單」頁面的資料

客戶清單

代碼	公司名稱	負責人姓名	電子郵件位址	主頁
0001	ASAHI SIGNAL有限公司	重松	gjPkFN@example.jp	http://test.org
0002	朝日建設株式會社	河島	O1UKoP15K@example.net	http://sample.com
0003	Asahi Capsule有限公司	松下	PVyfy5iV@example.co.jp	http://example.co.jp
0004	阿薩比里亞爾有限公司	向	Hklr3i@test.jp	http://sample.jp
0005	朝日運輸有限公司	寺澤	TSQfVvG@example.net	http://sample.co.jp
0006	朝陽英語有限公司	淺岡	BxYrVPI4S@example.org	http://example.org

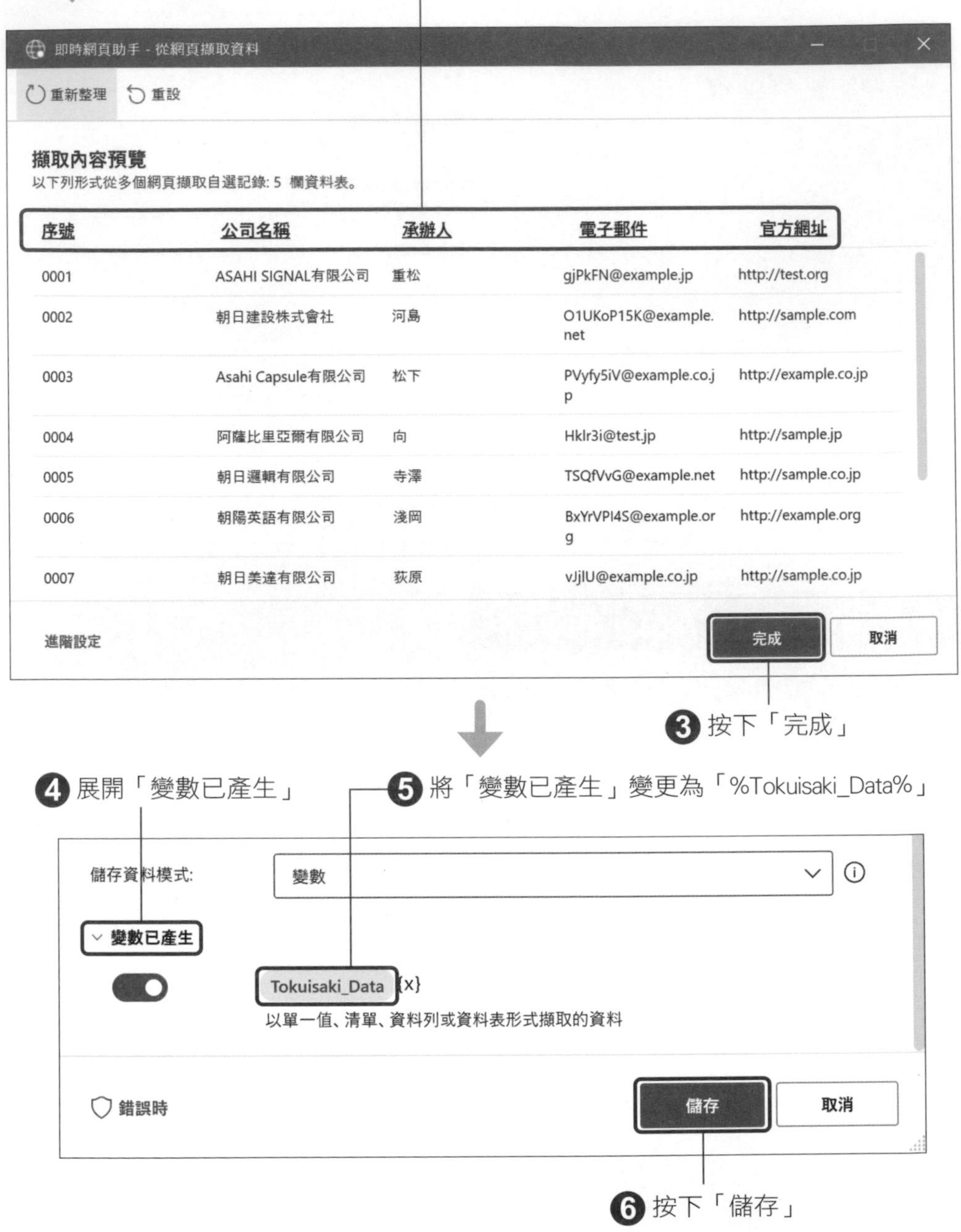

新增「從網頁擷取資料」動作後的流程如下圖所示。

子流程　Main

4	**設定網頁上的核取方塊狀態** 將核取方塊 <input:checkbox> 'Unchecked' 狀態設定為 已勾選
5	**按下網頁上的按鈕** 按下網頁按鈕 <input:submit> '登錄'
6	**等待網頁內容** 等待 UI 元素 <h5> '銷售清單' 出現在網頁上
7	**取得網頁上元素的詳細資料** 取得網頁上 UI 元素 <td> 'ASAHI SIGNAL有限公司' 的屬性 'Own Text'
8	**從網頁擷取資料** 從網頁中的特定欄位擷取資料，建立虛擬表格，並將其儲存於 DataFromWebPage 中
9	**按一下網頁上的連結** 按一下網頁的 <p> '客戶清單'
10	**從網頁擷取資料** 從網頁中的特定欄位擷取資料，建立虛擬表格，並將其儲存於 Tokuisaki_Data 中

建立好流程後我們試著執行看看，檢查「%Tokuisaki_Data%」的內容是否為「客戶清單」頁面的資料。

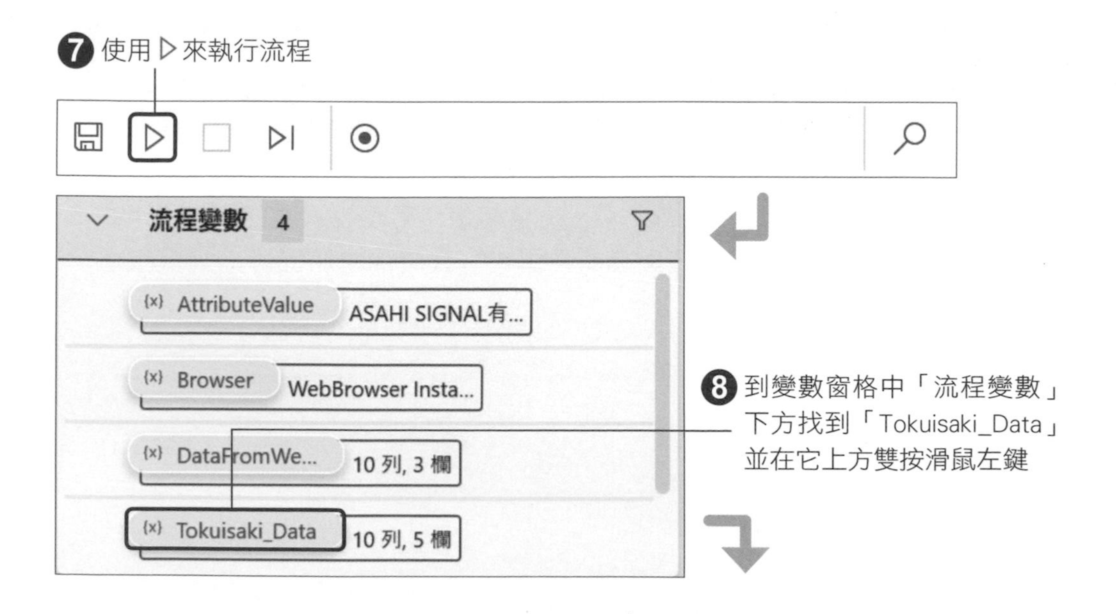

變數值

Tokuisaki_Data (資料表)

#	序號	公司名稱	承辦人	電子郵件	官方網址
0	0001	ASAHI SIGNAL有限公司	重松	gjPkFN@example.jp	http://test.org
1	0002	朝日建設株式會社	河島	O1UKoP15K@example.net	http://sample.com
2	0003	Asahi Capsule有限公司	松下	PVyfy5iV@example.co.jp	http://example.co.jp
3	0004	阿薩比里亞爾有限公司	向	Hklr3i@test.jp	http://sample.jp
4	0005	朝日邏輯有限公司	寺澤	TSQfVvG@example.net	http://sample.co.jp
5	0006	朝陽英語有限公司	淺岡	BxYrVPI4S@example.org	http://example.org
6	0007	朝日美達有限公司	荻原	vJjlU@example.co.jp	http://sample.co.jp
7	0008	ASAHI 汽車有限公司	椎名	d4TRrW8C@example.net	http://test.co.jp
8	0009	朝日馬特有限公司	喜田	eoSGDiuN@example.net	http://sample.org

關閉

補充說明

由動作產生的變數，其名稱可以自由變更。當使用者在流程中常常使用相同動作，或是經常使用特定的變數值，若不變更變數名稱維持預設值，很容易因為忘記該變數的值而選錯變數或是覆蓋掉本來的變數值，這也經常成為流程發生錯誤的原因。建議使用者可以適當的變更使用頻率較高的變數。因此，在上述的範例中，我們才會將變數名稱變更為「Tokuisaki_Data」。

5-4 使用條件篩選資料

本節我們將說明如何從擷取出來的資料表篩選出特定的資料。如果我們想要從資料表中篩選出特定公司的資料並複製到其他系統時，可以使用這個方法。

在迴圈處理中設置條件，檢查每一列是否存在符合條件的資料。若符合條件，就擷取該列的資料。這個章節我們將依照以下步驟建立流程，流程中會從上一節擷取的「客戶清單」頁面資料中篩選出「朝日馬特有限公司」的電子郵件地址。

① 以列為單位，一一擷取「客戶清單」資料。
② 建立只擷取公司名稱為「朝日馬特有限公司」資料的條件。
③ 將電子郵件地址的資料儲存於變數中後結束迴圈。

◆ 以列為單位一一擷取資料

從上一節擷取的「客戶清單」資料表中篩選出特定的資料 (這邊以「朝日馬特有限公司」為例)。

變數值 ×

Tokuisaki_Data (資料表)

#	序號	公司名稱	承辦人	電子郵件	官方網址
0	0001	ASAHI SIGNAL有限公司	重松	gjPkFN@example.jp	http://test.org
1	0002	朝日建設株式會社	河島	O1UKoP15K@example.net	http://sample.com
2	0003	Asahi Capsule有限公司	松下	PVyfy5iV@example.co.jp	http://example.co.jp
3	0004	阿薩比里亞爾有限公司	向	Hklr3i@test.jp	http://sample.jp
4	0005	朝日邏輯有限公司	寺澤	TSQfVvG@example.net	http://sample.co.jp
5	0006	朝陽英語有限公司	淺岡	BxYrVPl4S@example.org	http://example.org
6	0007	朝日美達有限公司	荻原	vJjlU@example.co.jp	http://sample.co.jp
7	0008	ASAHI 汽車有限公司	椎名	d4TRrW8C@example.net	http://test.co.jp
8	0009	朝日馬特有限公司	喜田	eoSGDiuN@example.net	http://sample.org

在這個範例中，其實我們也可以直接指定資料的位置來取得「朝日馬特有限公司」的資料，也就是將變數設定為「%Tokuisaki_Data[8][1]%」，這樣就可以從「客戶清單」資料表中取得「朝日馬特有限公司」的資料。但實際上，在多數情況下，我們並不知道目標資料的位置。**要找到特定的資料，最後先擷取每一列的內容，再一一檢查是否為我們要的資料，這樣應用上比較有彈性，比較能符合各種不同的狀況。**

我們要使用「For each」動作來擷取每一列的資料。「For each」動作主要用來依序擷取清單或資料表形式的資料，詳情請參考 3-6 節。

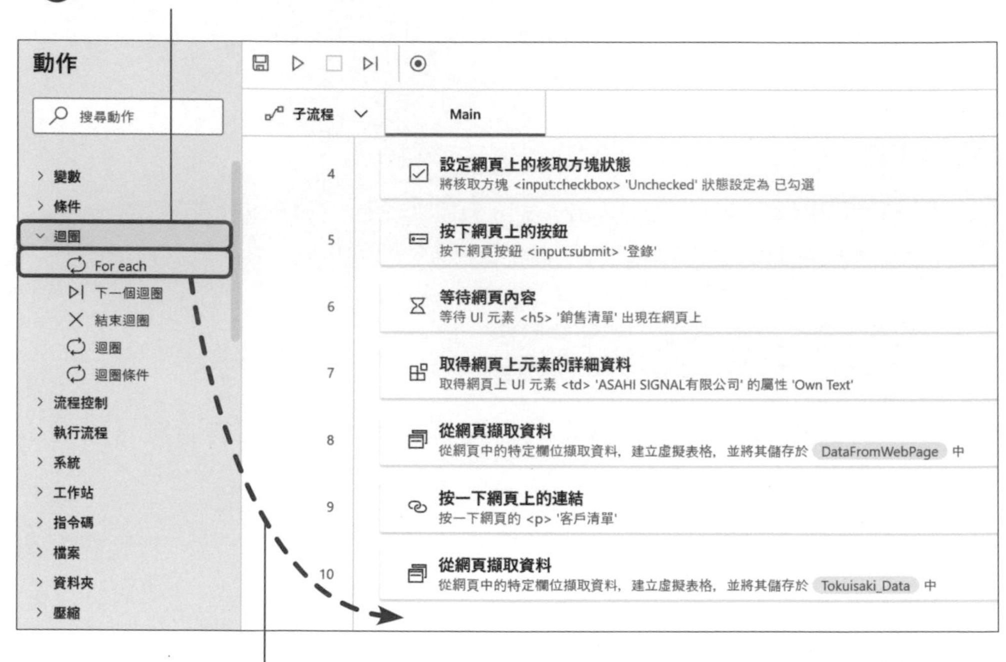

在此範例中我們是想要將稍早擷取的「客戶清單」資料一筆一筆擷取出來，因此我們在「要逐一查看的值」欄位中選擇含有「客戶清單」資料的變數「%Tokuisaki_Data%」。

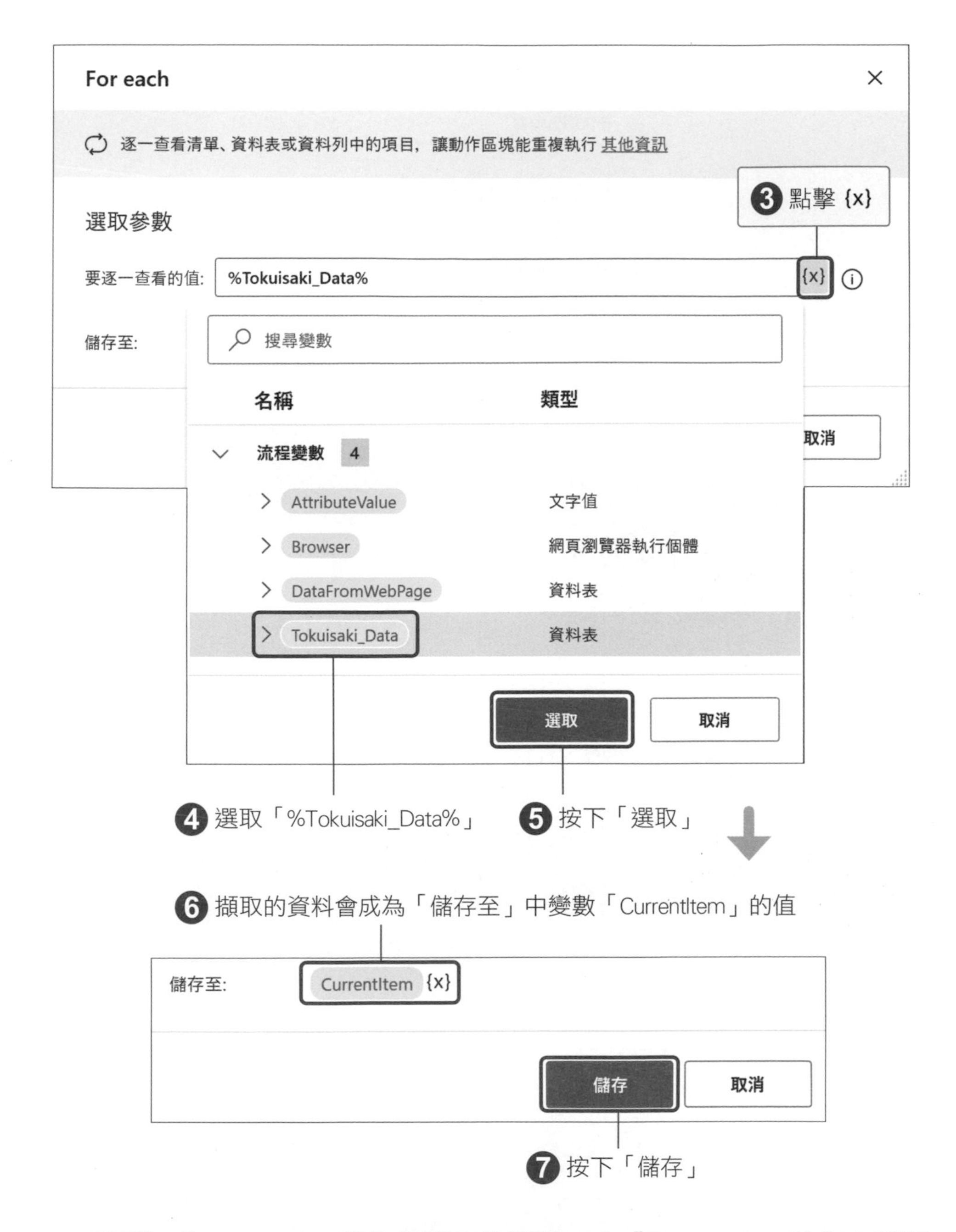

下圖為「For each」動作新增完的流程。在「For each」動作上設置中斷點，確認該動作是否有一列一列依序擷取資料。我們可以點擊工作區動作的左側來設置中斷點，設置好中斷點後就可以執行流程。

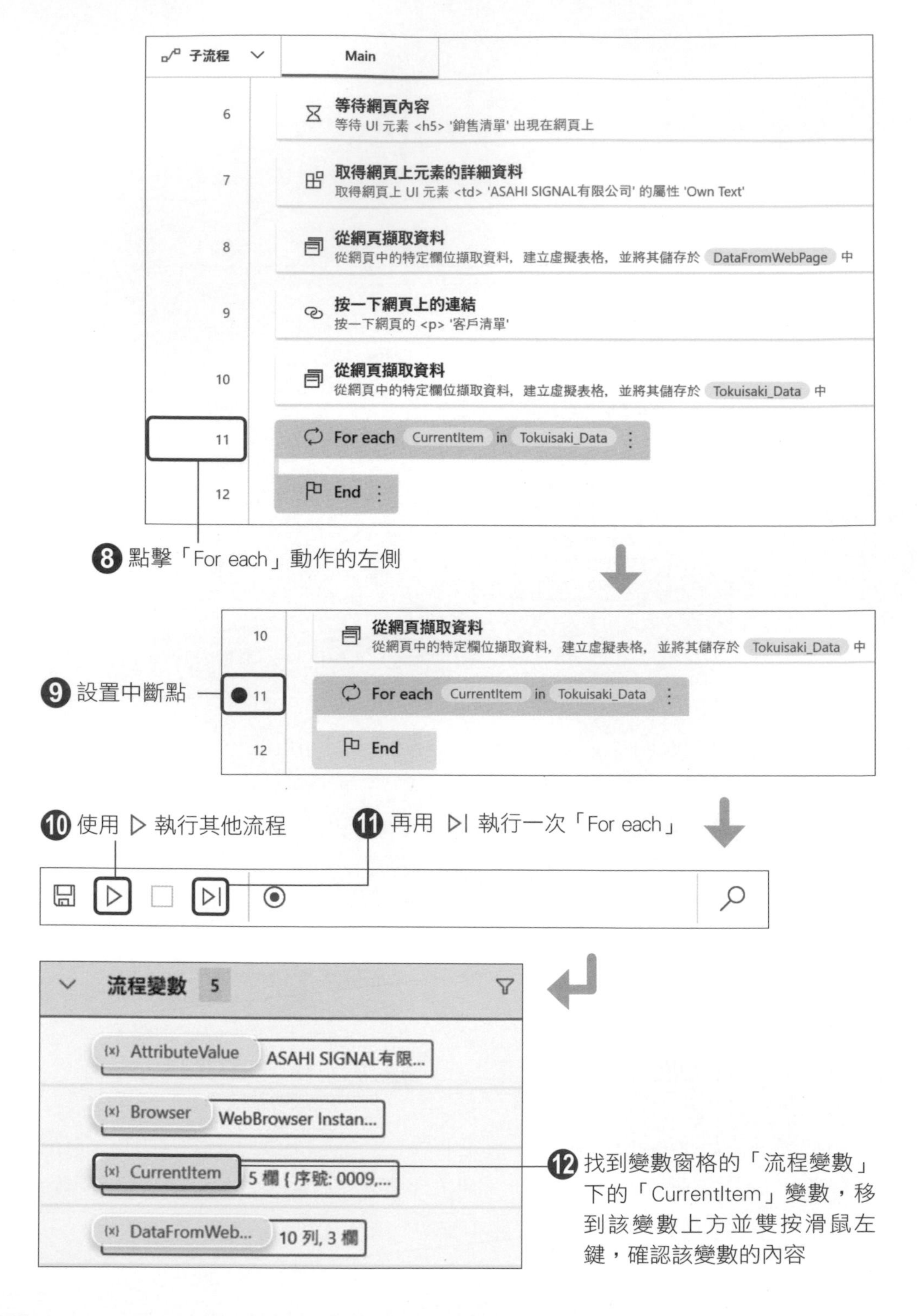
子流程
Main
6
等待網頁內容
等待 UI 元素 <h5> '銷售清單' 出現在網頁上
7
取得網頁上元素的詳細資料
取得網頁上 UI 元素 <td> 'ASAHI SIGNAL有限公司' 的屬性 'Own Text'
8
從網頁擷取資料
從網頁中的特定欄位擷取資料，建立虛擬表格，並將其儲存於 DataFromWebPage 中
9
按一下網頁上的連結
按一下網頁的 <p> '客戶清單'
10
從網頁擷取資料
從網頁中的特定欄位擷取資料，建立虛擬表格，並將其儲存於 Tokuisaki_Data 中
11
For each CurrentItem in Tokuisaki_Data
12
End
8 點擊「For each」動作的左側
9 設置中斷點
10 使用 ▷ 執行其他流程
11 再用 ▷| 執行一次「For each」
流程變數 5
AttributeValue ASAHI SIGNAL有限...
Browser WebBrowser Instan...
CurrentItem 5 欄 { 序號: 0009,...
DataFromWeb... 10 列, 3 欄
12 找到變數窗格的「流程變數」下的「CurrentItem」變數，移到該變數上方並雙按滑鼠左鍵，確認該變數的內容

經「For each」動作所擷取到的變數內容如下圖。產生的變數值只會有一列。

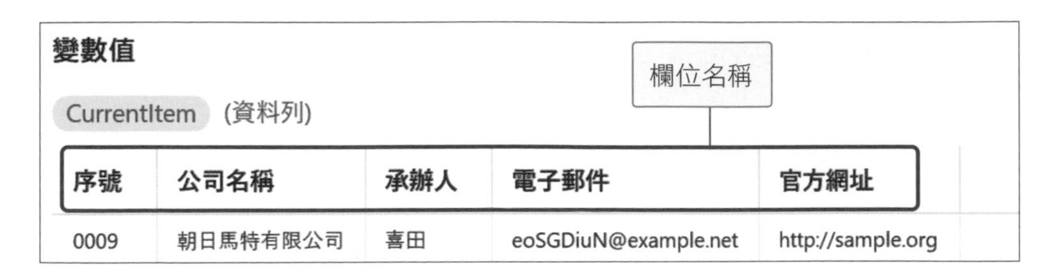

序號	公司名稱	承辦人	電子郵件	官方網址
0009	朝日馬特有限公司	喜田	eoSGDiuN@example.net	http://sample.org

只要輸入「%變數名稱['欄位名稱']%」就可以使用變數中的值。舉例來說，如果想要使用公司名稱時，我們可以輸入「%CurrentItem['公司名稱']%」。

補充說明

若想要使用變數中的值，除了可以輸入「%變數名稱['欄位名稱']%」之外，也可以像 p.3-30 所說明的輸入資料列號和資料行號的變數值，因為此處 For each 每次只輸出一列，所以在這裡不用設定資料列號，如：「%變數名稱[資料行號]%」。若為多列的資料表，此時要注意第一列的資料列號是 0 而不是 1。還有要注意，如果資料表有插入新的資料列或資料行或是刪除原有的資料列或資料行時，資料列號或資料行號也會因此改變。若資料表有欄位名稱，建議使用欄位名稱，就可以避免使用的變數值會受到資料行或列的插入、刪除的影響。

變數值

CurrentItem (資料列)

序號	公司名稱	承辦人	電子郵件	官方網址
0009	朝日馬特有限公司	喜田	eoSGDiuN@example.net	http://sample.org

由於欄位名稱不會更動，就算資料列號或行號有變動，指定的值也不受影響

◆ 透過條件來限定資料

只要對每一列進行條件篩選，就可以篩選出我們需要的資料。我們使用「If」動作進行條件篩選。

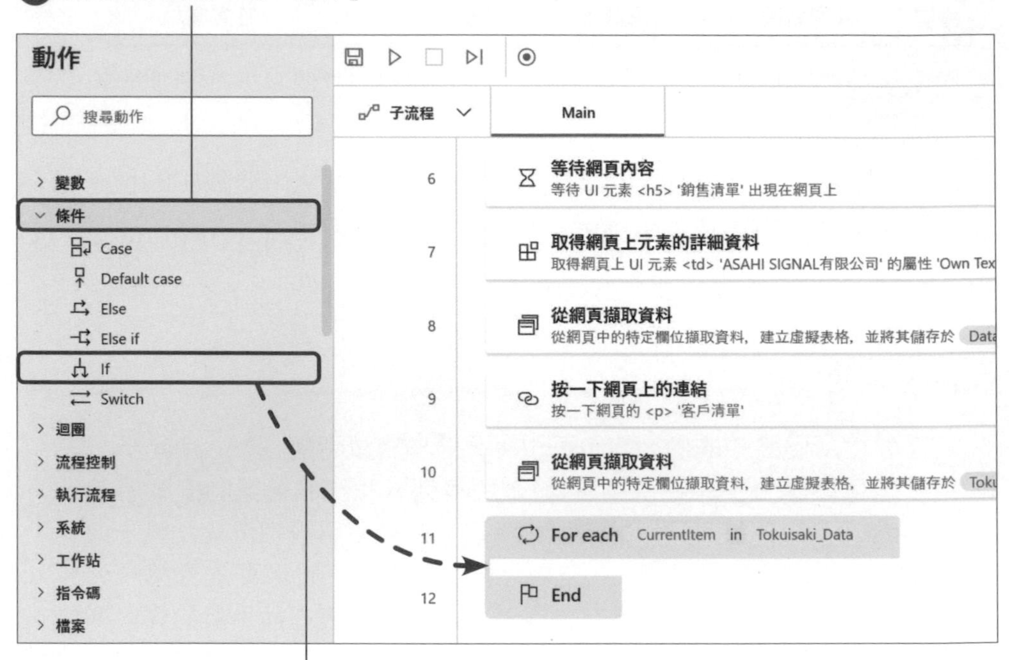

「第一個運算元」欄位中輸入要進行條件篩選的變數。這裡我們要篩選的為公司名稱，因此輸入「%CurrentItem['公司名稱']%」。

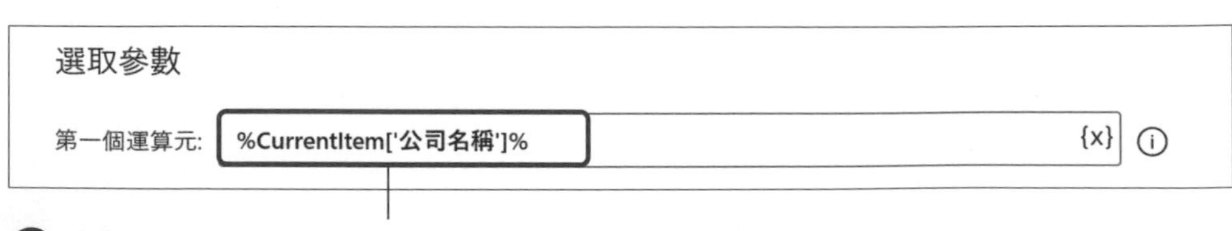

我們必須在「運算子」欄位中選擇執行條件，當各運算元的值滿足運算子的條件，「If」動作才會開始執行處理。在此範例中，要當公司名稱為「朝日馬特有限公司」時才會執行處理，因此「運算子」欄位選擇「等於(=)」。

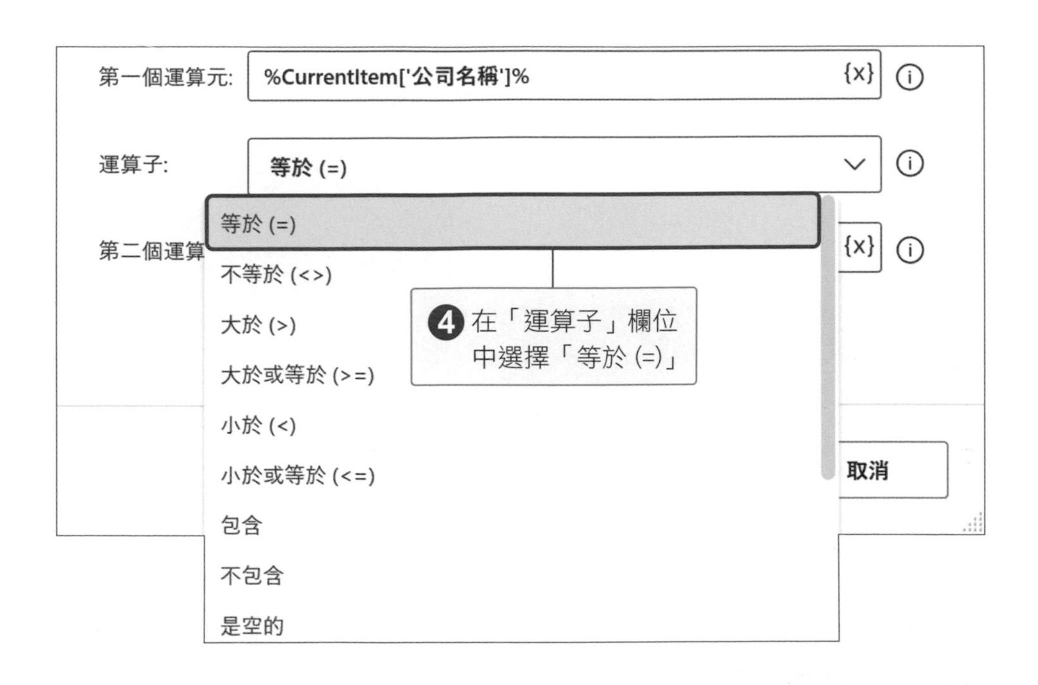

在「第二個運算元」欄位中必須輸入在條件中要拿來比較的值或變數。在這個範例中我們輸入「朝日馬特有限公司」。

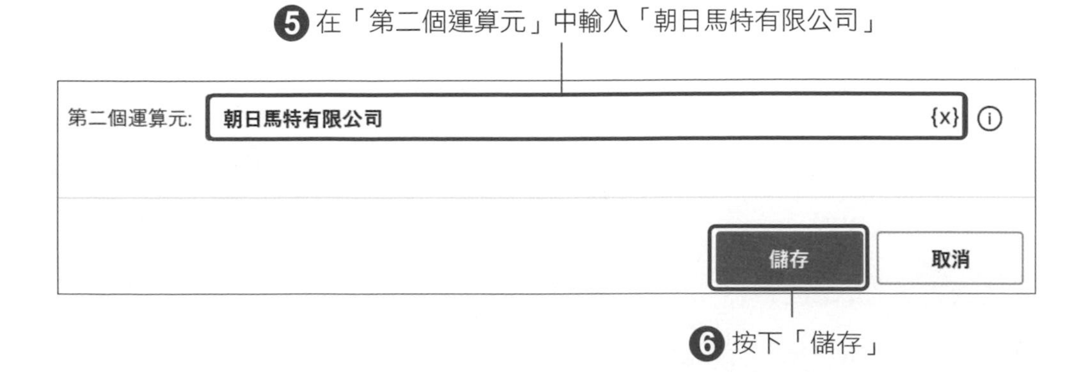

新增「If」動作後的流程如右圖。

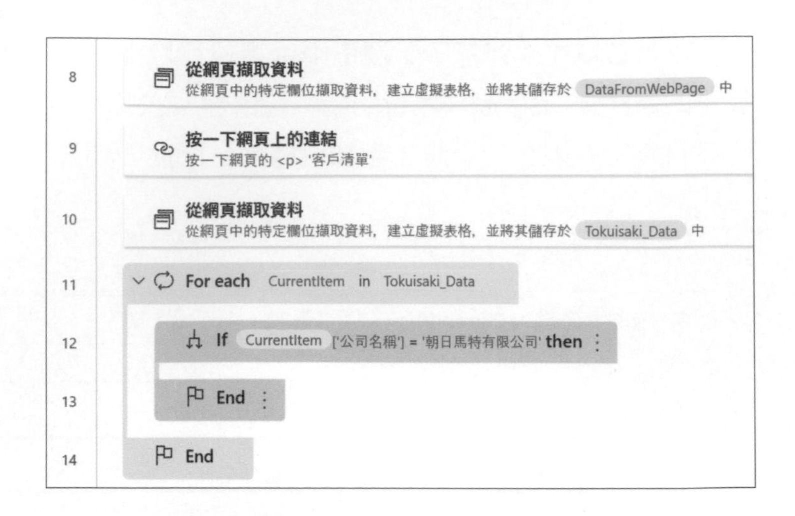

◆ 將電子郵件資料作為變數儲存

依照上述步驟我們已經篩選出特定公司的資料。現在我們試著將篩選出的值轉換為變數內容。

我們可以使用「設定變數」動作來設定變數值。

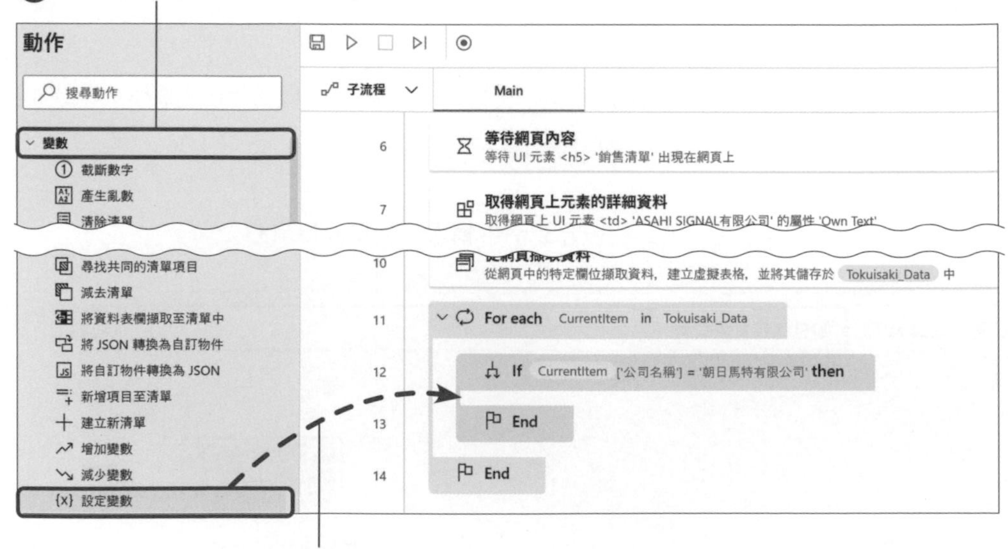

在「變數」欄位中設定變數的名稱。使用者可以自行設定變數名稱或是從原來就有的變數中選擇。變數名稱的預設值為「NewVar」。由於範例中的變數值為「朝日馬特有限公司」的電子郵件地址，因此這邊將變數名稱命名為「MailAddress」。

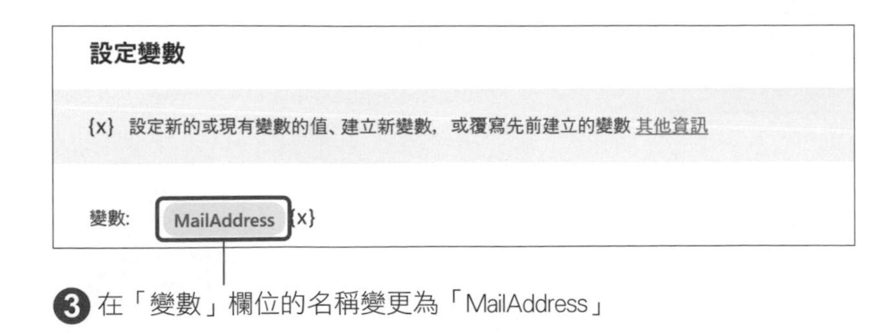

接著在「值」欄位中輸入變數值。這個範例我們輸入「%CurrentItem['電子郵件']%」，也就是從我們擷取的資料表中取得電子郵件地址的值。

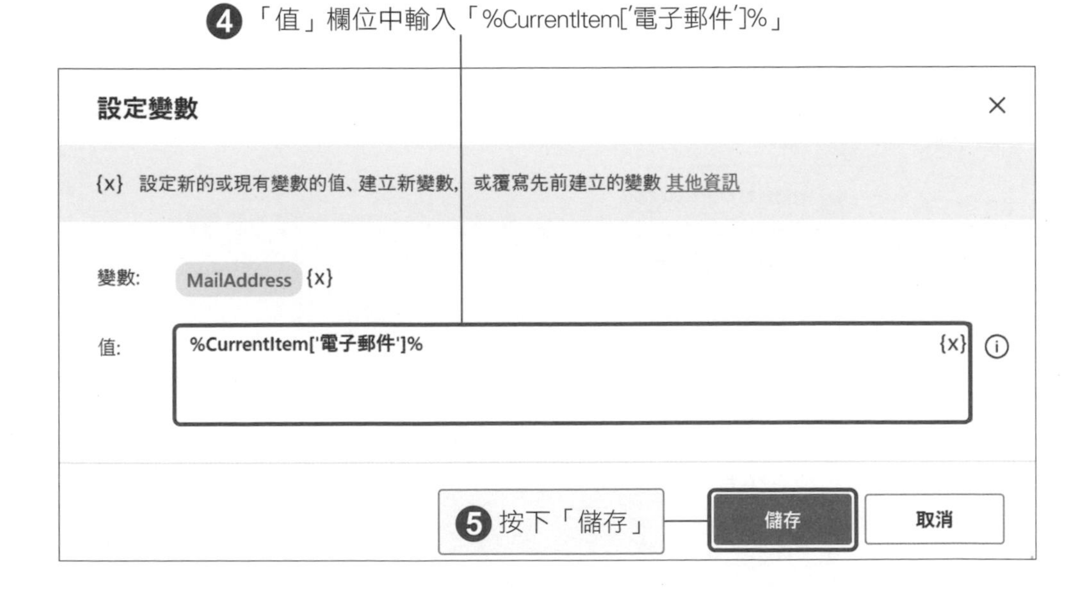

在取得目標值後，就不需要再繼續迴圈。因此必須設置一個「結束迴圈」動作。

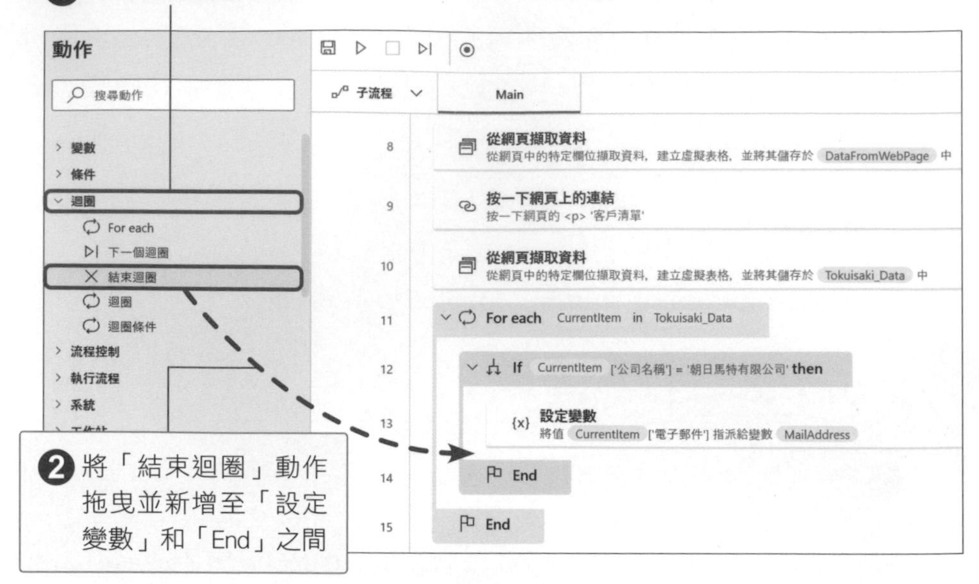

先前新增的動作都需要設定參數，不過有些動作，像是「結束迴圈」，不需要設定任何參數，因此新增後不會跳出任何設定交談窗。

由上述步驟建立的所有流程如下圖所示。

子流程 Main

1 **啟動新的 Microsoft Edge**
啟動 Microsoft Edge，瀏覽至 'https://support.asahi-robo.jp/learn/'，並將執行個體儲存至 Browser

2 **填入網頁上的文字欄位**
使用模擬輸入在文字欄位 <input:text> 'userid' 中填入 'asahi'

3 **填入網頁上的文字欄位**
使用模擬輸入在文字欄位 <input:password> 'password' 中填入 'asahi'

4 **設定網頁上的核取方塊狀態**
將核取方塊 <input:checkbox> 'Unchecked' 狀態設定為 已勾選

5 **按下網頁上的按鈕**
按下網頁按鈕 <input:submit> '登錄'

6 **等待網頁內容**
等待 UI 元素 <h5> '銷售清單' 出現在網頁上

7 **取得網頁上元素的詳細資料**
取得網頁上 UI 元素 <td> 'ASAHI SIGNAL有限公司' 的屬性 'Own Text'

8 **從網頁擷取資料**
從網頁中的特定欄位擷取資料，建立虛擬表格，並將其儲存於 DataFromWebPage 中

▼ 接下頁

接著我們來檢查建立好的流程，只要成功篩選出「朝日馬特有限公司」的電子郵件地址，並儲存到變數就表示流程已完成。

5-5 顯示資料擷取結果

經過前面章節，我們已經成功篩選出想要的資料。最後，為了視覺化篩選出來的資料，我們試著使用訊息來顯示篩選資料的結果，不然使用者無法得知執行後有沒有擷取到資料。這裡的範例會使用條件來設定成功篩選資料時以及未成功篩選資料時顯示的訊息。

◆ 使用條件來表示篩選資料的結果

我們使用上一節使用過的「If」及新的「Else」動作來進行條件篩選。「Else」是當變數不滿足「If」動作的條件時要處理的另一種條件。

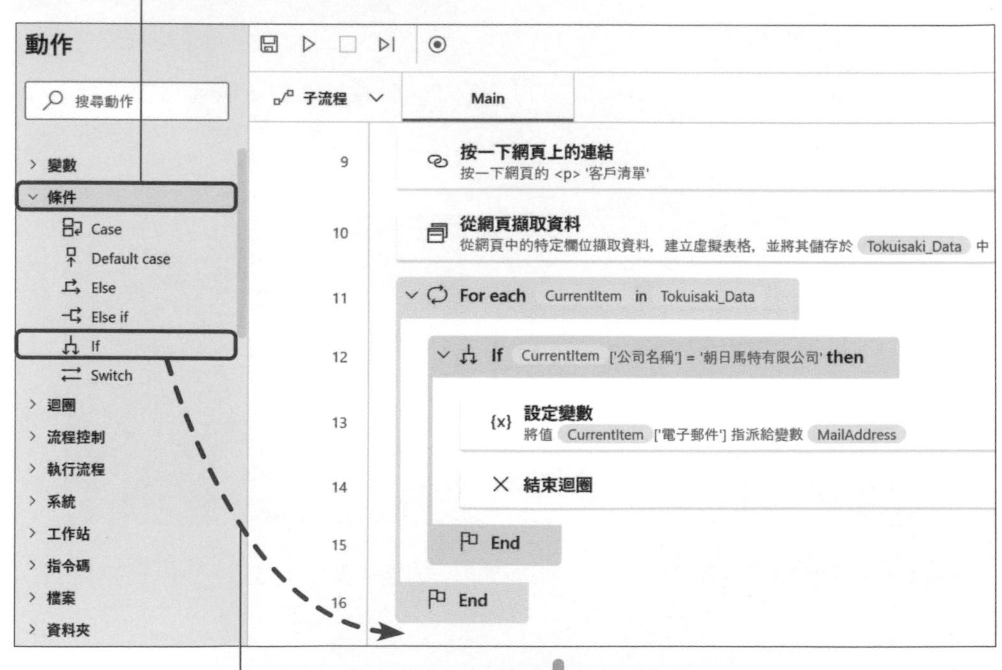

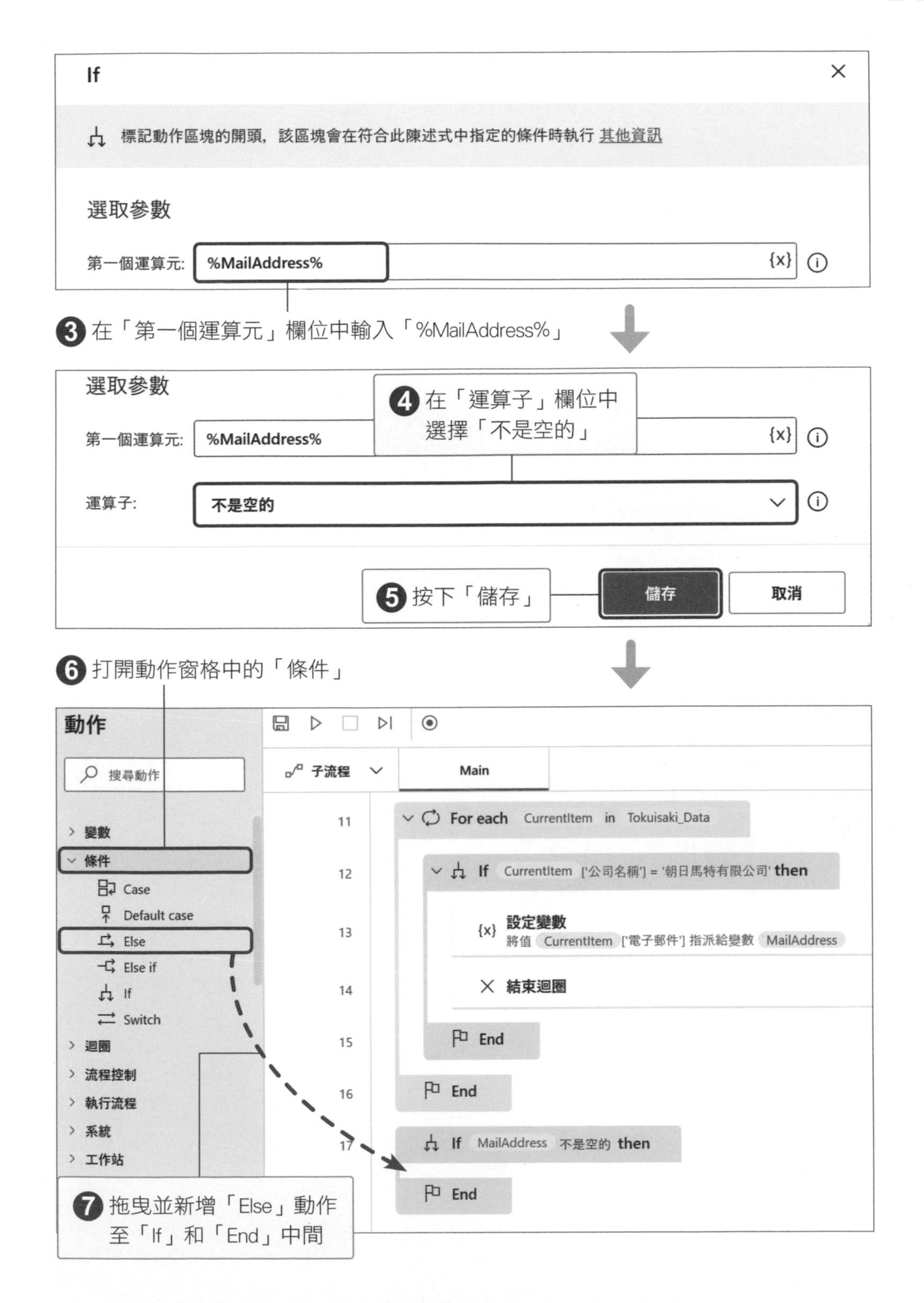

If
標記動作區塊的開頭，該區塊會在符合此陳述式中指定的條件時執行 其他資訊
選取參數
第一個運算元: %MailAddress%
❸ 在「第一個運算元」欄位中輸入「%MailAddress%」
選取參數
第一個運算元: %MailAddress%
❹ 在「運算子」欄位中選擇「不是空的」
運算子: 不是空的
❺ 按下「儲存」
儲存
取消
❻ 打開動作窗格中的「條件」
動作
搜尋動作
變數
條件
Case
Default case
Else
Else if
If
Switch
迴圈
流程控制
執行流程
系統
工作站
子流程
Main
For each CurrentItem in Tokuisaki_Data
If CurrentItem ['公司名稱'] = '朝日馬特有限公司' then
設定變數
將值 CurrentItem ['電子郵件'] 指派給變數 MailAddress
結束迴圈
End
End
If MailAddress 不是空的 then
End
❼ 拖曳並新增「Else」動作至「If」和「End」中間

由於「Else」動作不需要設定參數，所以新增此動作時不會出現對話框。新增「If」和「Else」動作後的流程如下圖所示。

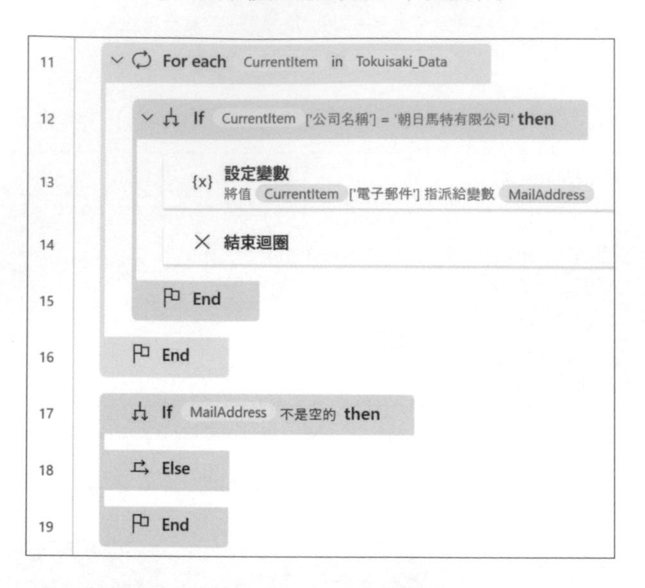

我們使用「顯示訊息方塊」動作來顯示訊息。這個動作在本書 p.3-6 也曾使用到。首先，我們要設定當篩選結果有資料時，就跳出訊息方塊。因此，我們將「顯示訊息方塊」新增到「If」動作下方。

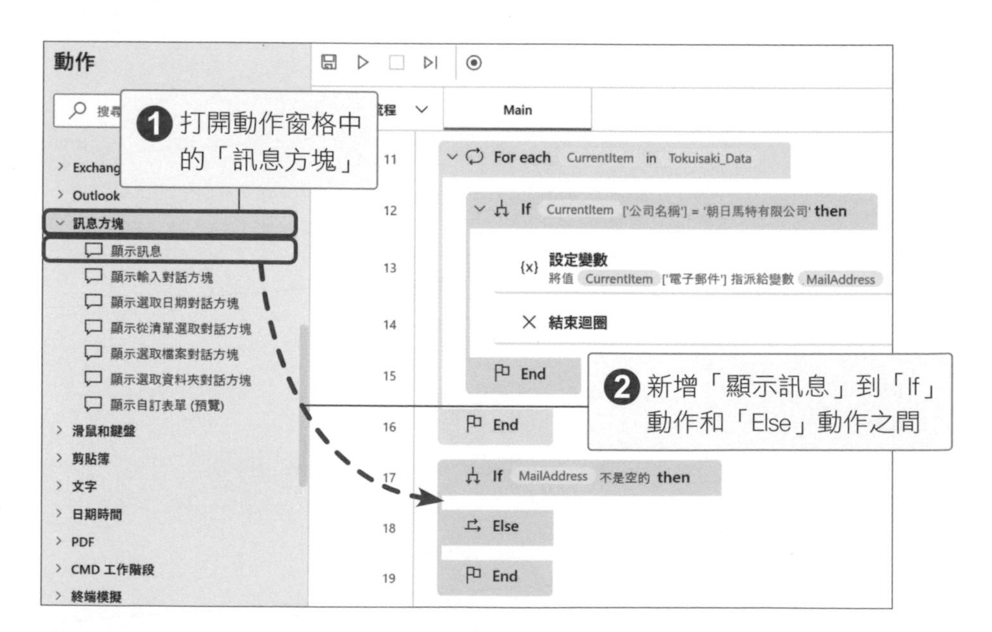

在「訊息方塊標題」欄位中輸入欲顯示於訊息方塊的標題。這裡我們輸入「搜索結果」。

「要顯示的訊息」欄位中輸入欲顯示於訊息方塊中的內容。這裡我們輸入「已擷取電子郵件地址！」。

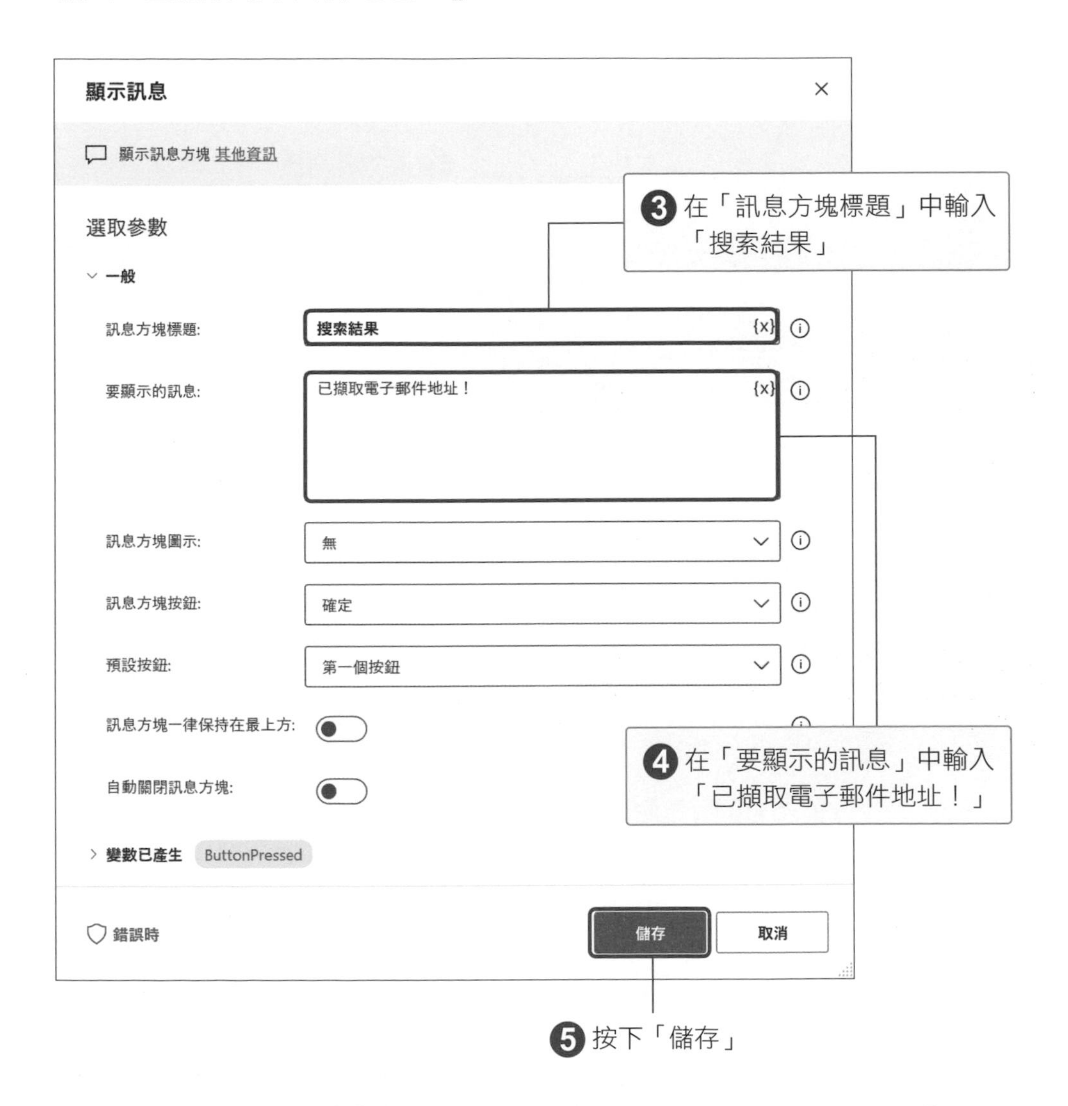

若沒有篩選出資料時也必須顯示訊息，因此我們新增另一個「顯示訊息」動作到「Else」下方。

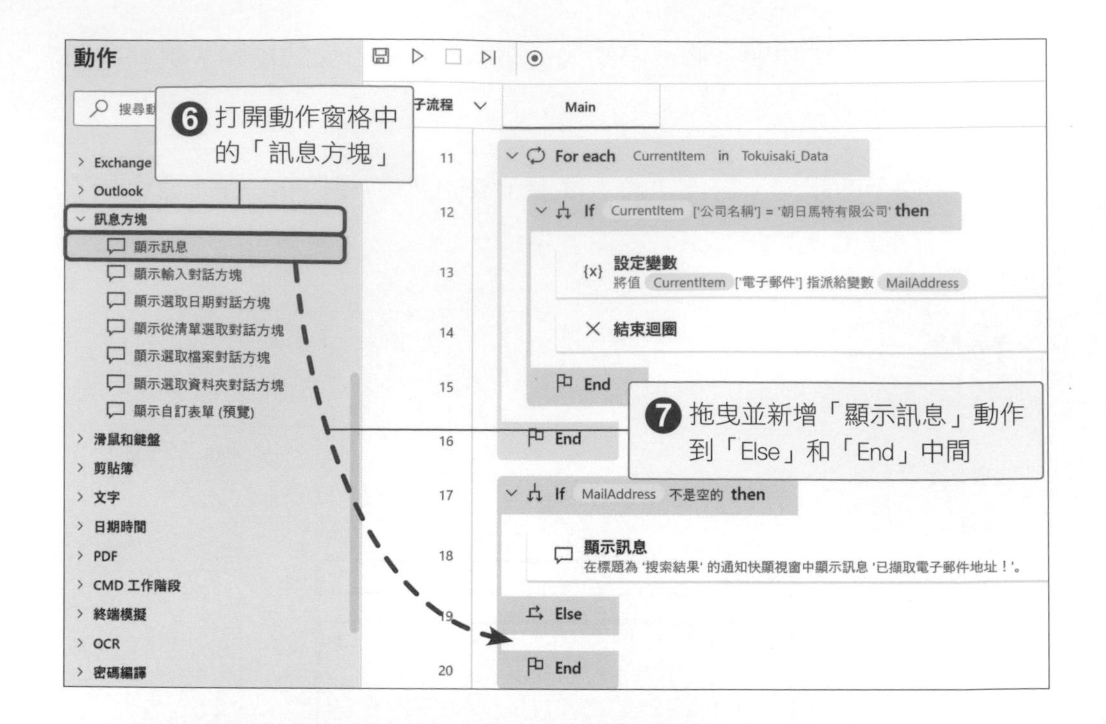

在「訊息方塊標題」欄位中輸入「搜索結果」。

「要顯示的訊息」欄位中輸入「未擷取電子郵件地址！」。

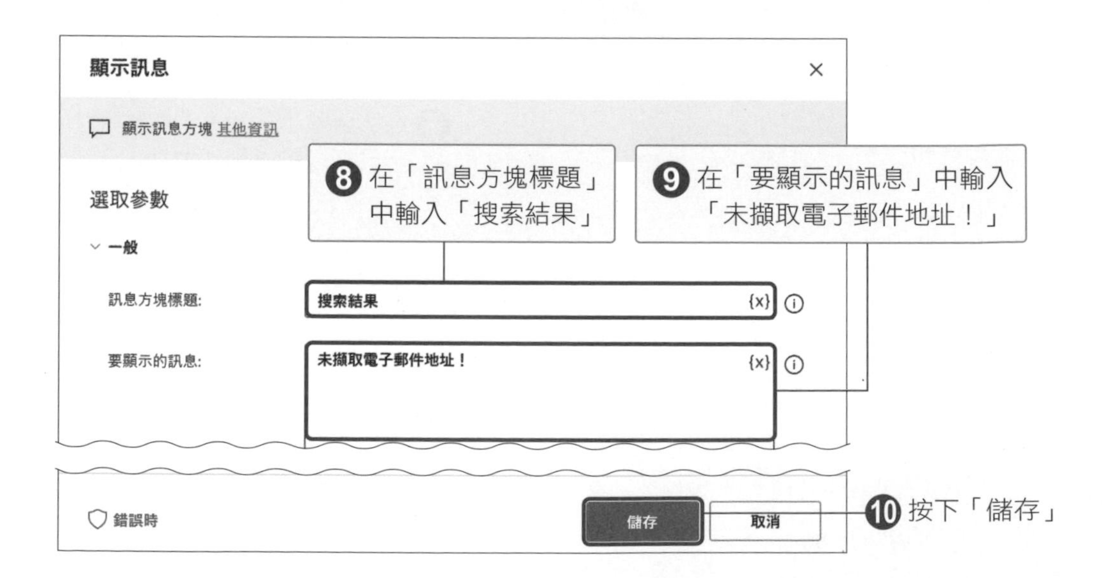

1	**啟動新的 Microsoft Edge** 啟動 Microsoft Edge，瀏覽至 'https://support.asahi-robo.jp/learn/'，並將執行個體儲存至 Browser
2	**填入網頁上的文字欄位** 使用模擬輸入在文字欄位 <input:text> 'userid' 中填入 'asahi'
3	**填入網頁上的文字欄位** 使用模擬輸入在文字欄位 <input:password> 'password' 中填入 'asahi'
4	**設定網頁上的核取方塊狀態** 將核取方塊 <input:checkbox> 'Unchecked' 狀態設定為 已勾選
5	**按下網頁上的按鈕** 按下網頁按鈕 <input:submit> '登錄'
6	**等待網頁內容** 等待 UI 元素 <h5> '銷售清單' 出現在網頁上
7	**取得網頁上元素的詳細資料** 取得網頁上 UI 元素 <td> 'ASAHI SIGNAL有限公司' 的屬性 'Own Text'
8	**從網頁擷取資料** 從網頁中的特定欄位擷取資料，建立虛擬表格，並將其儲存於 DataFromWebPage 中
9	**按一下網頁上的連結** 按一下網頁的 <p> '客戶清單'
10	**從網頁擷取資料** 從網頁中的特定欄位擷取資料，建立虛擬表格，並將其儲存於 Tokuisaki_Data 中
11	For each CurrentItem in Tokuisaki_Data
12	If CurrentItem ['公司名稱'] = '朝日馬特有限公司' then
13	**設定變數** 將值 CurrentItem ['電子郵件'] 指派給變數 MailAddress
14	**結束迴圈**
15	End
16	End
17	If MailAddress 不是空的 then
18	**顯示訊息** 在標題為 '搜索結果' 的通知快顯視窗中顯示訊息 '已擷取電子郵件地址！'。
19	Else
20	**顯示訊息** 在標題為 '搜索結果' 的通知快顯視窗中顯示訊息 '未擷取電子郵件地址！'。
21	End

完成上述步驟後，篩選目標資料並顯示篩選結果的流程就完成了。完成後的流程如上圖所示。

我們可以試著實際執行流程，並查看是否出現預期中的結果。另外，變更流程中第 12 行的「If」動作裡的公司名稱，就可以篩選出不同的資料，讀者可以嘗試看看。

左下圖為篩選成功時會出現的訊息，右下圖則是篩選失敗會顯示的訊息，讀者可以查看執行流程後出現的訊息是否相符。

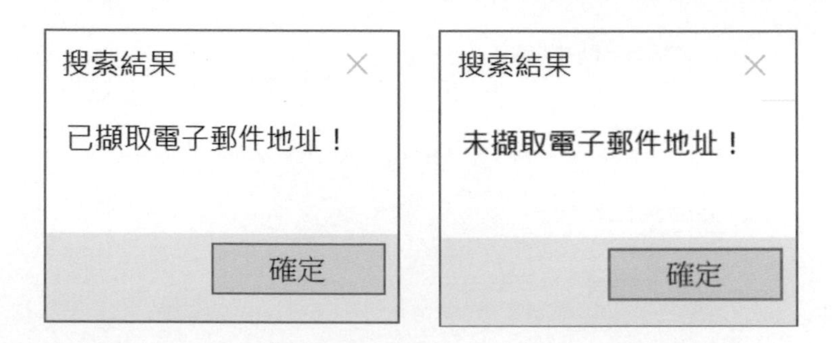

本章的內容有範本可以參考，讀者可以複製書附檔案中本章的文字檔來直接建立流程。

小編補充 上述顯示的訊息只會告知有擷取到資料，更貼心的做法可以一併顯示資料內容，可以在步驟 4「要顯示的訊息」中，最後再加上「%CurrentItem['電子郵件']%」。

第 6 章

Excel 自動化

6-1 透過 Power Automate Desktop 操作 Excel

本章將說明如何使用 Power Automate Desktop 來自動化 Excel 的操作。對辦公室中的文書工作來說，Excel 早已是不可或缺的工具，不論是製作請款單、對帳單等單據，彙整每日新聞或數據來製作報告，或是要將 Excel 資料匯入到其他系統等，只要學會 Excel 自動化的技巧，就能輕鬆提升工作效率與正確性。

◆ Excel VBA 和 Power Automate Desktop

提到 Excel 自動化，也許會先想到的是 Excel VBA，不過 VBA 是一種程式語言，學習門檻比較高，而且只適用於 Office 系列的軟體使用。相較之下，Power Automate Desktop **沒有程式語言的學習障礙，而且可以運用到更多應用程式上，打造更具彈性、更廣泛的自動化流程。**

上一章我們已經學到擷取網頁上的資料，這些資料不僅可以複製到 Excel 中，也可以將 Excel 中的資料輸入到其它資訊系統或是各種應用程式中。

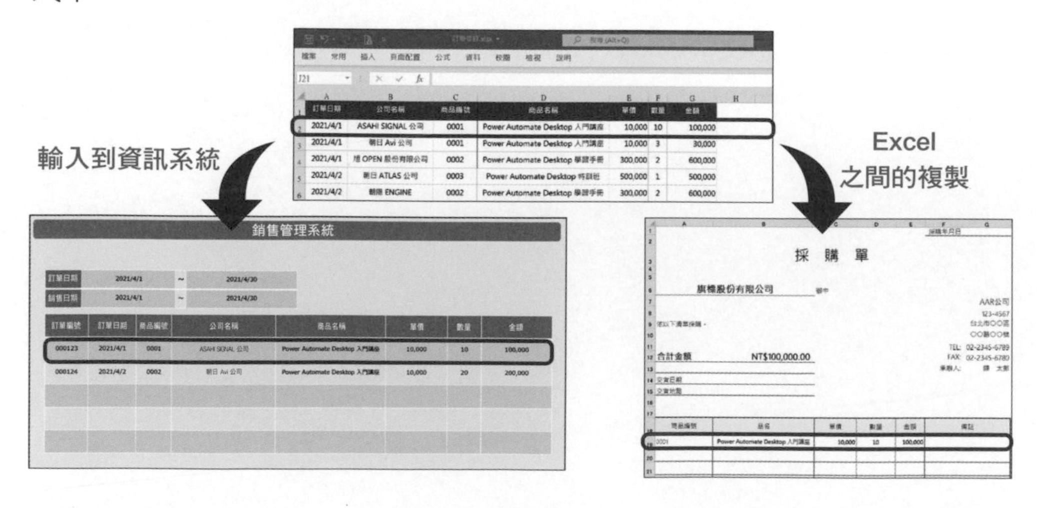

Power Automate Desktop 中內建了許多操控 Excel 的動作，都位於「Excel」群組中，只要展開群組就會看到所有相關動作。

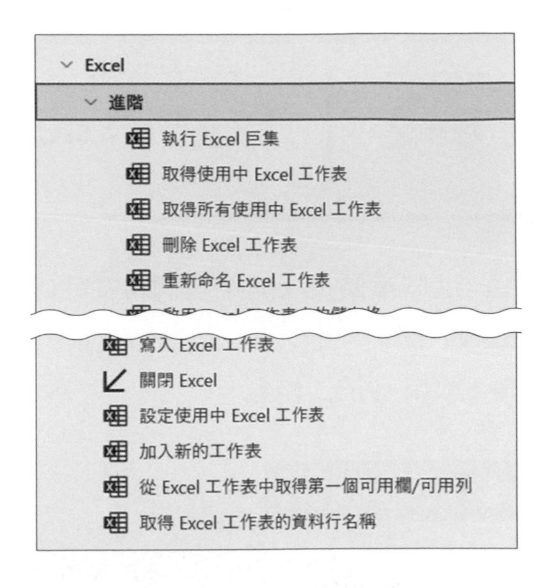

◆ 自動化庫存管理工作

在這一章我們將學習如何自動化 Excel 的庫存管理工作。

這一章會使用「庫存清單.xlsx」、「庫存清單.csv」、「採購單.xlsx」三個範例檔案請至本書網站下載，並儲存於桌面上。

檔案「庫存清單.xlsx」是管理商品庫存量的清單。當商品的「數量」未達「應採購數量」時，就應該發出商品的採購單以補足庫存量。

首先將該商品的「商品編號」、「品名」和「單價」複製到「採購單.xlsx」。採購數量之後會由承辦人填寫，所以這邊先不填入。然後幫檔案命名，儲存為當天日期，讓使用者能清楚知道採購日期。

為了將上述作業自動化，我們需要依照以下步驟來建立流程。

① 讀取「庫存清單.xlsx」的資料。

② 若「庫存清單.xlsx」中的「數量」未達「應採購數量」時，將該商品的「商品編號」、「品名」和「單價」複製到「採購單.xlsx」。

③ 在「採購單.xlsx」的檔名加入當天日期後儲存檔案。

6-2 啟動 Excel 並選取工作表

這個章節，一開始我們會從使用 Power Automate Desktop 開啟 Excel 檔案，途中會介紹操作檔案所需的路徑概念。接著，會說明如何選擇 Excel 中的工作表。

◆ 啟動 Excel

首先，我們要使用 Power Automate Desktop 來開啟範例檔案「庫存清單.xlsx」。

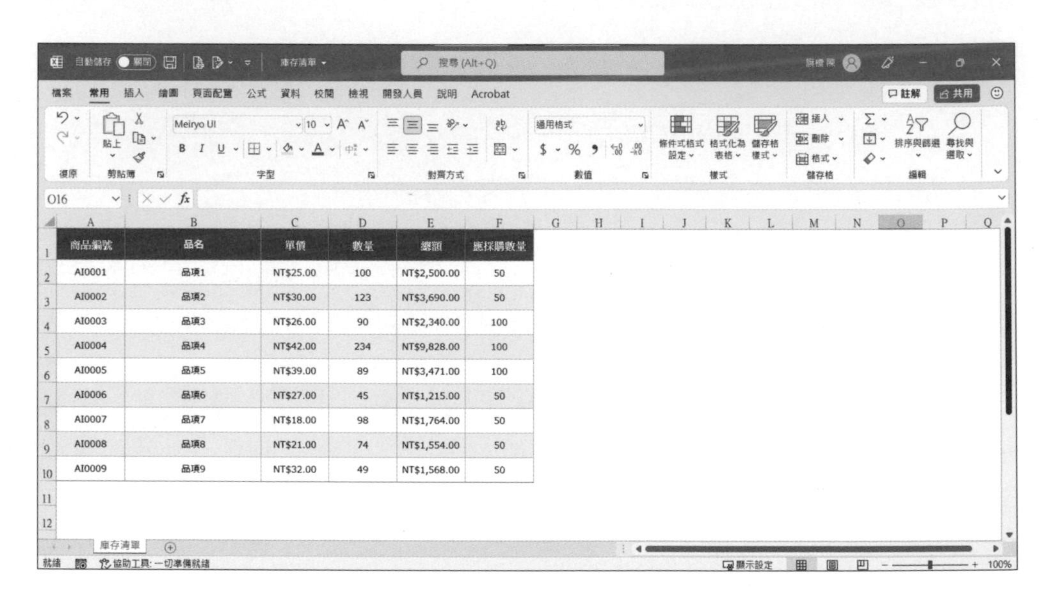

商品編號	品名	單價	數量	總額	應採購數量
AI0001	品項1	NT$25.00	100	NT$2,500.00	50
AI0002	品項2	NT$30.00	123	NT$3,690.00	50
AI0003	品項3	NT$26.00	90	NT$2,340.00	100
AI0004	品項4	NT$42.00	234	NT$9,828.00	100
AI0005	品項5	NT$39.00	89	NT$3,471.00	100
AI0006	品項6	NT$27.00	45	NT$1,215.00	50
AI0007	品項7	NT$18.00	98	NT$1,764.00	50
AI0008	品項8	NT$21.00	74	NT$1,554.00	50
AI0009	品項9	NT$32.00	49	NT$1,568.00	50

一般來說要開啟應用程式時，我們會使用「系統」群組中的「執行應用程式」動作來開啟。但由於 Excel 在日常工作中使用的頻率較高，所以 Power Automate Desktop 中內建了 Excel 專用的啟動動作。

我們找到「Excel」群組中的「啟動 Excel」拖曳並新增到工作區。

接著，我們要進行「啟動 Excel」中的各項設定。在「啟動 Excel」中我們可以指定要開新檔案或是開啟舊檔。由於我們要使用範例檔案，所以這裡我們選擇「並開啟後續文件」(編註：字面含意是「開啟之後文件路徑所指定的 Excel 檔案」的意思)。

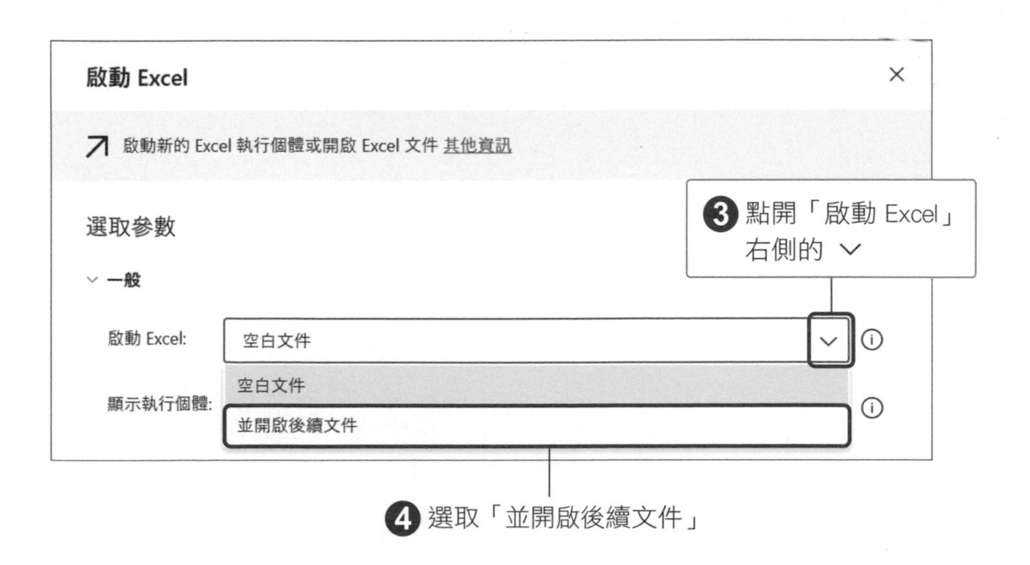

接著，我們要在「文件路徑」輸入要開啟的 Excel 檔路徑 (絕對路徑)。我們可以用點擊的方式選取。首先點擊 後選擇儲存於桌面上的「庫存清單.xlsx」。

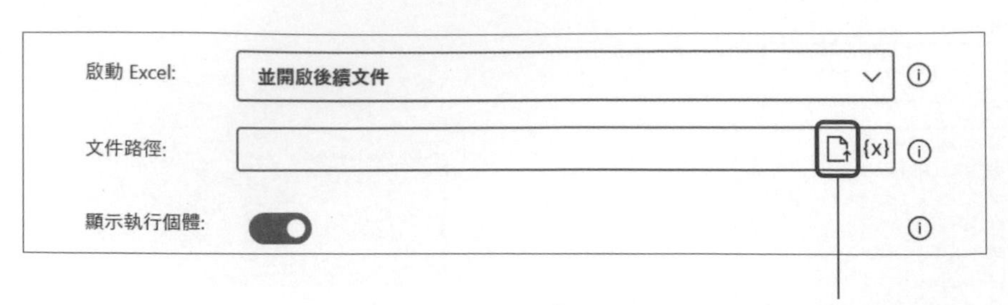

❺ 點擊「文件路徑」欄位右側的

補充說明

路徑是表示檔案儲存位置的一串文字，就像「C:\Users\Taro\Documents\成績.xlsx」，它可以表示檔案儲存的硬碟、檔案夾以及檔案本身。上述的動作中所輸入的為**絕對路徑**，所謂絕對路徑是指記載路徑的方法是以系統最高階層的位置為起點 (編註：以 Windows 系統來說，就是要從位於哪一個磁碟開始指定)，一直記載到檔案本身的路徑。而像「\Documents\成績.xlsx」這類從中間位置為起點記載路徑的方式為**相對路徑**，前面路徑省略不寫，表示以軟體或程式當下所在位置為起點，再繼續往下找。不過 Power Automate Desktop 並不支持使用相對路徑，因此請將完整路徑打出。

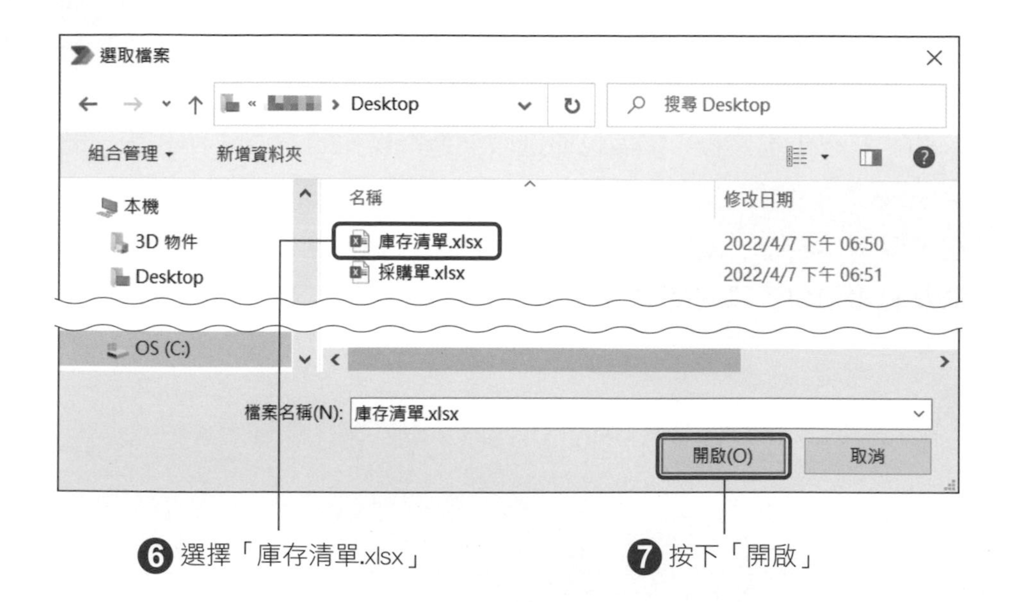

展開「變數已產生」欄位，「ExcelInstance」為啟動中 Excel 執行個體的變數。之後在 Excel 相關的動作需要指定 Excel 執行個體時都會用到這個變數。

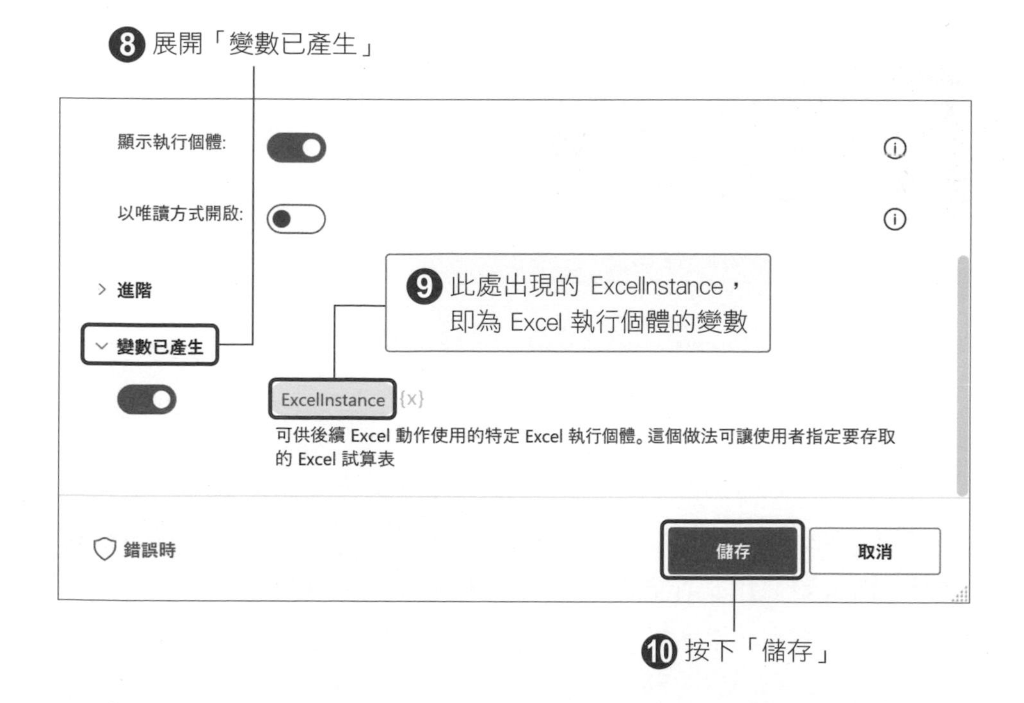

◆ 選取 Excel 工作表

開啟 Excel 檔案後，接著也要選取欲進行操作的 Excel 工作表。若不指定 Excel 工作表，之後的動作都會在預設的工作表中進行，而當檔案中存在多個工作表時，就有可能會在不對的工作表上進行操作。因此，**我們一定要記得使用「設定使用中 Excel 工作表」動作來選擇欲操作的工作表。**

我們新增「設定使用中 Excel 工作表」動作到工作區中。

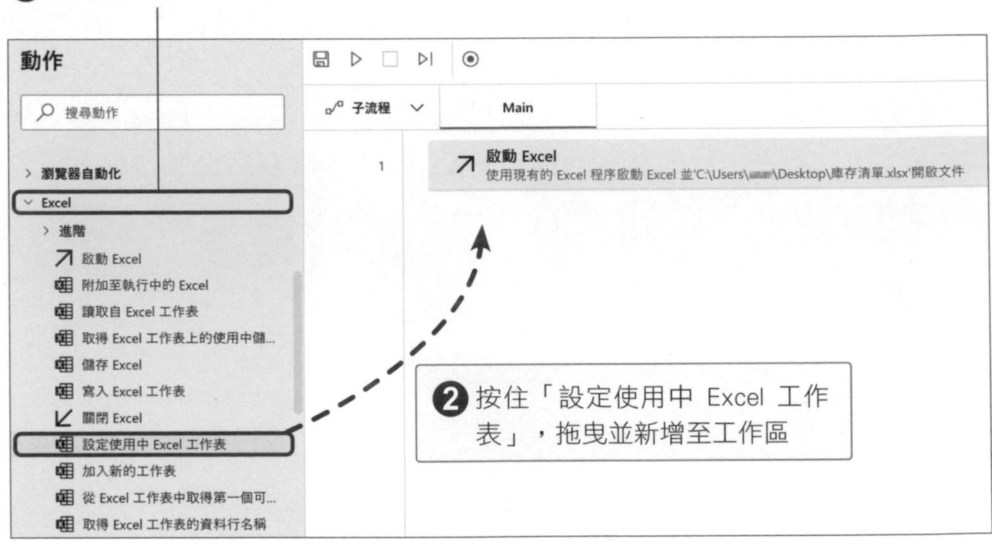

在「Excel 執行個體」中指定欲進行操作的 Excel 執行個體。在這個範例中我們選取「啟動 Excel」時所產生的變數「%ExcelInstance%」。

「啟用工作表時搭配」中，我們必須選擇要使用工作表的索引或是名字 (名稱) 來搜尋並指定工作表。這裡我們選擇「名字」，也就是直接指定工作表名稱。若使用工作表的「索引」來搜尋，也就是由左而右第幾個工作表，要注意未來新增、插入工作表時，其索引可能會跟著改變。

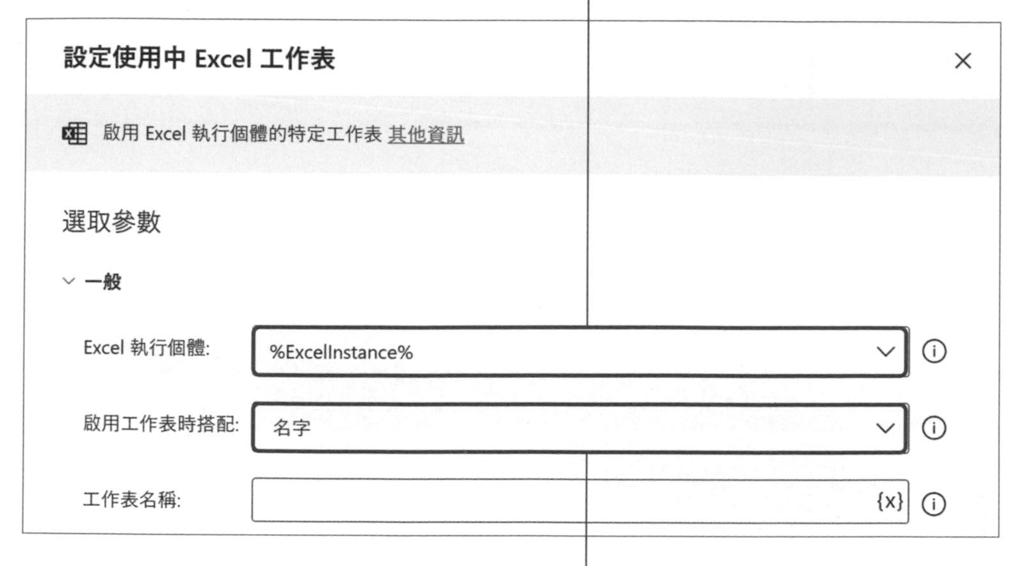

❹「啟用工作表時搭配」中選擇「名字」

「工作表名稱」欄位中要輸入欲執行的工作表名稱。這裡我們輸入的是「庫存清單」。

❺「工作表名稱」中輸入「庫存清單」

❻按下「儲存」

6-3 篩選資料

這個小節我們要讀取 Excel 工作表中的資料。當我們要讀取 Excel 工作表時，需要指定資料的範圍。以下將說明指定工作表內含有資料範圍的方法。

◆ 從 Excel 工作表中取得第一個可用欄 / 可用列

在範例檔案「庫存清單.xlsx」的工作表內，含有資料的儲存格範圍為 A1 到 F10。

我們必須先指定範圍才能讀取工作表中的值。當然，在這個範例中我們已經知道儲存格的範圍，但實務上，通常無法事先知道含有資料的儲存格範圍。因此，**我們可以利用找出第一個可用欄/可用列的位置來指定含有資料的範圍**。使用這個方法，即使以後工作表內容變動，Power Automate Desktop 也能正確讀取。

	A	B	C	D	E	F	G	H
1	商品編號	品名	單價	數量	總額	應採購數量		
2	AI0001	品項1	NT$25.00	100	NT$2,500.00	50		
3	AI0002	品項2	NT$30.00	123	NT$3,690.00	50		
4	AI0003	品項3	NT$26.00	90	NT$2,340.00	100		
5	AI0004	品項4	NT$42.00	234	NT$9,828.00	100		
6	AI0005	品項5	[illegible]	89	NT$3,471.00	100		
7	AI0006	品項6	NT$27.00	45	NT$1,215.00	50		
8	AI0007	品項7	NT$18.00	98	NT$1,764.00	50		
9	AI0008	品項8	NT$21.00	74	NT$1,554.00	50		
10	AI0009	品項9	NT$32.00	49	NT$1,568.00	50		
11								
12								

資料範圍

第一個可用欄

第一個可用列

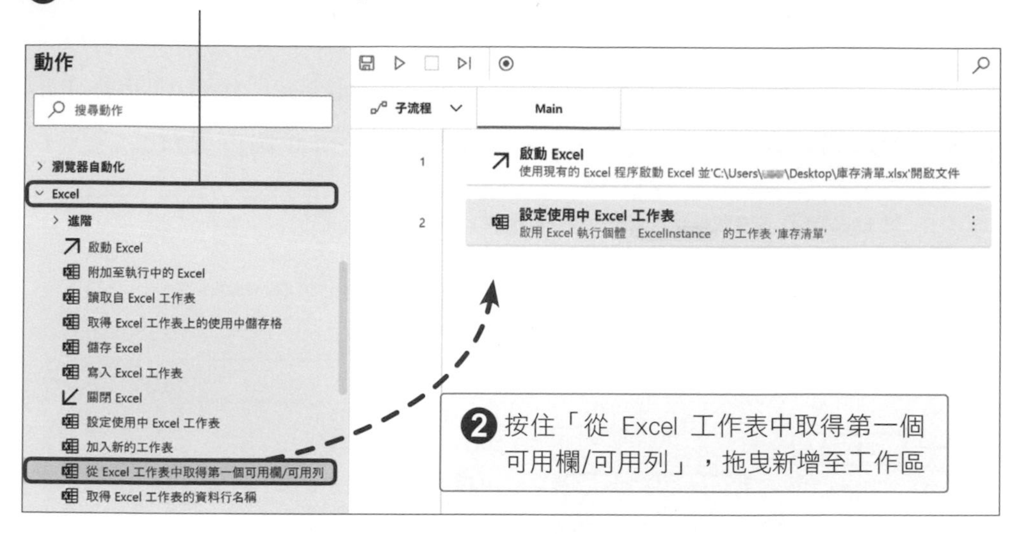

在「Excel 執行個體」中指定欲操作的 Excel 執行個體。此範例選取「%ExcelInstance%」。

「變數已產生」中的變數「FirstFreeColumn」為從左而右算起**最先遇到沒有資料的欄位，又稱為第一個可用欄**。舉例來說第一個可用欄為 G 欄的話，那麼該變數內容就是 [7]。而變數「FirstFreeRow」則為**從上而下算起最先遇到整列都是沒有資料的列號，又稱為第一個可用列**。

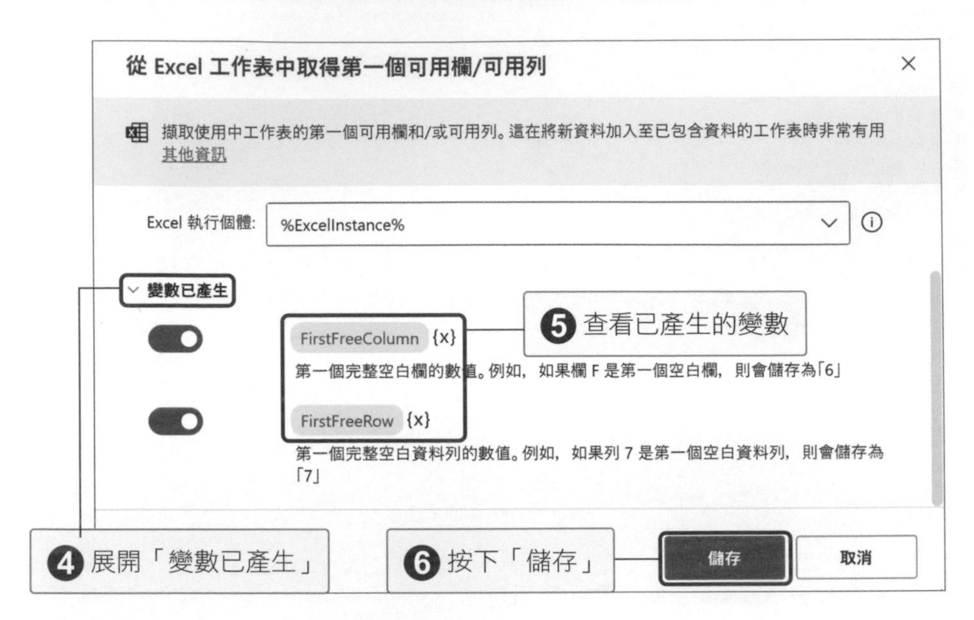

◆ 讀取 Excel 工作表的內容

使用「從 Excel 工作表中取得第一個可用欄/可用列」取得欄和列的資料後，我們就可以指定儲存格的範圍，擷取工作表中的資料，並在 Power Automate Desktop 中使用這些資料。

在「Excel 執行個體」中指定欲操作的 Excel 執行個體。此範例選取「%ExcelInstance%」。

❸「Excel 執行個體」選取「%ExcelInstance%」

讀取自 Excel 工作表

讀取 Excel 執行個體之使用中工作表的儲存格或儲存格範圍的值 其他資訊

選取參數

一般

Excel 執行個體: %ExcelInstance%

擷取: 單一儲存格的值

開始欄: {x}

開始列: {x}

「擷取」欄位中的選項有「單一儲存格的值」、「儲存格範圍中的值」、「選取範圍的值」、「工作表中所有可用的值」，此處我們先選取「儲存格範圍中的值」，不同選項後續要指定的設定也略有不同。

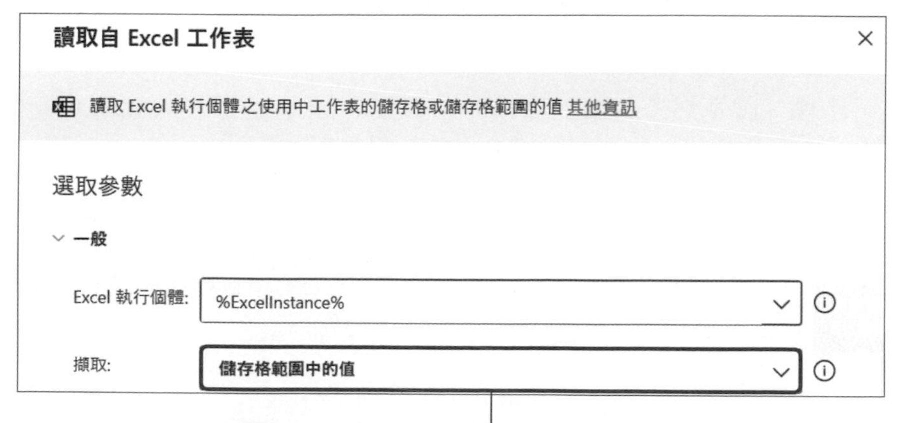

❹ 在「擷取」欄位選取「儲存格範圍中的值」

在「開始欄」中輸入第一欄的英文字母或欄號。這裡我們輸入「A」(或是 1)。

在「開始列」中輸入第一列的列號。這裡我們輸入「1」。

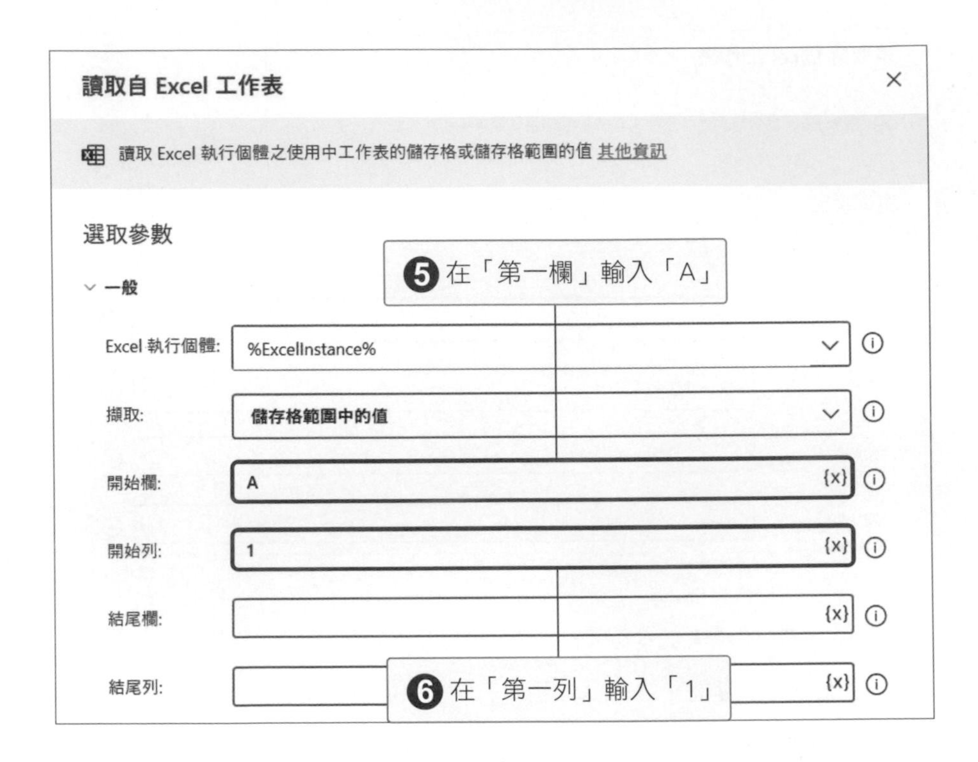

在「結尾欄」輸入範圍最後一欄的英文字母或欄號。這裡我們輸入的是上個階段已經產生的變數 %FirstFreeColumn%。這個變數的內容為第一個可用欄 (最先都沒有值的欄位) 的欄號「7」。工作表中實際含有值的儲存格範圍是到這個欄位的前一欄為止，因此必須減掉一欄，輸入的內容為「%FirstFreeColumn-1%」，也就是欄號「6」。

在「結尾列」輸入範圍最後一列的列號。和結尾欄相同，我們使用在上個階段以產生的變數 %FirstFreeRow%。由於要輸入的為第一個可用列的前一列，因此輸入「%FirstFreeRow-1%」。

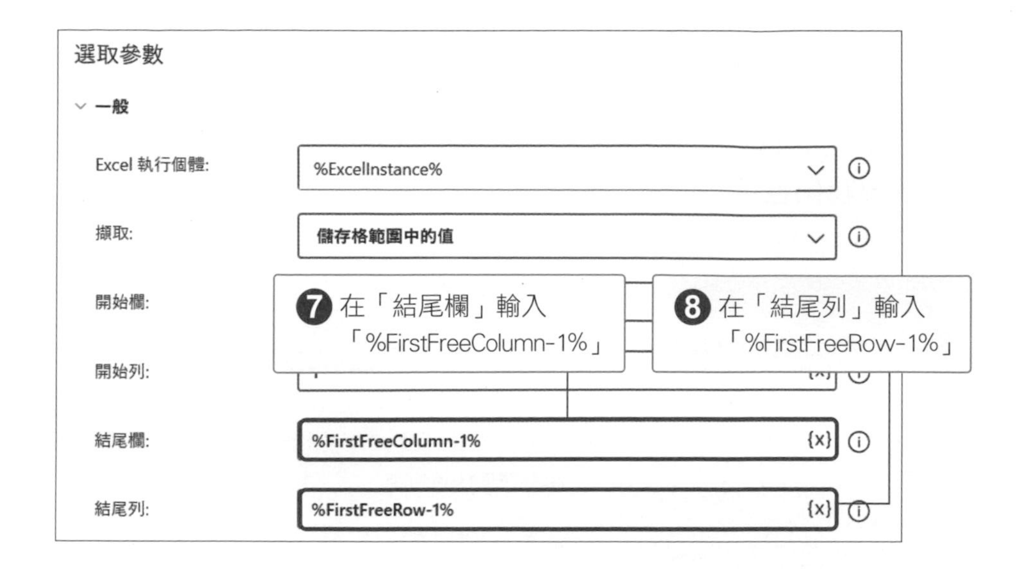

在「進階」中的「第一個行範圍包含欄名稱」可以設定是否要讀取第一列來做為欄位名稱 (編註：此處軟體中文翻譯有誤，應為第一個列範圍包含欄名稱，也許以後軟體更新會修正)。若設定為開啟，就會將第一列的資料視為欄位名稱。當我們要尋找資料表中的資料時，可以使用該名稱來搜尋。若關閉此選項，則第一列儲存格的值會被視為是資料。

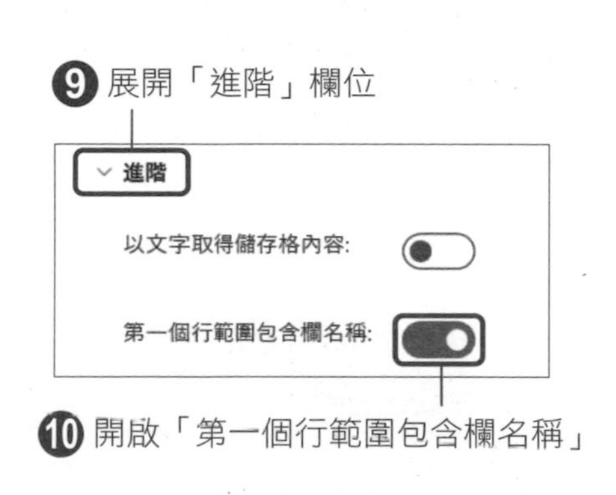

「變數已產生」的「ExcelData」變數內容是這次擷取到的資料，也就是由欄和列所組成的「資料表」型態的資料。

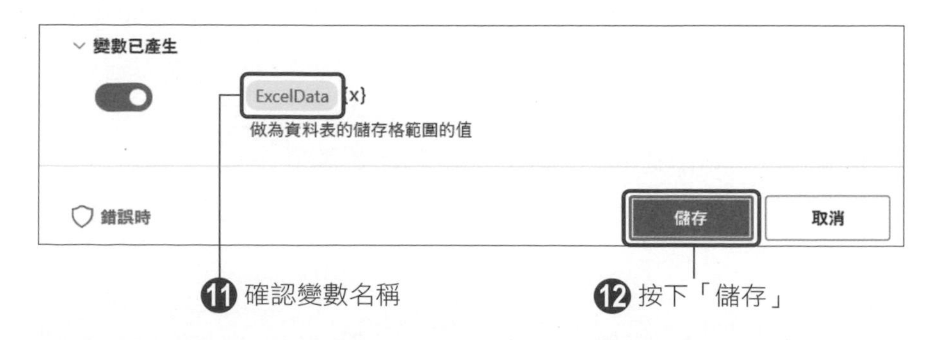

◆ 關閉 Excel

擷取完 Excel 的資料並以變數 %ExcelData% 儲存後，即使關閉 Excel，我們也可以使用這筆資料，所以接著我們就可以關閉 Excel 檔案。以下會說明直接關閉 Excel 而不儲存的方法。

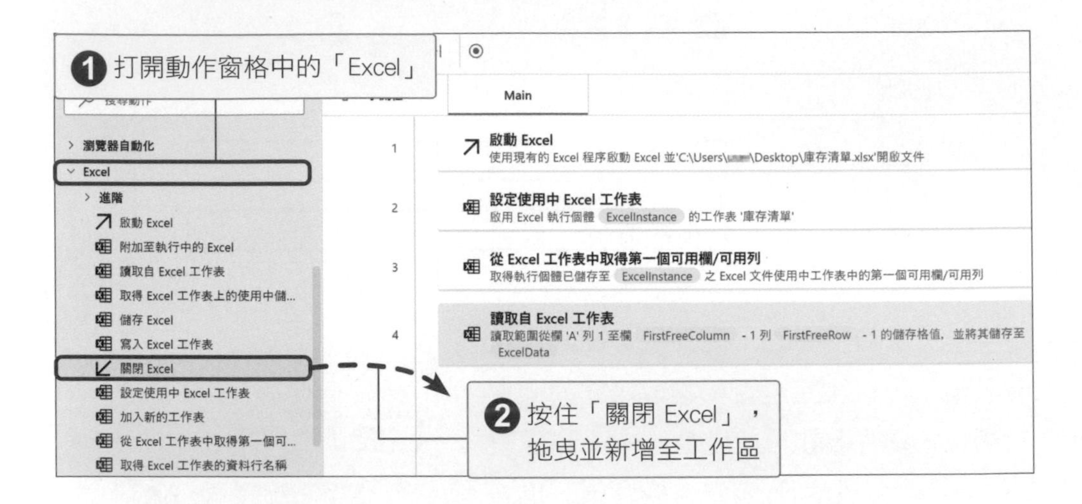

在「Excel 執行個體」中指定欲操作的 Excel 執行個體。此範例選取「%ExcelInstance%」。

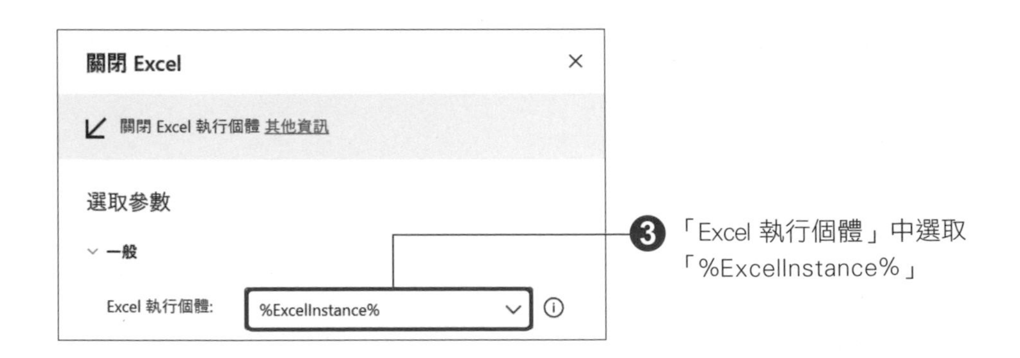

「在關閉 Excel 之前」欄位中需要選擇關閉 Excel 時「不要儲存文件」、「儲存文件」或是「另存文件為」。這裡我們選擇「不要儲存文件」。

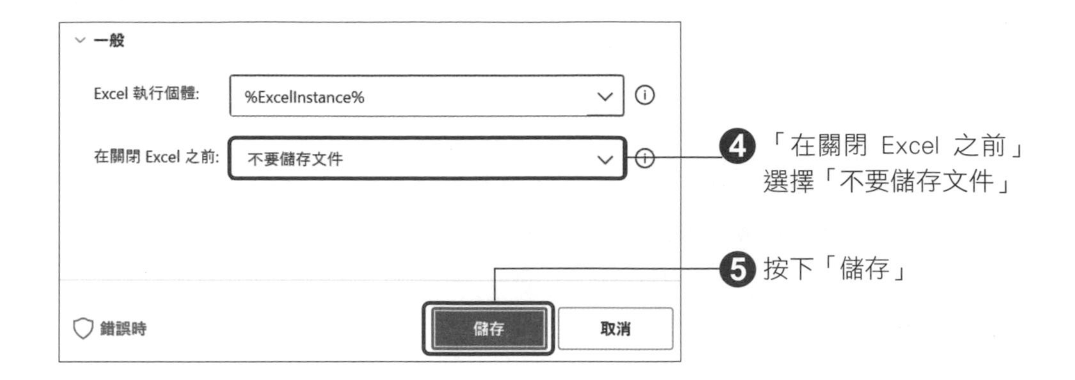

◆ 執行流程並檢查擷取的資料

完成上述步驟之後，我們可以執行流程檢查擷取到的資料是否正確。

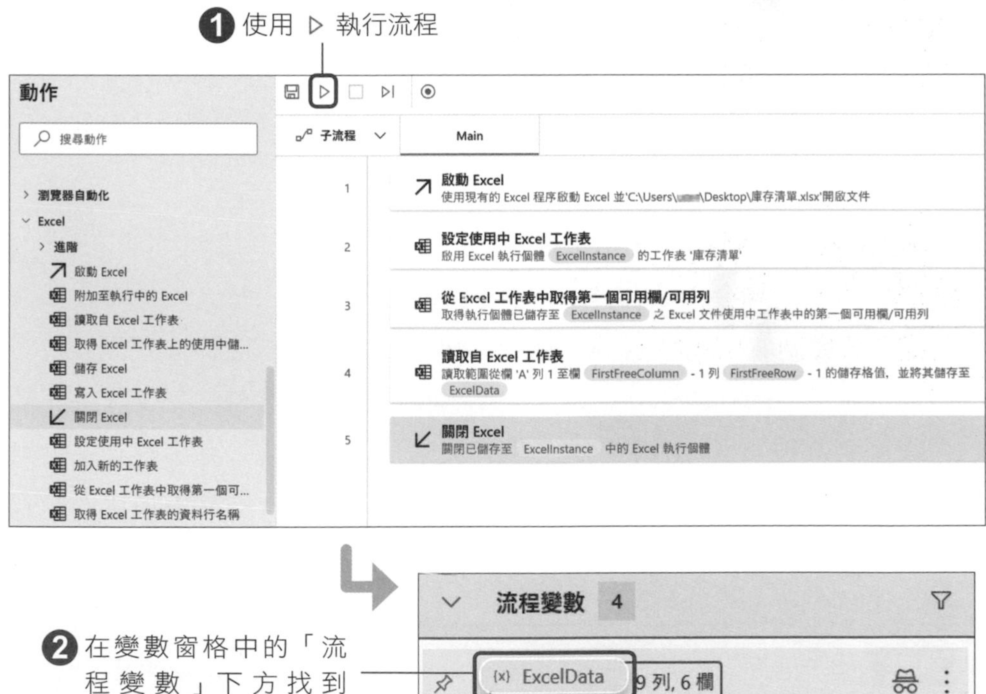

顯示變數內容的資料表後，檢查擷取到的庫存清單資料是否正確。

變數值

ExcelData (資料表)

#	商品編號	品名	單價	數量	總額	應採購數量
0	AI0001	品項1	25	100	2500	50
1	AI0002	品項2	30	123	3690	50
2	AI0003	品項3	26	90	2340	100
3	AI0004	品項4	42	234	9828	100
4	AI0005	品項5	39	89	3471	100
5	AI0006	品項6	27	45	1215	50
6	AI0007	品項7	18	98	1764	50
7	AI0008	品項8	21	74	1554	50
8	AI0009	品項9	32	49	1568	50

關閉

❸ 檢查完擷取的資料後按下「關閉」

◆ 一次讀取 CSV 檔案內容

在介紹完擷取 Excel 檔案「庫存清單.xlsx」的方法之後，我們要說明擷取 CSV 檔「庫存清單.csv」的範例。除了 Excel 之外，在工作中我們也會使用到其他類型的清單檔案。例如從庫存管理系統等應用程式中輸出的 CSV 檔。讀取 CSV 檔案的動作比較簡單，可以一次擷取清單內所有資料，不需要開啟、關閉及設定資料範圍等操作。

編註 其實也可以按照前一個方法實作，「啟動 Excel」動作也能開啟 .csv 檔，但步驟過多，還是使用接下要介紹的「從 CSV 檔案讀取」會更方便。

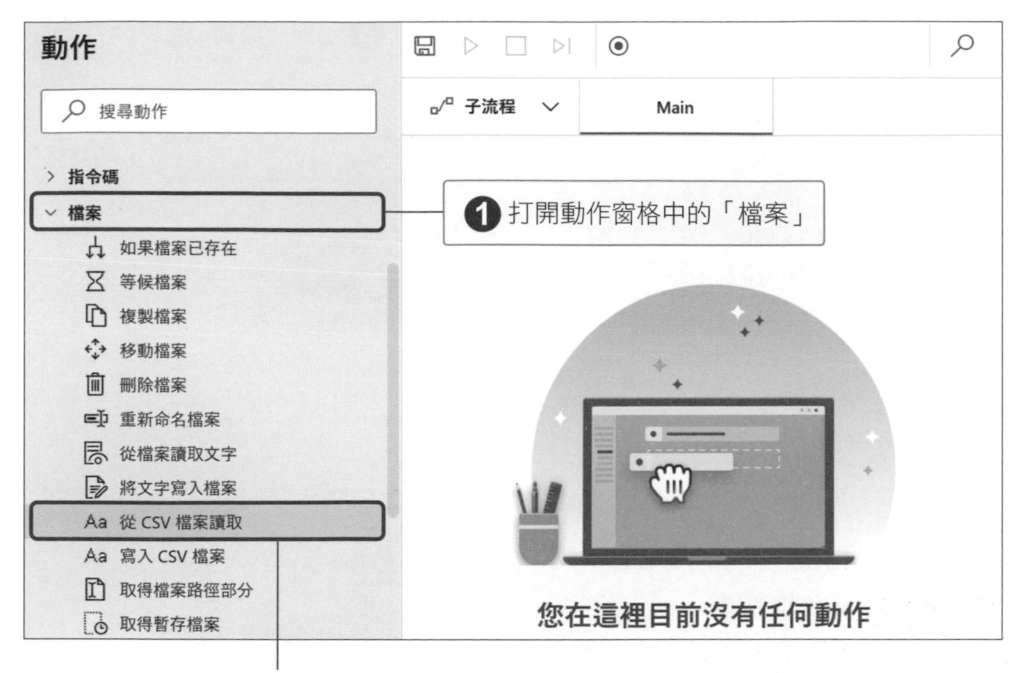

在「檔案路徑」中設定欲擷取的 CSV 檔案路徑。

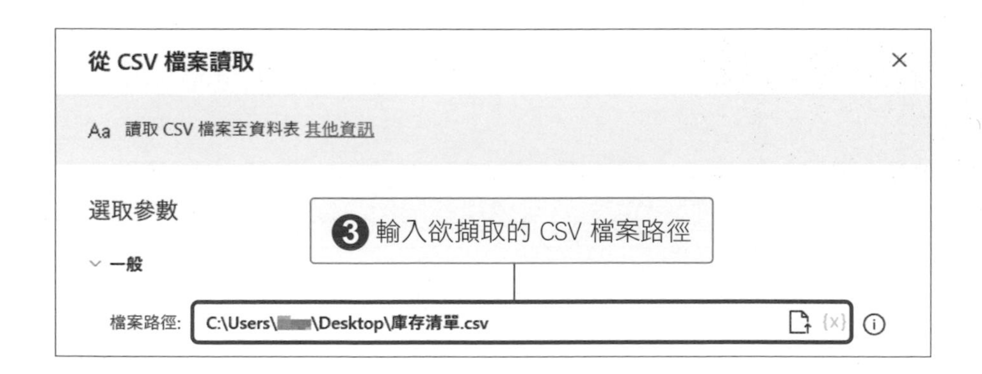

在「編碼」欄位中選擇擷取 CSV 檔案時的編碼。當電腦要正確顯示各國文字，需要對照編碼表，將上面的數字和符號 (也就是編碼) 轉換為文字。因應不同需求有許多不同的編碼系統，例如可提供跨語系編碼的 UTF-8、Unicode 等。「系統預設」選項是指使用 Windows 上既定的編碼方式。若選擇此選項無法正確顯示文字的話，再進行變更。

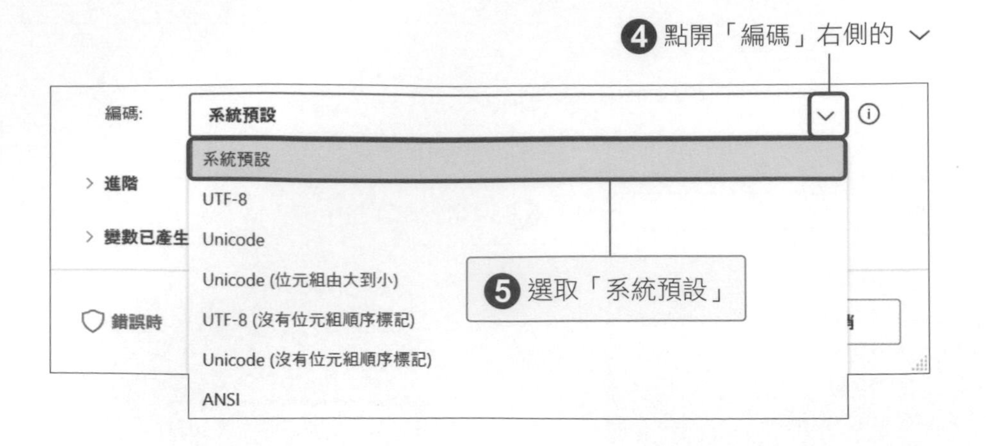

開啟「進階」中「第一行包含欄名稱」欄位時 (編註：再次提醒軟體中文翻譯有誤)，會擷取第一列的資料作為欄位名稱。

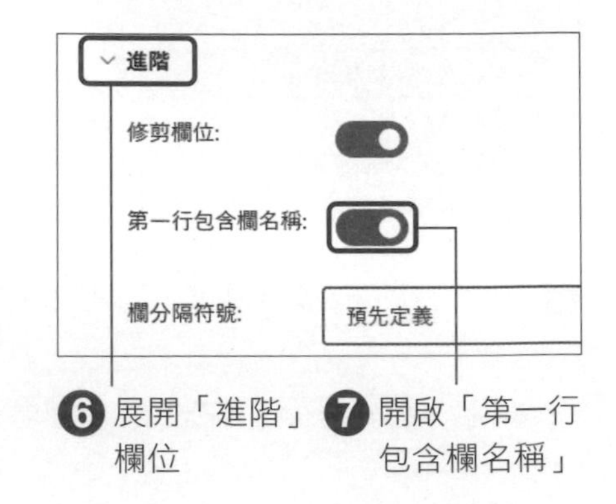

擷取的資料會儲存於「變數已產生」的變數「CSVTable」中。

完成設定後執行動作。

選取變數窗格中的「流程變數」的變數「CSVTable」，按兩下滑鼠左鍵檢查變數內容。

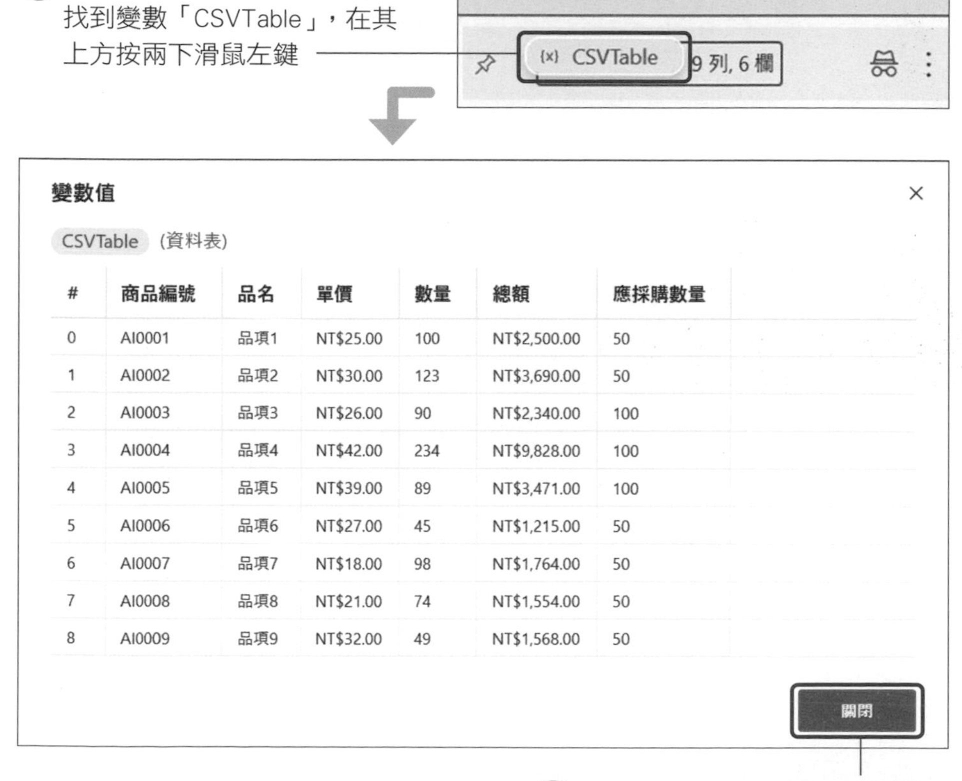

#	商品編號	品名	單價	數量	總額	應採購數量
0	AI0001	品項1	NT$25.00	100	NT$2,500.00	50
1	AI0002	品項2	NT$30.00	123	NT$3,690.00	50
2	AI0003	品項3	NT$26.00	90	NT$2,340.00	100
3	AI0004	品項4	NT$42.00	234	NT$9,828.00	100
4	AI0005	品項5	NT$39.00	89	NT$3,471.00	100
5	AI0006	品項6	NT$27.00	45	NT$1,215.00	50
6	AI0007	品項7	NT$18.00	98	NT$1,764.00	50
7	AI0008	品項8	NT$21.00	74	NT$1,554.00	50
8	AI0009	品項9	NT$32.00	49	NT$1,568.00	50

小編補充 讀取 .txt 純文字檔

若想讀取 .txt 純文字檔的內容，可以使用「檔案」群組中的「從檔案讀取文字」。

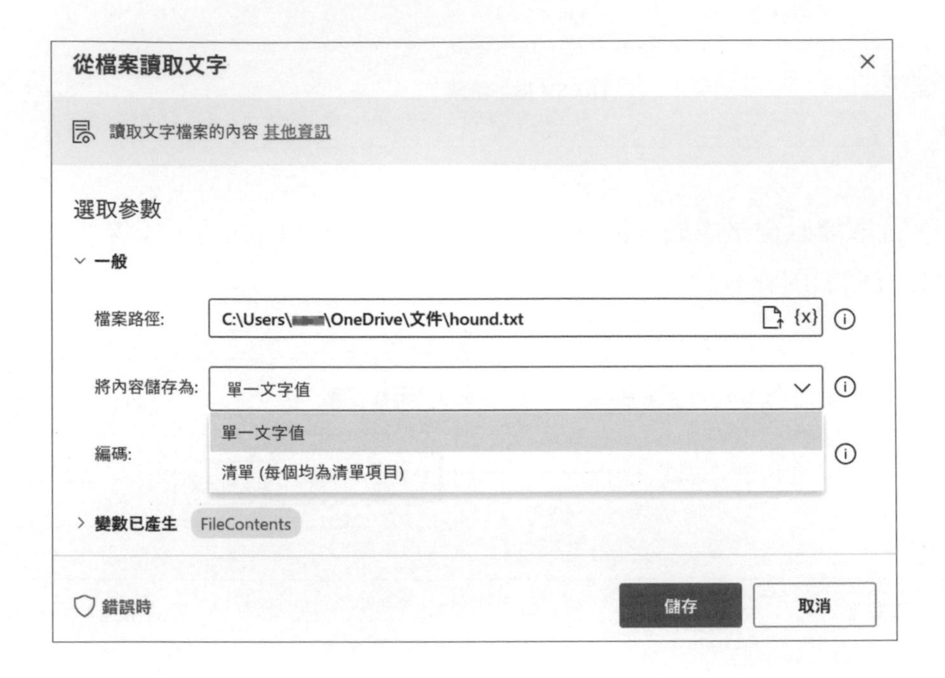

大致的功能設定和「從 CSV 檔案讀取」一樣，但多出一項可選擇內容儲存方式的欄位。

6-4 跨 Excel 檔案之間的資料複製

之前的小節，我們已經擷取 Excel 的資料到 Power Automate Desktop 中。現在，我們要運用 Power Automate Desktop 將這些資訊輸入到 Excel 檔案中。首先我們啟動下圖的「採購單.xlsx」檔案，並且將「庫存清單.xlsx」內「數量」符合以下「應採購數量」條件的資料複製到「採購單.xlsx」。

一般手動複製資料時，每次按下 Ctrl + C 鍵，之前複製的資料就會被覆蓋 (編註：雖有 Windows 有智慧剪貼簿，但操作上步驟太多)。**使用 Power Automate Desktop 的話，擷取的資料會保存在變數內，隨時都可以取用該筆資料。**

採購年月日
採 購 單
旗標股份有限公司 御中
依以下清單採購。
AAR公司
123-4567
台北市○○區
○○路○○號
TEL: 02-2345-6789
FAX: 02-2345-6780
承辦人: 陳 太郎
合計金額 NT$0.00
交貨日期
交貨地點

商品編號	品名	單價	數量	金額	備註
			合計金額	0	

特別註記：

採購單

就緒 協助工具: 調查

◆ 使用迴圈處理資料表內的每列資料

我們要新增迴圈處理動作來反覆比較資料表各列的「數量」和「應採購數量」，檢查資料是否符合條件，比較的次數為資料表的列數。這個範例我們會使用第 5 章用到的「For each」動作。

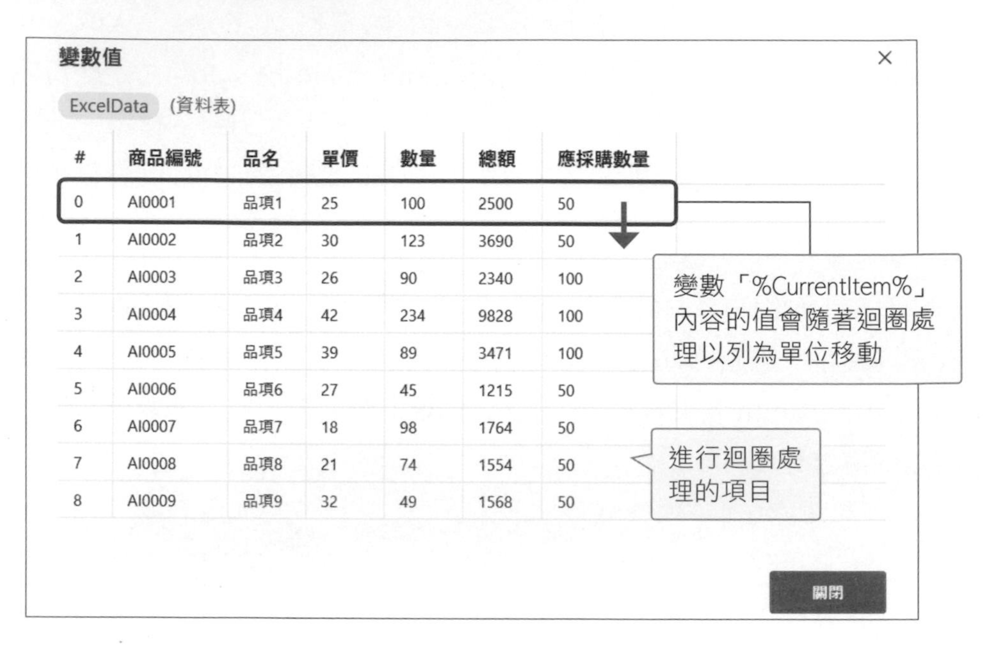

#	商品編號	品名	單價	數量	總額	應採購數量
0	AI0001	品項1	25	100	2500	50
1	AI0002	品項2	30	123	3690	50
2	AI0003	品項3	26	90	2340	100
3	AI0004	品項4	42	234	9828	100
4	AI0005	品項5	39	89	3471	100
5	AI0006	品項6	27	45	1215	50
6	AI0007	品項7	18	98	1764	50
7	AI0008	品項8	21	74	1554	50
8	AI0009	品項9	32	49	1568	50

❶ 打開動作窗格中的「迴圈」

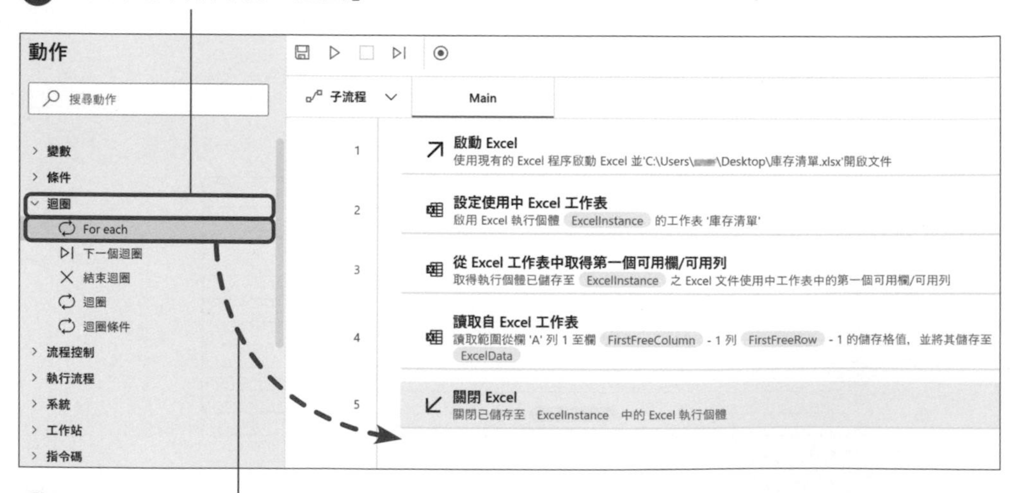

❷ 按住「For each」，拖曳並新增至工作區

接著設定「要逐一查看的值」。由於我們要處理的是變數 %ExcelData% 的資料表內容，且要以項目為單位來進行迴圈，所以這裡選擇「ExcelData」。

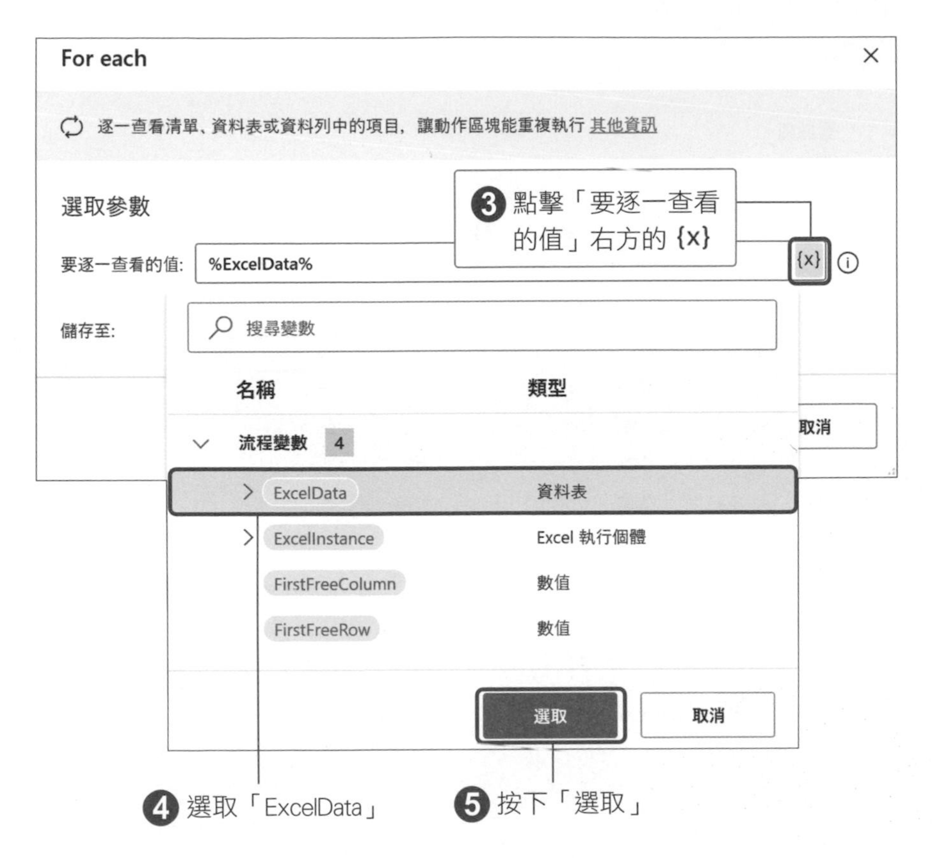

「儲存至」中變數「CurrentItem」內容為在迴圈進行時，當下所選取的項目。

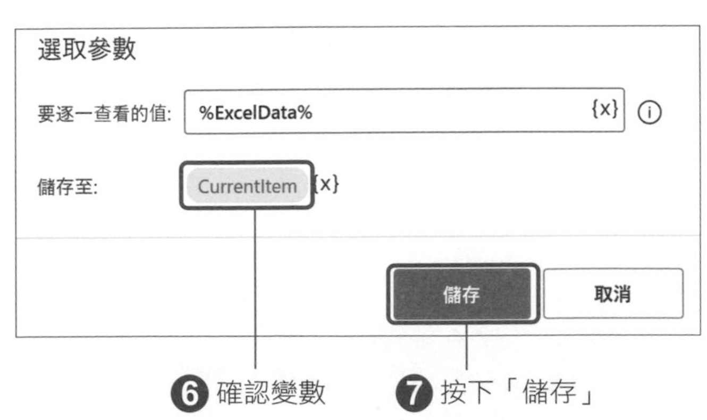

◆ 篩選符合條件的資料

透過迴圈自 Excel 資料表中擷取出一列一列的資料後，我們要在迴圈中比較每一列中的「數量」和「應採購數量」欄位值，篩選出「數量」不足的品項。

變數值

ExcelData (資料表)

#	商品編號	品名	單價	數量	總額	應採購數量
0	AI0001	品項1	25	100	2500	50
1	AI0002	品項2	30	123	3690	50
2	AI0003	品項3	26	90	2340	100
3	AI0004	品項4	42	234	9828	100
4	AI0005	品項5	39	89	3471	100
5	AI0006	品項6	27	45	1215	50
6	AI0007	品項7	18	98	1764	50
7	AI0008	品項8	21	74	1554	50
8	AI0009	品項9	32	49	1568	50

「數量≦應採購數量」的商品必須再次採購

變數 %CurrentItem% 擷取的是一整列的資料，我們要比較的是其中特定的某兩個欄位，因此使用 %CurrentItem['欄位名稱']% 取出指定的欄位元素。

變數值

ExcelData (資料表)

%CurrentItem['數量']%

%CurrentItem['應採購數量']%

#	商品編號	品名	單價	數量	總額	應採購數量
0	AI0001	品項1	25	100	2500	50
1	AI0002	品項2	30	123	3690	50
2	AI0003	品項3	26	90	2340	100
3	AI0004	品項4	42	234	9828	100
4	AI0005	品項5	39	89	3471	100
5	AI0006	品項6	27	45	1215	50
6	AI0007	品項7	18	98	1764	50
7	AI0008	品項8	21	74	1554	50
8	AI0009	品項9	32	49	1568	50

使用 %CurrentItem['欄位名稱']% 來擷取元素

兩個元素要相互比較，資料型態必須要一致，不然可能會得到無法預期的結果。因此必須先將「數量」和「應採購數量」欄位值 (原為文字型態) 都轉換為數值型態。

❶ 打開動作窗格中的「文字」

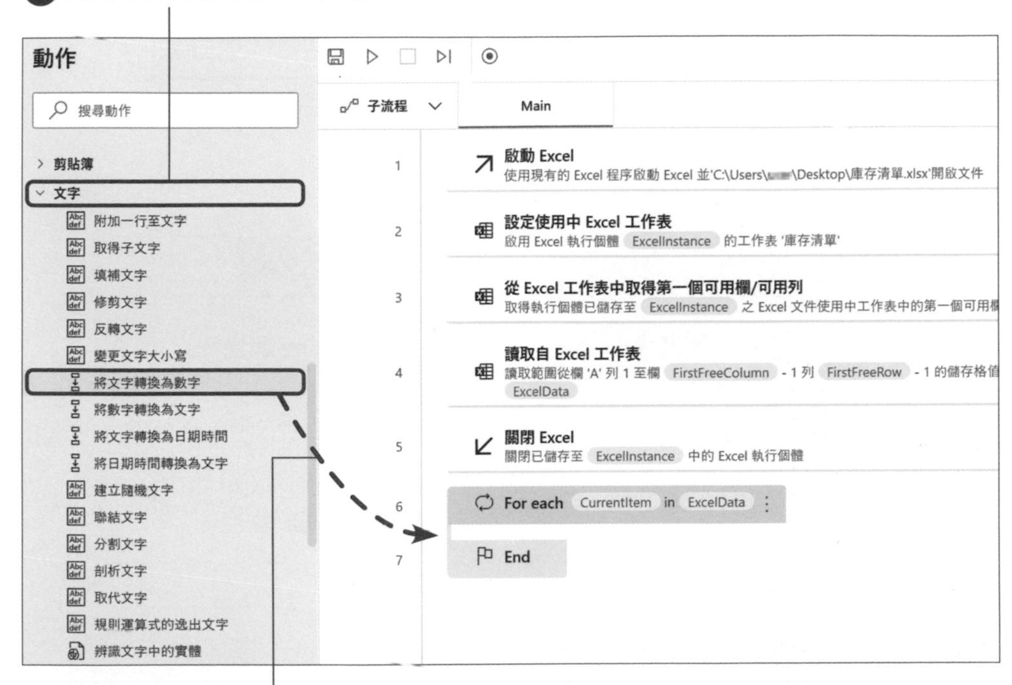

❷ 將「將文字轉換為數字」拖曳新增至「For each」和「End」之間

在「要轉換的文字」中輸入要轉換為數值的文字或變數。這裡我們輸入「%CurrentItem['數量']%」來讓「數量」欄位的資料變成數值型態。

> **編註** 請注意，此功能雖然名為「將文字轉換為數字」，但其實是做資料型態的轉換，例如將文字型態的 '123' 轉成數字，若資料中含有中英文或特殊符號等狀況，會出現錯誤而無法進行轉換。

將文字轉換為數字

將數字的文字表示方式轉換為包含數值的變數 其他資訊

選取參數

一般

要轉換的文字: %CurrentItem['數量']% {x}

變數已產生 TextAsNumber

錯誤時 儲存 取消

❸ 在「要轉換的文字」中輸入「%CurrentItem['數量']%」

「變數已產生」的變數「TextAsNumber」內容為轉換後的值。為了標示此變數的內容為「數量」，我們將變數名稱命名為「Quantity」。

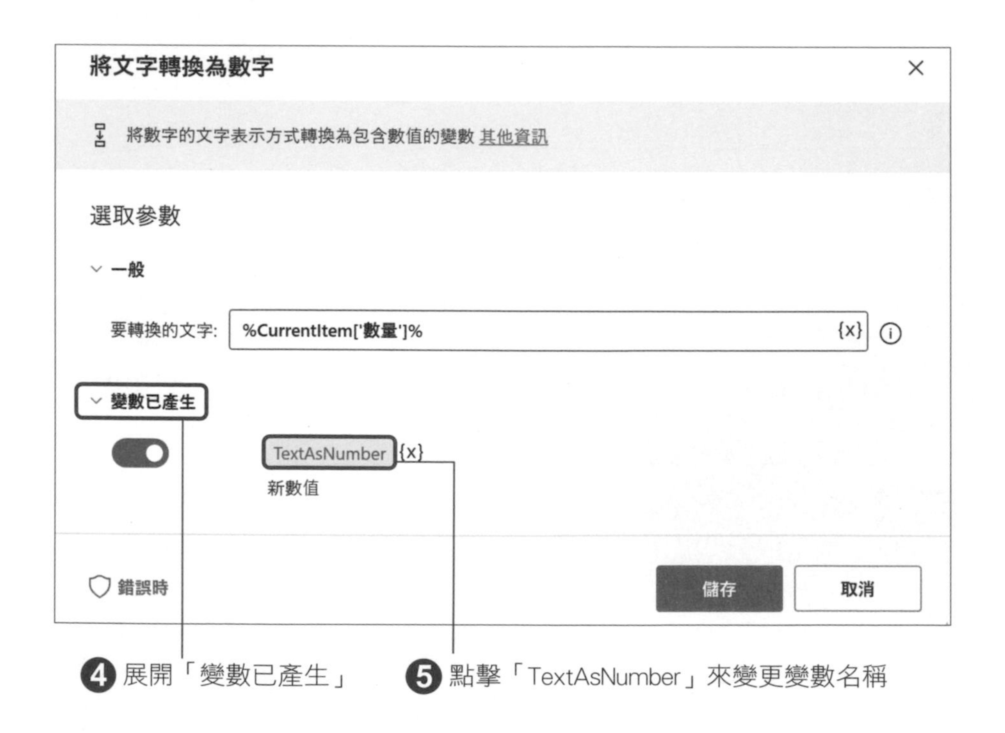

❹ 展開「變數已產生」　❺ 點擊「TextAsNumber」來變更變數名稱

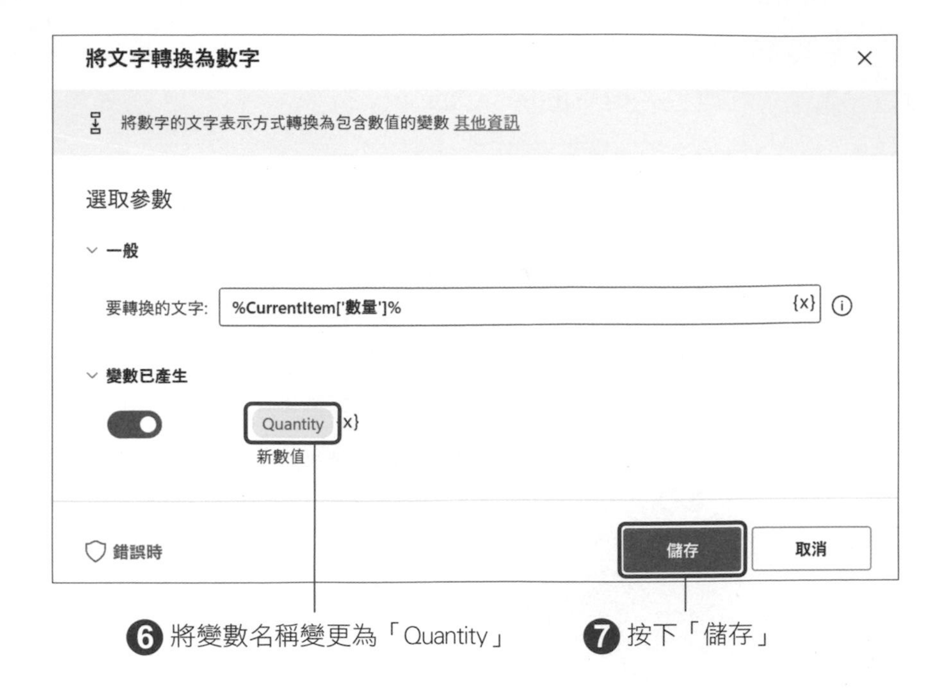

「應採購數量」也使用相同的方法來轉換為數值。我們可以複製「將文字轉換為數字」動作後再修改參數。

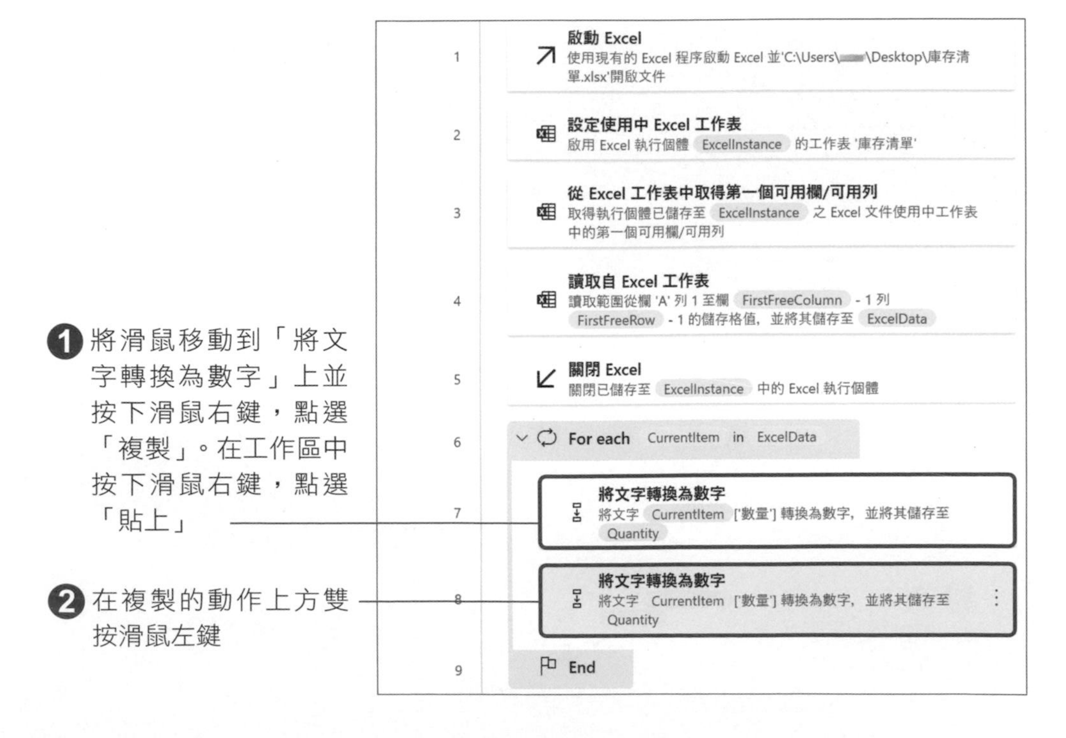

將「要轉換的文字」欄位變更為「%CurrentItem['應採購數量']%」，「變數已產生」的變數名稱變更為「Quantity2」。

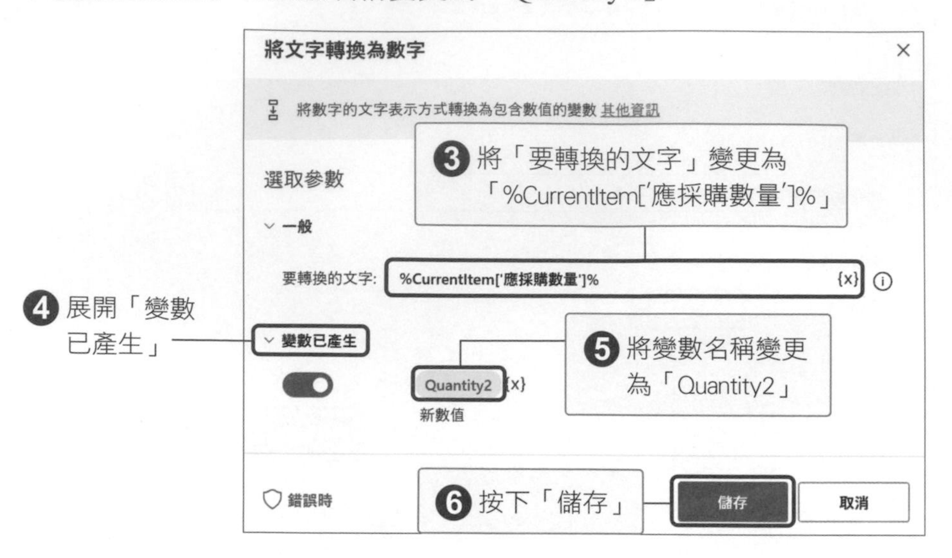

接著，我們要比較轉換為數值的「數量」和「應採購數量」，看看目前數量是否低於應採購數量。

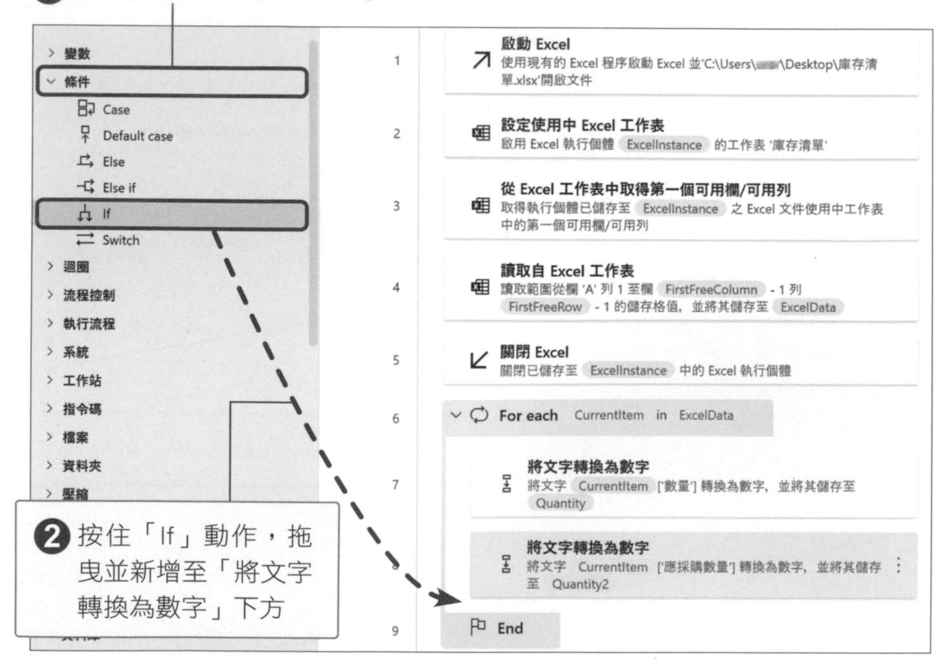

「第一個運算元」欄位必須輸入第一個要做為比較項目的值 (文字、數值或是算式)。點選按鈕來選擇變數，這裡我們選擇「數量」的變數「Quantity」。

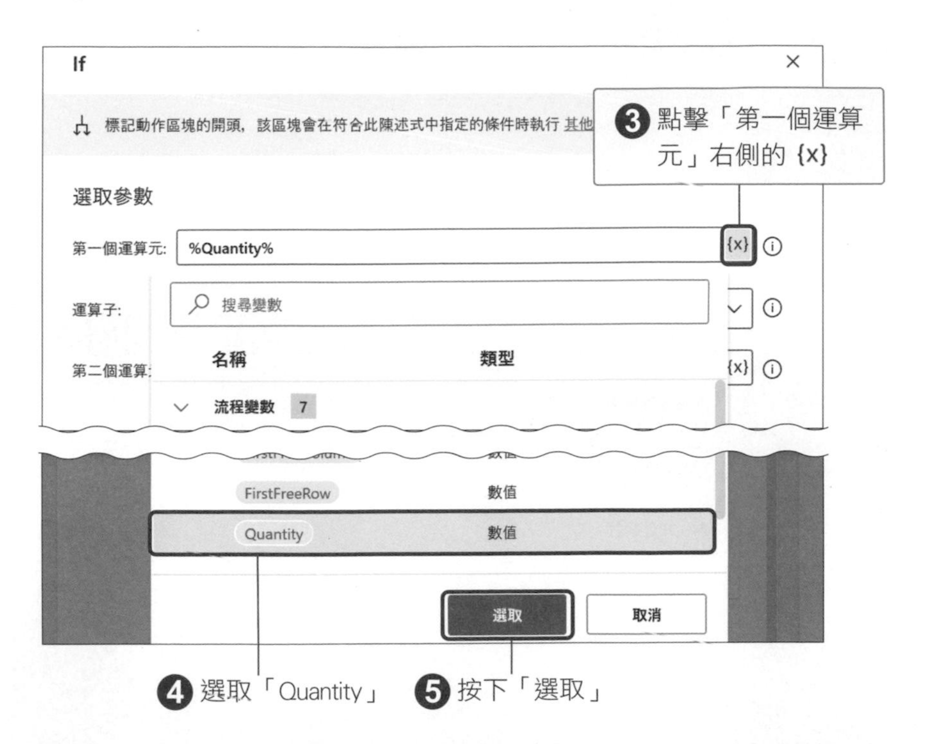

「運算子」欄位必須選擇第 2 個運算元與第 1 個運算元之間的關係。這裡我們選擇「小於或等於 (<=)」。

If
標記動作區塊的開頭，該區塊會在符合此陳述式中指定的條件時執行
❻ 在「運算子」欄位選擇「小於或等於 (<=)」
選取參數
第一個運算元: %Quantity% {x}
運算子: 小於或等於 (<=)
第二個運算元: {x}
儲存 取消

「第二個運算元」欄位必須輸入要和第一個運算元比較的第二個值(文字、數值或算式)。點選按鈕來選擇變數，這裡我們選擇「應採購數量」的變數「Quantity2」。

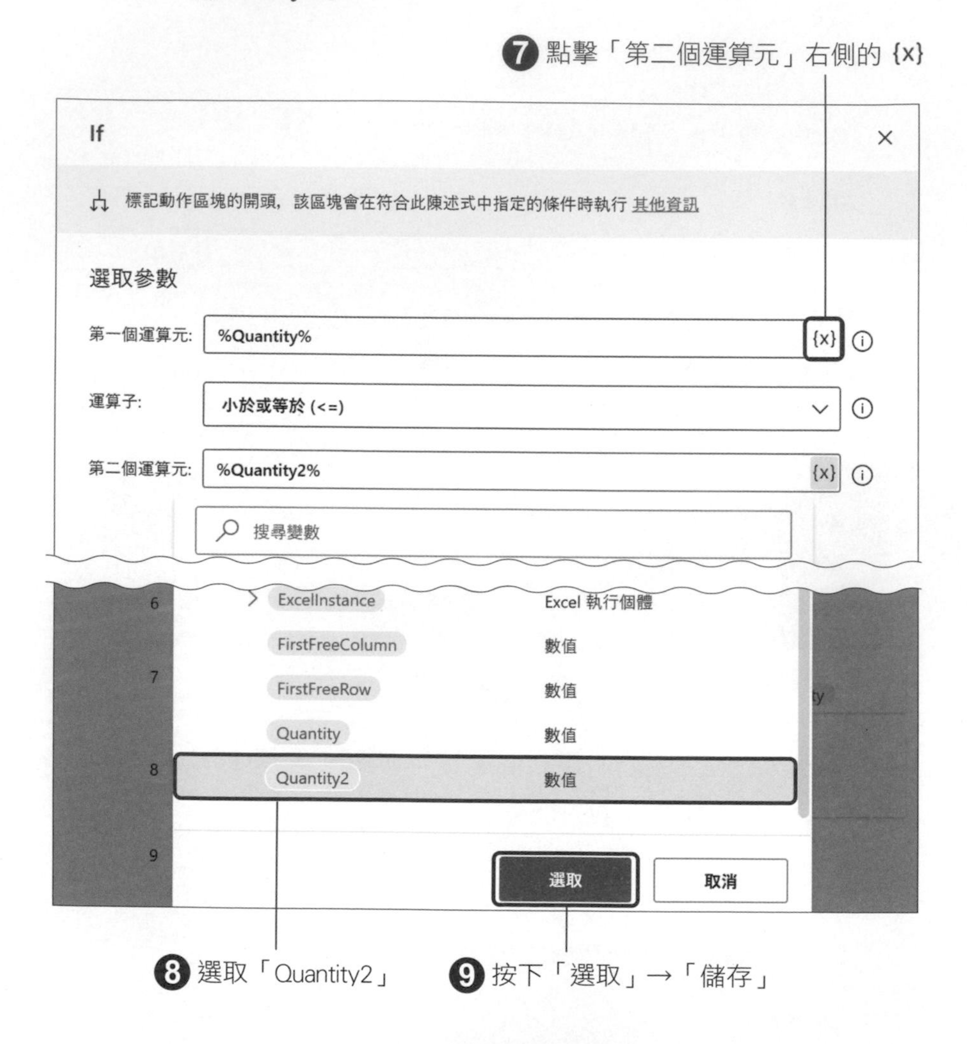

◆ 開啟用於複製資料的新 Excel 檔

接著，我們啟動另一個 Excel 檔，將資料複製過去。啟動的動作只需要執行一次，不需要包含在迴圈內，因此，我們將「啟動 Excel」動作新增到「For each」動作上方。

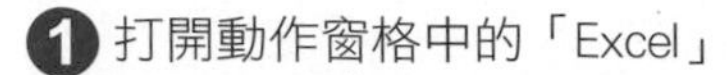

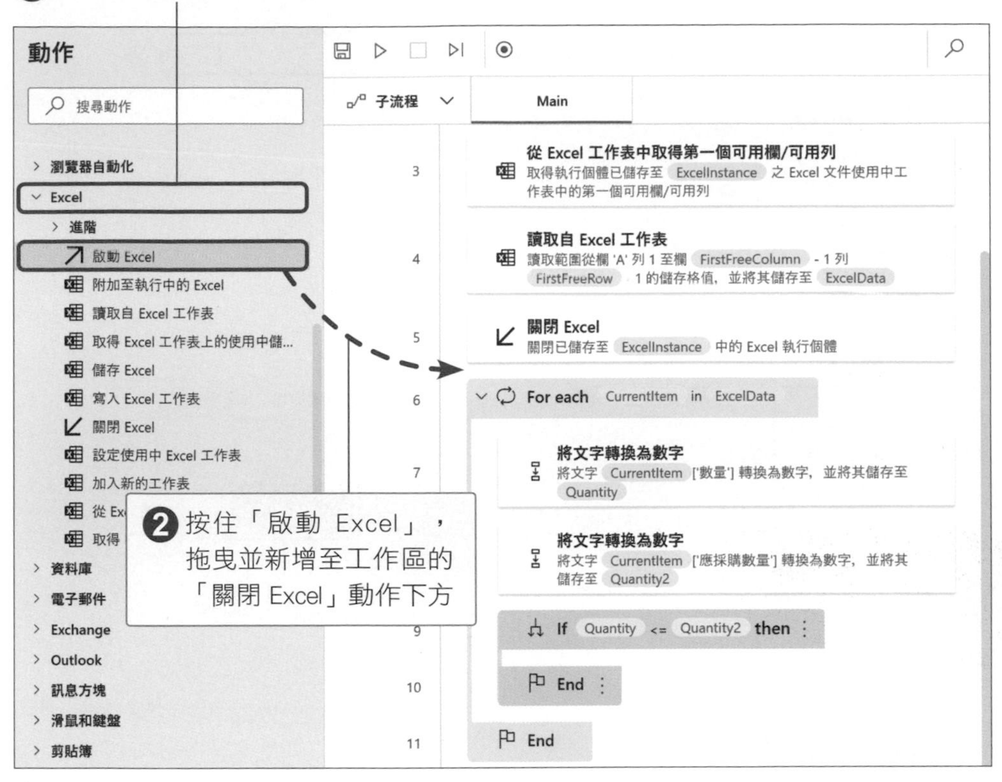

將「啟動 Excel」設定為「並開啟後續文件」。

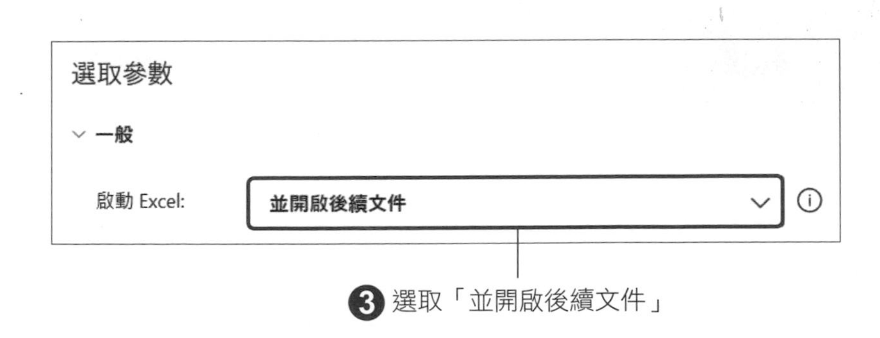

在「文件路徑」欄位中輸入儲存於桌面的 Excel 檔「採購單.xlsx」的路徑 (絕對路徑)，或者也可以使用選取檔案按鈕 ，從對話框內選取要開啟的檔案。

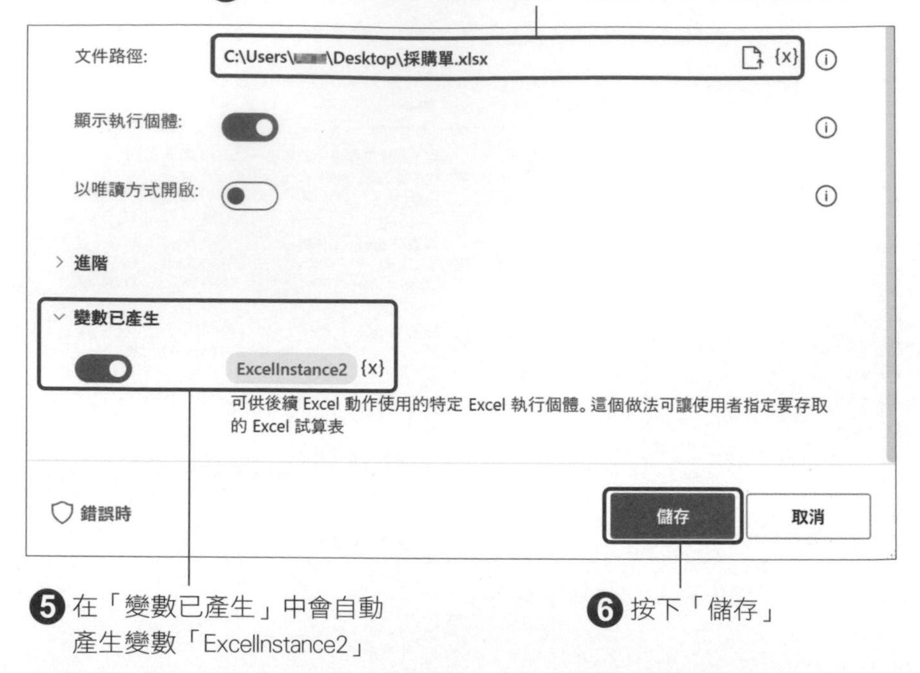

編註 在原文書中作者認為之前變數「ExcelInstance」不再使用了，所以將變數名稱「ExcelInstance2」改成「ExcelInstance」。事實上雖不影響使用，但為避免讀者混淆，小編仍維持變數名稱「ExcelInstance2」讓讀者方便區分。

補充說明

在「啟動 Excel」選取「空白文件」就可以開啟一個新的檔案。

在一個空白的 Excel 檔中寫入資訊後，一定要記得命名並儲存檔案。若漏掉這個程序，可能會因為沒有儲存到檔案使寫入資訊全部消失，也有可能會無法得知檔案儲存的位置。

我們可以使用「儲存 Excel」動作並設定成「另存文件為」來命名並儲存 Excel 檔。

▼ 接下頁

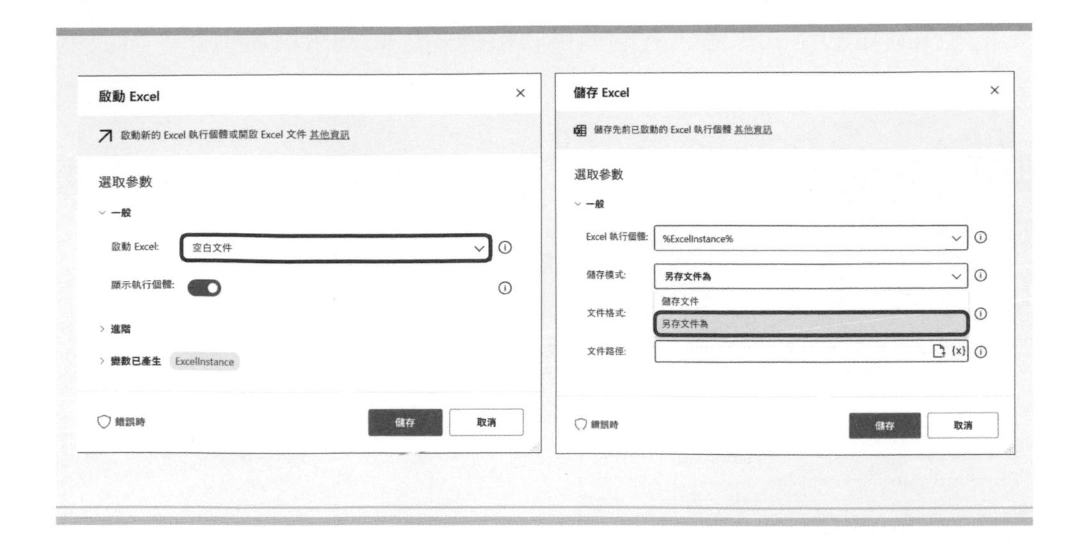

◆ 將值寫入指定儲存格

將符合條件的值寫入採購單中。填寫的值包括「商品編號」、「品名」、「單價」。

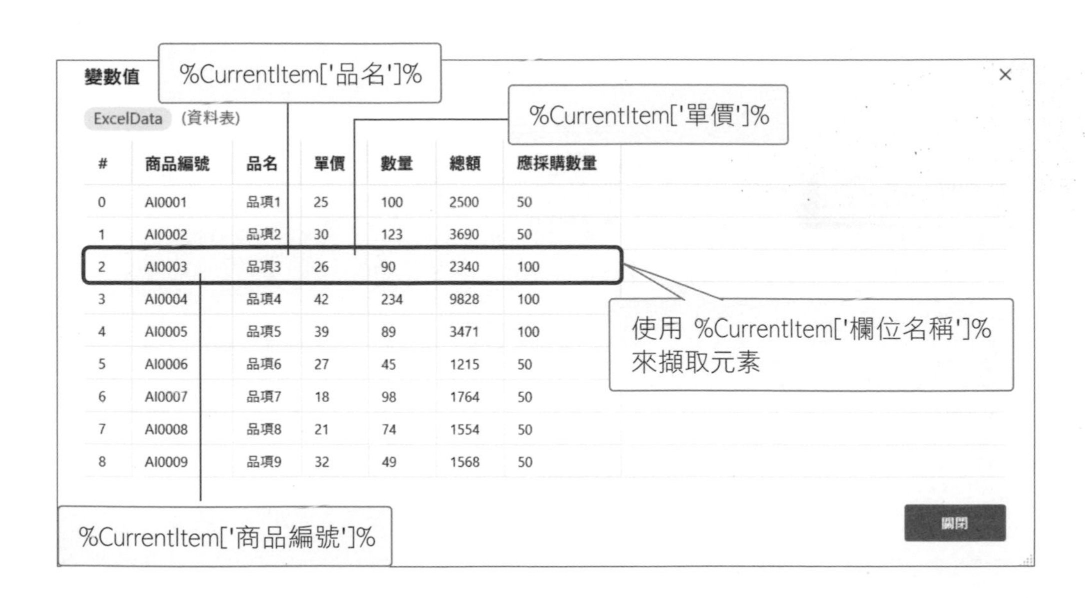

#	商品編號	品名	單價	數量	總額	應採購數量
0	AI0001	品項1	25	100	2500	50
1	AI0002	品項2	30	123	3690	50
2	AI0003	品項3	26	90	2340	100
3	AI0004	品項4	42	234	9828	100
4	AI0005	品項5	39	89	3471	100
5	AI0006	品項6	27	45	1215	50
6	AI0007	品項7	18	98	1764	50
7	AI0008	品項8	21	74	1554	50
8	AI0009	品項9	32	49	1568	50

從採購單的格式來看，各個項目要根據固定的欄來填寫資訊，可以填寫的列範圍則是從 19 列到 27 列。

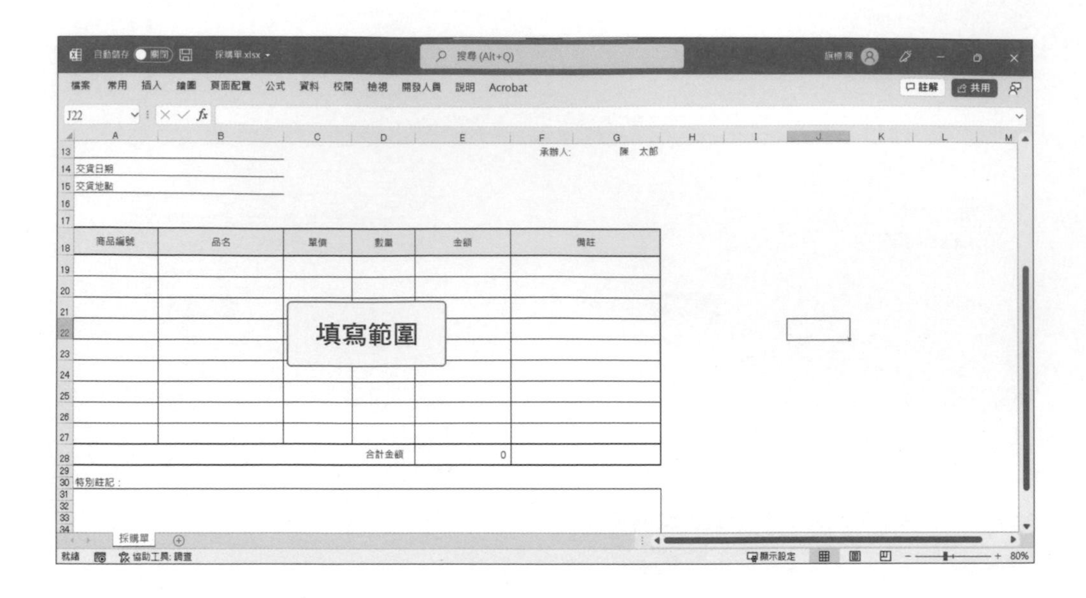

建立流程，將第一個符合條件的值填寫至第 19 列中。

❶ 打開動作窗格中的「Excel」

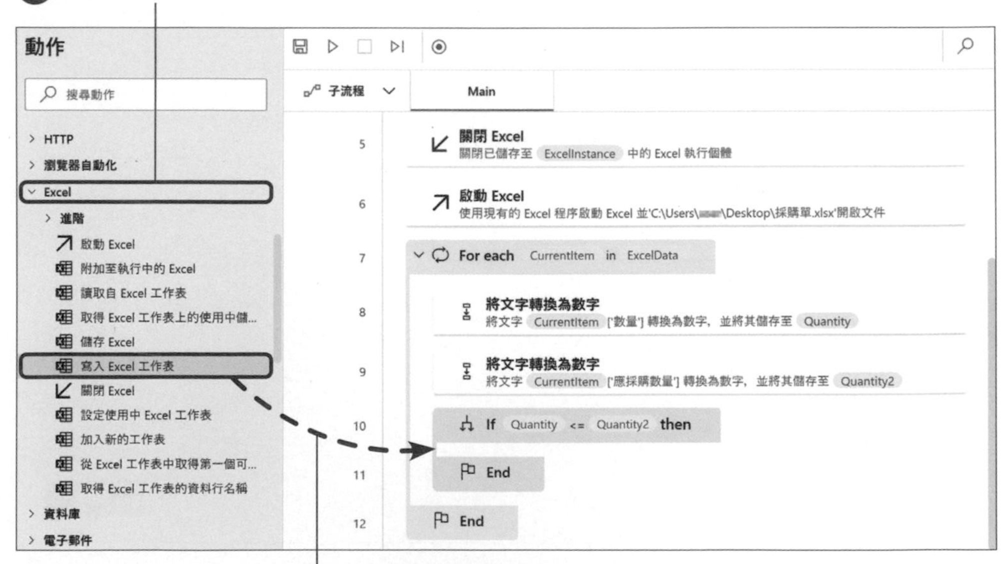

❷ 按住「寫入 Excel 工作表」，拖曳並新增至工作區的「If」與「End」之間

在「Excel 執行個體」中設定要操作的 Excel 執行個體。這裡我們選擇「%ExcelInstance2%」。

❸ 在「Excel 執行個體」選取「%ExcelInstance2%」

寫入 Excel 工作表

將值寫入 Excel 執行個體的儲存格或儲存格範圍 其他資訊

選取參數

一般

Excel 執行個體: %ExcelInstance2%

要寫入的值: {x}

寫入模式: 於指定的儲存格

資料行: {x}

在「要寫入的值」欄位中輸入要填入 Excel 工作表中的值或是變數。這裡我們輸入變數「%CurrentItem['商品編號']%」。

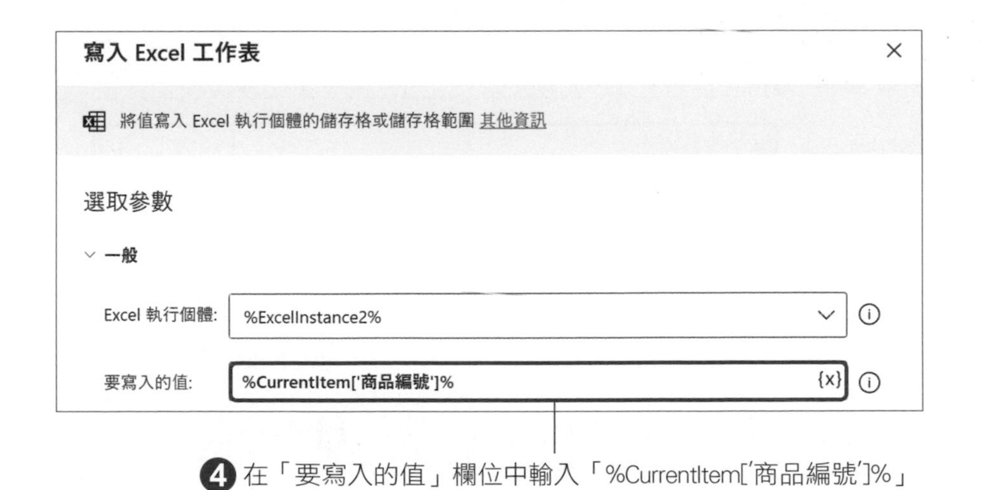

❹ 在「要寫入的值」欄位中輸入「%CurrentItem['商品編號']%」

在「寫入模式」中可以設定值要填寫的位置，這裡我們選擇「於指定的儲存格」。

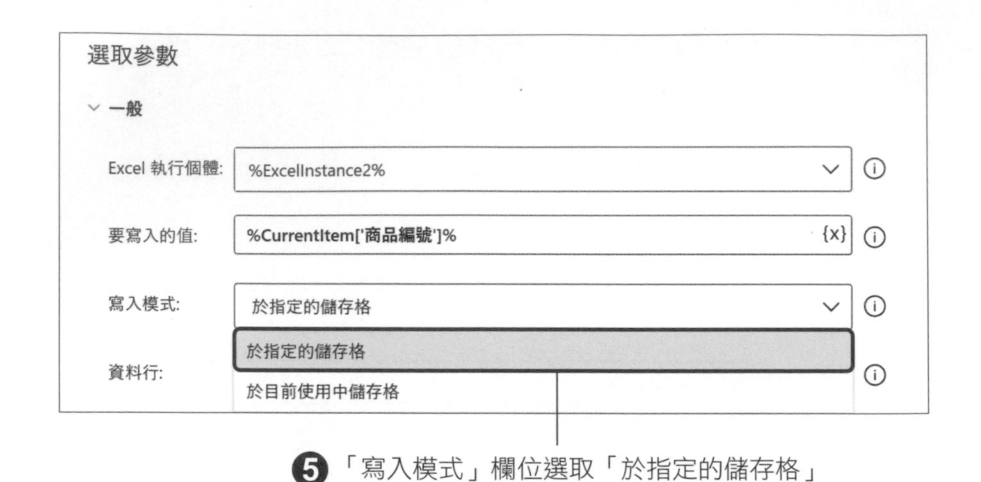

在「資料行」欄位可以設定要填寫值的欄。這裡我們輸入「A」(或是「1」)。

在「資料列」欄位可以設定要填寫值的列。這裡我們輸入「19」。

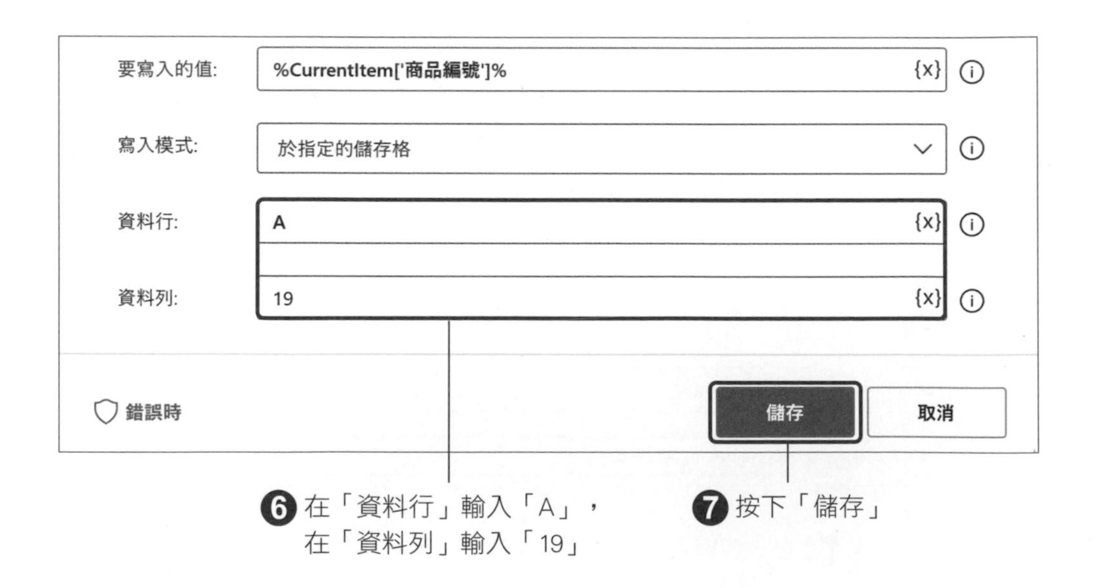

接著新增填寫「品名」和「單價」的動作。若新增的是同一動作且設定差不多的話，可以直接複製貼上已經建立好的動作會更快速簡便。我們從填寫「品名」開始。

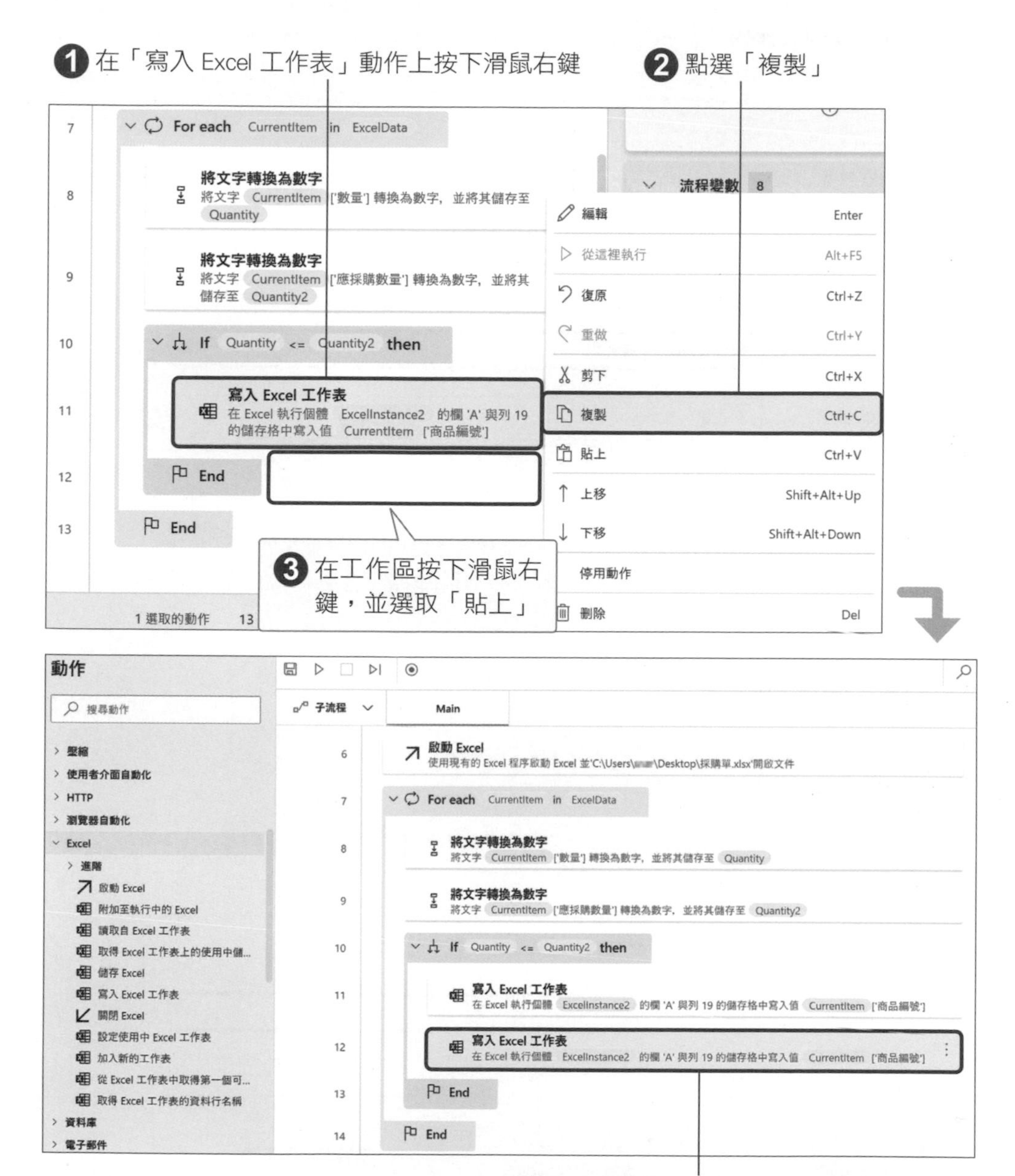

在「Excel 執行個體」選取的是「%ExcelInstance2%」，因此不需要變更。「要寫入的值」欄位中則改為「%CurrentItem['品名']%」。

「寫入模式」選擇的是「於指定的儲存格」因此不需要變更。「資料行」改成「B」(或是「2」)。「資料列」則維持「19」，不需要變更。

寫入 Excel 工作表
將值寫入 Excel 執行個體的儲存格或儲存格範圍 其他資訊
選取參數
一般
❻「資料行」輸入「B」
Excel 執行個體: %ExcelInstance2%
資料行: B
資料列: 19
錯誤時
❼ 按下「儲存」
儲存
取消

依上述步驟再次新增動作來寫入「單價」。

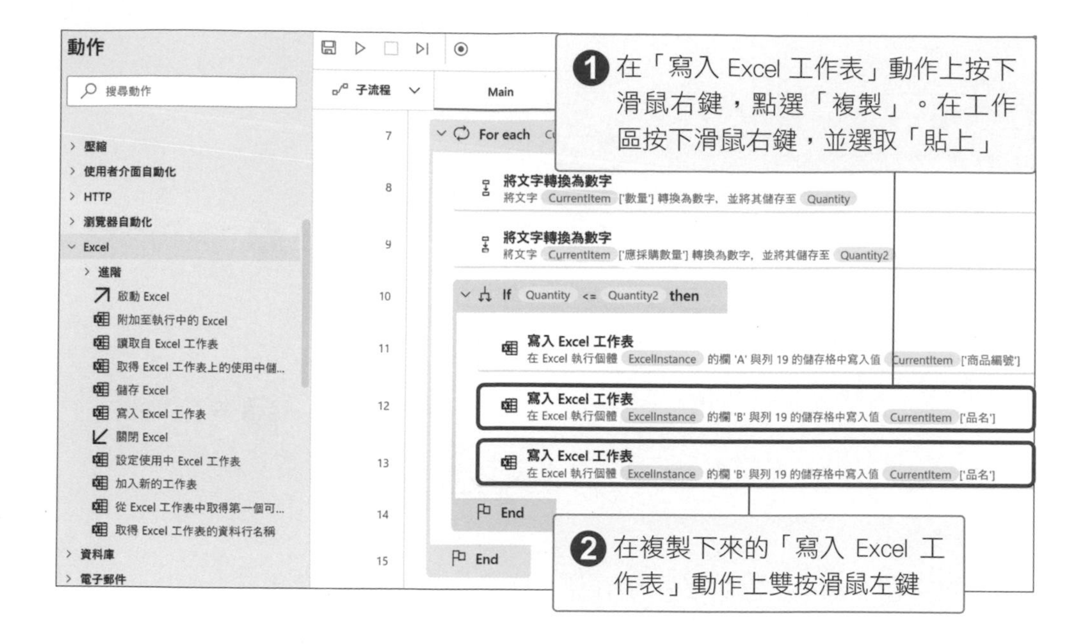

「Excel 執行個體」中選取的是「%ExcelInstance2%」，因此不需要變更。「要寫入的值」欄位中則改為「%CurrentItem['單價']%」。

寫入 Excel 工作表

將值寫入 Excel 執行個體的儲存格或儲存格範圍 其他資訊

選取參數

一般

Excel 執行個體: %ExcelInstance2%

要寫入的值: %CurrentItem['單價']%

寫入模式: 於指定的儲存格

資料行: B

資料列: 19

錯誤時　儲存　取消

3 在「要寫入的值」欄位中輸入「%CurrentItem['單價']%」

「寫入模式」選擇的是「於指定的儲存格」因此不需要變更。「資料行」改成「C」(或是「3」)。「資料列」則維持「19」，不需要變更。

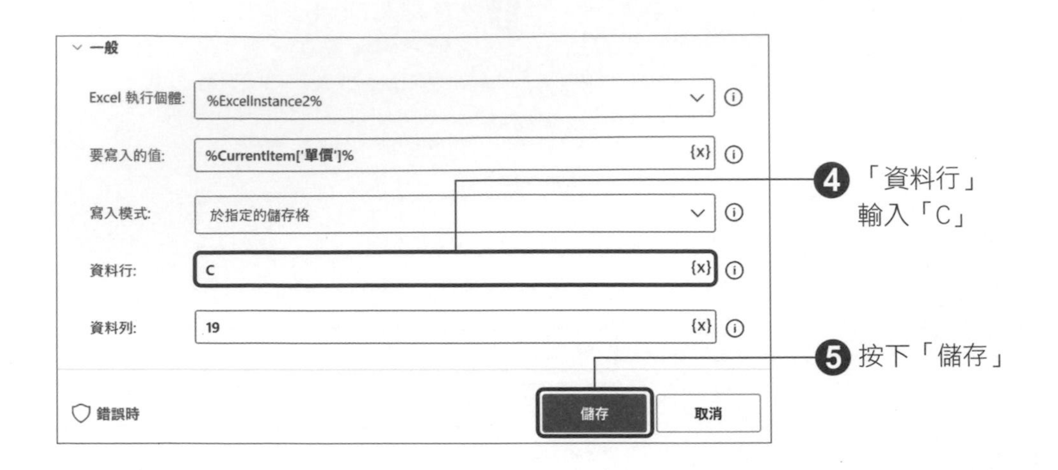

經過上述步驟，我們已新增在第 19 列寫入值的動作。

當有多個品項的「數量」低於「應採購數量」，符合條件的第二個品項就必須填寫到第 20 列、第三個品項填寫到第 21 列、第四個品項填寫到第 22 列、…以此類推，填寫的列號必須依序增加。

前文中設定好的流程中會將「數量」不足「應採購數量」的品項資訊填入第 19 列。但在實務上，每一次的資料列都必須輸入不同的數字，因此我們必須將列號轉換為變數。**在列號變更為變數後，我們必須設定列號在每一次出現符合條件的值時就增加 1 列。**

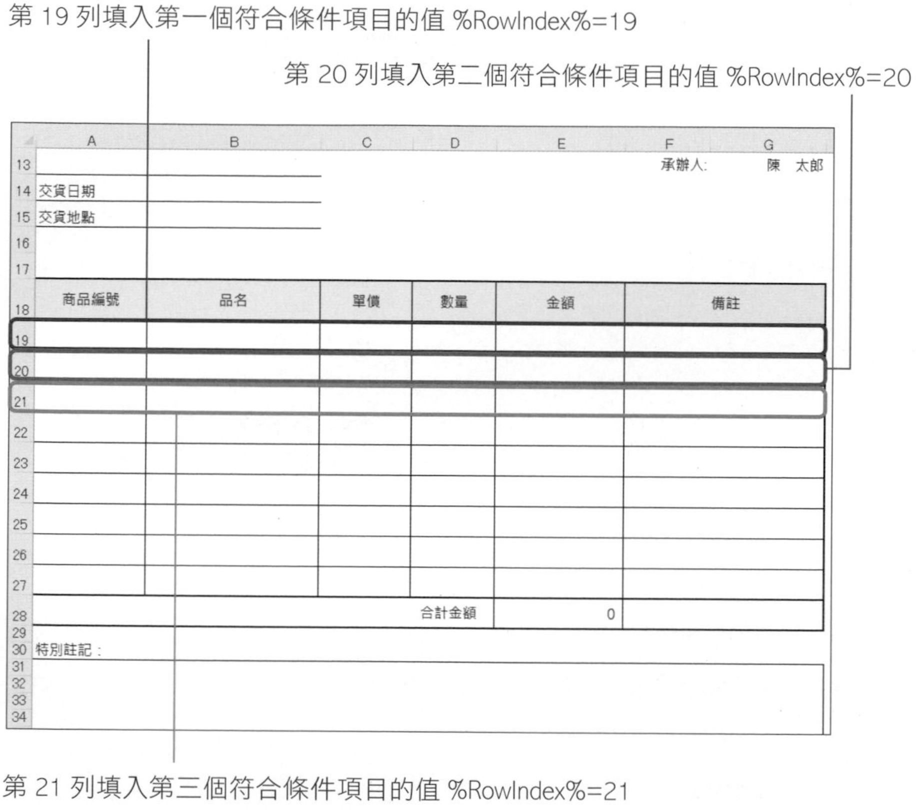

第 19 列填入第一個符合條件項目的值 %RowIndex%=19

第 20 列填入第二個符合條件項目的值 %RowIndex%=20

	A	B	C	D	E	F	G
13						承辦人:	陳　太郎
14	交貨日期						
15	交貨地點						
16							
17							
18	商品編號	品名	單價	數量	金額	備註	
19							
20							
21							
22							
23							
24							
25							
26							
27							
28				合計金額	0		
29							
30	特別註記：						
31							
32							
33							
34							

第 21 列填入第三個符合條件項目的值 %RowIndex%=21

因此我們要新增一個變數，讓列號可以從 19 開始，自動加 1。請先新增「變數」群組中的「設定變數」動作至主流程中。這個動作不需要包含於「For each」動作中，因此新增到「For each」動作上方。

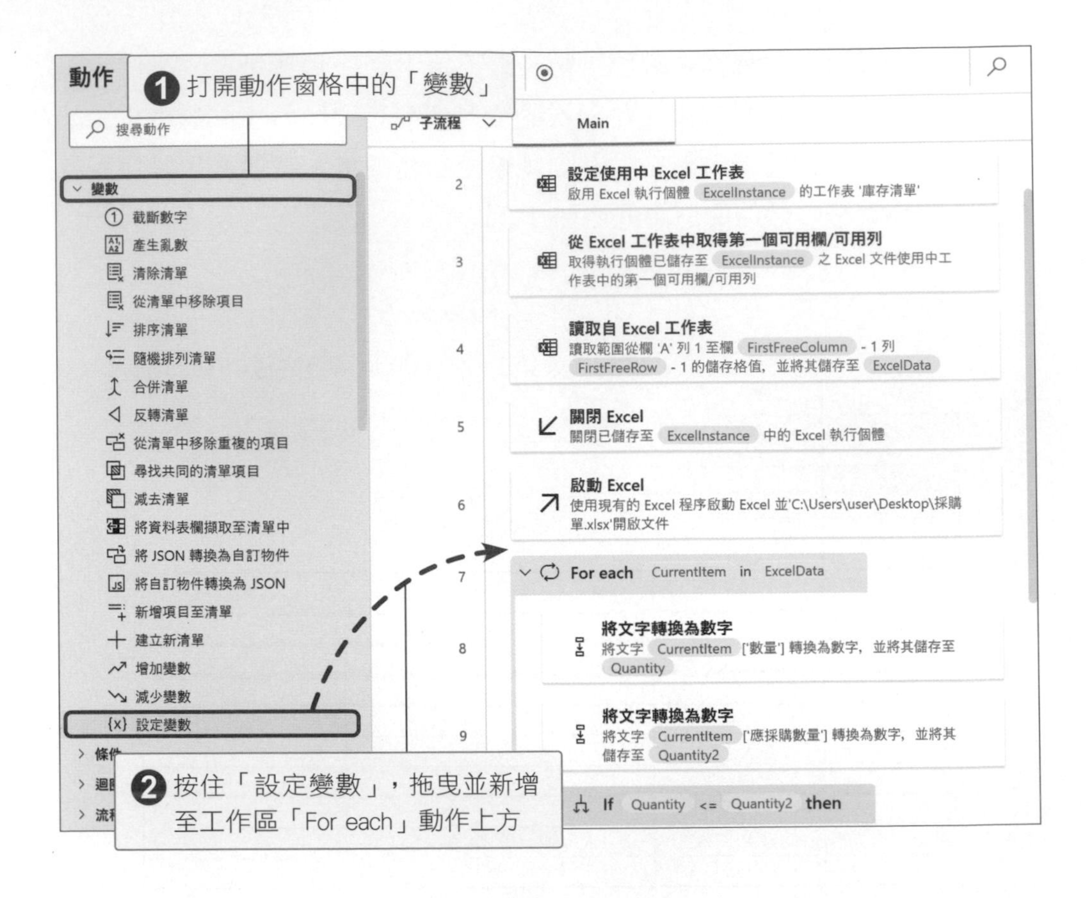

在「變數」欄位中會自動產生變數「NewVar」。這裡為了要明確標示變數內容為列號，因此將變數名稱變更為「RowIndex」。

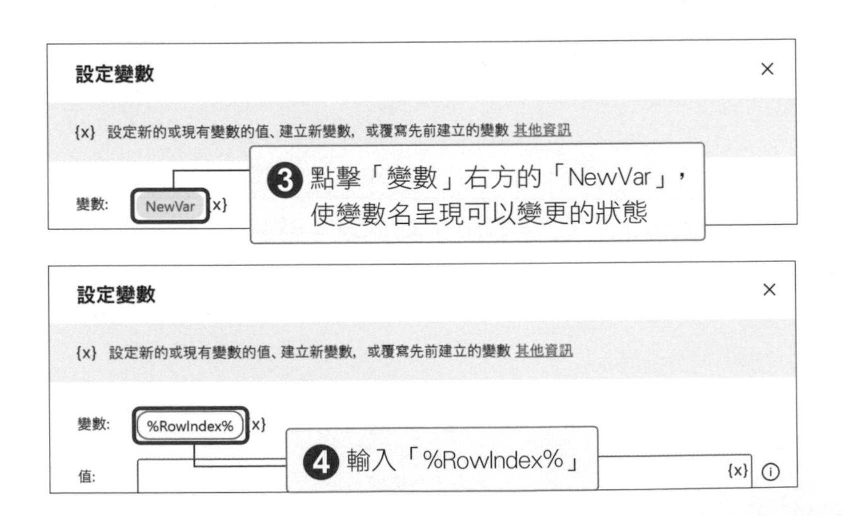

「值」欄位中可以設定變數值。這裡我們將變數設定為列號的初始值。由於符合條件的第一列值要寫入的地方為第 19 列，所以這裡輸入「19」。

完成上述步驟，列號變數 %RowIndex% 的設定就完成了。

接下來我們要將剛剛在「寫入 Excel 工作表」動作中設定成 19 的「資料列」變更為 %RowIndex%。我們先設定寫入「商品編號」的動作。

將「資料列」欄位設定為變數「%RowIndex%」。

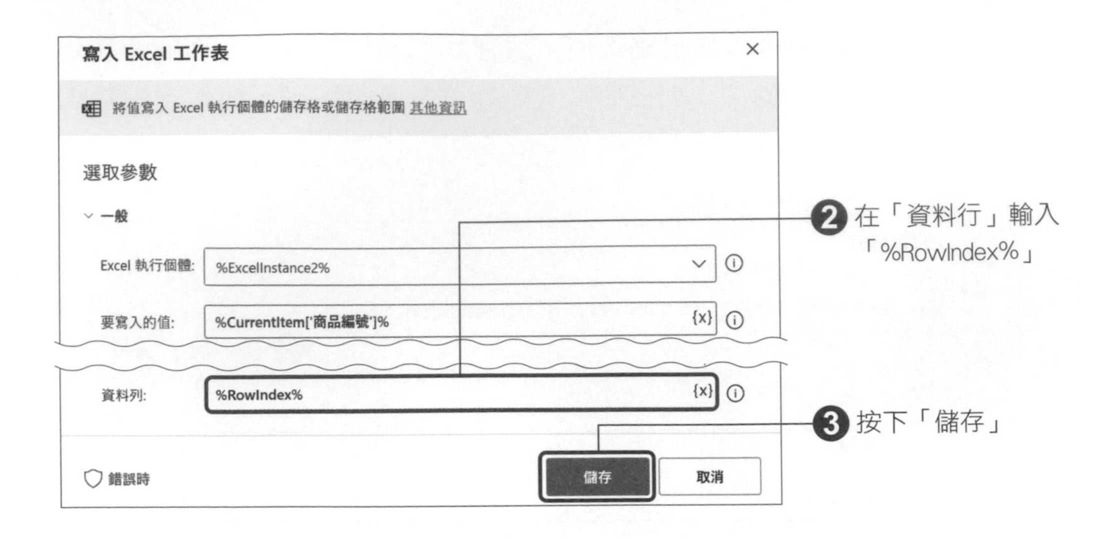

同樣也變更「品名」和「單價」中「資料列」的設定值。

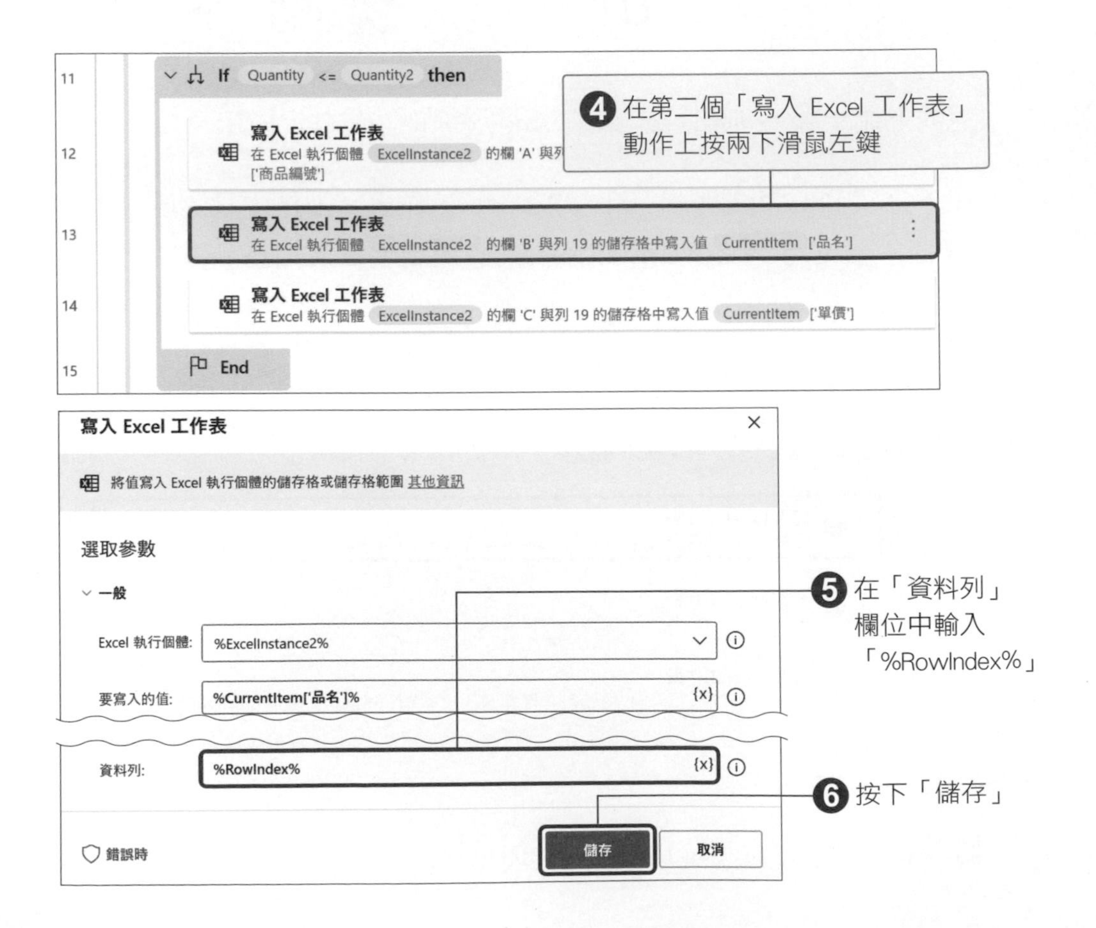

❼ 在第三個「寫入 Excel 工作表」動作上按兩下滑鼠左鍵

❽ 在「資料列」欄位中輸入「%RowIndex%」

❾ 按下「儲存」

依照上述步驟完成 %RowIndex% 的設定後，流程如下圖。

◆ 增加欄號

前文中我們已經把寫入 Excel 工作表的資料列全部轉換為變數。目前變數 %RowIndex% 的值為「19」。因此第一個符合條件的值會被寫入第 19 列中。

為了要讓第二個符合條件的值被寫入第 20 列，我們必須加 1。這時我們可以使用「增加變數」動作 (編註：這邊的翻譯容易誤解為要多一個變數，實際上是變數值內容的加減)。

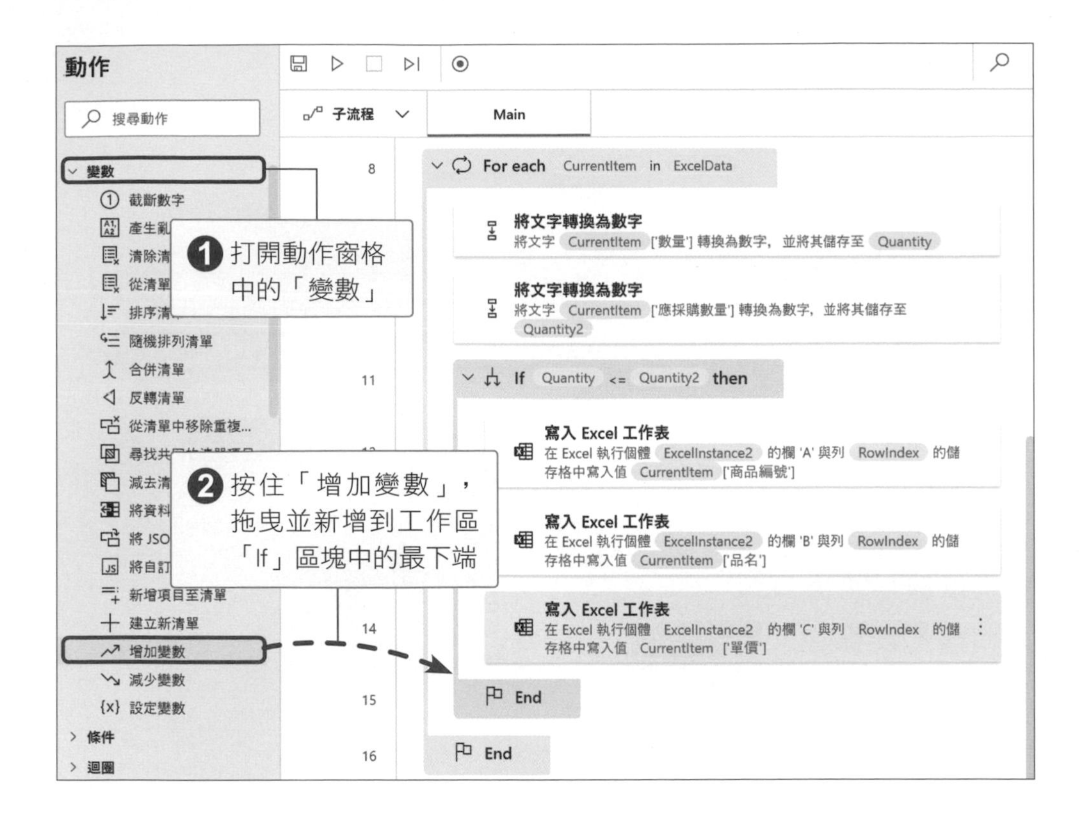

「變數名稱」欄位中必須設定需要增加的變數。這裡我們要增加列號，因此我們選擇列號的變數「%RowIndex%」。

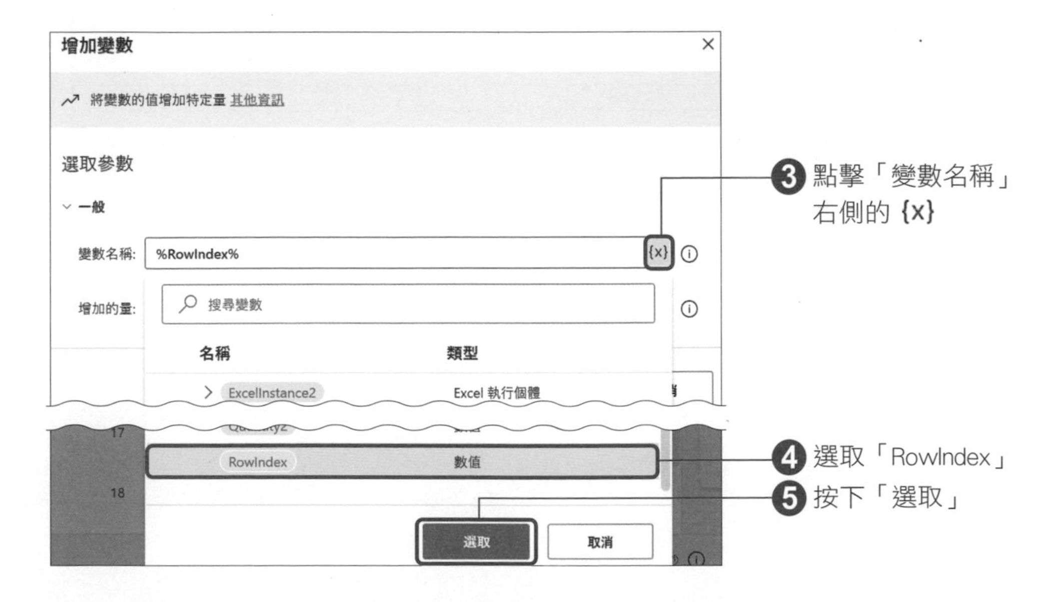

在「增加的量」中需要設定「變數名稱」內的值每次要增加的量。這裡我們每次需要增加一列，因此輸入「1」。

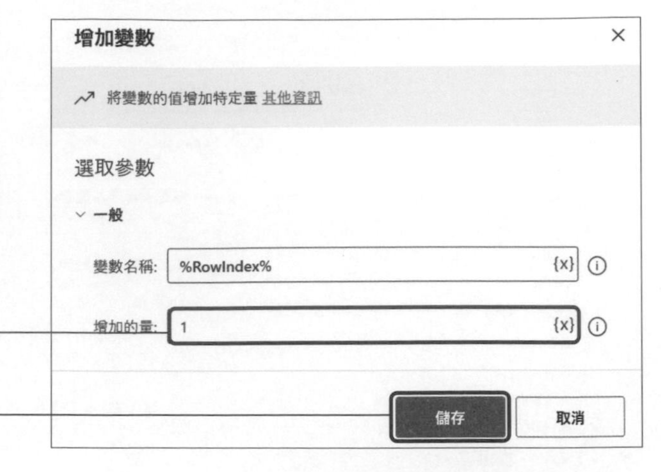

到這裡我們就可以儲存並執行流程，查看值寫入到 Excel 檔的狀況。

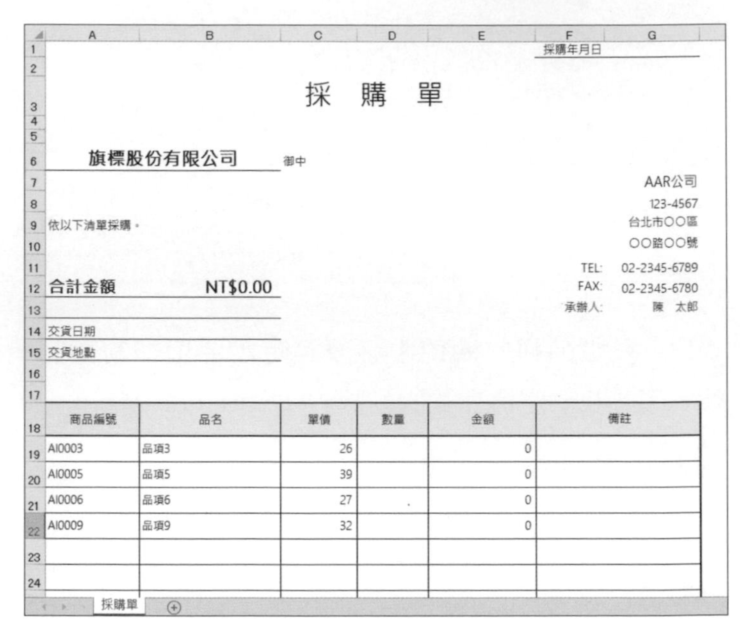

觀察上圖寫入到 Excel 的資料，若從第 19 列到第 22 列分別被寫入品項 3、品項 5、品項 6 和品項 9，且每列資料都包含「商品編號」、「品名」和「單價」，就表示寫入成功。若寫入的值與上圖不同，則需要再次檢查從「設定變數」動作到「For each」區塊內各個動作的設定是否正確。

完成確認後我們直接手動關閉 Excel 檔不要儲存。

6-5　儲存 Excel 檔並關閉

上個小節，我們在「For each」區塊中將符合條件的資料表元素寫入到 Excel 工作表。在完成資料表中每個項目的迴圈處理之後，我們要將已寫入內容的 Excel 工作表儲存並關閉。儲存檔案時，為了讓使用者知道建檔日期，我們要在檔案名稱上加入現在的日期。

◆ 取得目前日期與時間

首先我們從「日期時間」群組中選取「取得目前日期與時間」動作，並新增到工作區。由於儲存動作只需要在所有寫入動作完成之後執行一次，所以將這個動作新增到「For each」區塊之外。

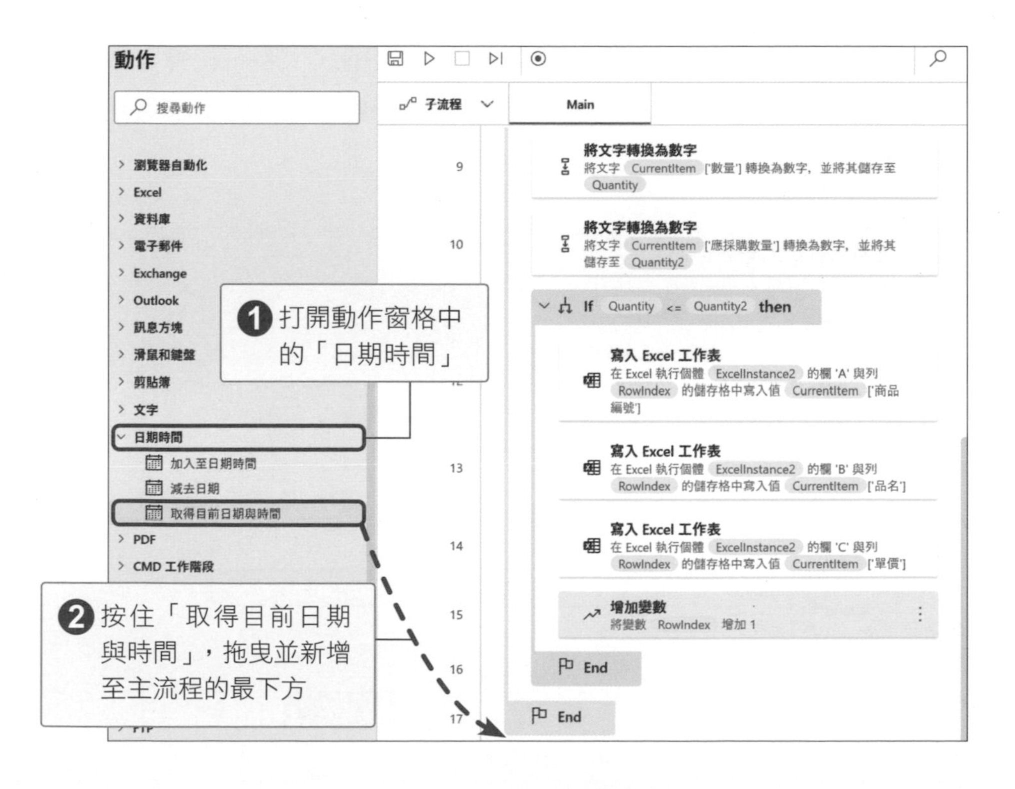

「擷取」欄位中可以選擇要擷取「目前日期與時間」或是「僅目前日期」。這裡我們選取「僅目前日期」。

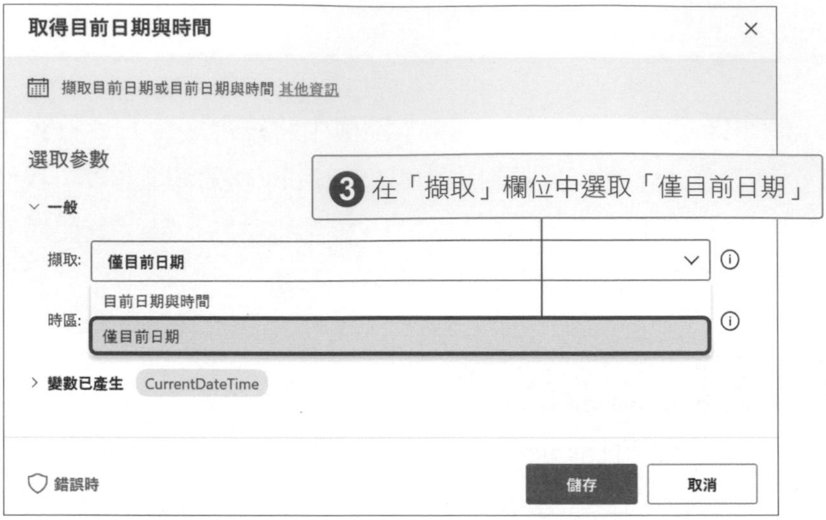

取得目前日期與時間
擷取目前日期或目前日期與時間 其他資訊
選取參數
一般
擷取: 僅目前日期
目前日期與時間
時區:
僅目前日期
變數已產生 CurrentDateTime
錯誤時
儲存
取消
❸ 在「擷取」欄位中選取「僅目前日期」

「時區」欄位中可以選擇「系統時區」或「特定時區」。這裡我們選取「系統時區」，也就是跟目前電腦相同的時間 (編註：若有特殊需求，例如要配合國外分公司時間，則可以選擇「特定時區」，再依需求選定要套用的時區)。

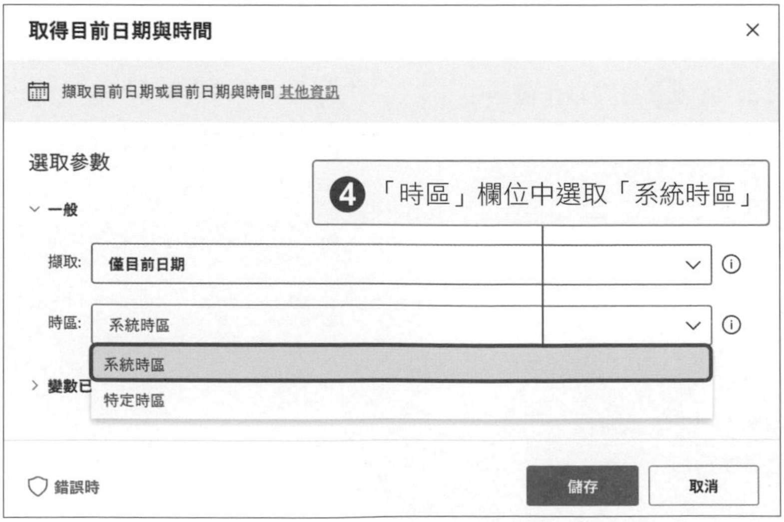

取得目前日期與時間
擷取目前日期或目前日期與時間 其他資訊
選取參數
一般
擷取: 僅目前日期
時區: 系統時區
系統時區
特定時區
變數已
錯誤時
儲存
取消
❹「時區」欄位中選取「系統時區」

「變數已產生」區的「CurrentDateTime」為擷取的日期時間的變數。變數會以「3/1/2022 12:00:00 PM」的形式進行保存。

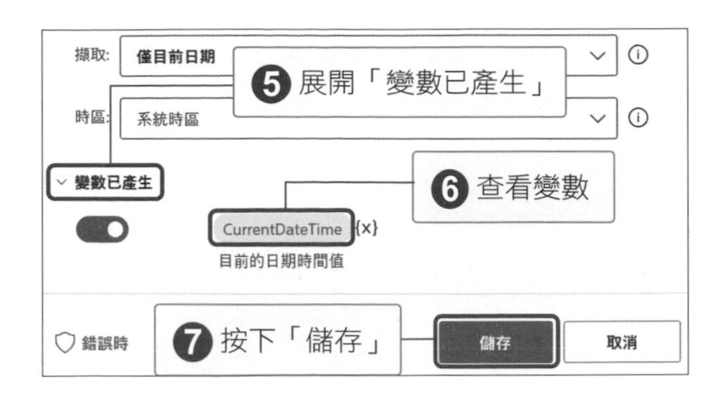

由於此變數值內含有「\」及「:」等不能作為檔案名稱的符號，因此無法直接使用。為了讓此變數可以用於檔案名稱，必須將變數轉換成可用於檔案名稱的文字形式。

◆ 將日期時間轉換為文字

為了讓變數 %CurrentDateTime% 可以用在檔案名稱內，我們要將變數轉換成文字形式。

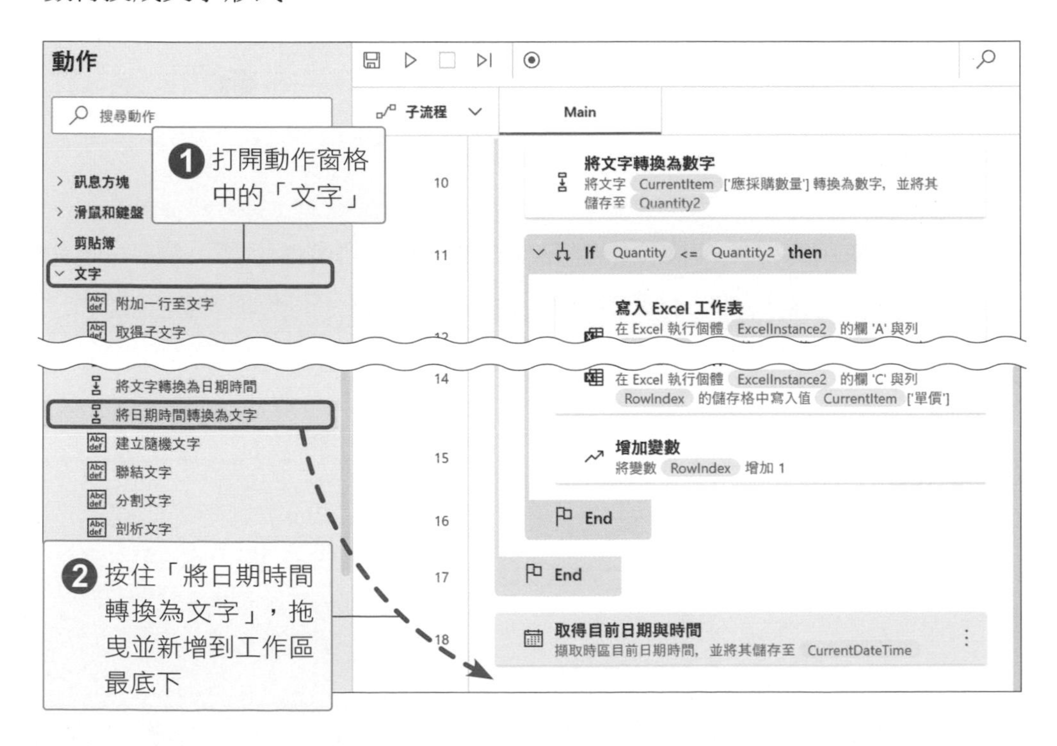

在「要轉換的日期時間」中輸入要轉換成文字形式的日期時間值。這裡我們選取「CurrentDateTime」。

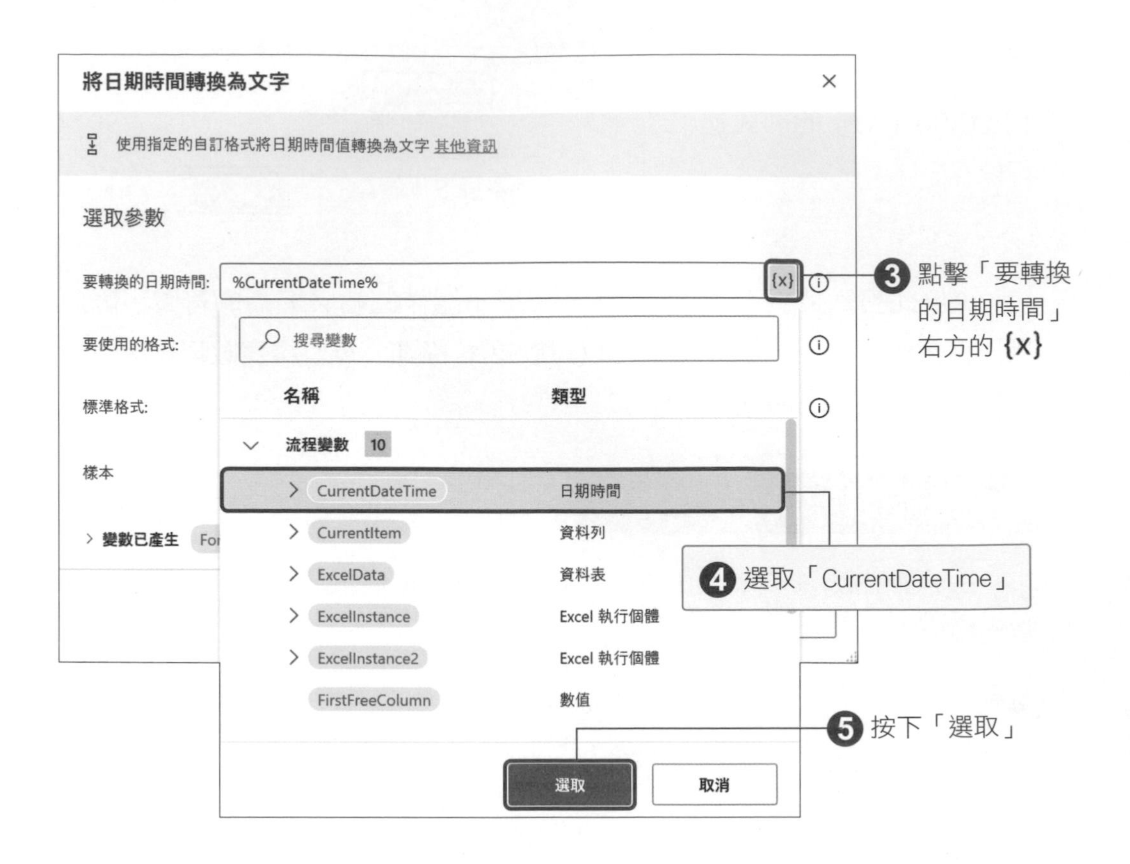

在「要使用的格式」欄位中選擇「標準」。我們可以選擇「標準」，也可以選擇其他記載格式，你可以在補充中找到它們。若想要轉換成選項以外的格式，可以選擇「自訂」。這裡我們選取「標準」。

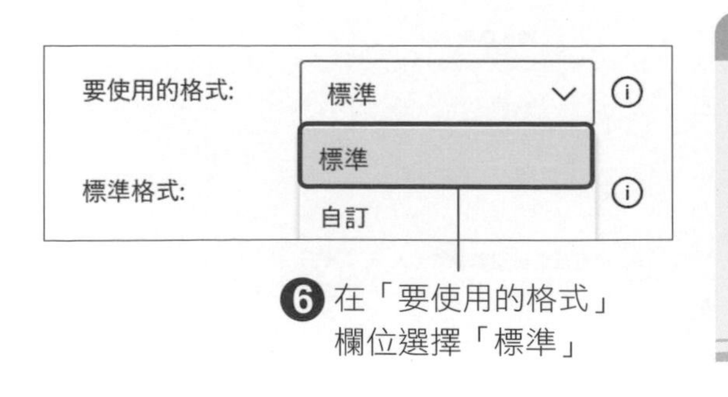

補充說明

有些公司的檔案規範限制使用數字，此處可改選「自訂」，設定日期時間的呈現方式，詳細請參見 9-1 節。

「標準格式」欄位我們選取「完整日期」。選擇「完整日期」的話，顯示的日期形式為「20XX年X月X日」。

轉換成文字格式的日期時間值會形成「變數已產生」右方的變數「FormattedDateTime」。

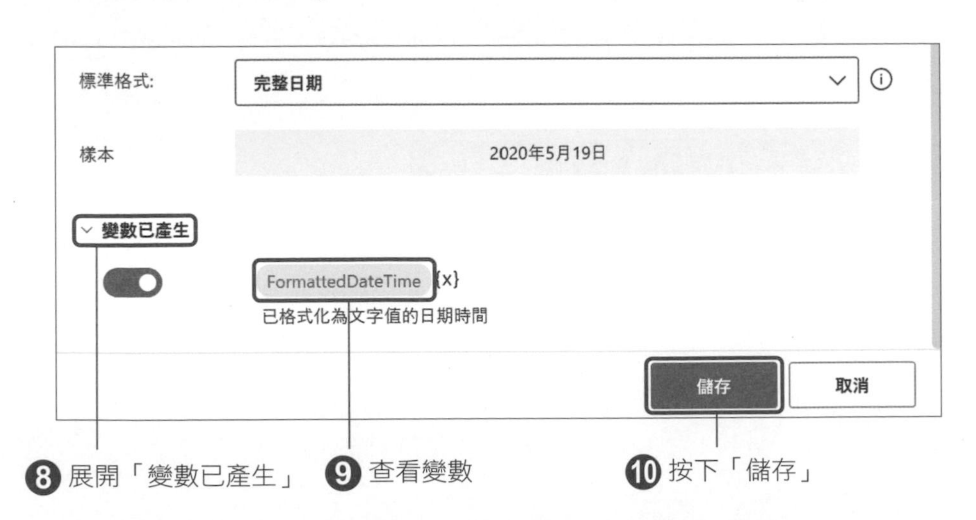

補充說明

設定「將日期時間轉換為文字」動作時，「要使用的格式」欄位中有下列格式可以選擇。

簡短日期	2022/03/01
完整日期	2022年3月1日
簡短時間	12:00
完成時間	12:00:00
完整日期時間 (簡短時間)	2022年3月1日 12:00
完整日期時間 (完整時間)	2022年3月1日 12:00:00
一般日期時間 (簡短時間)	2022/03/01 12:00
一般日期時間 (完整時間)	2022/03/01 12:00:00
可排序的日期時間	2022-03-01T12:00:00

透過此動作，可將日期時間值「CurrentDateTime」轉換為文字型態的時間格式 (如上所示)。

◆ 在檔案名稱中加入日期後儲存

上一個步驟中，我們已經取得用於檔案名稱的當日日期。接著，我們要將檔案命名為「20XX年X月X日」並儲存。最後使用「關閉 Excel」動作儲存並關閉檔案。

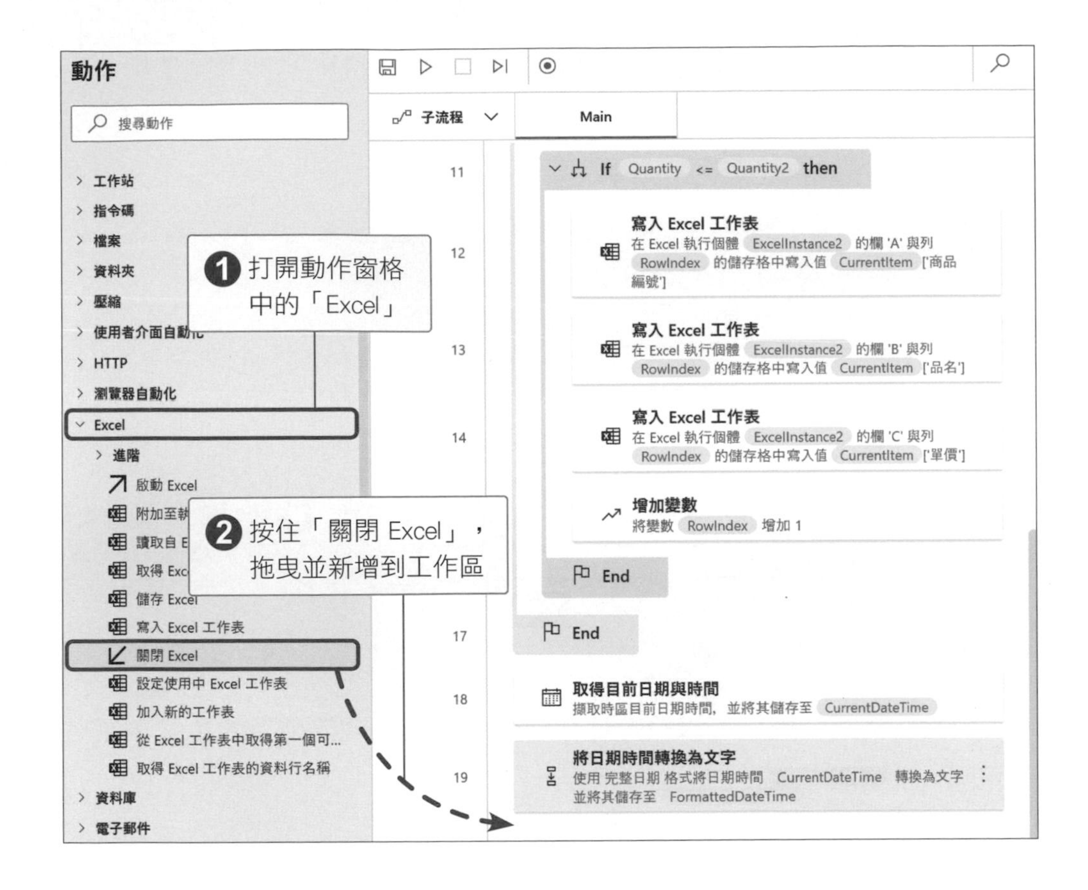

設定「Excel 執行個體」為欲進行操作的 Excel 執行個體。這裡我們選取「%ExcelInstance2%」。

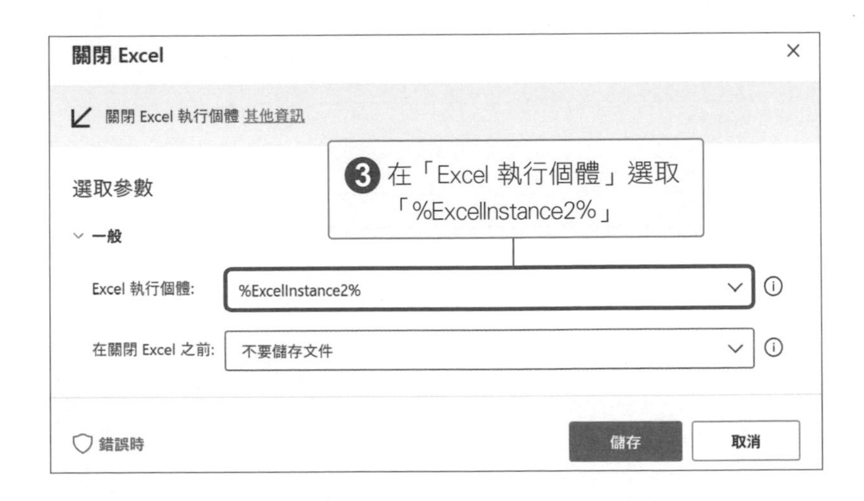

「在關閉 Excel 之前」欄位可以設定關閉 Excel 之前要不要儲存檔案。這裡我們選擇「另存文件為」。

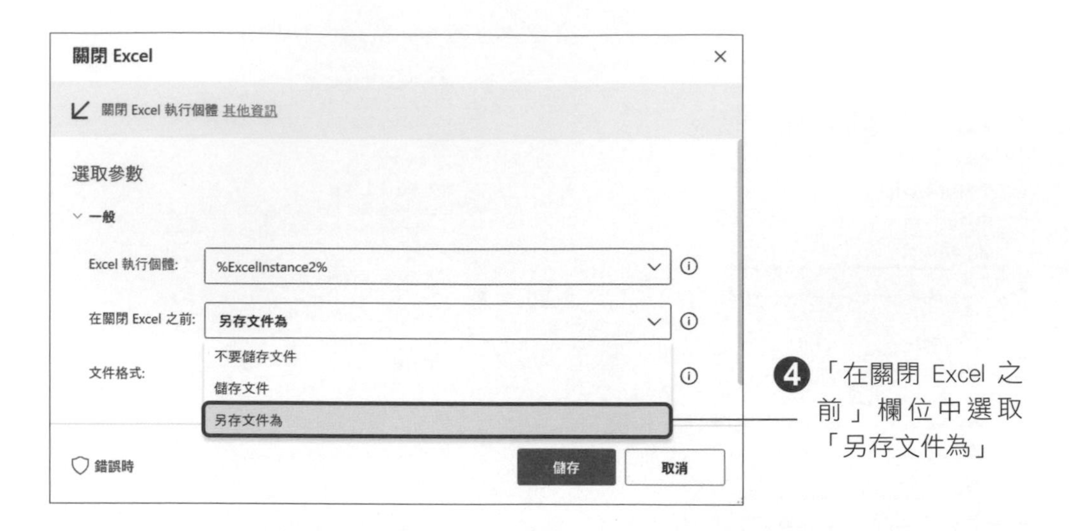

「文件格式」欄位可以設定儲存的檔案格式。若欲儲存的格式和原檔案相同，則選取「預設 (根據副檔名)」。

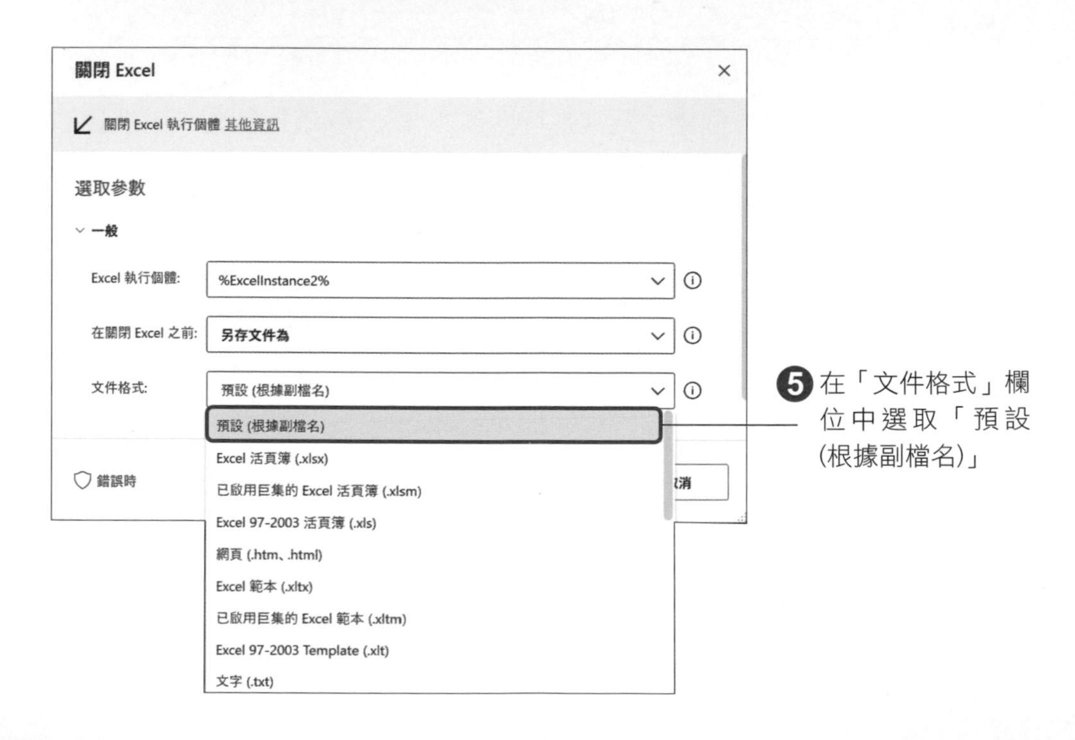

「文件路徑」欄位中需輸入儲存的 Excel 檔路徑。檔案會儲存於桌面，檔案名稱則使用前步驟中轉換為文字的 %FormattedDateTime%，讓最後檔案名稱顯示出「20XX年X月X日採購單」。因此最後我們輸入「C:\Users\<使用者名稱>\Desktop\%FormattedDateTime%採購單.xlsx」為檔案的路徑。

完成以上步驟後我們將完成的流程儲存起來。

儲存流程後，可以試著執行流程。

流程執行後，檢查桌面上是否有「20XX年X月X日採購單.xlsx」的檔案。有的話請開啟檔案進行確認，若填入的內容都正確的話就表示流程完成了。

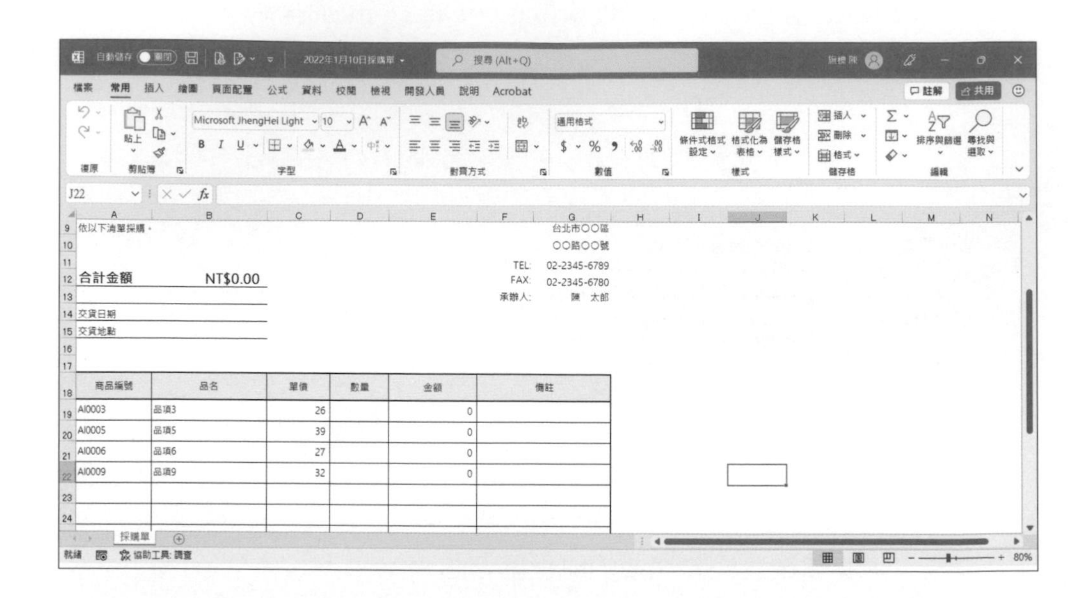

補充說明

這一章主要說明了如何在 Excel 檔案之間複製內容。使用 Excel 操作並搭配使用者介面自動化或瀏覽器自動化，就可以將自動化應用在更多的工作上。還有許多可以快速將自動化操作應用在工作上的案例，例如：擷取 Excel 檔案內資料並輸入到銷售管理系統或會計系統、使用客戶清單同時傳送電子郵件給所有客戶等工作。讀者可以透過第 8 章的練習範例，一面練習如何搭配使用瀏覽器自動化、Excel 操作及使用者介面自動化，一面思考如何將這些方法運用在實際的工作上。

第 7 章

Windows 應用程式自動化

7-1 應用程式自動化操作概要

本章將說明如何使用 Power Automate Desktop 來讓任何 Windows 中的桌面應用程式可以自動化運作。由於平常使用應用程式會有各種不同的操作方式，像是在功能表中選擇項目、輸入文字、勾選按鈕及設定選項等，感覺自動化流程製作起來會十分複雜。其實不然，在 Power Automate Desktop 中新增這些動作的步驟都是相同的，只要事先確認好操作步驟，就可以輕鬆的建立自動化流程。像是登記客戶資訊、搜尋當月營業額資料並列印，這些例行性事務的操作步驟如出一轍，只有少部分輸入內容或操作有點差異，就很適合打造成自動化流程。

Power Automate Desktop 中僅有特定的應用程式，像是 Excel 才有內建的專用動作，其他應用程式則沒有。雖然沒有像 Excel 可以方便快速完成相應的動作，不過操作上只是多一些選取元件的細節，整體上並不會太複雜。**只要使用「使用者介面自動化」群組中的動作，並針對欲操作的 UI 元素（按鈕或文字方塊）進行設定，就可以操作桌面應用程式，實現自動化流程。**

◆ 行前準備

這裡我們會使用教學用的應用程式「Asahi.Learning.exe」來進行說明，請至本書網站下載範例檔案，解壓縮後即可看到此應用程式資料夾「Asahi.Learning.App」。

下載完成後，按照一般情況可以儲存在任意的資料夾內。這裡為了方便說明，統一將資料夾放在 C: 磁碟下的 app 資料夾內，以下為「Asahi.Learning.App」資料夾結構。再次提醒請務必先放置於 C:\app 之下，否則後續操作時，流程中的路徑會有所差異。

C:\app\Asahi.Learning.App 的資料夾結構

◆ 桌面應用程式自動化操作流程

使用 Power Automate Desktop 操作桌面應用程式時，主要使用「使用者介面自動化」群組中的動作。雖然和第 5 章說明 Web 網頁操作時所使用的動作不同，但**新增動作的方法 (雙按或拖曳) 和新增 UI 元素的概念仍然相同**。

「使用者介面自動化」群組中有「按一下視窗中的 UI 元素」、「填入視窗中的文字欄位」、「取得視窗中 UI 元素的詳細資料」、「從視窗取得資料」等。我們可以使用這些動作來按一下按鈕、輸入文字方塊或是從視窗中的 UI 取得資料等來進行作業。

接下來我們先說明一下大致的作業流程，並在 7-2~7-4 節實際建立操作桌面應用程式的流程。

① 啟動桌面應用程式並登入 (7-2 節)。

② 開啟明細畫面 (輸入資料)，輸入訂單資訊 (7-3 節)。

③ 開啟總覽畫面，點擊「列印」，輸出 PDF 檔案並儲存在桌面 (7-4 節)。

7-2 啟動桌面應用程式並登入

許多應用程式一啟動就需要輸入登入資訊，像是人資登入系統、ERP系統等，因此啟動後必須要自動化登入後，才可以繼續操作應用程式內的功能，達成自動產生出缺勤報表、自動輸出訂單資料等目標。這裡我們要設定動作來啟動桌面應用程式，並且自動輸入使用者 ID、密碼，最後按下登入按鈕。

◆ 檢查建立好的流程

啟動本章示範的教學App「Asahi.Learning.exe」後會顯示登入畫面，我們必須在此畫面中輸入使用者 ID 及密碼。

畫面會提示要輸入的使用者 ID 和密碼

從啟動到登入的步驟如下：

① 啟動「Asahi.Learning.exe」。

② 在使用者 ID 的文字方塊中輸入「asahi」。

③ 在密碼的文字方塊中輸入「asahi」。

④ 按下登入按鈕。

我們依照上述步驟建立自動化流程。

◆ 啟動應用程式

使用「系統」群組中的「執行應用程式」動作來啟動應用程式。因此一開始請新增「執行應用程式」動作至工作區。

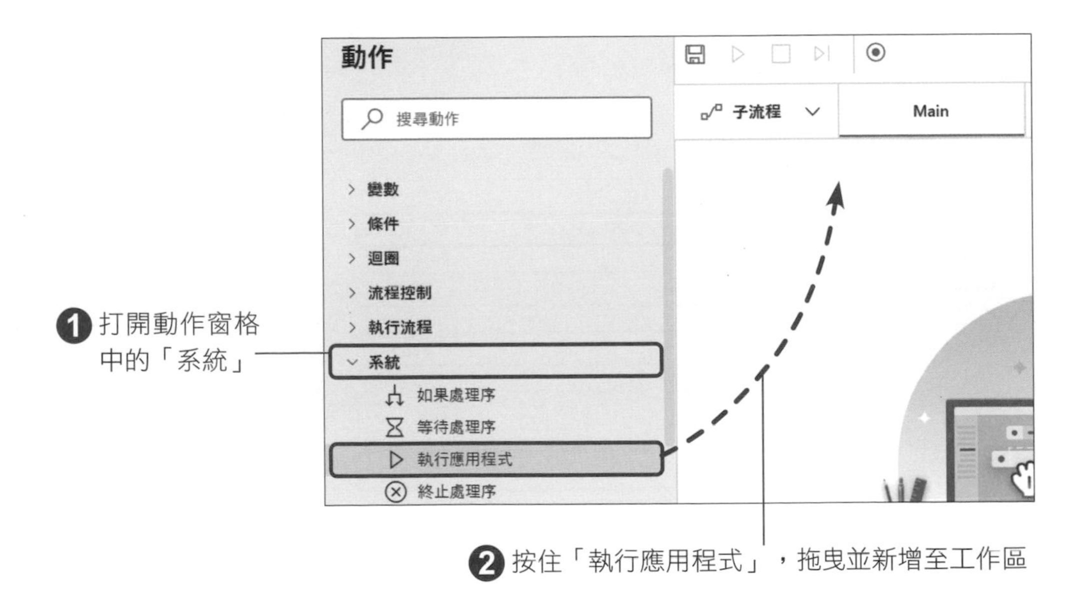

我們可以在「應用程式路徑」設定欲啟動的應用程式檔案的絕對路徑。這裡我們設定絕對路徑 C:\app\Asahi.Learning.App\Asahi.Learning.exe 來執行 Asahi.Learning.exe 檔案。

在「應用程式啟動後」可以選擇下一個步驟的執行時間點，以下為可設定選項。

選項	功能
立即繼續	在執行「執行應用程式」動作後直接執行下一個動作
等待應用程式載入	在應用程式啟動後（編註：接收到視窗控制代碼）， 再執行下個動作
等待應用程式完成	應用程式整個關閉後（編註：接收到應用程式結束代碼），再執行下個動作

這裡我們要啟動應用程式後再進行下個動作，因此選取「等待應用程式載入」。

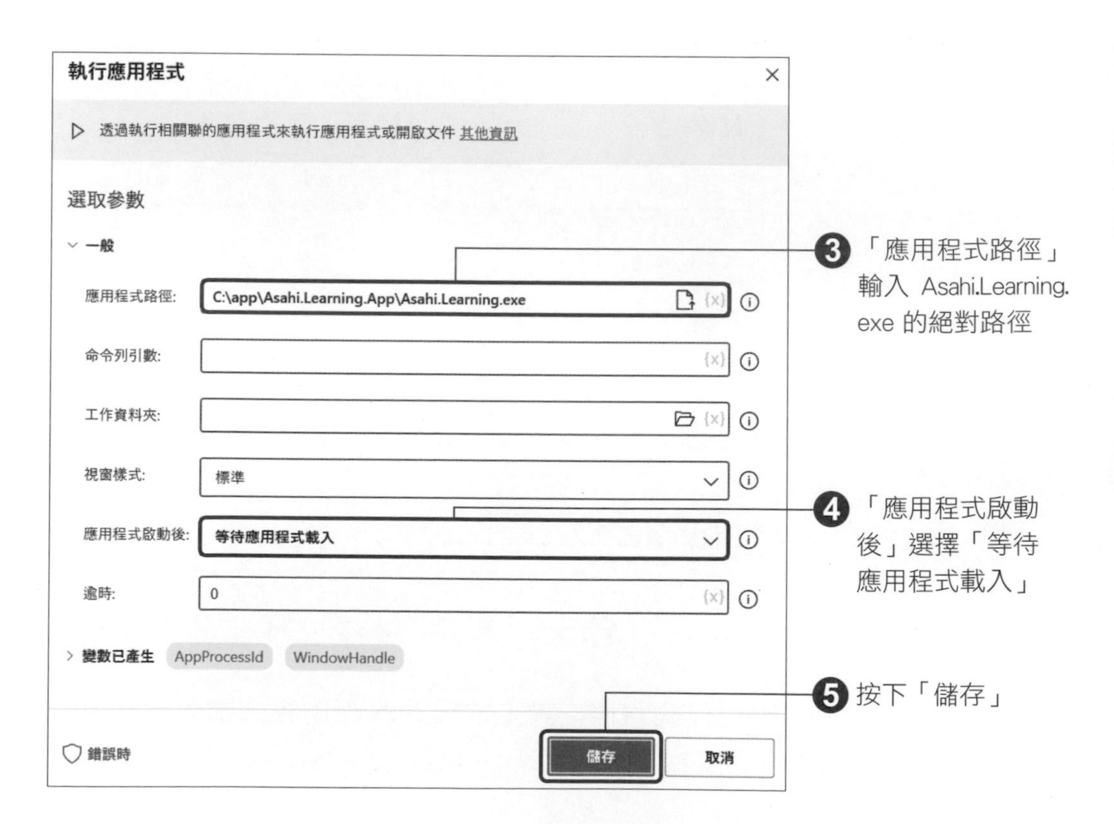

補充說明

「立即繼續」會直接進行下個動作，可能會因為應用程式尚未載入完全而造成想要的動作無法執行。譬如要點擊的按鈕尚未顯示的話，流程就會出現錯誤。我們可以在「應用程式啟動後」欄位選取「等待應用程式載入」來等待應用程式完全載入。只要這樣設定，即使應用程式啟動的時間較長，也可以順利的執行下一個動作。

◆ 輸入登入資訊

此處示範的 Asahi.Learning.exe 一啟動就需要進行登入，這裡我們先說明如何輸入使用者 ID，請從「使用者介面自動化」群組新增「填入視窗中的文字欄位」動作到工作區。

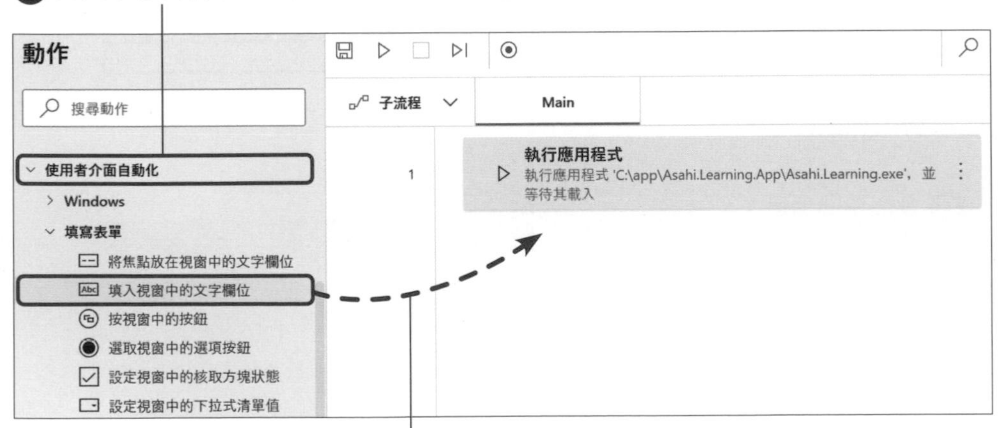

「文字方塊」中要指定文字要填到哪裡 (介面中的哪個 UI 元素)。請展開「文字方塊」的下拉選單，按下「新增 UI 元素」以取得使用者 ID 文字方塊的 UI 元素。

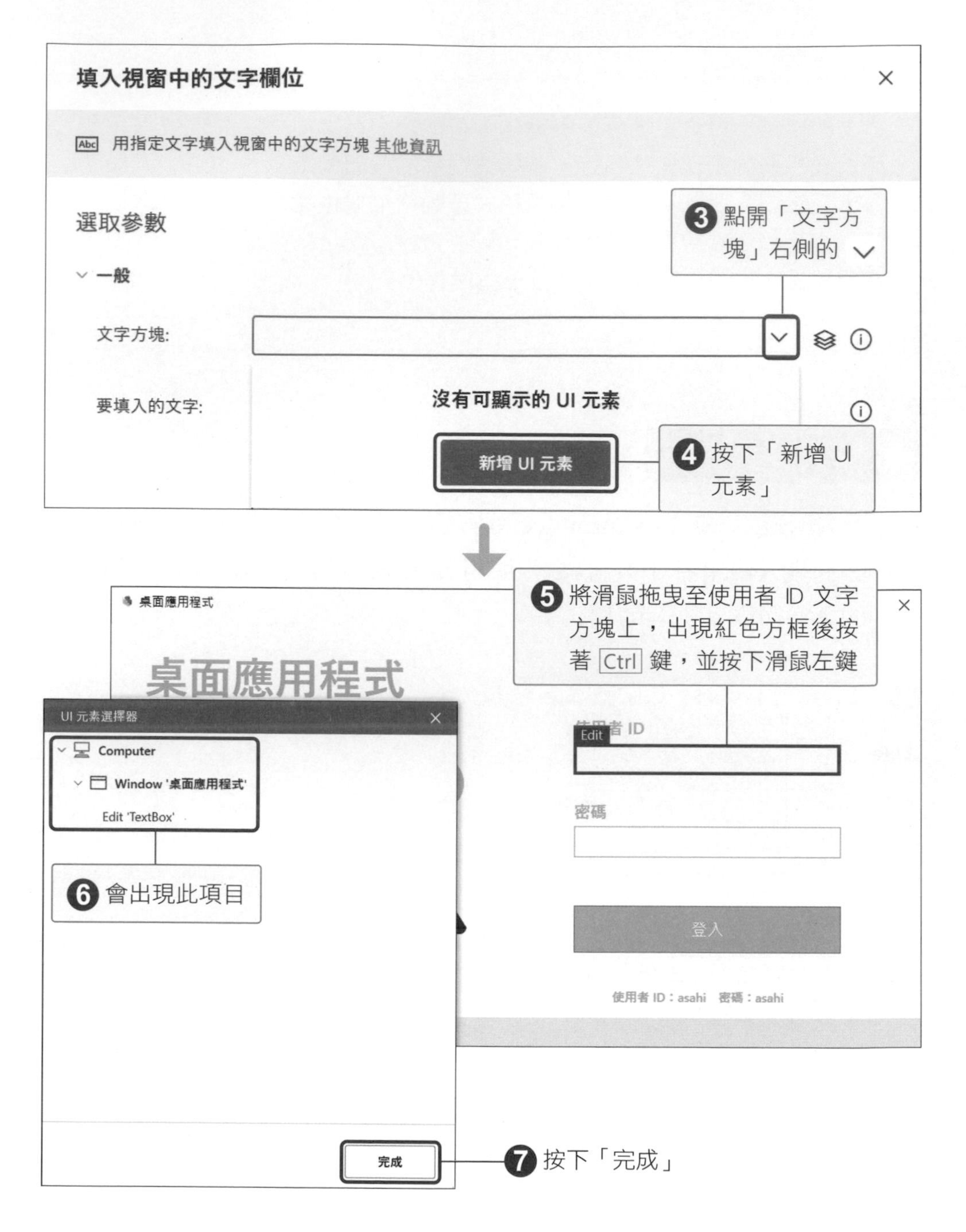

在「要填入的文字」中選擇預設的「以文字、變數或運算式的形式輸入」，並輸入「asahi」。

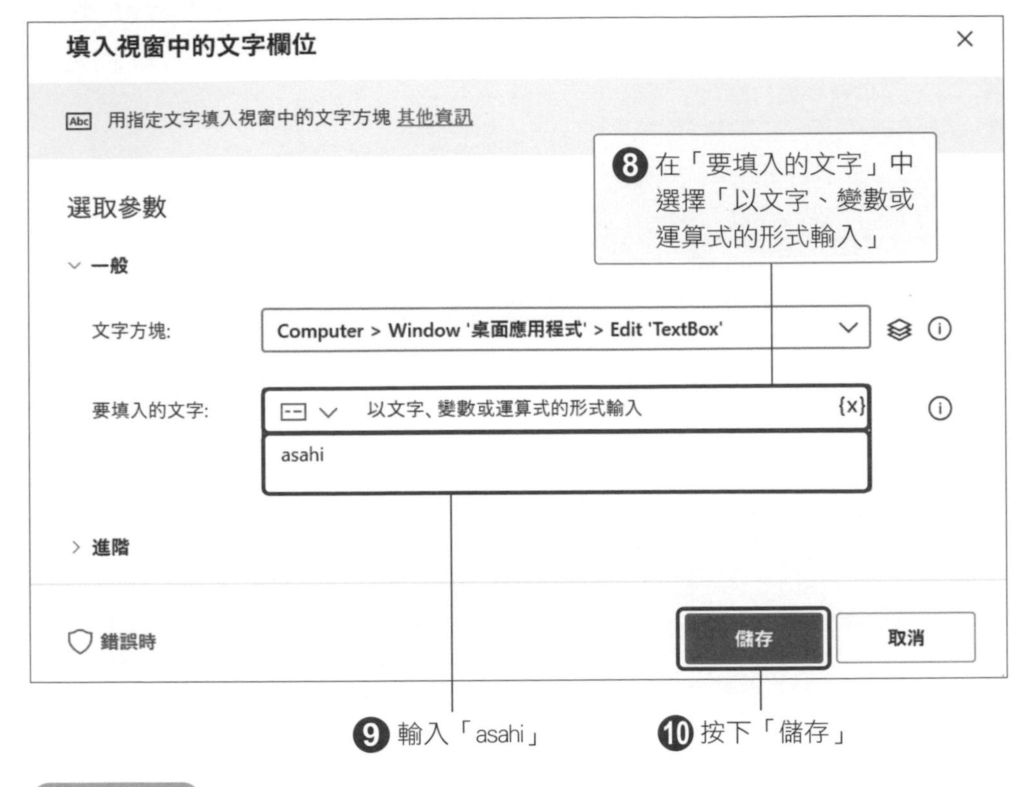

補充說明

在「要填入的文字」的下拉式清單中有兩個選項：選擇「以文字、變數或運算式的形式輸入」選項，使用者可以看見輸入的文字。若選取「直接加密文字輸入」，則輸入的文字會被隱藏，無法看到輸入的文字。若輸入的文字是不想被他人看到的內容，如密碼或檔案路徑等，就可以選擇「直接加密文字輸入」來隱藏文字，稍後會示範此方法。

◆ 輸入密碼

目前最常見的登入方式還是以輸入密碼驗證最常見，這部分自動化操作的設定方式與輸入使用者 ID 大致相同。請新增「填入視窗中的文字欄位」動作到工作區。

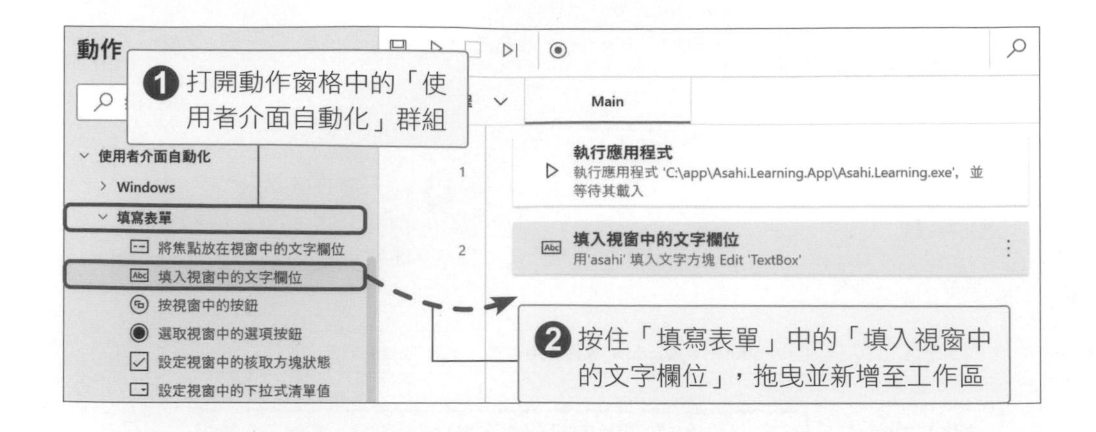

點開「文字方塊」欄位的下拉式清單，並按下「新增 UI 元素」，取得欲輸入文字的密碼文字方塊對應的 UI 元素。

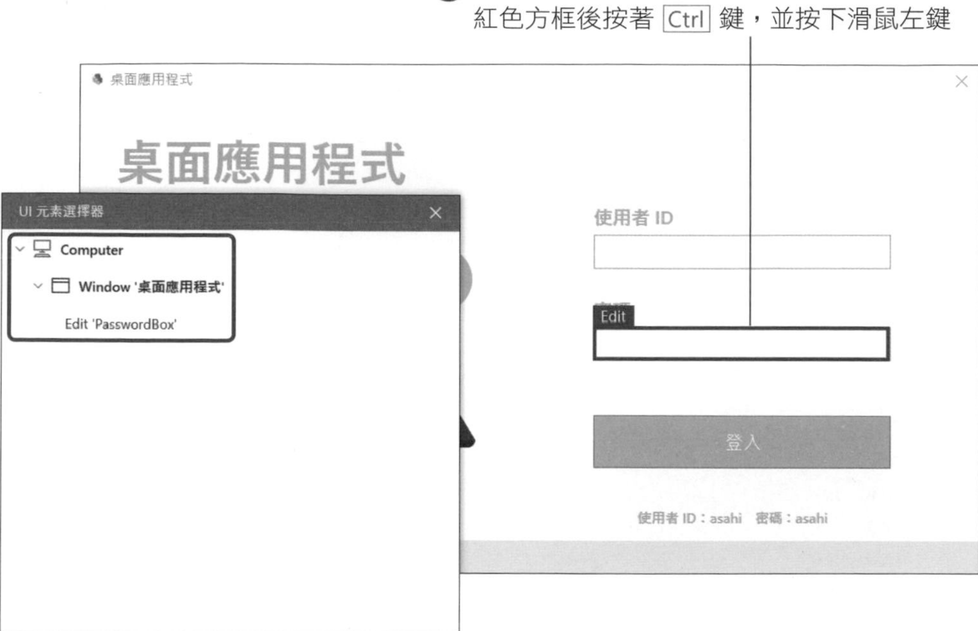

「要填入的文字」中選擇輸入的形式。由於這裡我們輸入的是不能透漏給他人知道的密碼，因此我們選取「直接加密文字輸入」，並輸入「asahi」。此時輸入的文字會以「●」呈現。

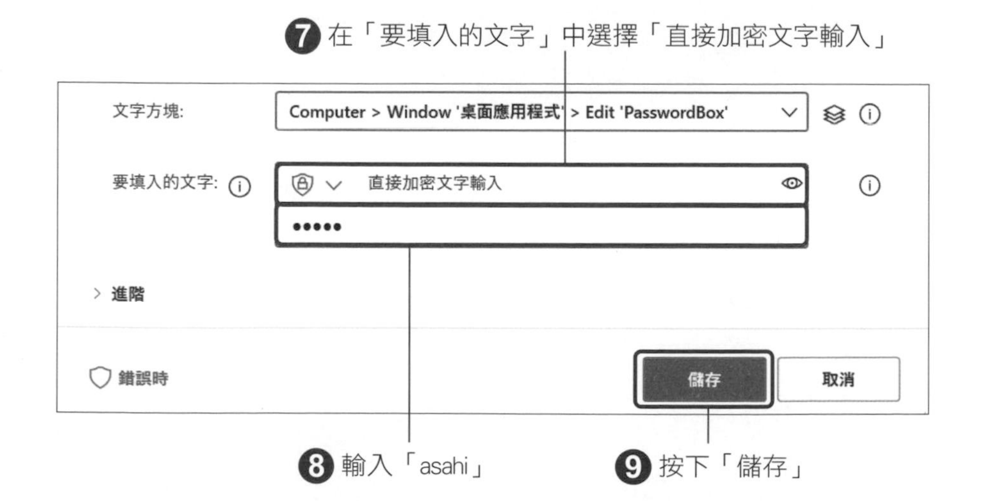

◆ 按下登入按鈕

輸入好使用者 ID、密碼後，還要按下按鈕將資料送出才行。接著請「按一下視窗中的 UI 元素」動作新增到工作區。

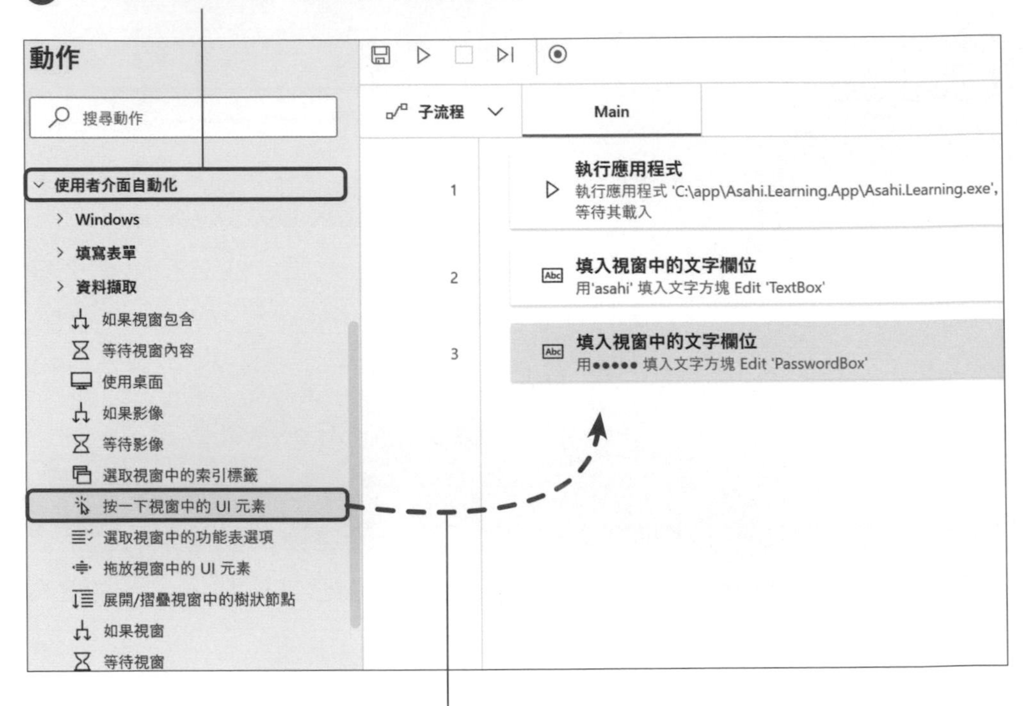

我們要在「UI 元素」中設定 UI 元素，方法是從 UI 元素的下拉式清單中使用「新增 UI 元素」增加能操作的 UI 元素項目，再透過以下步驟取得「登入」按鈕的 UI 元素。

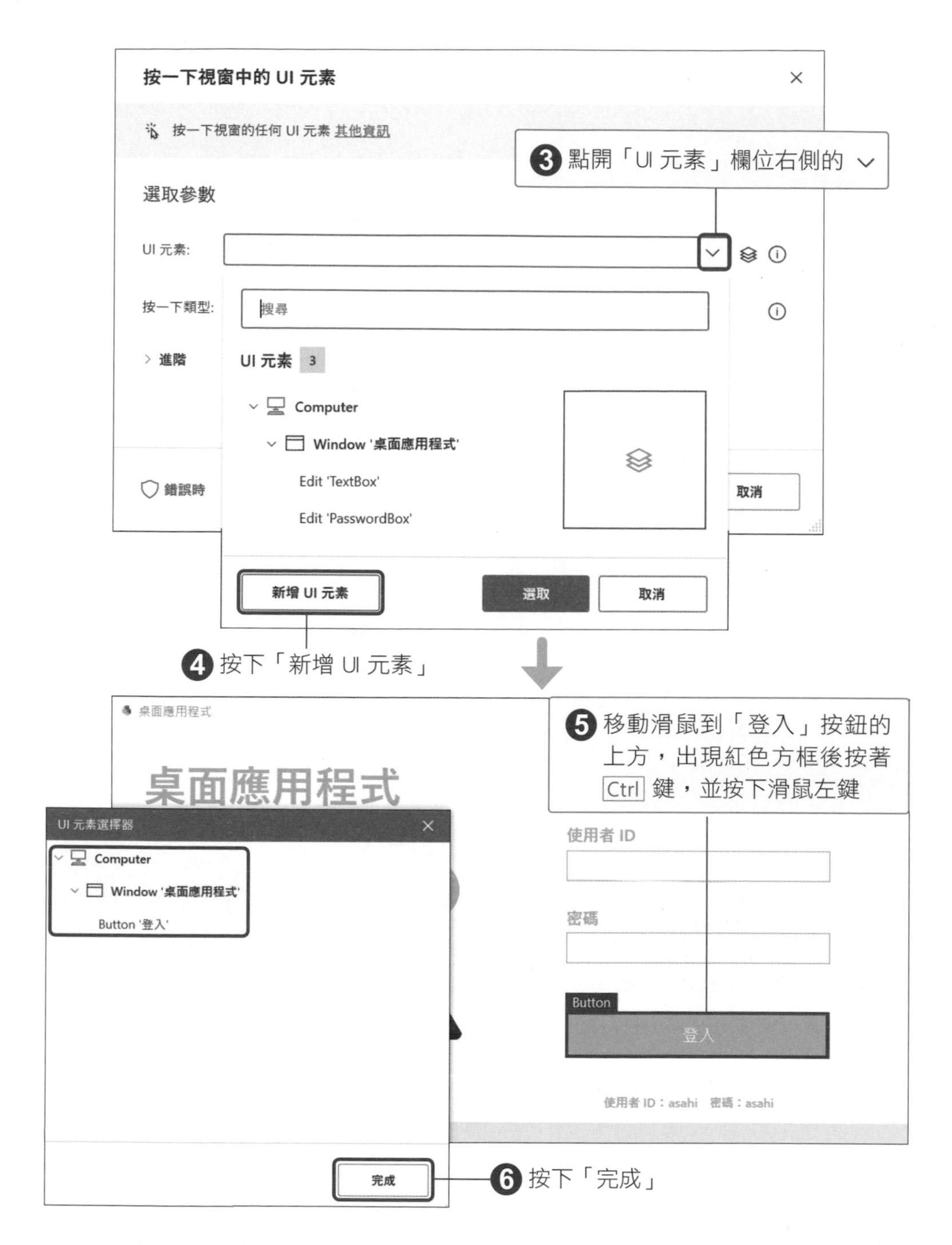

在「按一下類型」欄位中選取要用滑鼠做哪個動作。這裡我們選取「按滑鼠左鍵」。

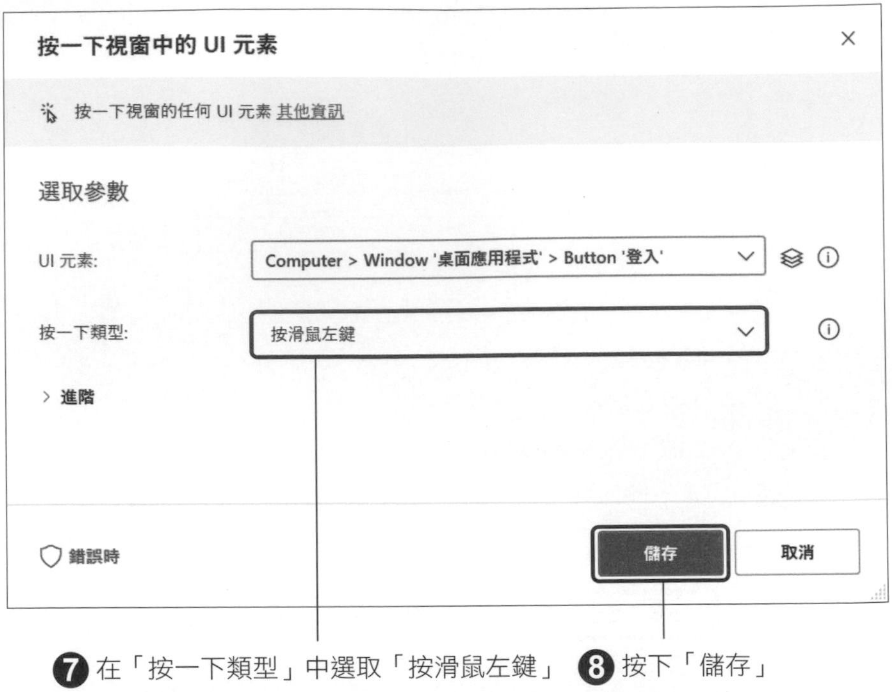

❼ 在「按一下類型」中選取「按滑鼠左鍵」 ❽ 按下「儲存」

「按一下視窗中的 UI 元素」動作新增完成後，我們可以執行流程確認是否能登入應用程式。

補充說明

「按一下類型」選項除了「按滑鼠左鍵」、「按滑鼠右鍵」、「按兩下」之外，還有「左鍵按下」、「左鍵放開」、「右鍵按下」、「右鍵放開」、「按滑鼠中間鍵」。也可以搭配「移動滑鼠」動作，就可以處理按住拖曳滑鼠的操作。

我們可以使用「按一下視窗中的 UI 元素」動作，並設定為「左鍵按下」，再使用「移動滑鼠」動作移動滑鼠到想要的位置，最後再新增另一個「按一下視窗中的 UI 元素」動作「左鍵放開」即可。

7-3 輸入明細資訊

完成登入後，就可以開始使用應用程式的功能。此處我們要將銷售的訂單資訊包括：產品編號、訂單日及數量，一一輸入到 Asahi.Learning 應用程式之中。

◆ 檢視欲建立流程

在此處示範的應用程式中，只要輸入商品編號就會自動顯示商品名稱和單價，單價和數量輸入後就會自動顯示金額。也就是說，有些項目是不需要操作就能完成的。建立流程時會保有原先應用程式就具備的功能，因此這裡我們同樣不需要自行輸入總金額。我們要建立以下動作。

① 點擊「功能選單」視窗中的「輸入畫面」按鈕。

② 在「訂單輸入」視窗中的「產品編號」項目中輸入「0001」。

③ 在「訂單輸入」視窗中的「訂貨日」項目中輸入「2021/07/14」。

④ 在「訂單輸入」視窗中的「數量」項目中輸入「5」。

⑤ 按下「送出」按鈕。

接下來我們就要依照上述步驟來建立流程。

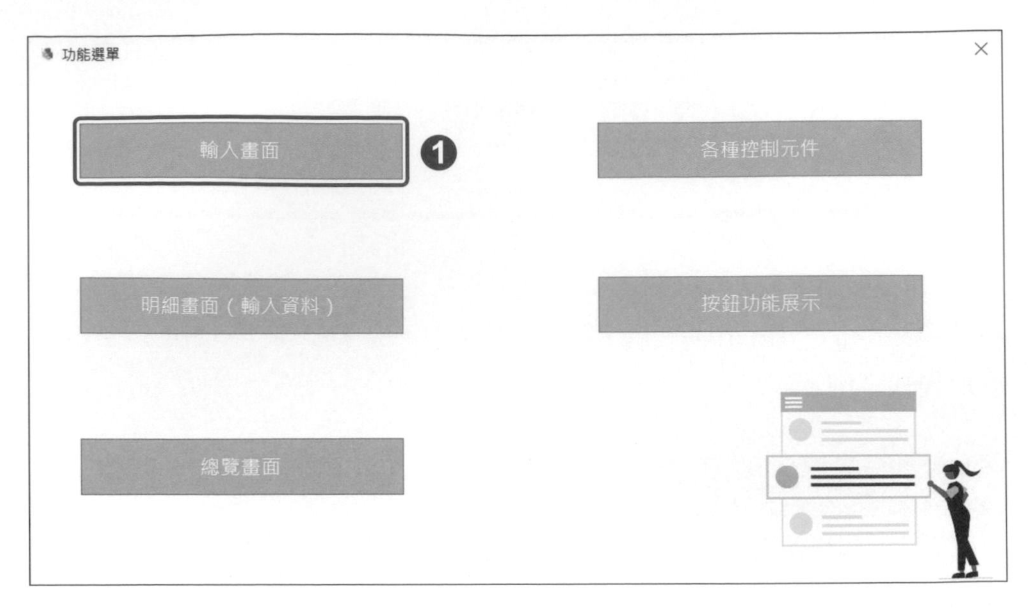

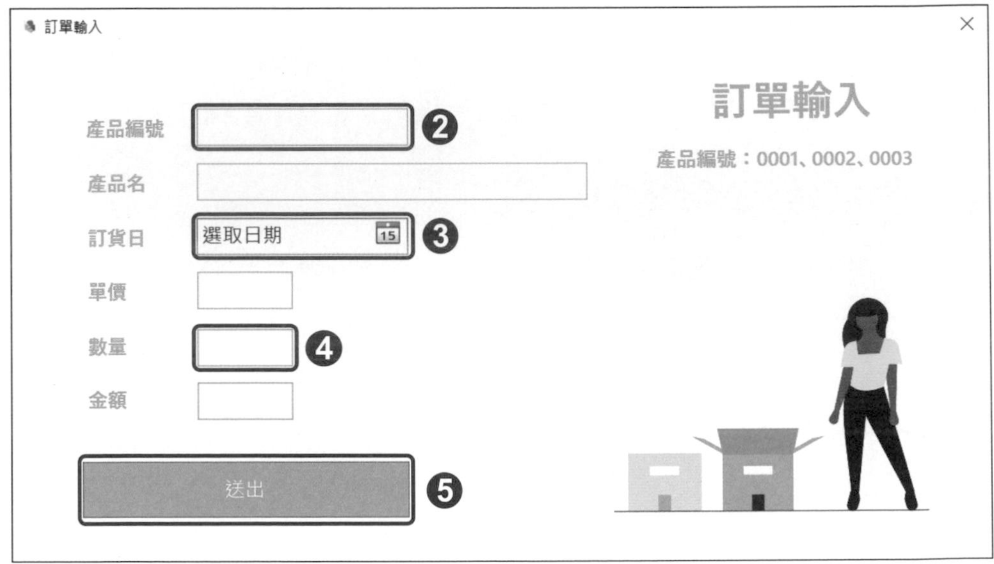

◆ 點擊「輸入畫面」按鈕的 UI 元素

首先要開啟「訂單輸入」視窗，需先點擊「功能選單」上的「輸入畫面」開啟「訂單輸入」視窗，因此新增「按一下視窗中的 UI 元素」動作至工作區。

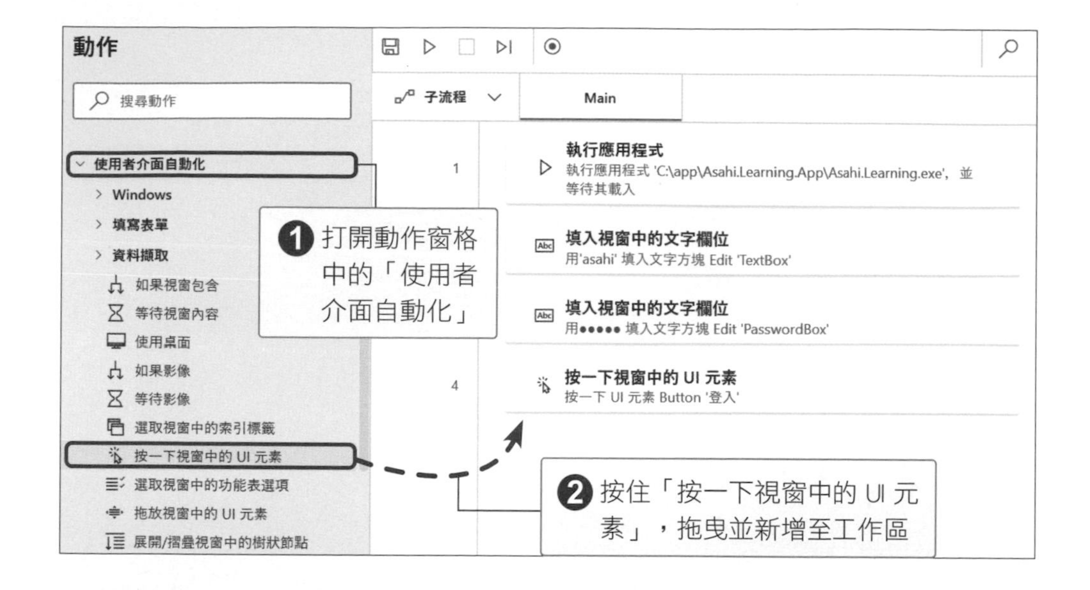

點開 UI 元素下拉式清單，按下「新增 UI 元素」，取得「輸入畫面」的 UI 元素。

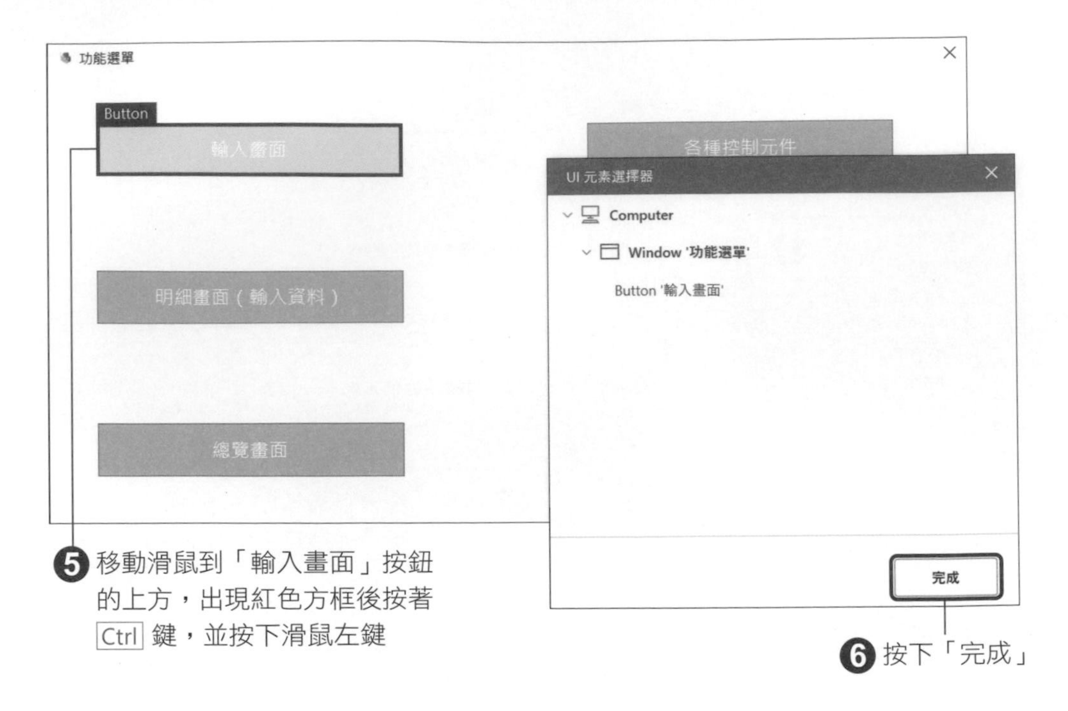

在「按一下類型」中選取要用滑鼠做哪個動作，這裡我們選取「按滑鼠左鍵」。

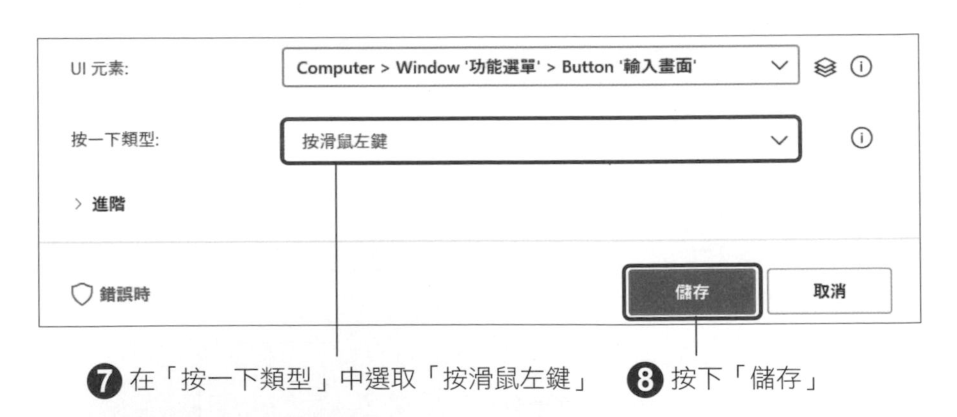

◆ 輸入「產品編號」

開啟「訂單輸入」視窗後，填入訂單資訊，從「產品編號」項目開始填入，新增「填入視窗內的文字欄位」動作至工作區。

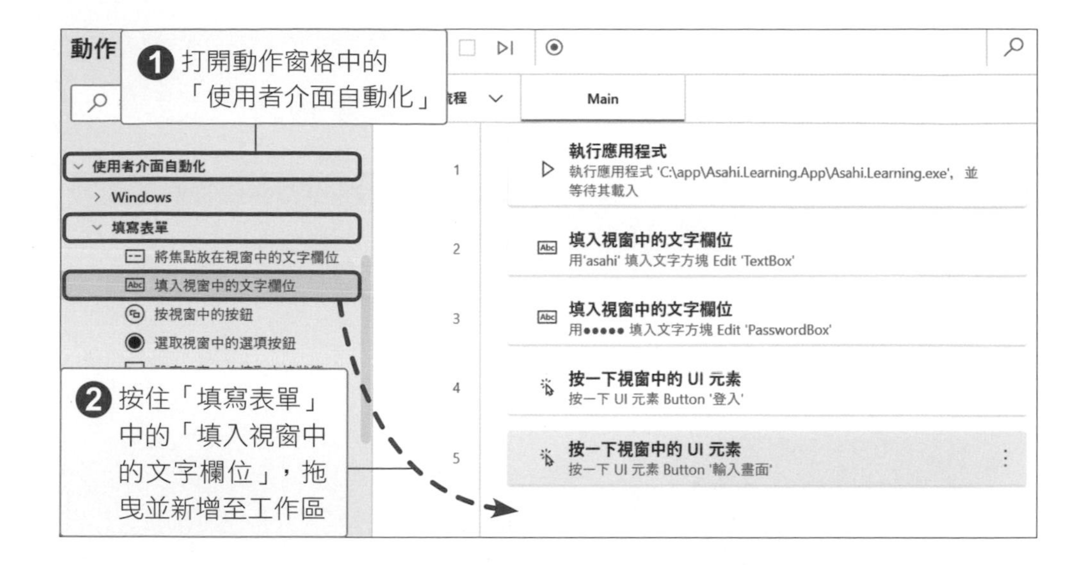

在「文字方塊」欄位中設定欲輸入文字的文字方塊對應的 UI 元素。請點開文字方塊下拉式清單，按下「新增 UI 元素」，取得「產品編號」文字方塊的 UI 元素。

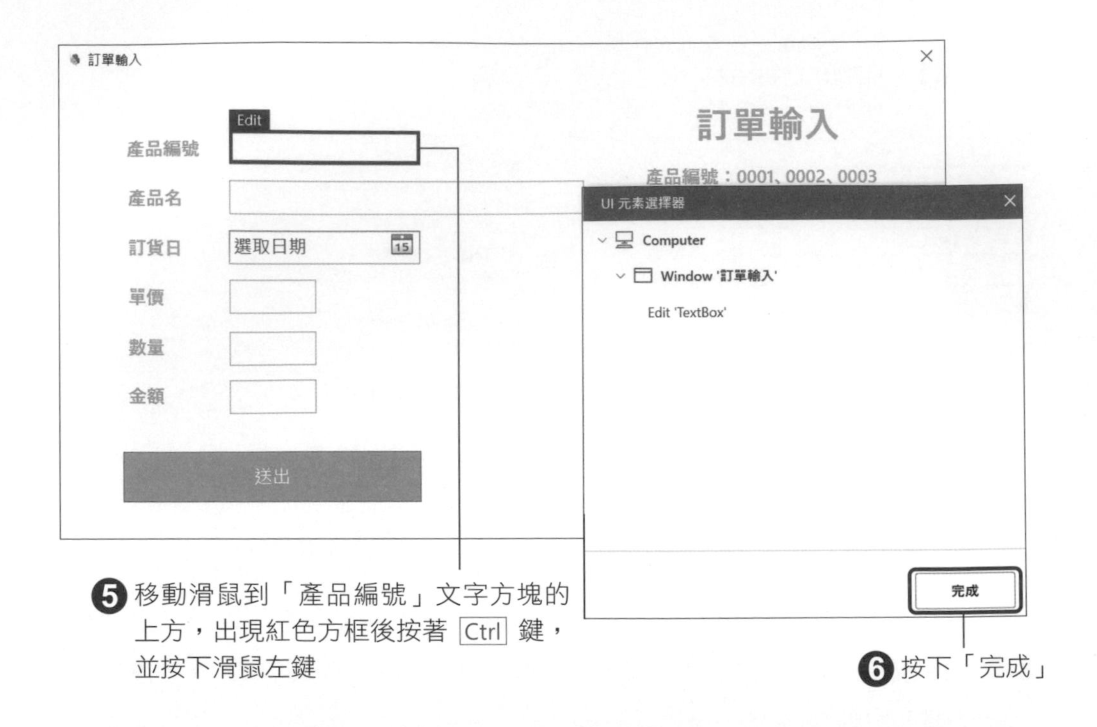

在「要填入的文字」欄位中，先選好輸入的形式後，設定要輸入的文字。這裡我們選擇「以文字、變數或運算式的形式輸入」，並輸入「%'0001'%」。

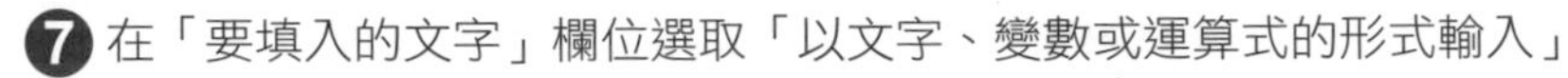

補充說明

若想要輸入像是「0001」以 0 開頭的數值時，直接輸入到「要填入的文字」中的話，Power Automate Desktop 會自動刪掉開頭的 000，只保留最後的數值 1。因為直接輸入「0001」會被視為數字而非文字。因此我們在「要填入的文字」中改成輸入「%'0001'%」，讓輸入的內容被視為文字。

◆ 輸入「訂貨日」

「產品編號」項目輸入完成後，「產品名」、「單價」會自動填入，因此接著填入下一個項目「訂貨日」，新增「填入視窗內的文字欄位」動作至工作區。

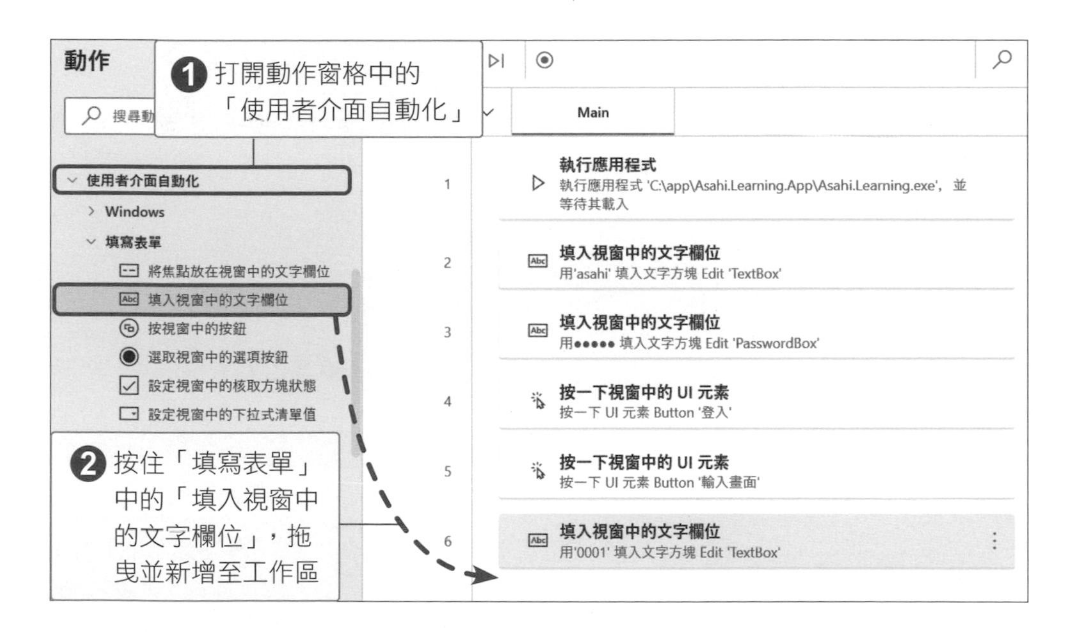

在「文字方塊」欄位中設定欲輸入文字的文字方塊對應的 UI 元素。請點開文字方塊下拉式清單，按下「新增 UI 元素」，取得「訂貨日」文字方塊的 UI 元素。

此處「訂貨日」後方的「選取日期」有兩種輸入方式，請注意要選擇顯示為「Edit」的 UI 元素，表示要直接輸入日期，而非日期選擇器的「UI Custom」。

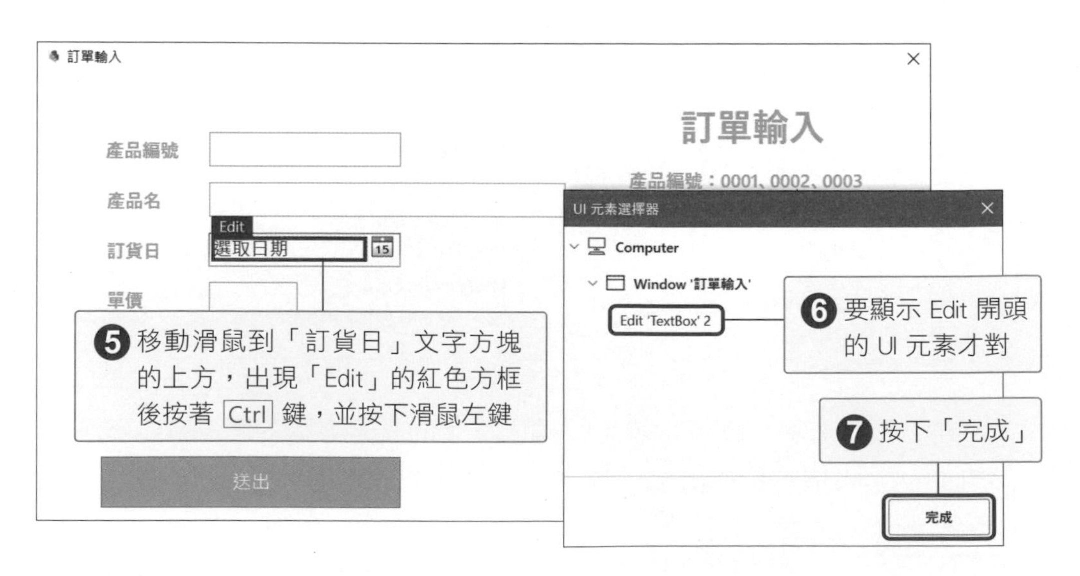

在「要填入的文字」欄位中，跟前面一樣同樣選擇「以文字、變數或運算式的形式輸入」，並輸入「2021/07/14」。

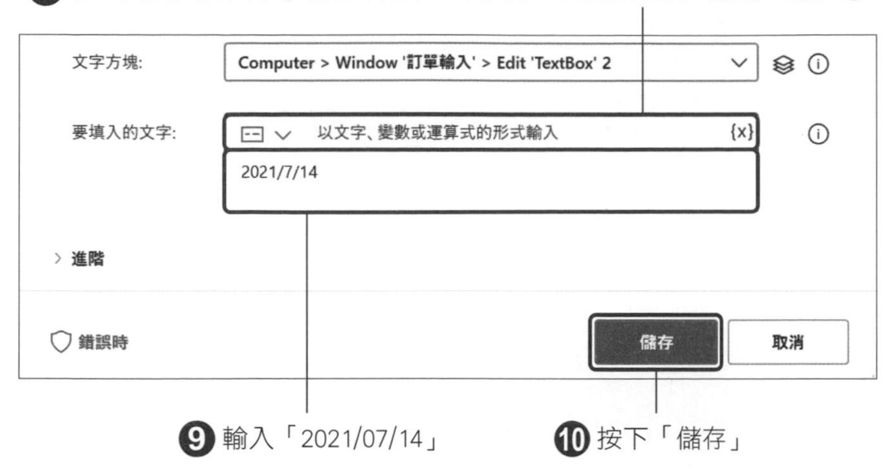

補充說明

我們也可以使用日期選擇器輸入「訂貨日」。不過，使用日期選擇器必須先判斷月曆上的日期後才能再進行選擇，要建立這樣的流程難度較高。使用鍵盤直接輸入日期，就可以使用「填入視窗中的文字欄位」動作來輸入，藉此減少動作的數量。由於此文字欄位使用「2021/07/14」的形式來輸入日期，因此我們在「要填入的文字中」也必須相同形式輸入。

◆ 輸入「數量」

緊接著填入「數量」項目，新增「填入視窗內的文字欄位」動作至工作區。當「數量」和「單價」都已輸入的情形下，「金額」項目會自動被填入。

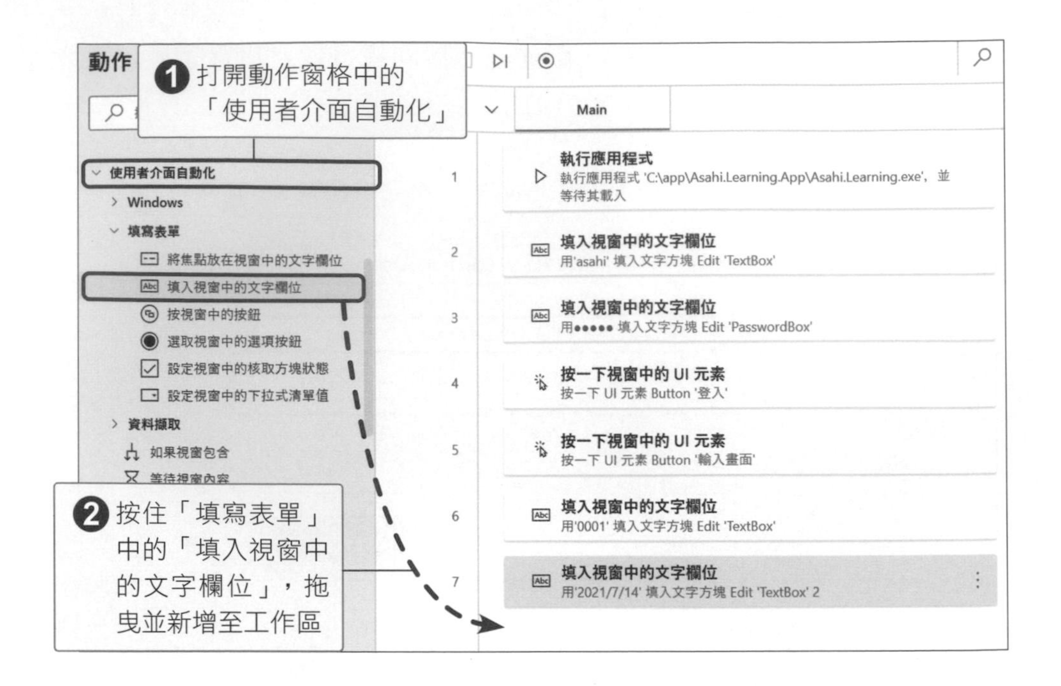

請點開文字方塊下拉式清單，按下「新增 UI 元素」，取得「數量」文字方塊的 UI 元素。

在「要填入的文字」欄位中，跟前面一樣同樣選擇「以文字、變數或運算式的形式輸入」，並輸入「5」。

◆ 點擊「送出」按鈕的 UI 元素

資料都輸入完畢後還要按下送出鈕，訂單才會生效。請新增「按一下視窗中的 UI 元素」動作至工作區。

❶ 打開動作窗格中的「使用者介面自動化」

❷ 按住「按一下視窗中的 UI 元素」，拖曳並新增至工作區

點開 UI 元素下拉式清單，按下「新增 UI 元素」，準備從「輸入畫面」中取得所需的 UI 元素。

按一下視窗中的 UI 元素
按一下視窗的任何 UI 元素 其他資訊
選取參數
UI 元素:
按一下類型:
進階
錯誤時
搜尋
UI 元素 10
Computer
Window '桌面應用程式'
Edit 'TextBox'
Edit 'PasswordBox'
Button '登入'
Window '功能選單'
新增 UI 元素
選取
取消
❸ 點開「UI 元素」右側的
❹ 按下「新增 UI 元素」
訂單輸入
產品編號
產品名
訂貨日
選取日期
單價
數量
金額
Button
送出
產品編號：0001、0002、0003
UI 元素選擇器
Computer
Window '訂單輸入'
Button '送出'
完成
❺ 移動滑鼠到「送出」按鈕的上方，出現紅色方框後按著 Ctrl 鍵，並按下滑鼠左鍵
❻ 按下「完成」

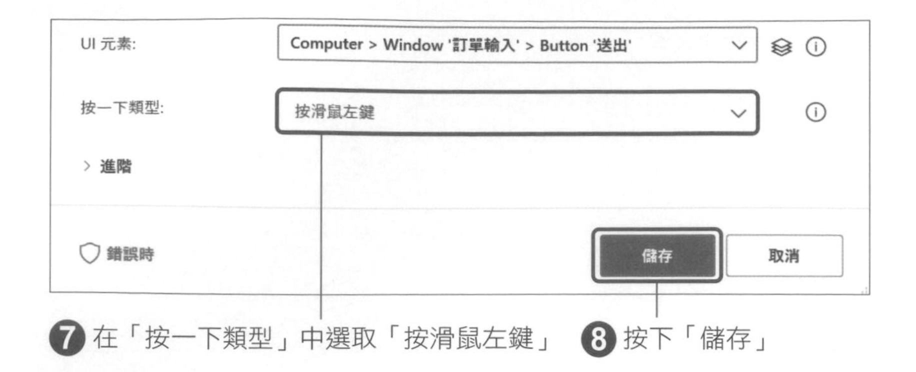

補充說明

「按一下視窗中的 UI 元素」動作中的「進階」欄位可以利用「相對於 UI 元素的滑鼠位置」來調整點擊 UI 元素的位置。

「相對於 UI 元素的滑鼠位置」是指以勾選的位置作為起點，根據「位移 X」及「位移 Y」來移動滑鼠的位置，並於移動後點擊。輸入在「位移 X」的數值，正值為向右移動，負值為向左移動。輸入在「位移 Y」的數值，正值為向上移動，負值為向下移動。以右下圖為例，若勾選左下 7 的位置為起點，滑鼠會根據「位移 X」及「位移 Y」的值移動，並且僅點擊最後到達的位置。此功能的目的是為了確保 UI 元素有真正被點擊到。

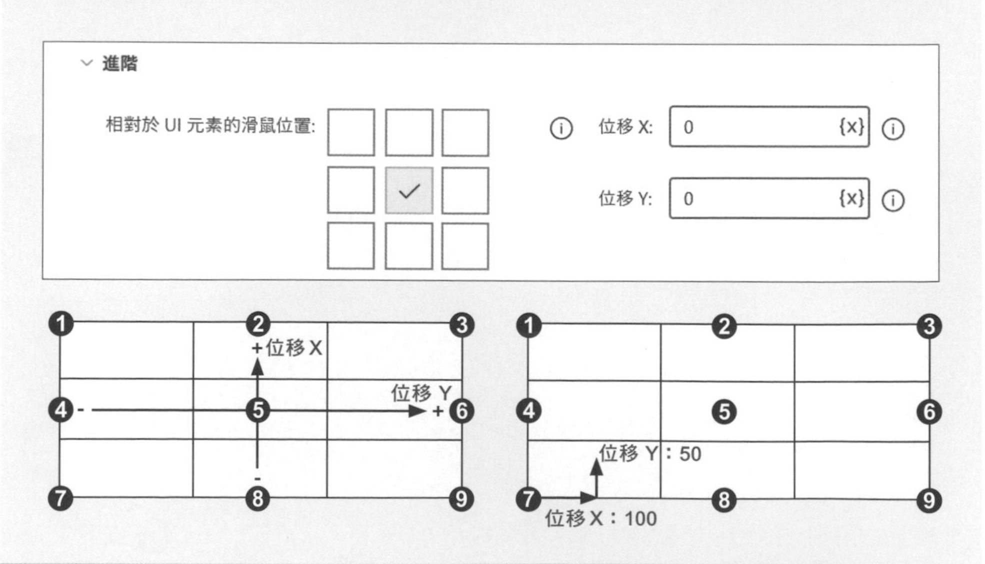

◆ 關閉視窗

當訂單輸入完畢，要離開「輸入畫面」，方便回到主畫面進行其他操作，因此接著要新增「關閉視窗」動作到工作區。

❶ 打開動作窗格中的「使用者介面自動化」

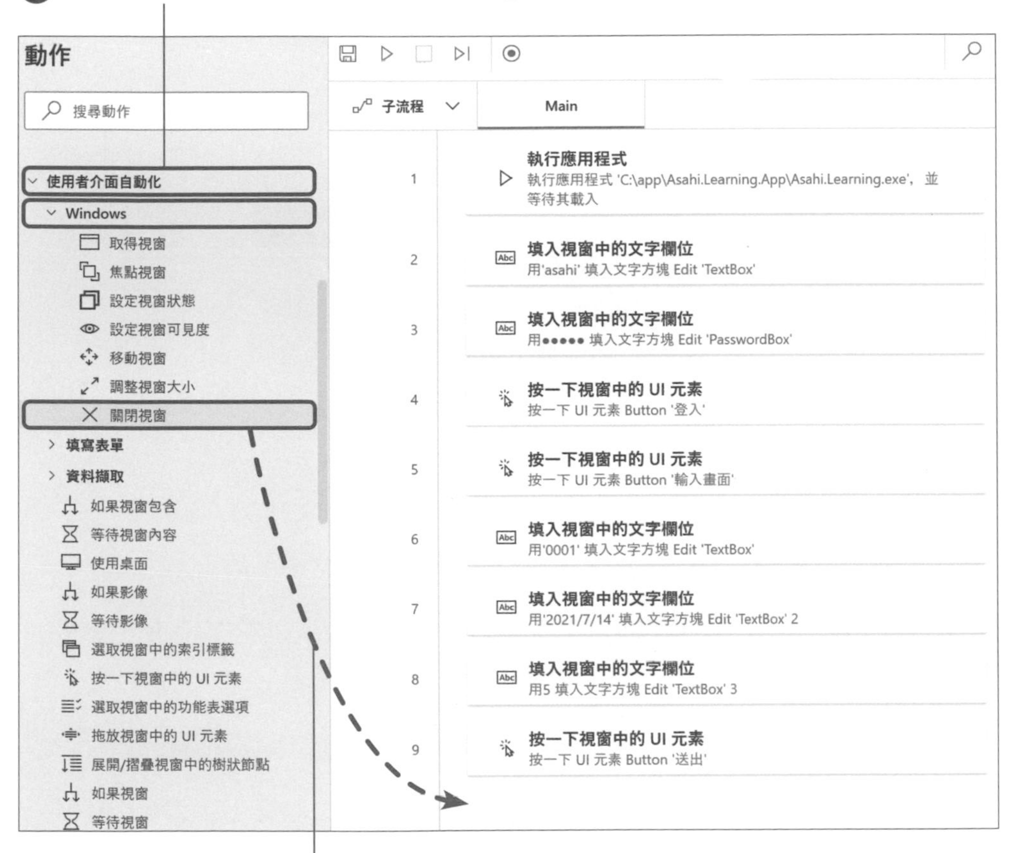

❷ 按住「Windows」中的「關閉視窗」，拖曳並新增到工作區

在「尋找視窗模式」欄位選擇尋找視窗的模式。這裡我們選取「透過視窗 UI 元素」。

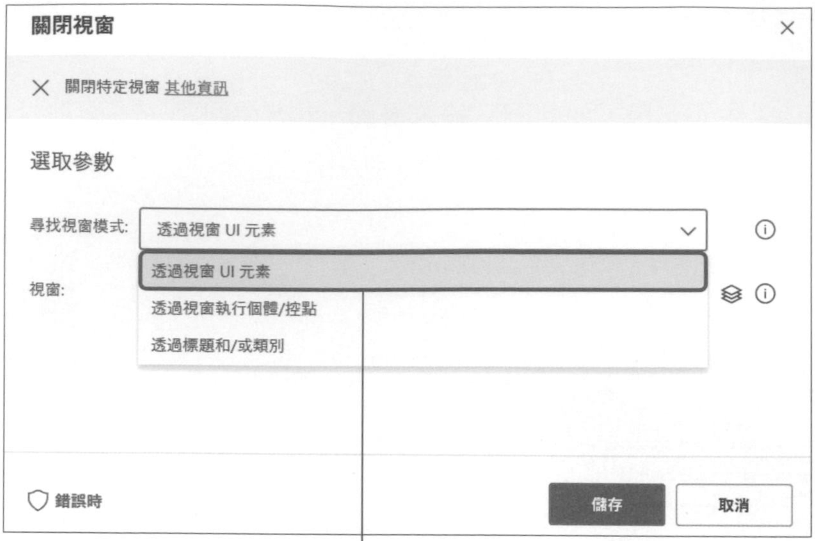

關閉視窗

關閉特定視窗 其他資訊

選取參數

尋找視窗模式: 透過視窗 UI 元素

視窗:

透過視窗 UI 元素

透過視窗執行個體/控點

透過標題和/或類別

錯誤時

儲存 取消

❸ 在「尋找視窗模式」欄位選取「透過視窗 UI 元素」

補充說明

「尋找視窗模式」中有三個選項，其差異分別是：

- **「透過視窗 UI 元素」**：是指使用 UI 元素來設定欲關閉的視窗。
- **「透過視窗執行個體/控點」**：是指使用執行個體或控點來設定欲關閉的視窗。
- **「透過標題和/或類別」**：是指使用標題或類別來設定欲關閉的視窗。

這個範例中使用的是「透過視窗 UI 元素」。若無法取得 UI 元素，則可以使用視窗的標題等方法來指定欲關閉的視窗。

在「視窗」欄位中設定要關閉的視窗，我們從視窗欄位的下拉式清單選取「Window '訂單輸入'」。

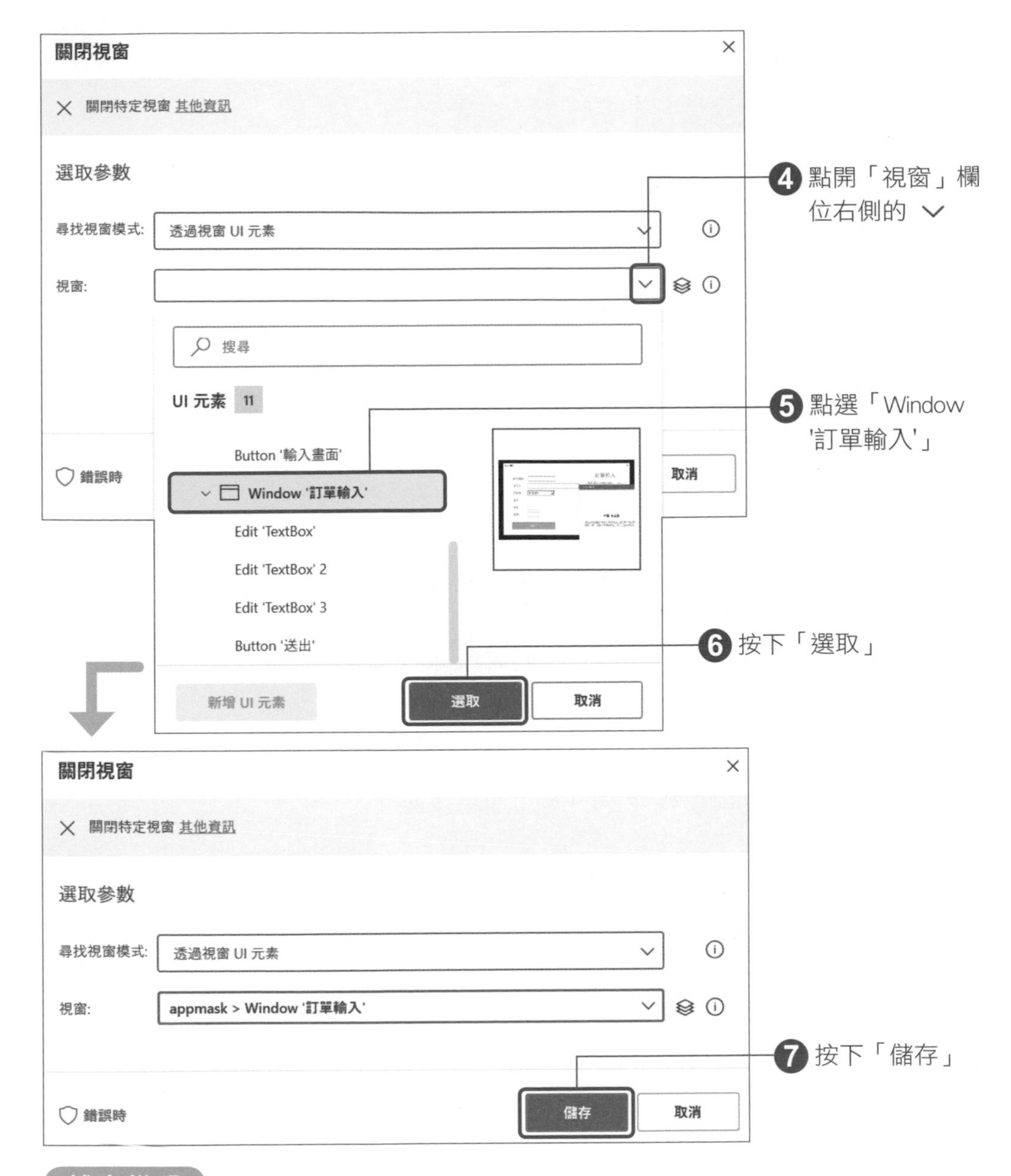

補充說明

有一些應用程式無法使用「關閉視窗」動作來進行操作。若發生這樣的情況，可以使用「按一下視窗中的 UI 元素」動作來點擊視窗右上方的「X」按鈕或點擊視窗中的「關閉」按鈕、或者「結束」按鈕來關閉視窗。

7-4 輸出 PDF 檔

這個章節我們要將已輸入應用程式的資料輸出成 PDF 檔。只要使用 Windows 10 的虛擬印表機「Microsoft Print to PDF」，就可以將資料以 PDF 檔格式進行輸出。除了使用範例中的虛擬印表機之外，我們也可以將資料輸出到已設定好的印表機或複合式印表機上，列印成紙本文件。

◆ 建立流程

我們依照下列步驟來建立自動化流程。

① 點擊「功能選單」視窗中的「總覽畫面」按鈕。

② 點擊「訂單內容」視窗中的「列印」按鈕。

③ 點擊「預覽列印」視窗中的列印圖示按鈕。

④ 點擊「列印」視窗中的「列印(P)」按鈕。

⑤ 在「另存列印輸出」視窗中輸入檔案名稱，並按下「存檔」按鈕。

⑥ 關閉「預覽列印」視窗。

⑦ 關閉「訂單內容」視窗。

◆ 設定預設印表機

為了簡化作業，我們會直接以預設印表機進行列印，因此在列印前必須將要使用的印表機 (此處為 Microsoft Print to PDF 虛擬印表機) 設為預設值，請新增「設定預設印表機」動作至工作區。

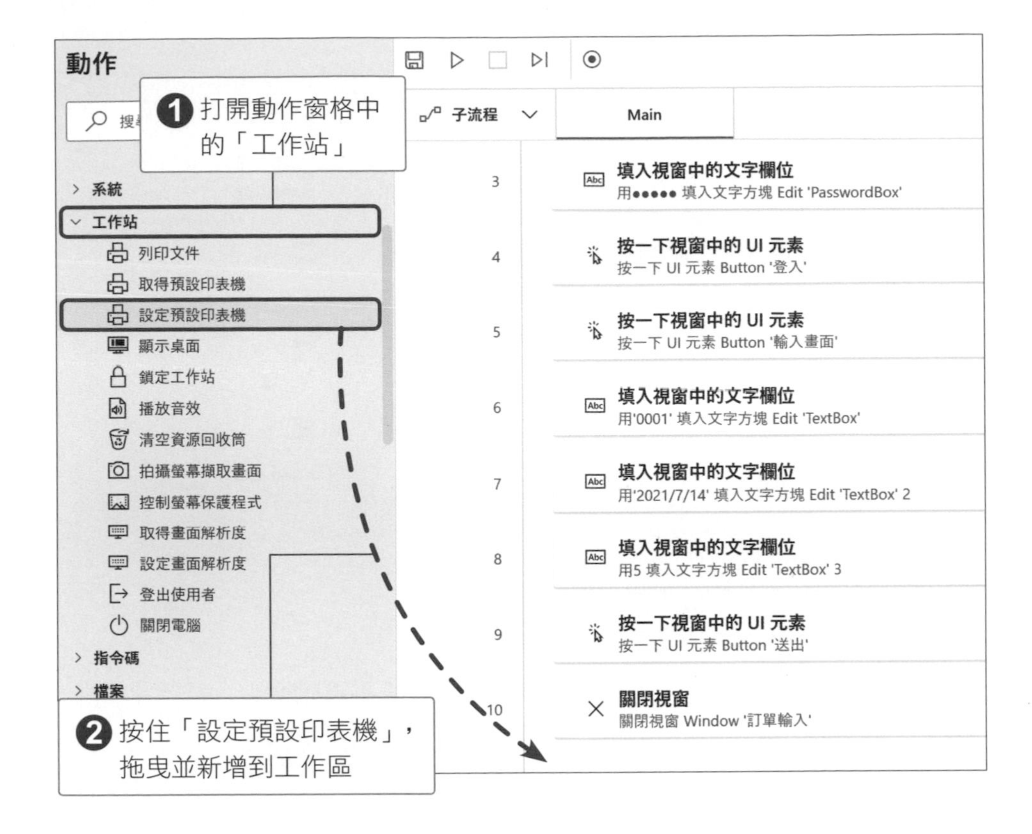

在「印表機名稱」欄位中輸入欲使用的印表機名稱。這個範例需要輸出 PDF 檔，因此點開 ∨，點選「Microsoft Print to PDF」。也可手動輸入，請留意名稱不要輸入錯誤。

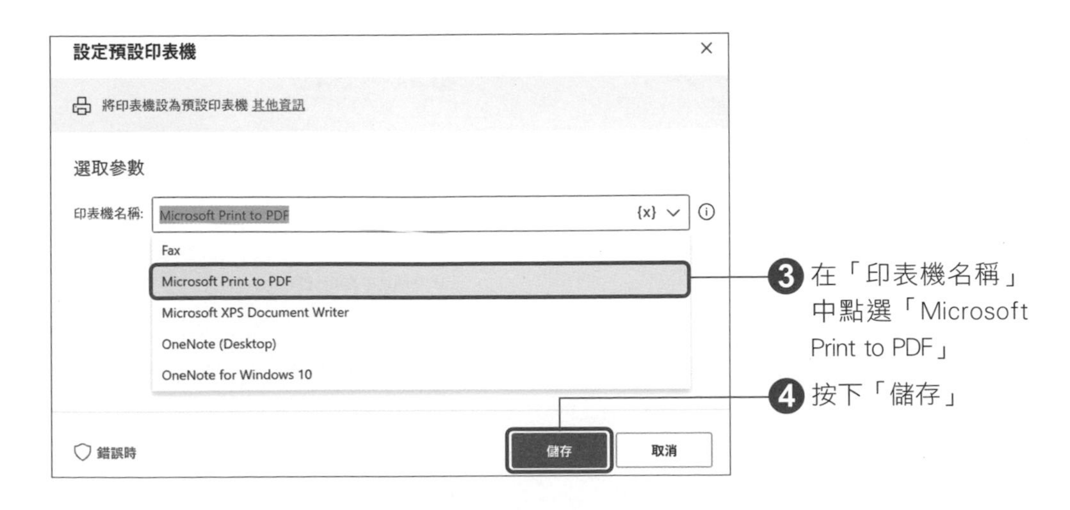

補充說明

使用「設定預設印表機」動作可以變更列印時選用的印表機，若平常有其他比較常用的印表機，可以在流程中加入恢復原先預設值的步驟。我們可以先使用「取得預設印表機」動作保存印表機的預設選取狀態，並在流程的最後，再一次新增「設定預設印表機」，將印表機恢復為原先預設使用的印表機。

◆ 點擊「總覽畫面」按鈕的 UI 元素

在列印前要先知道有哪些輸出資料，開啟「訂單內容」視窗進行檢視，點擊「總覽畫面」即可開啟。請新增「按一下視窗中的 UI 元素」動作至工作區。

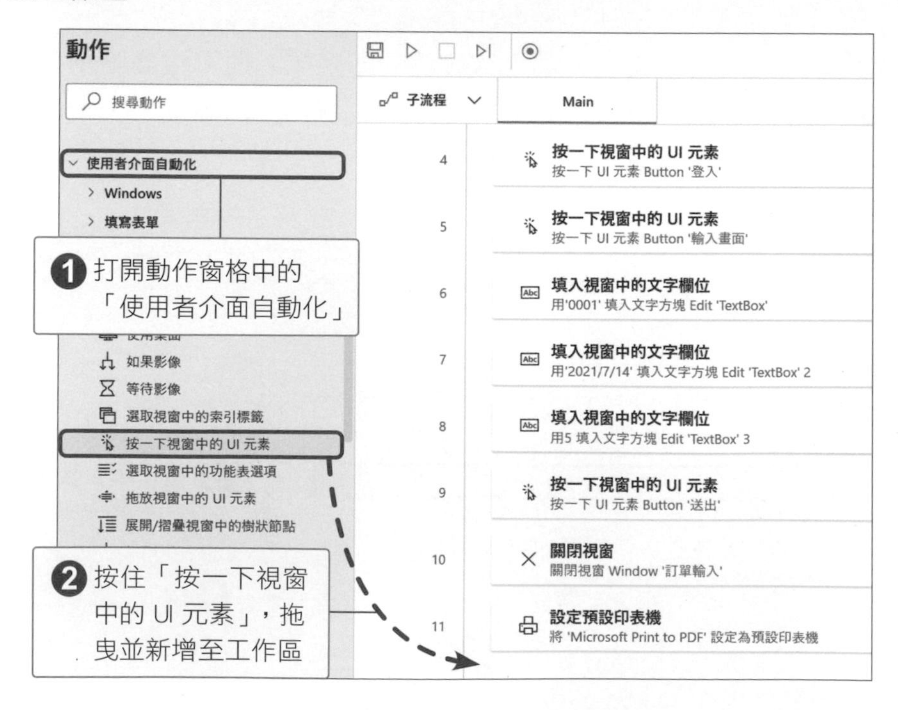

請點開 UI 元素下拉式清單，按下「新增 UI 元素」，再選取「總覽畫面」的UI 元素。

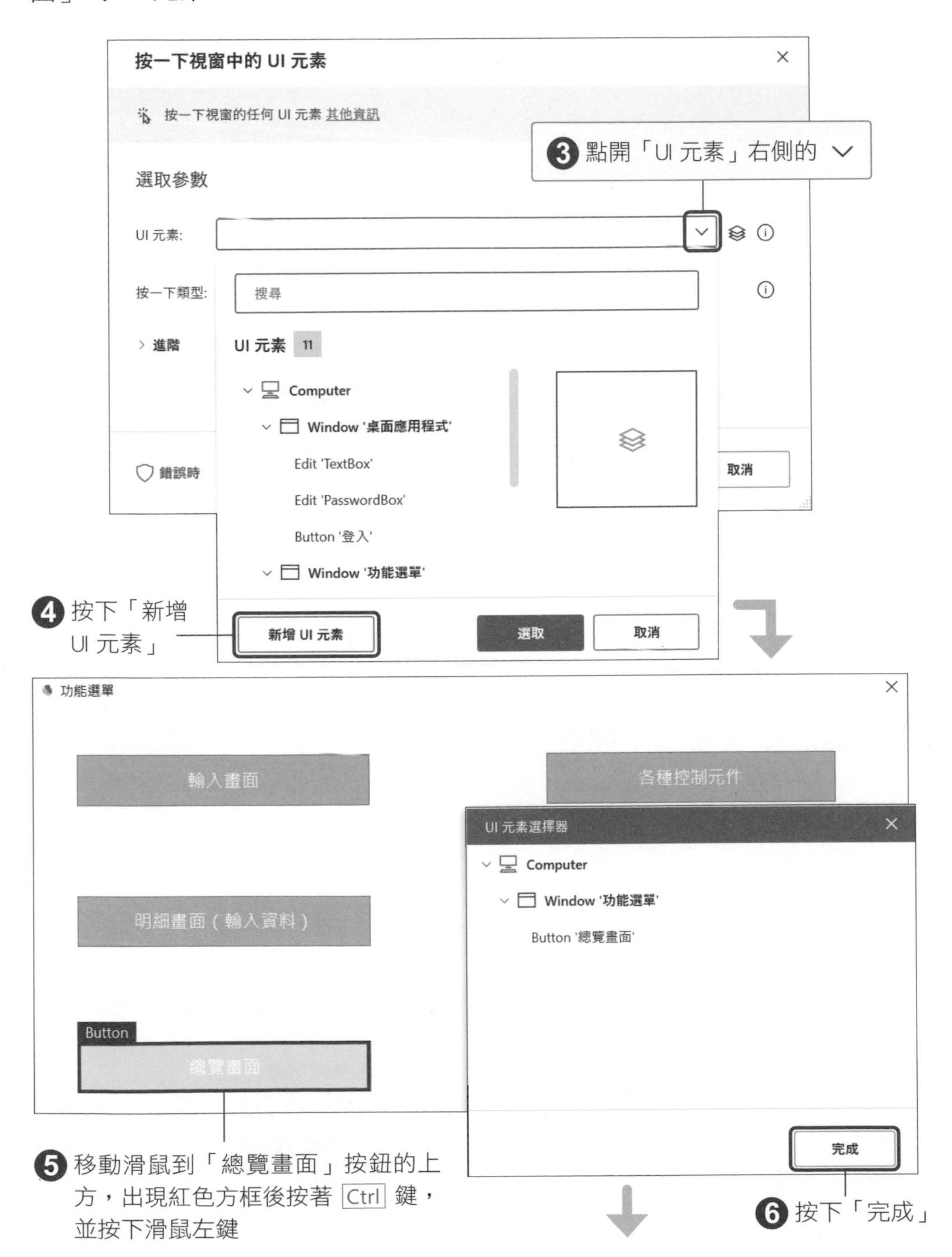

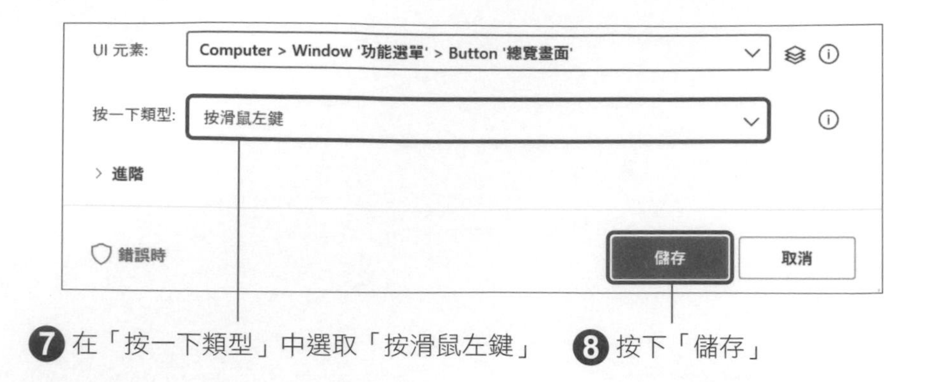

◆ 點擊「列印」按鈕的 UI 元素

確認輸出資料無誤後，可以點擊「列印」按紐顯示預覽畫面。因此請新增「按一下視窗中的 UI 元素」動作至工作區。

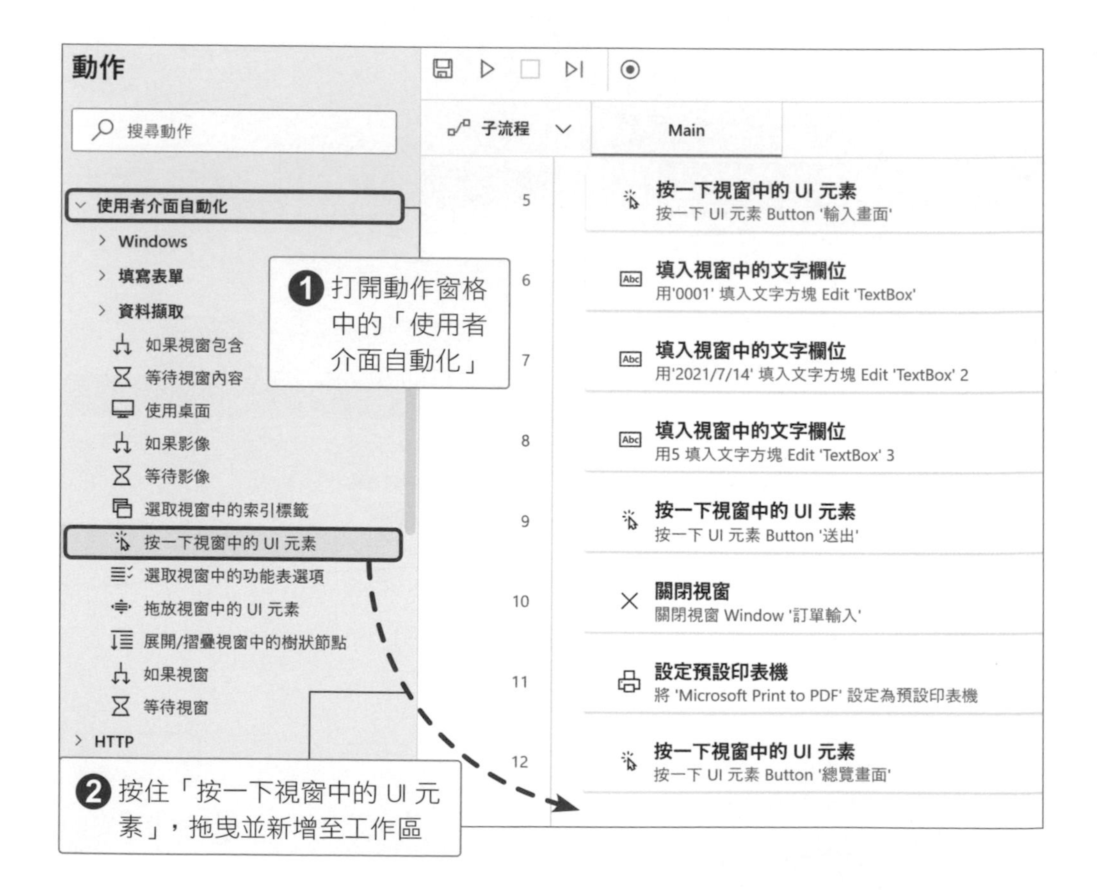

請點開 UI 元素下拉式清單，按下「新增 UI 元素」，取得「列印」的 UI 元素。

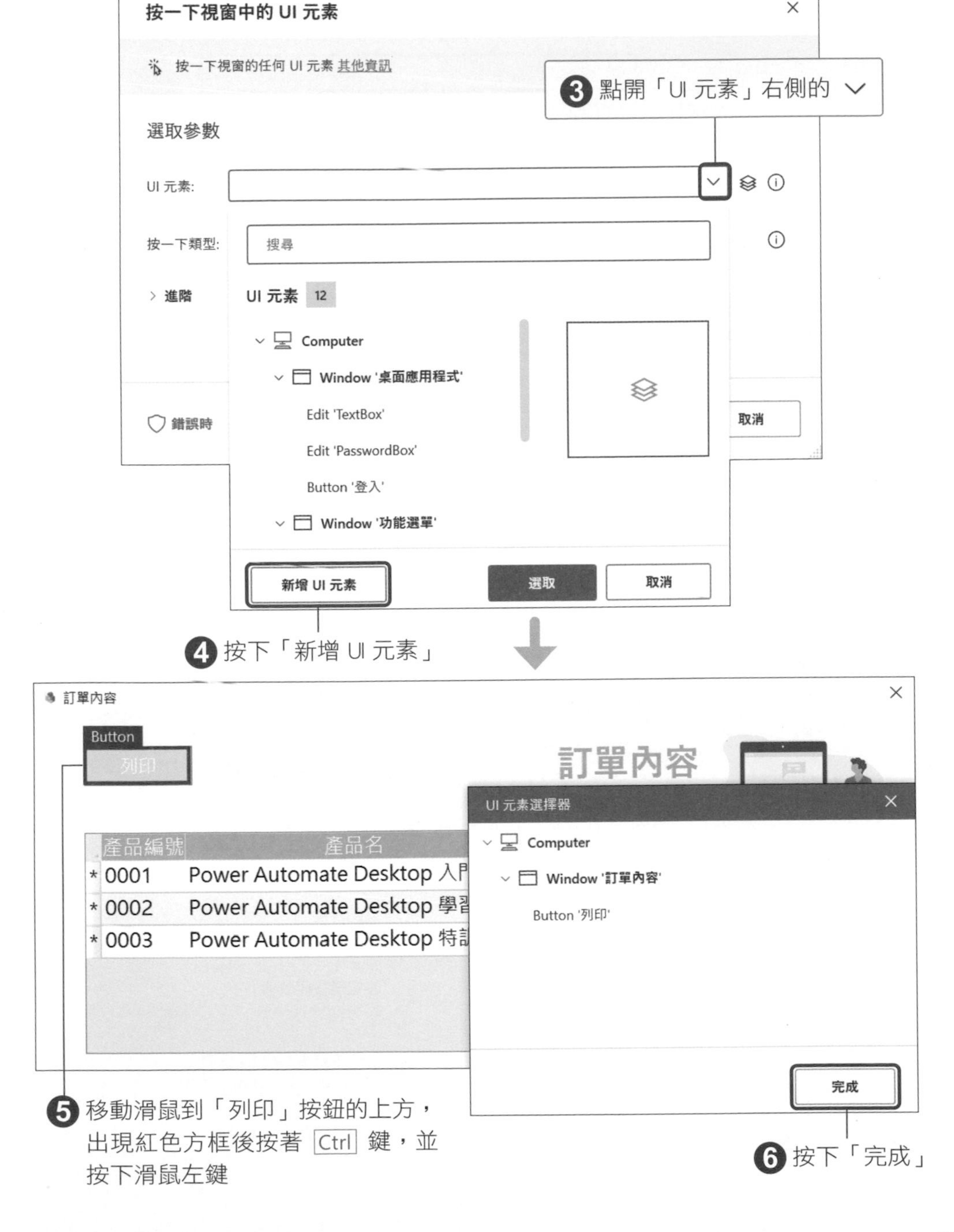

「按一下類型」中選取要用滑鼠做哪個動作。這裡我們選取「按滑鼠左鍵」。

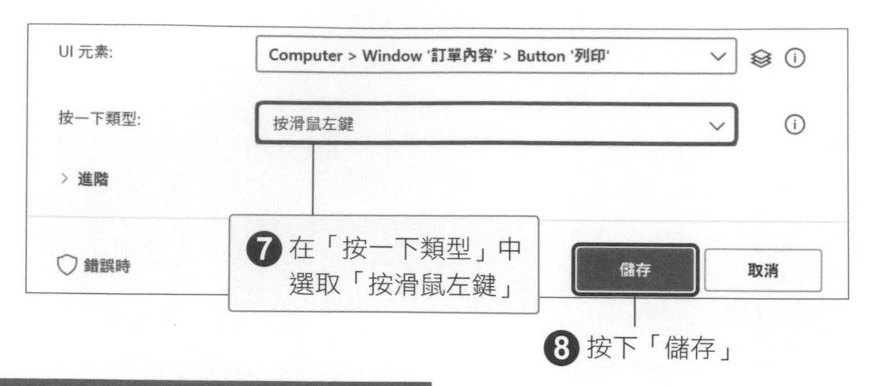

◆ 點擊列印圖示的 UI 元素

出現預覽畫面後，就能點擊列印圖示，打開「列印」視窗。請新增「按一下視窗中的 UI 元素」動作至工作區。

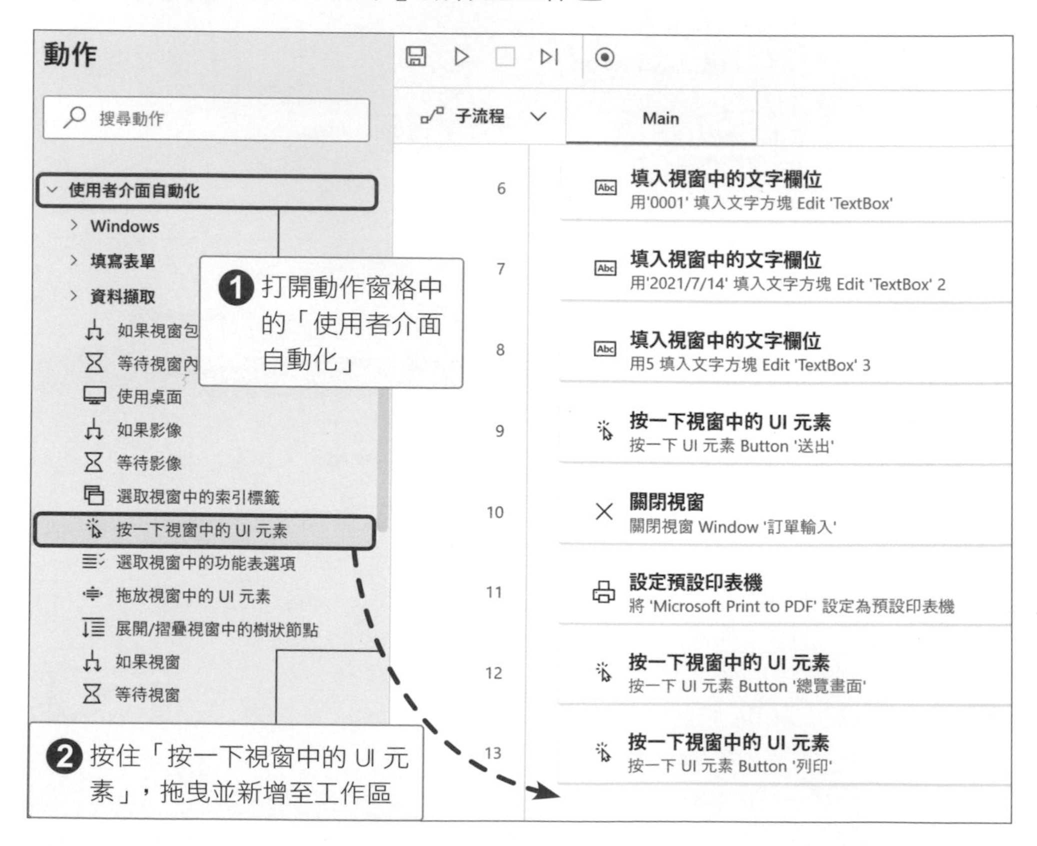

請點開 UI 元素下拉式清單，按下「新增 UI 元素」，取得列印圖示 的 UI 元素。

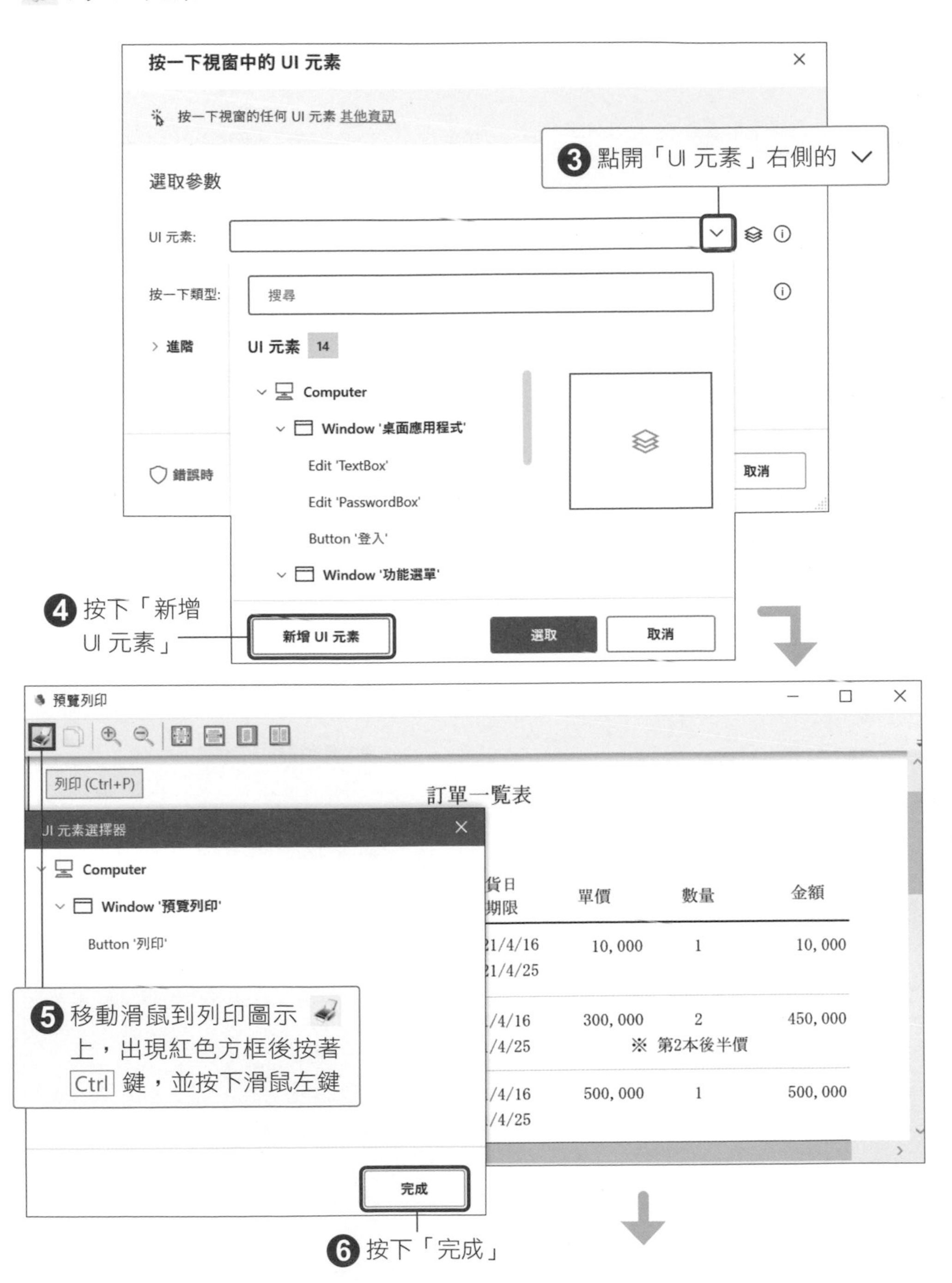

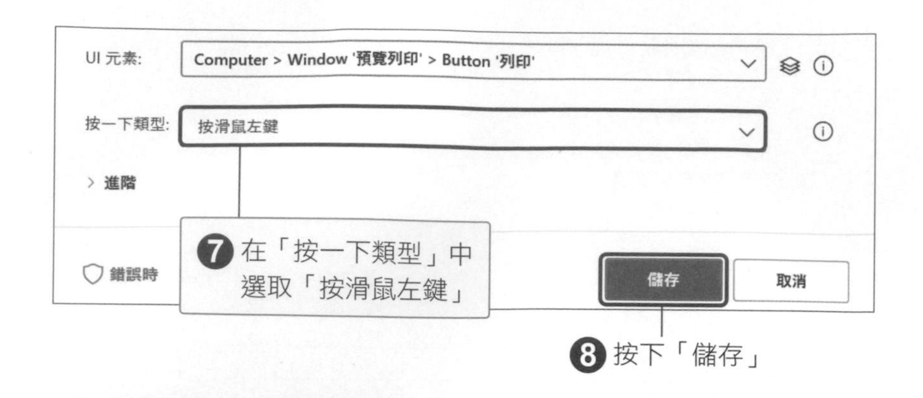

◆ 點擊列印視窗中「列印 (P)」按鈕的 UI 元素

因為已經設定好預設印表機了，「列印」視窗開啟後，可直接按「列印(P)」鈕輸出 PDF 檔。新增「按一下視窗中的 UI 元素」動作至工作區。

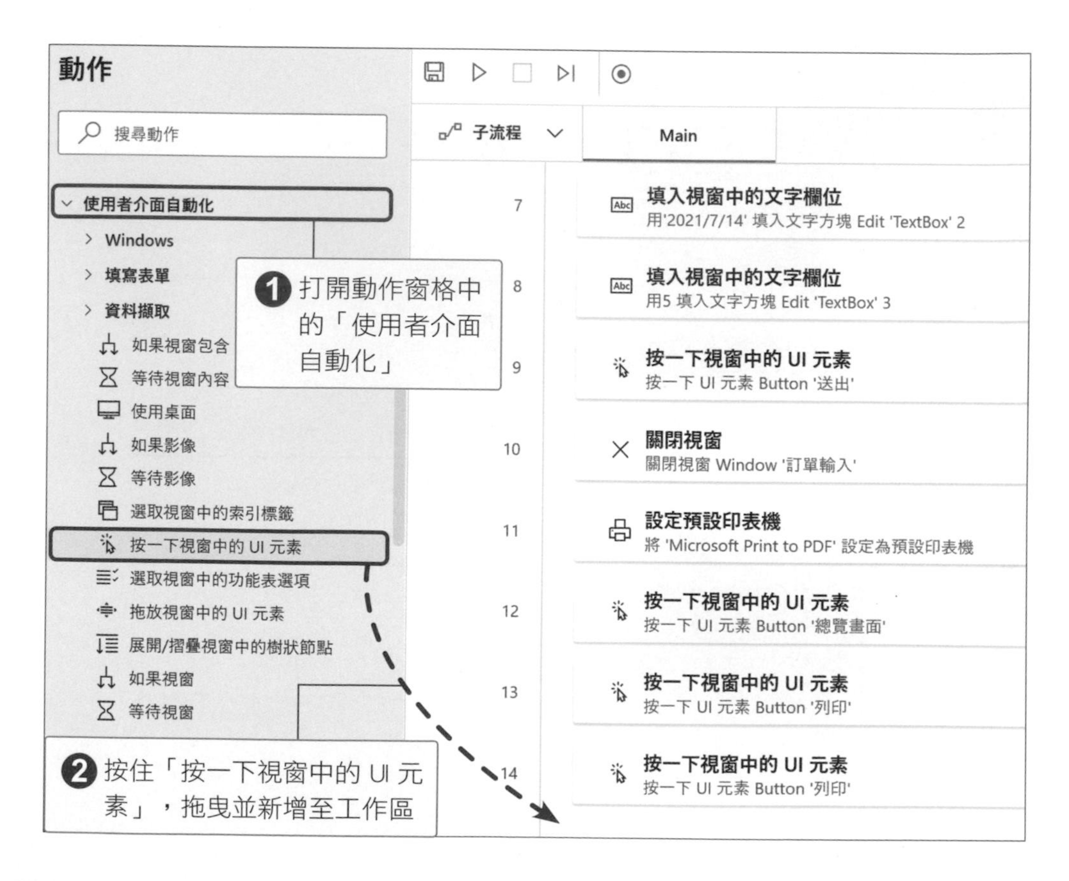

請點開 UI 元素下拉式清單，按下「新增 UI 元素」，取得「列印(P)」按鈕的 UI 元素。

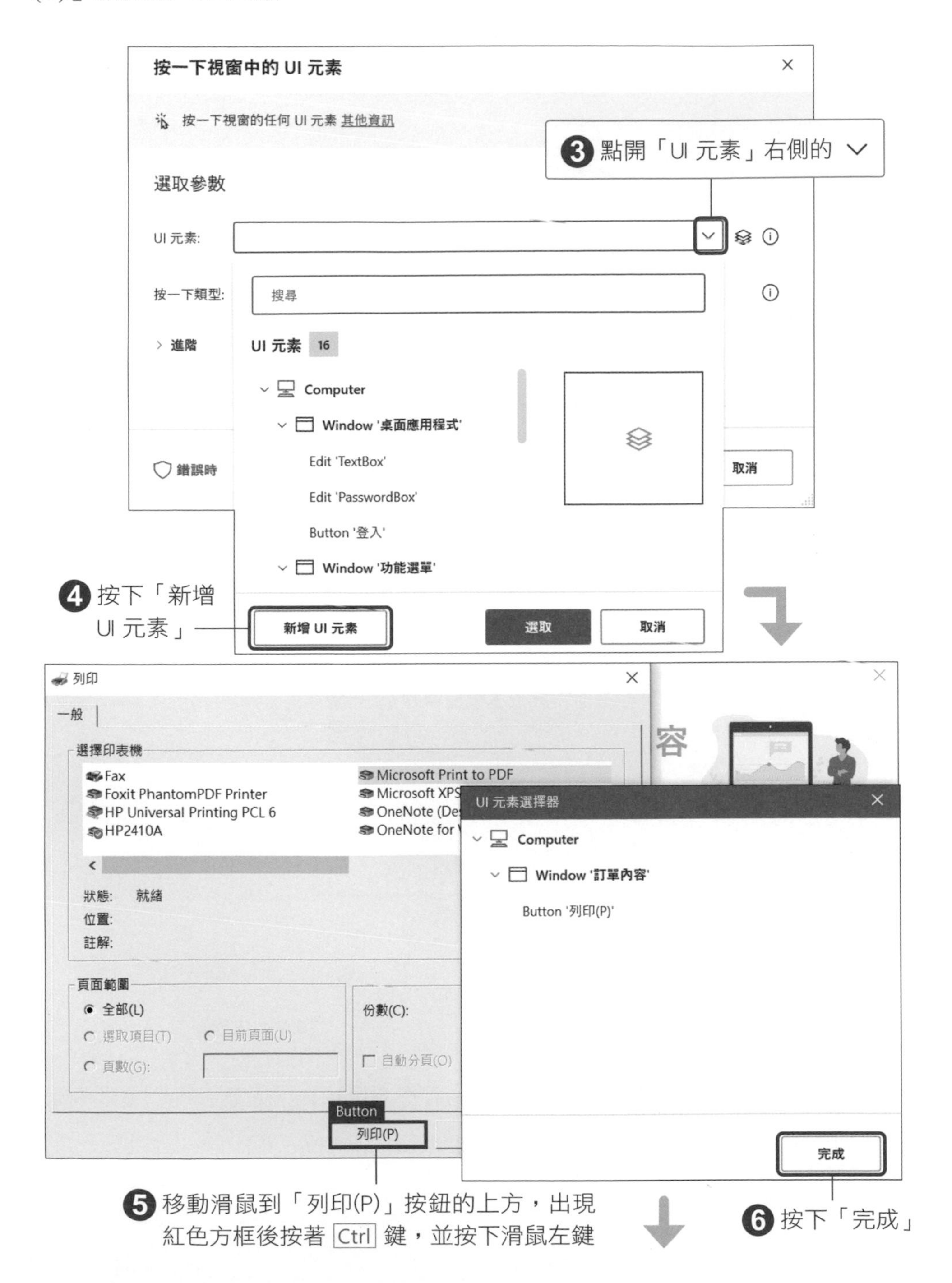

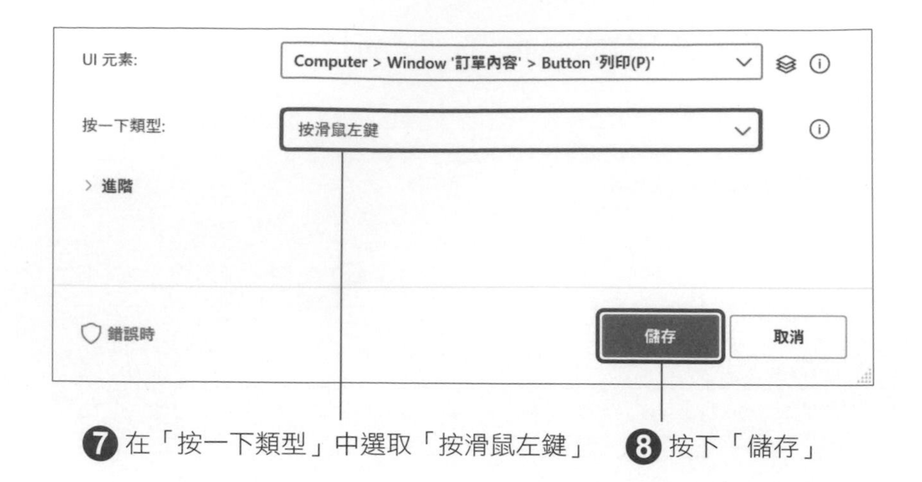

補充說明

若使用快捷鍵可以更快速的操作按鈕或圖示時，我們可以使用「滑鼠和鍵盤」群組中的「傳送按鍵」動作來操作應用程式。「列印(P)」按鈕的快捷鍵為「Alt + P」，只要在列印視窗中輸入「Alt + P」，就可以選取按鈕。設定「傳送按鍵」動作時，我們在「要傳送的文字」欄位中輸入「{Alt}(P)」。

◆ 輸入「檔案名稱」

按下「列印(P)」鈕後，會跳出「另存列印輸出」視窗。我們要將輸出的 PDF 取個檔名，請新增「填入視窗內的文字欄位」動作至工作區。

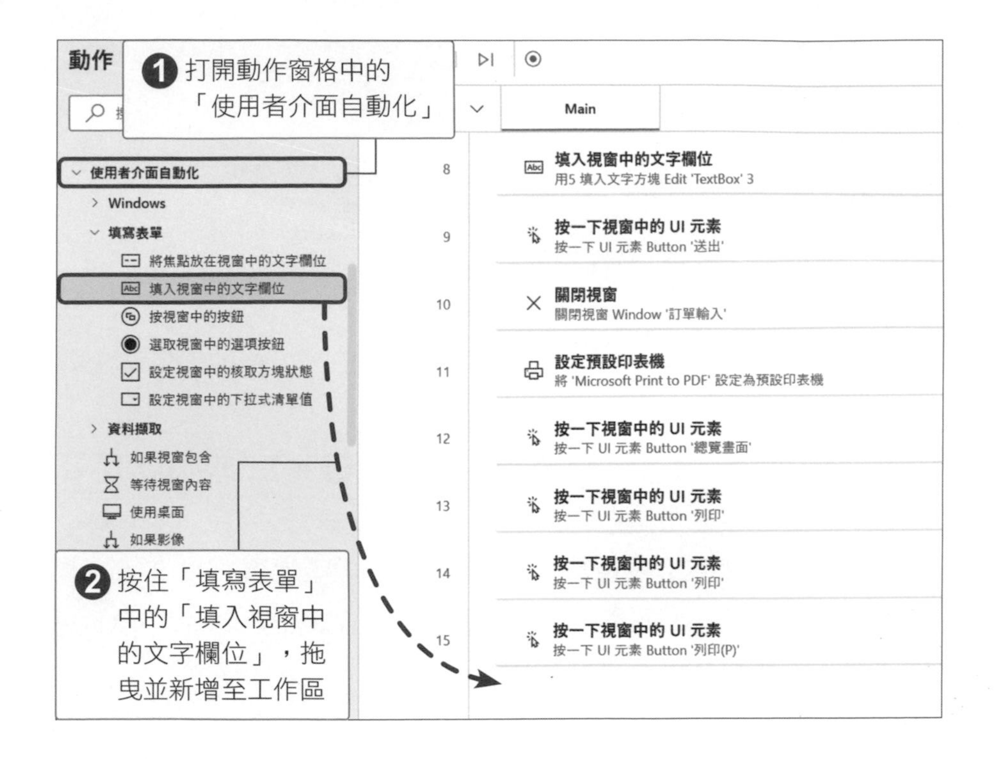

在「文字方塊」欄位中設定欲輸入文字的文字方塊對應的 UI 元素。請點開文字方塊下拉式清單，按下「新增 UI 元素」，取得「檔案名稱」文字方塊的 UI 元素。

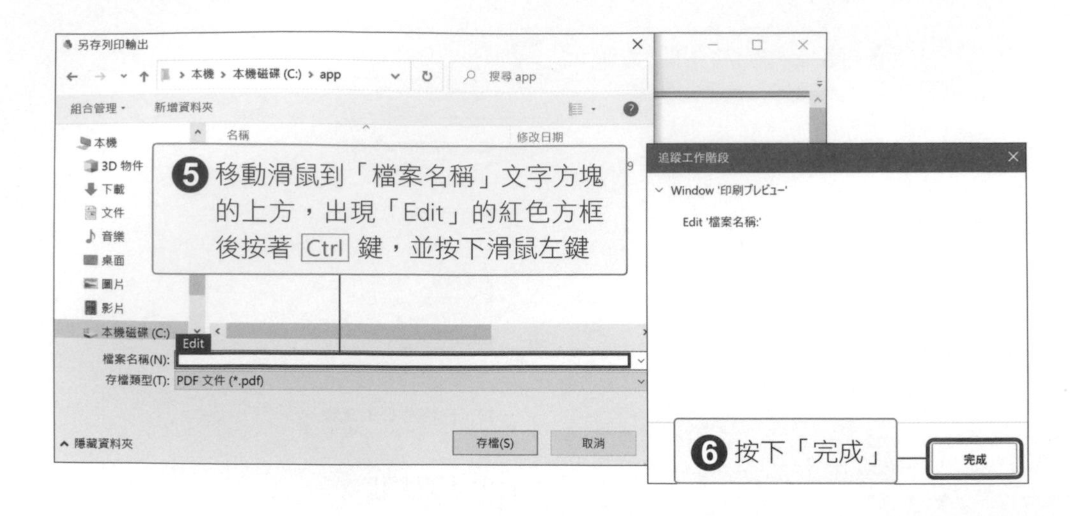

在「要填入的文字」欄位中，跟前面一樣同樣選擇「以文字、變數或運算式的形式輸入」，並輸入「%%UserProfile%%\Desktop\Test列印.pdf」(以下會補充介紹 %%UserProfile%%)。

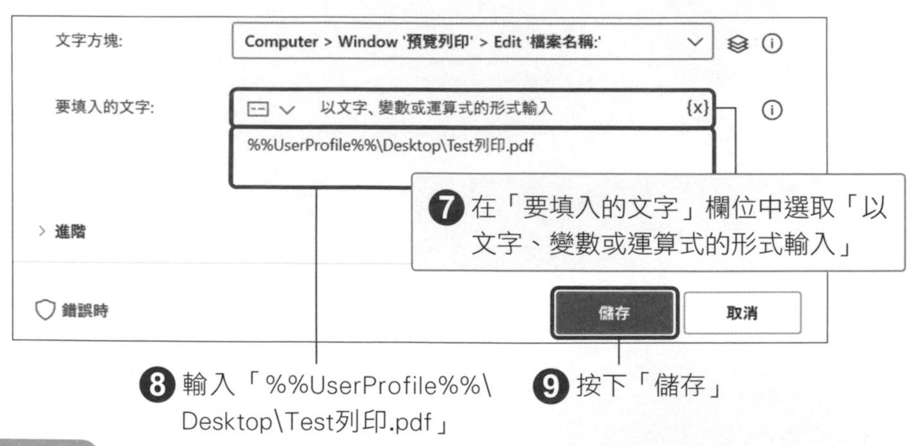

補充說明

「%%UserProfile%%」是使用 Windows「環境變數」功能的一種表示方法。「%%UserProfile%%」為使用者資料夾的環境變數，可以取得類似「C:\Users\<使用者名稱>」的路徑。使用環境變數時，為了與變數做區隔，必須在前後多加一組「%」。另外，我們也可以使用「資料夾」群組中的「取得特殊資料夾」動作來取得桌面的路徑，請參考 p.9-8 的說明。

◆ 點擊「存檔」按鈕的 UI 元素

命名完成後，要按下「存檔」進行儲存。請新增「按一下視窗中的 UI 元素」動作至工作區。

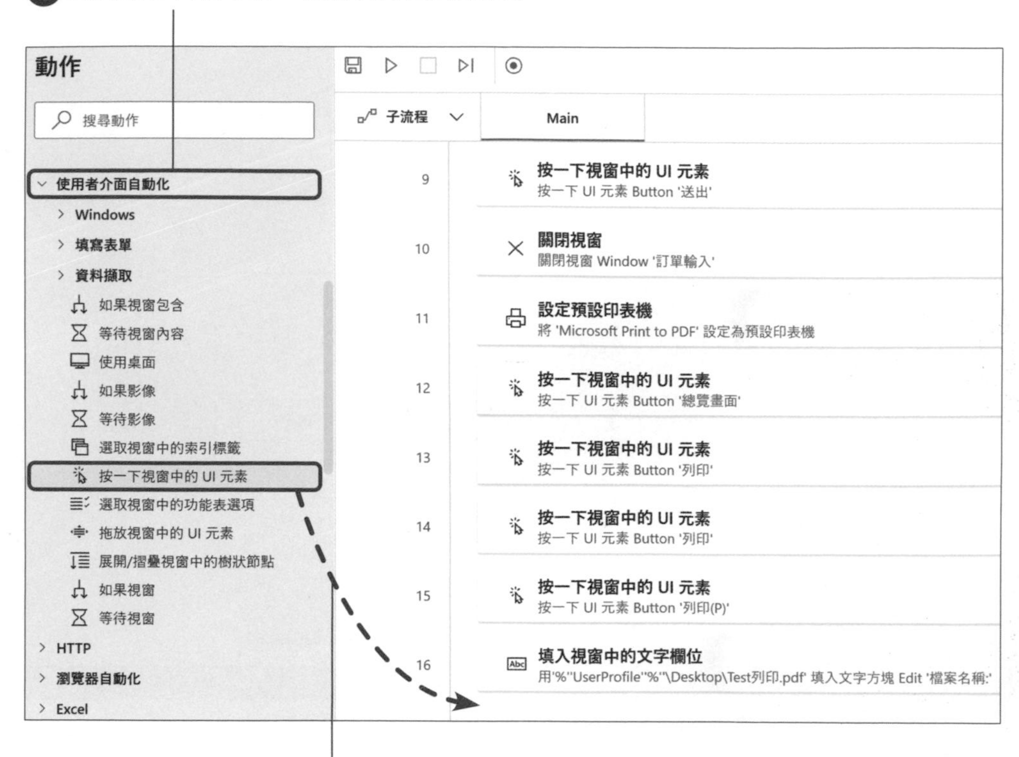

請點開 UI 元素下拉式清單，按下「新增 UI 元素」，取得「儲存」按鈕的 UI 元素。

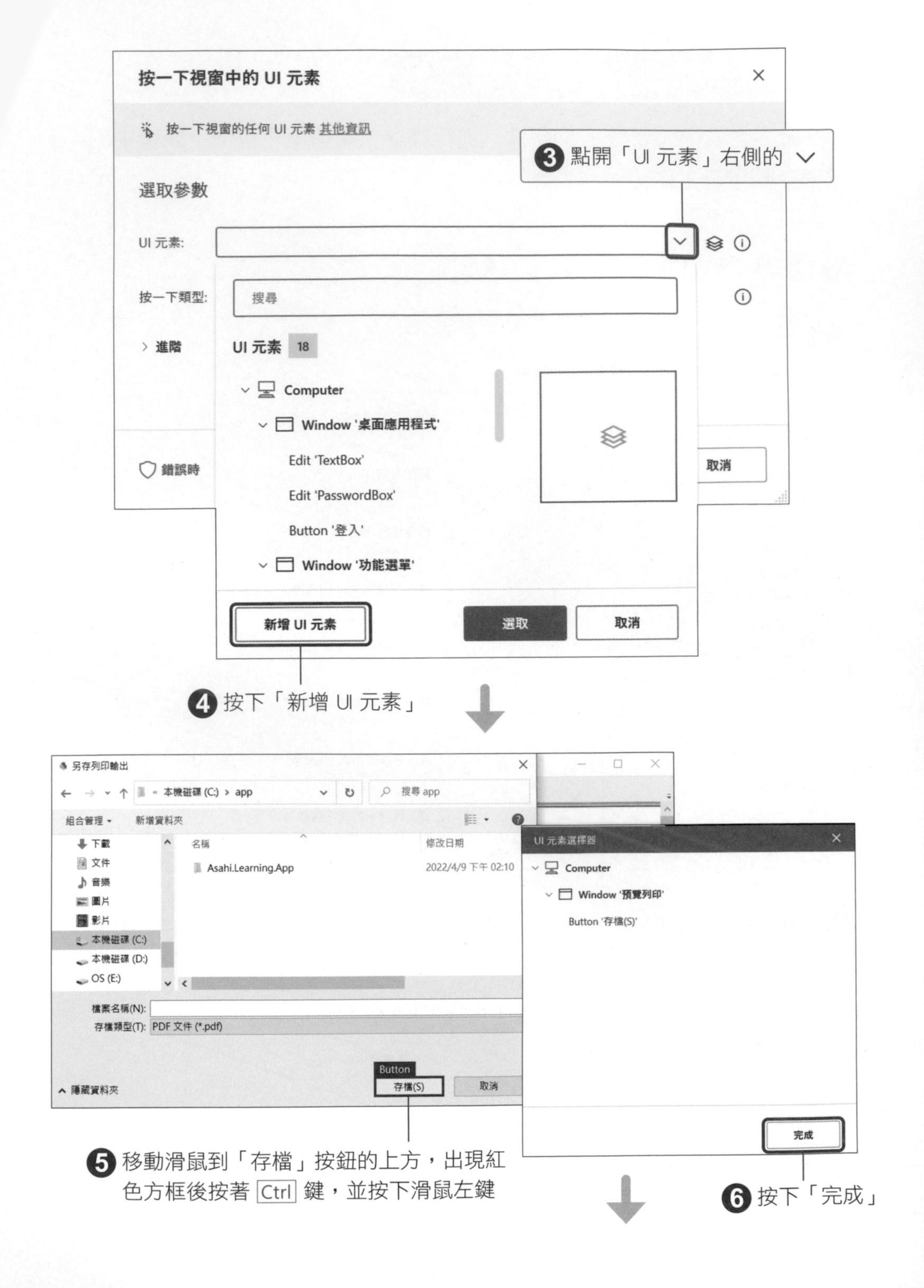
按一下視窗中的 UI 元素
按一下視窗的任何 UI 元素 其他資訊
❸ 點開「UI 元素」右側的 ∨
選取參數
UI 元素:
按一下類型:
搜尋
進階
UI 元素 18
Computer
Window '桌面應用程式'
Edit 'TextBox'
Edit 'PasswordBox'
Button '登入'
Window '功能選單'
錯誤時
取消
新增 UI 元素
選取
取消
❹ 按下「新增 UI 元素」
另存列印輸出
本機磁碟 (C:) › app
搜尋 app
組合管理
新增資料夾
下載
文件
音樂
圖片
影片
本機磁碟 (C:)
本機磁碟 (D:)
OS (E:)
名稱
修改日期
Asahi.Learning.App
2022/4/9 下午 02:10
檔案名稱(N):
存檔類型(T): PDF 文件 (*.pdf)
隱藏資料夾
Button
存檔(S)
取消
UI 元素選擇器
Computer
Window '預覽列印'
Button '存檔(S)'
完成
❺ 移動滑鼠到「存檔」按鈕的上方，出現紅色方框後按著 Ctrl 鍵，並按下滑鼠左鍵
❻ 按下「完成」

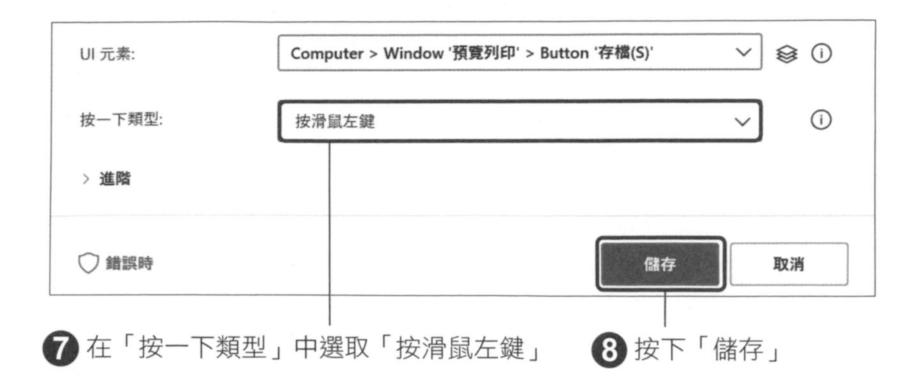

◆ 關閉「預覽列印」視窗

和上個流程同樣的道理，接著可以關閉視窗畫面，回到主選單。由於會有多個畫面，要注意關閉順序，與開啟順序相反，先關閉「預覽列印」視窗。請新增「關閉視窗」動作到工作區。

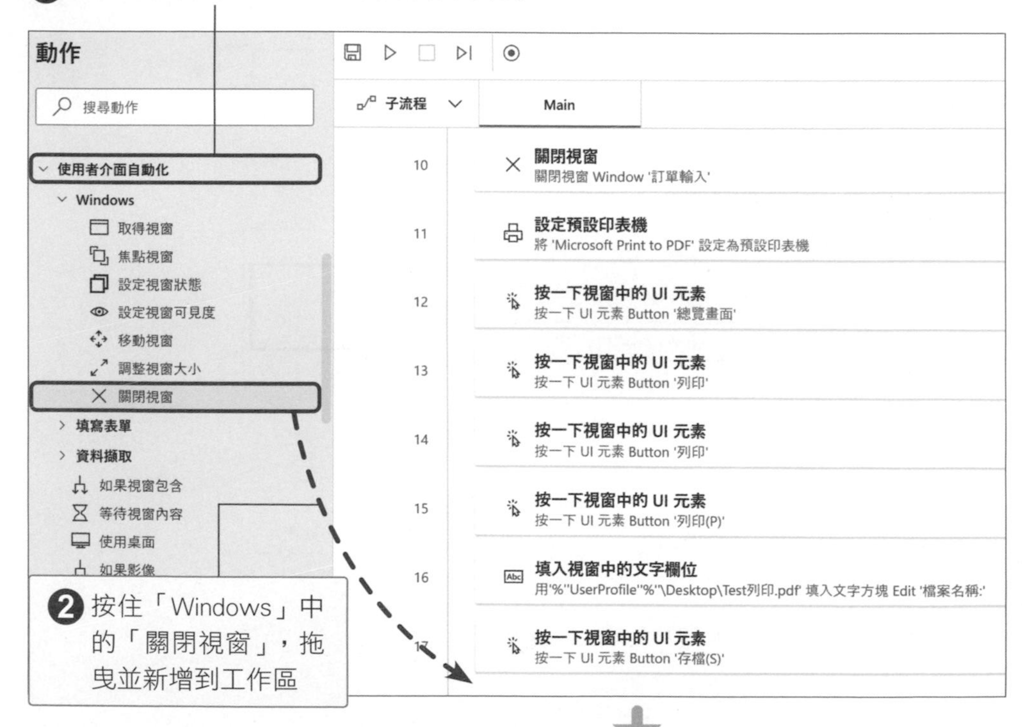

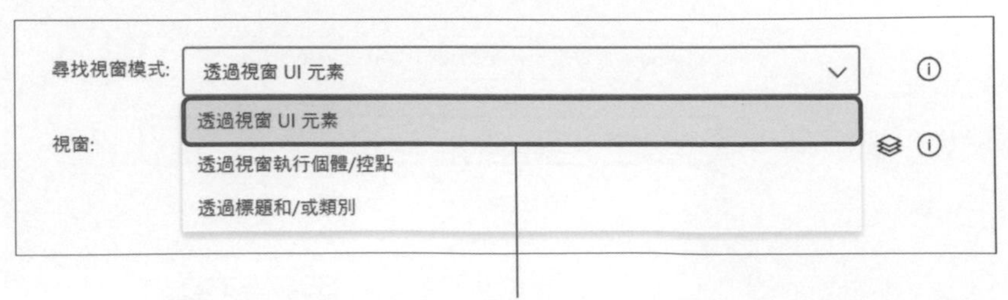

❸ 在「尋找視窗模式」欄位選取「透過視窗 UI 元素」

在「視窗」欄位設定要關閉的視窗。我們從視窗欄位的下拉式清單選取「Window '預覽列印'」。

❹ 點開「視窗」欄位右側的 ∨

❺ 點選「Window '預覽列印'」 ❻ 按下「選取」→「儲存」

◆ 關閉「訂單內容」視窗

接著關閉「訂單內容」視窗。和之前一樣，新增「關閉視窗」動作到工作區，然後依照相同的步驟操作。

❶ 打開動作窗格中的「使用者介面自動化」

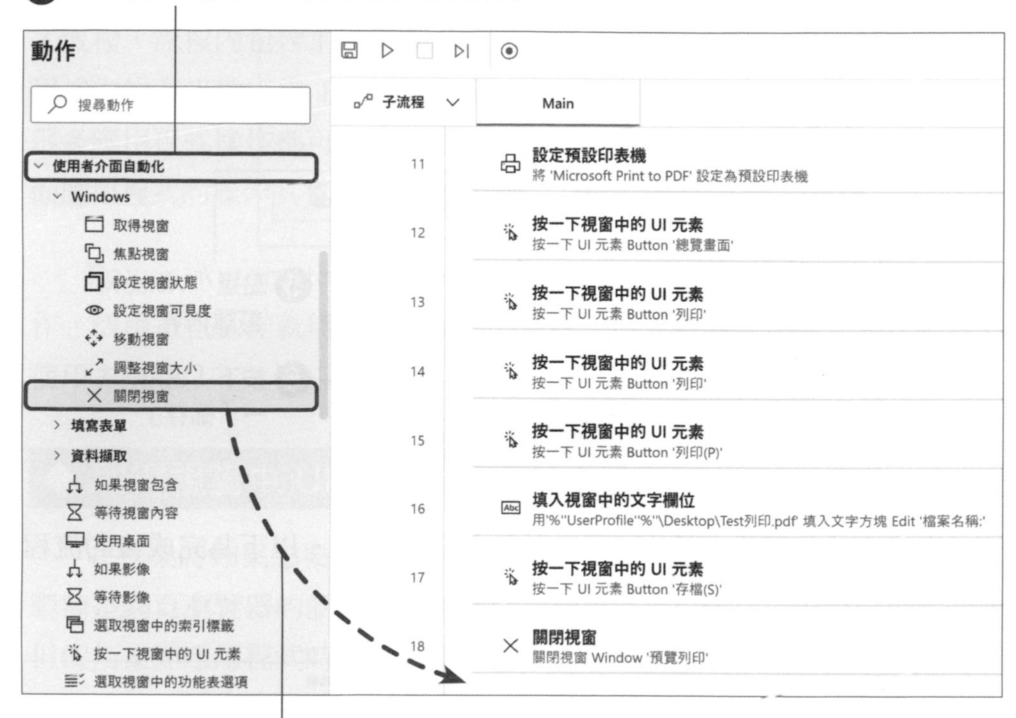

❷ 按住「Windows」中的「關閉視窗」，拖曳並新增到工作區

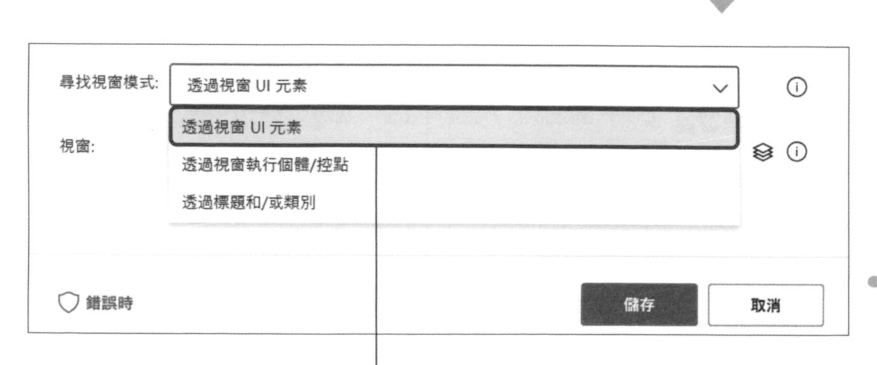

❸ 在「尋找視窗模式」欄位選取「透過視窗 UI 元素」

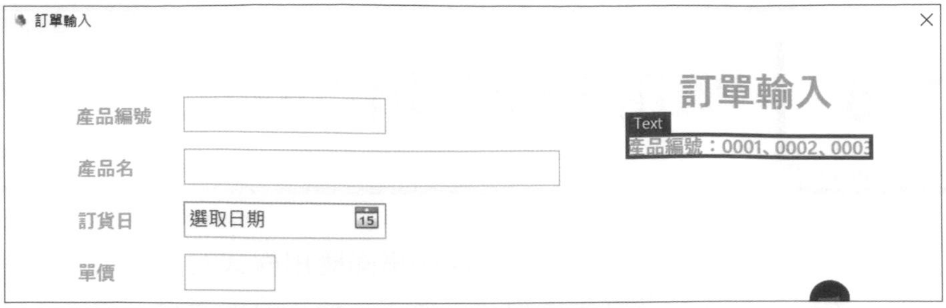

此時，我們在設定「取得視窗中 UI 元素的詳細資料」動作時，將「UI 元素」欄位設定成「訂單輸入」視窗中產品編號的 UI 元素，接著展開「進階」欄位在「屬性名稱」選單中設定欲取得的屬性。這裡我們想要取得文字因此選取「Own Text」。

❶在「UI 元素」欄位中設定「訂單輸入」視窗中產品編號 的 UI 元素

❷從「屬性名稱」選單中選取「Own Text」 ❸按下「儲存」

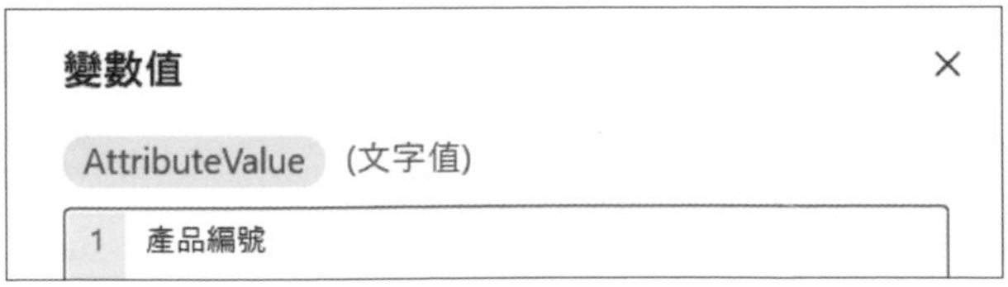

執行動作後的結果成為變數 %AttributeValue%，變數裡面存的就是「產品編號」這 4 個字。

編註 雖然此處畫面顯示後面還有 3 組數字，不過 Power Automate Desktop 似乎無法正確擷取出來，因此實際操作時，建議要檢查一下變數內的文字內容，以免結果跟您想的不一樣。

補充說明

下表為「取得視窗中 UI 元素的詳細資料」這個動作能夠取得的屬性。若屬性沒有出現在「屬性名稱」的下拉式選單內，可以直接用鍵盤輸入的方式來進行設定。

Own Text	controltype	isoffscreen
Exists	localizedcontroltype	class
Location and Size	name	ID
Enabled	processid	parentwindowhandle
windowtitle	processname	bulktext
Iskeyboardfocusable	ispassword	Accesskey
helptext	iscontrolelement	Acceleratorkey
haskeyboardfocus	iscontentelement	

◆ 從視窗擷取資料

使用「從視窗擷取資料」動作可以取得視窗上表格中的值，並形成表格資料。此動作位於「使用者介面自動化」群組中「資料擷取」的下方。我們以「訂單內容」視窗為例，取得視窗中的表格資料。

我們在設定「從視窗擷取資料」動作時，將「視窗」欄位設定為「訂單內容」視窗中的表格。「將擷取的資料儲存在」欄位則需要設定取得資料要儲存的位置，選項包括：「Excel 試算表」、「變數」。選擇「Excel 試算表」，動作會啟動新的 Excel 試算表並將結果輸入到工作表中；選擇「變數」則會將結果輸出到「變數已產生」中。這裡我們選取「變數」。

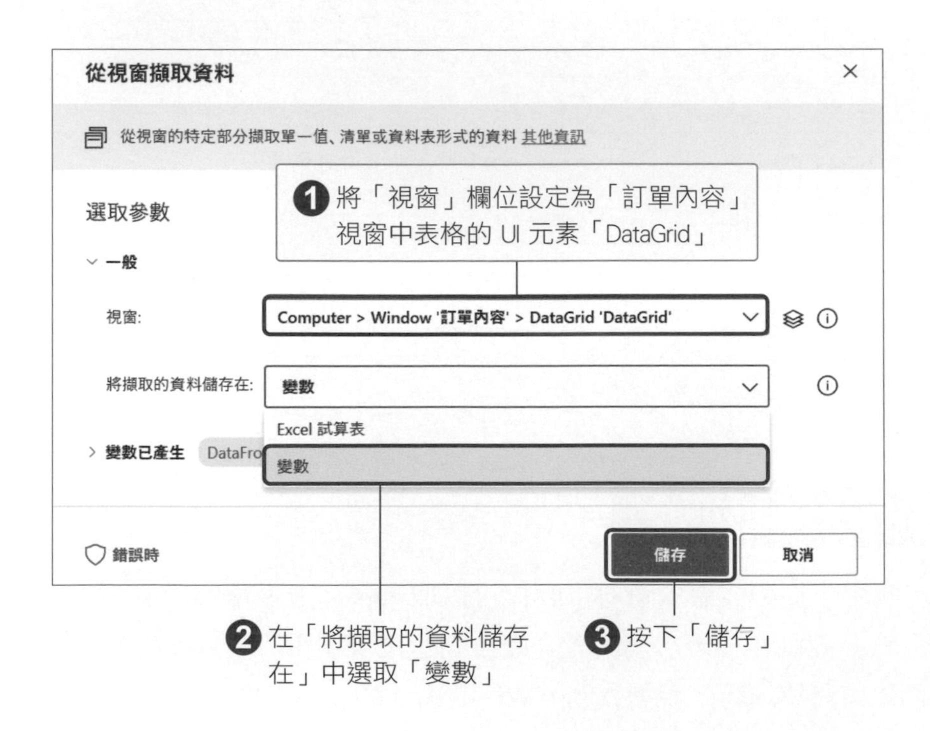

檢視變數 %DataFromWindow%，其資料類型為資料表。

變數值

DataFromWindow (資料表)

#	產品編號	產品名	訂貨日	單價	數量	金額	Column1	Column2
0	*	0001	Power Automate Desktop 入門講座	2022/04/09	10000	1	10000	
1	*	0002	Power Automate Desktop 學習手冊	2022/04/10	300000	2	450000	
2	*	0003	Power Automate Desktop 特訓班	2022/04/12	500000	1	500000	

◆ 設定視窗中的下拉式清單值

在教學 App「Asahi.Learning.exe」的「各式控制元件」選單中有一個下拉式清單的控制項。在選取使用者或是在選擇日期時，經常會看到這種下拉式清單，此處可以透過範例進行練習。

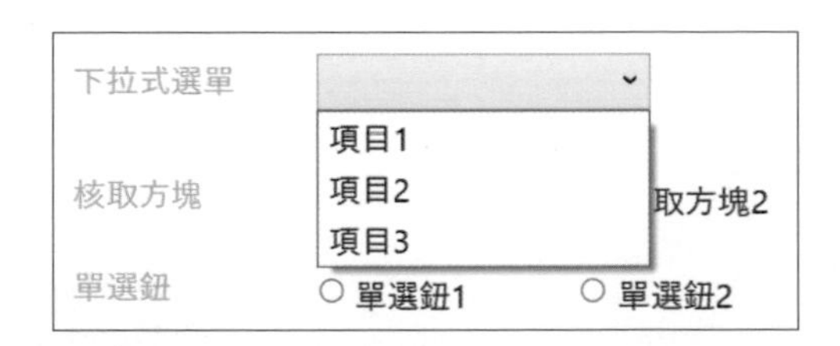

使用「設定視窗中的下拉式清單值」動作可以選擇下拉式清單內的項目。這個動作位於「使用者介面自動化」群組的「填寫表單」之中。

在「設定視窗中的下拉式清單值」動作裡，我們可以在「下拉式清單」設定下拉式清單的 UI 元素。

在「作業」欄位可以選擇以下選項來決定要做什麼事情。

選項	功能
清除選取的選項	可以清除項目
依名稱選取選項	依照下方輸入的名稱找到對應的選項
依索引選取選項	依照項目的順序來選取，位置順序由上而下編號

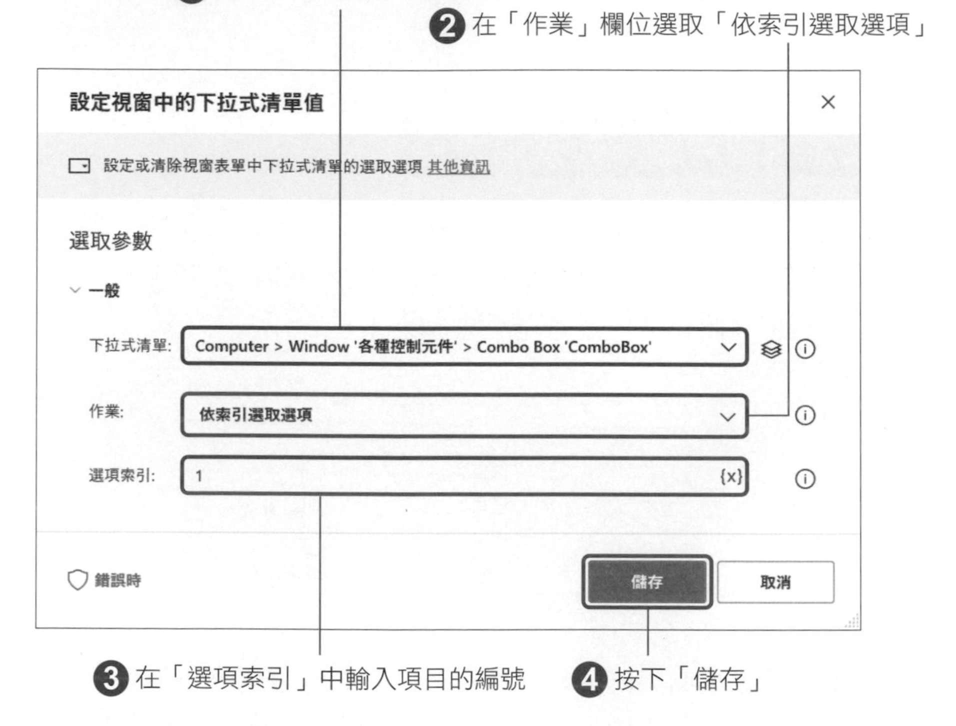

◆ 視窗的單選鈕項目

視窗中常會提供多種不同選項讓使用者擇一選取，一般稱為單選鈕 (Radio Button)，例如讓使用者選擇教育程度、性別等，其中每個選項都是不同的 UI 元素。

單選鈕　◉ 單選鈕1　○ 單選鈕2

使用「選取視窗中的選項按鈕」動作可以操作單選鈕。這個動作位於「使用者介面自動化」群組中的「填寫表單」下方。

只要在「選項按鈕」欄位設定要選取的單選鈕對應的 UI 元素，就可以自動選擇指定的單選鈕。

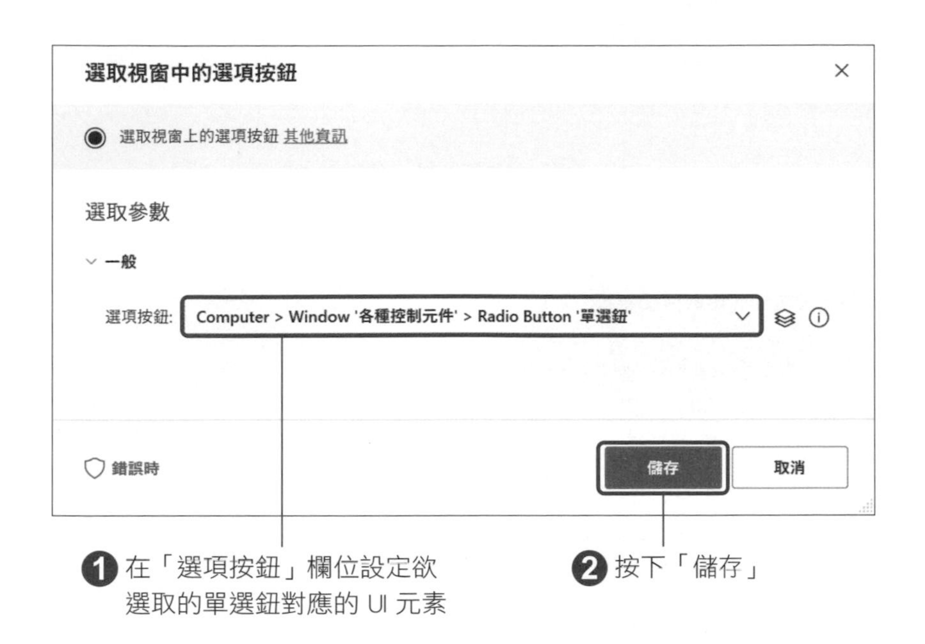

◆ 核取視窗中的多選鈕

使用者介面也常會遇到同一個設定需要使用者勾選多個選項的情形，例如要讓使用者勾選搜尋條件，這時候會使用多選鈕或稱核取方塊 (Check Box)，我們可以在流程中設定多選鈕是勾選或不勾選的狀態。

核取方塊 ☐ 核取方塊1 ☐ 核取方塊2

使用「設定視窗中的核取方塊狀態」動作可以讓核取方塊呈現勾選或不勾選的狀態。這個動作位於「使用者介面自動化」群組中的「填寫表格」下方。

請先在「核取方塊」欄位中指定對應的 UI 元素；然後在「將核取方塊狀態設定為」欄位中選擇勾選狀態，若希望勾選核取方塊，則選擇「已勾選」；若不要勾選核取方塊，則選擇「未勾選」。

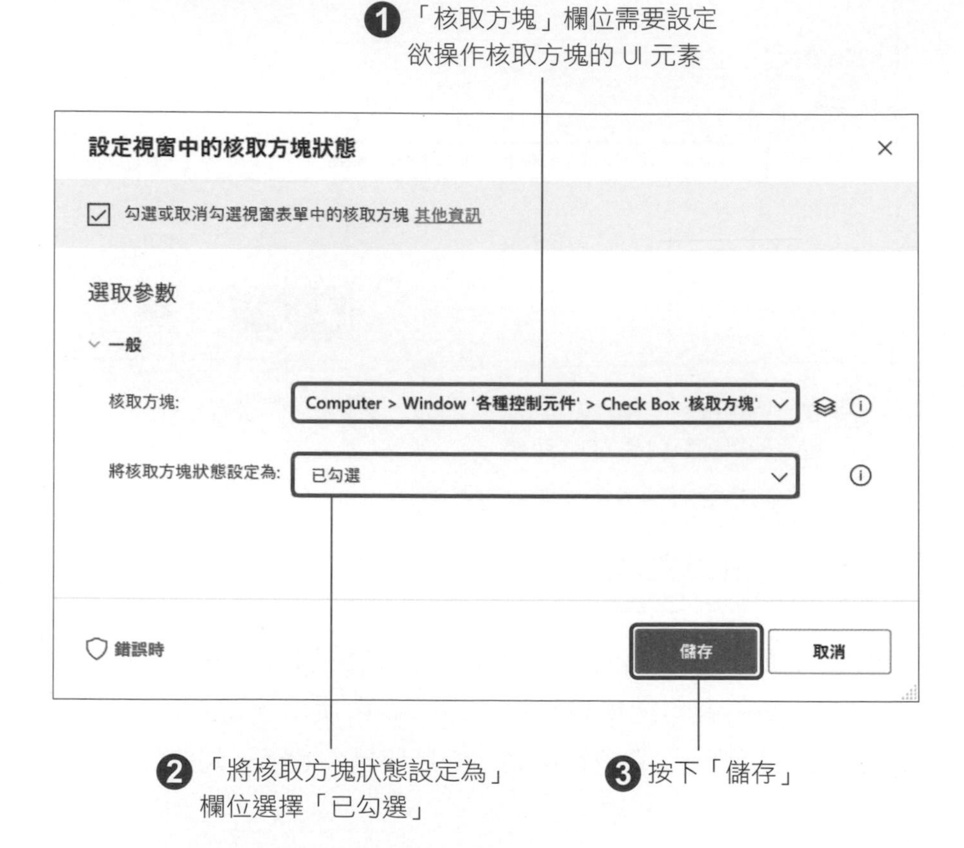

7-6 透過影像辨識進行 UI 操作

有些應用程式中所使用的按鈕或文字方塊 UI 元素無法被取得。在本章示範的「Asahi.Learning.exe」中，就包含有這樣的元件，請在登入後於功能選單中按下「按鈕功能展示」，進入視窗畫面可以看到 4 個按鈕。這些按鈕與我們實際建立流程時所操作的按鈕外觀上沒有太大的差異，但當我們想要取得這幾個按鈕的 UI 元素時，會發現按鈕上不會顯示紅色方框，紅色方框顯示在整個視窗的外框上。代表這類元件無法取得 UI 元素，因此無法在流程中指定該元件，要改用其他方式。

在 Power Automate Desktop 上，**只要使用影像辨識，即使無法取得到 UI 元素，也可以操作該應用程式**。具體做法會先將某一個元件的影像儲存下來，這行為稱為登錄，等要操作時再比對畫面找出對應的元件。

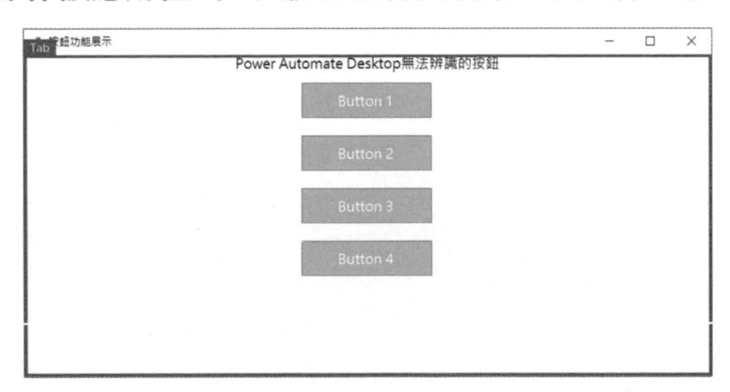

◆ 移動滑鼠至影像

「滑鼠和鍵盤」群組中「移動滑鼠至影像」動作以影像辨識的方式找到 UI 元素，把 UI 元素作為定位，滑鼠再做移動的動作。請先新增「移動滑鼠至影像」動作，然後點擊「選取影像」，即可擷取元件的影像進行登錄 (編註：等同先前新增 UI 元素的操作)。

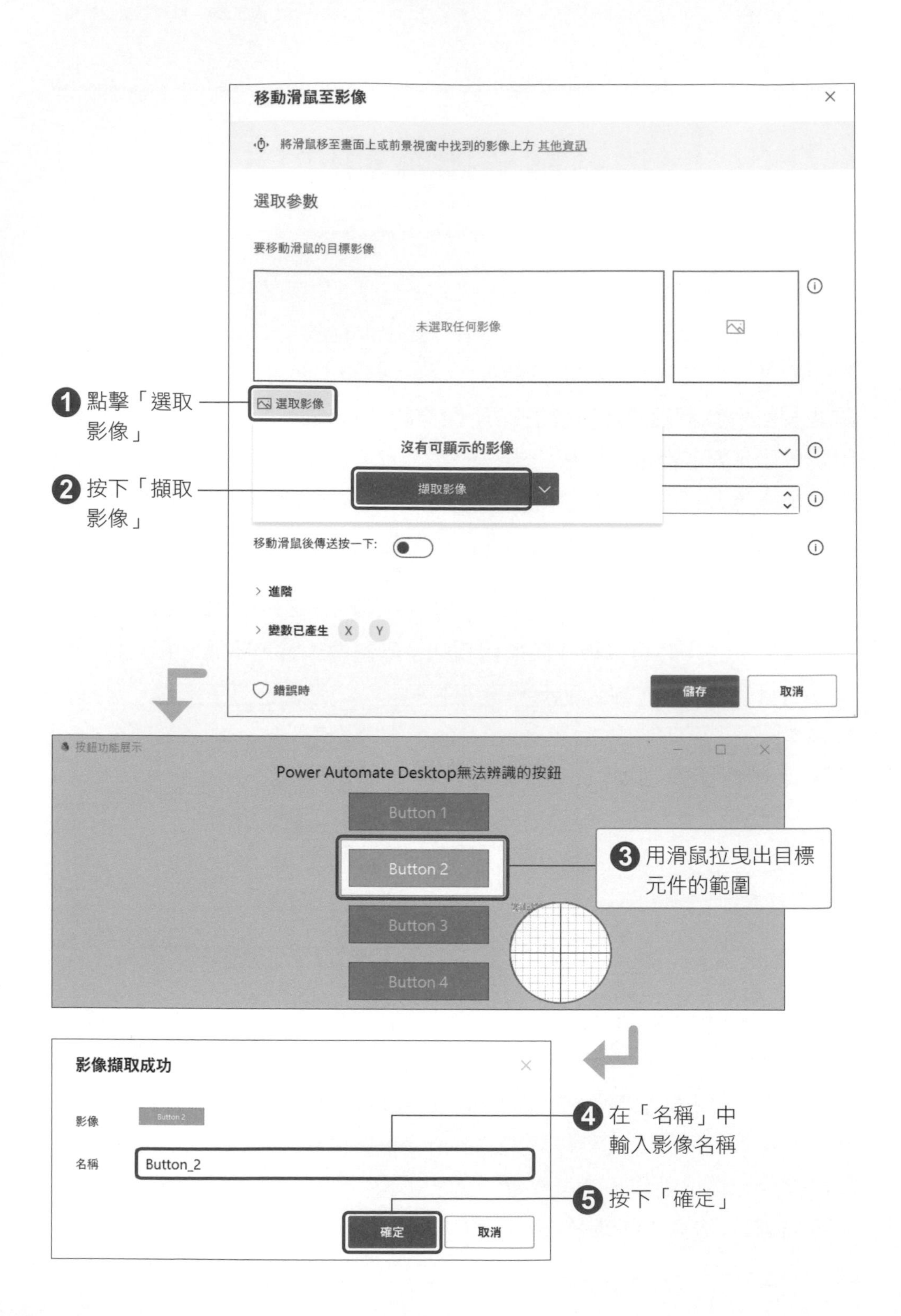
移動滑鼠至影像
將滑鼠移至畫面上或前景視窗中找到的影像上方 其他資訊
選取參數
要移動滑鼠的目標影像
未選取任何影像
選取影像
沒有可顯示的影像
擷取影像
移動滑鼠後傳送按一下:
進階
變數已產生 X Y
錯誤時
儲存
取消
❶ 點擊「選取影像」
❷ 按下「擷取影像」
按鈕功能展示
Power Automate Desktop無法辨識的按鈕
Button 1
Button 2
Button 3
Button 4
❸ 用滑鼠拉曳出目標元件的範圍
影像擷取成功
影像
名稱
Button_2
確定
取消
❹ 在「名稱」中輸入影像名稱
❺ 按下「確定」

在「要移動滑鼠的目標影像」欄位放置登錄的影像資料。當動作被執行時，軟體就會依照登錄好的元件影像，在畫面中找到指定的元件，並將滑鼠移到該元件上。

將「移動滑鼠後傳送按一下」欄位設定為開啟的話，當游標移動到影像上後就會進行點擊。我們同樣可以在「按一下類型」選擇要用滑鼠做哪個動作。

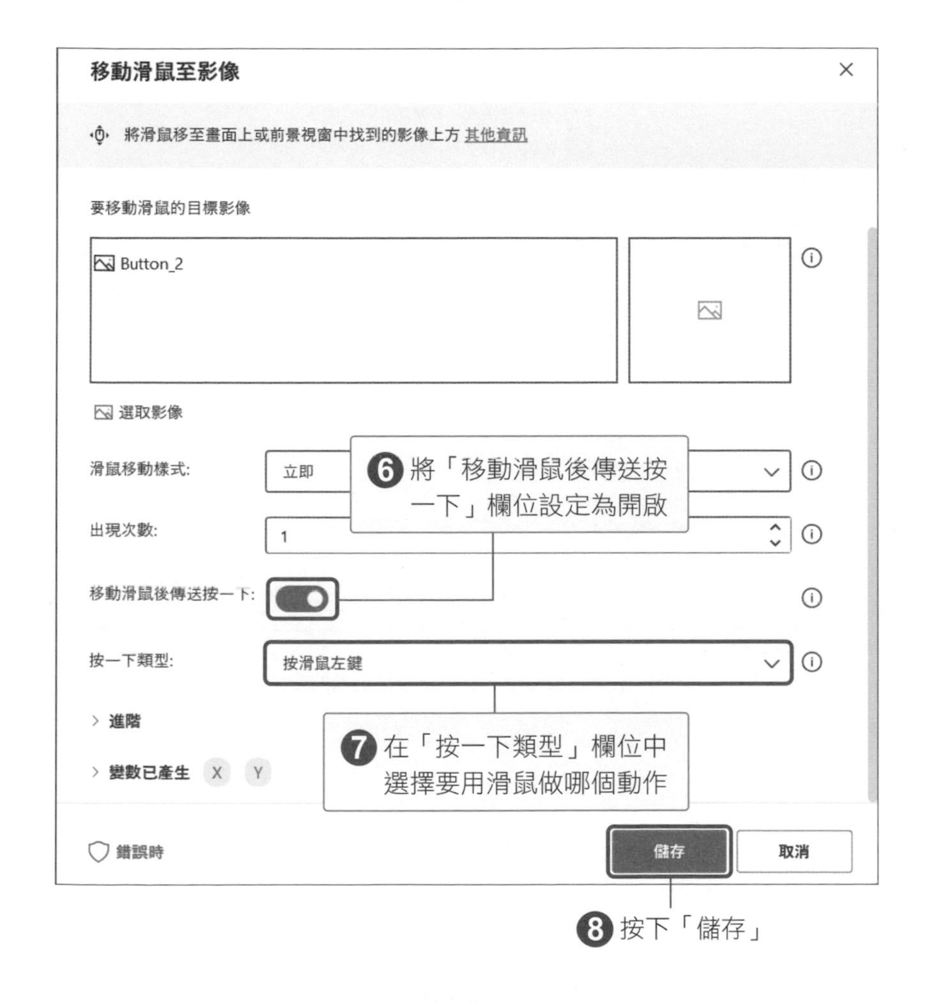

用影像辨識元件這個動作，就是取代之前以 UI 元素指定元件，因此其他流程都大同小異，此處就不再贅述了。

補充說明

在使用影像辨識操作時，一定要讓操作對象顯示於畫面上。假設我們想要按下「Button 2」按鈕，而操作對象的按鈕像下圖一樣被其他視窗擋住，Power Automate Desktop 的影像辨識功能會無法辨識到該按鈕而無法點擊。

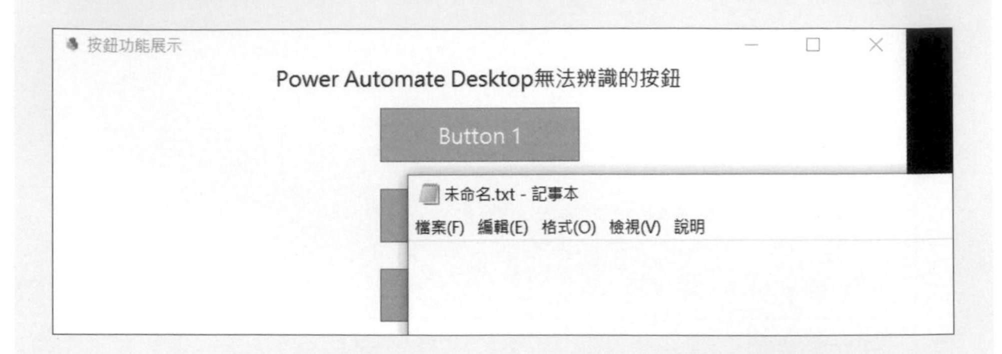

因此，在使用影像識別操作時一定要確保操作對象顯示在畫面上。

若發現想要點擊的按鈕可能會在執行流程時被其他視窗擋住，可以使用「使用者介面自動化」群組中的「Windows」底下的「焦點視窗」動作。這個動作可以聚焦於指定的視窗，讓該視窗一直顯示於最上層。

將「焦點視窗」動作置於影像辨識之前，就可以避免視窗被其他視窗擋住。

▼ 接下頁

焦點視窗
啟動特定視窗並移至前景 其他資訊
選取參數
尋找視窗模式: 透過視窗 UI 元素
視窗: appmask > Window '按鈕功能展示'
錯誤時
儲存
取消
1
焦點視窗
焦點視窗 Window '按鈕功能展示'
2
移動滑鼠至影像
將滑鼠指標移至 整個畫面 上找到之影像的 中央 上，並在該處傳送 按滑鼠左鍵

7-7 用錄製方式建立自動化流程

在 Power Automate Desktop 中內建了記錄功能一「錄製程式」，可以將我們在桌面上執行的操作輕鬆轉換成 Power Automate Desktop 上的動作，它共有兩種記錄模式，一種是取得 UI 元素，另一種則是影像錄製。

透過記錄功能讓建立流程變得十分直覺，但直接記錄人工操作，也代表著多餘的滑鼠或鍵盤輸入也會一併轉換成動作。因此，作者建議**先透過「錄製程式」記錄大略的操作，轉換成動作，接著再將動作依序進行微調**。

接著我們以同一個教學 App 來示範，改用「錄製程式」的方式完成開頭登入應用程式的操作。

◆ 使用預設模式進行錄製

我們可以使用工具列的 ⦿ 來開啟「錄製程式」。開啟「錄製程式」之前，需要先開啟欲操作的應用程式。雖然也可以經由桌面圖示來啟動應用程式，**錄製程式確實可以記錄由桌面圖示啟動應用程式的動作，但桌面圖示常會變換位置或遭到刪除，流程就會發生錯誤**。因此仍建議使用「執行應用程式」動作來啟動應用程式。

首先我們參考 p.7-5 來新增「執行應用程式」動作，並完成其設定。啟動應用程式之後，使用 ⦿，開始使用記錄功能。

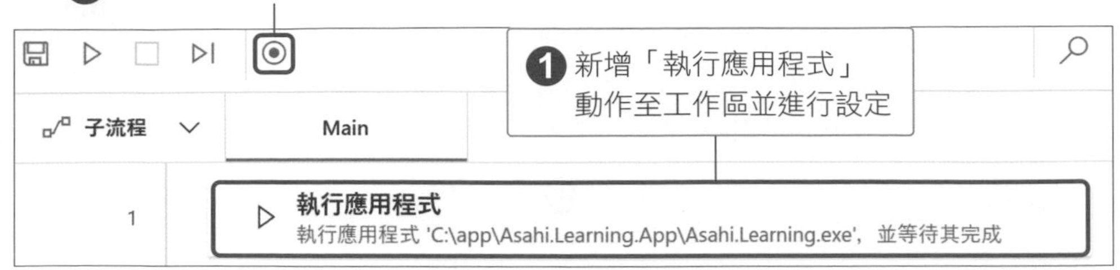

「錄製程式」視窗顯示後，點擊「記錄」開始記錄桌面的操作。按下「記錄」按鈕後，該按鈕會變成顯示「暫停」，再按一次就會暫停流程錄製。

開始操作後，在點擊或使用鍵盤輸入的當下，「錄製的動作」內就會同步新增該動作。譬如只要在教學 App「Asahi.Learning.exe」的「使用者 ID」文字方塊中輸入「asahi」，Power Automate Desktop 就會自行增加「填入視窗中的文字欄位」這個動作，並設定輸入的文字為「asahi」。

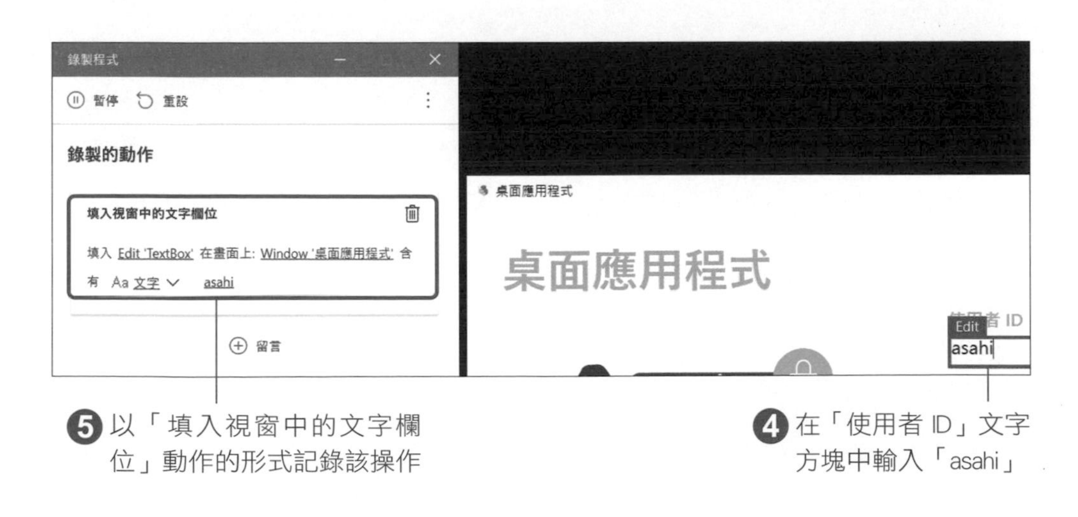

每個操作步驟都會被記錄為一個動作。當我們輸入「asahi」到「密碼」文字方塊內，「錄製程式」就會將該操作記錄為「填入視窗中的文字欄位」動作，並設定為「機密文字」。接著，我們點擊「登入」。

如果原來視窗的位置擋住按鈕或是不方便輸入文字，我們可能會移動一下視窗畫面，這類動作也都會被記錄下來，因此建議可以事先將視窗擺放在一定不會被擋到的位置，避免將不必要的動作錄製下來。若真的不小心操作錯誤或是有多餘的動作，也可以點擊動作右側的 🗑 來刪除動作。

在操作時點擊「錄製程式」視窗下方的「+留言」按鈕可以輸入留言。留言可以輸入任何內容，像是視窗轉移的時機點等，在之後回到流程設計工具的工作區後會轉換為註解。完成操作後則按下「完成」來結束記錄。

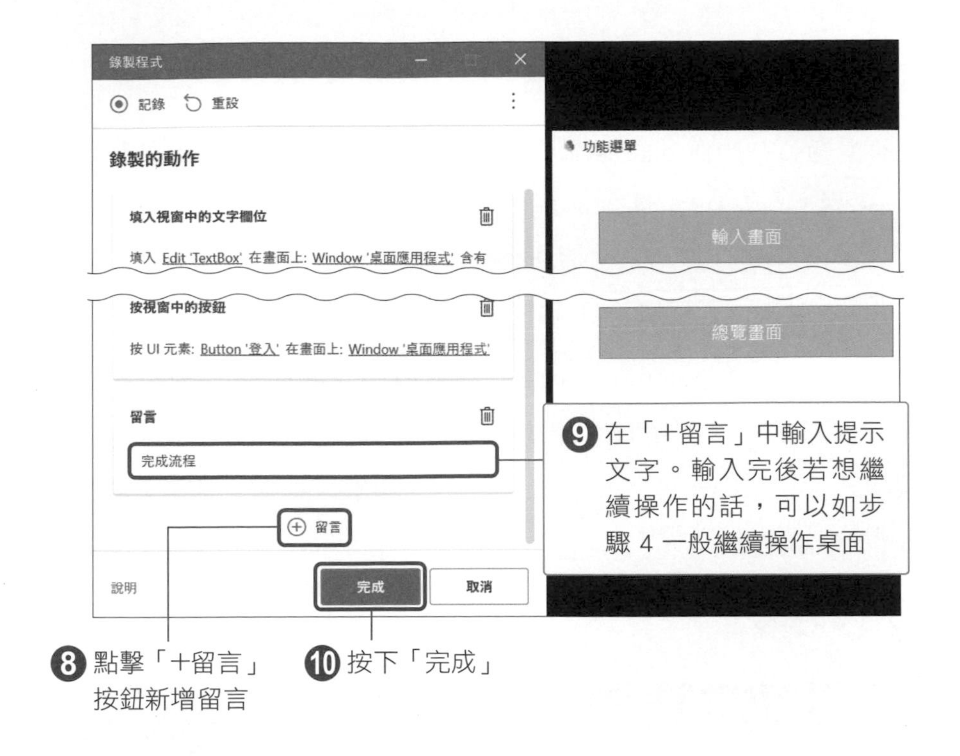

「錄製程式」所記錄下來的操作會以動作的形式新增到流程設計工具內的工作區中，Power Automate Desktop 會在新增動作的前後自動加上註解，若用不到可以刪除，不影響日後流程的運作。

◆ 使用影像錄製進行記錄

先前提過有些操作介面無法順利取得 UI 元素，因此必須改以影像辨識的方式來建立流程。「錄製程式」也有提供影像錄製模式來應付這樣的狀況，只要在啟動「錄製程式」後按右上方的 ⋮，就可以切換「影像錄製」的開啟/關閉。

接下來，我們將說明如何使用「錄製程式」的影像錄製模式來記錄「Asahi.Learning.exe」的登入操作。從流程設計工具的工具列使用 ⦿，「錄製程式」視窗顯示後，按右上方的 ⋮，開啟「影像錄製」。點擊「記錄」來開始記錄操作過程。

❷ 點擊「記錄」

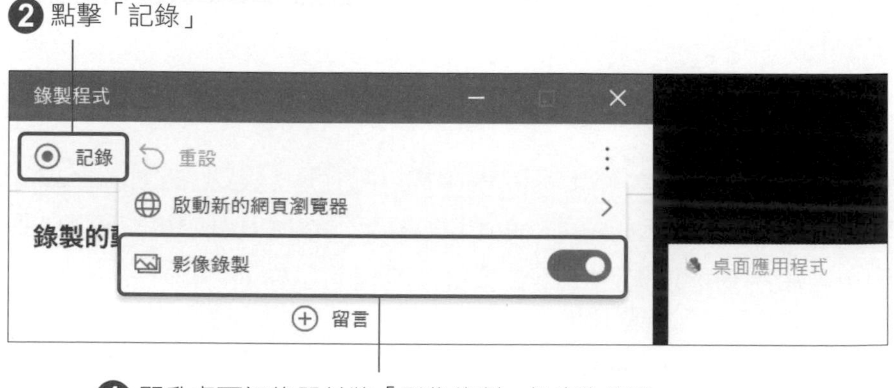

❶ 開啟桌面記錄器並將「影像錄製」設定為開啟

接著，點擊「使用者 ID」文字方塊並輸入「asahi」。在「錄製的動作」中，點擊的操作會轉換成「移動滑鼠至影像」動作，從鍵盤上輸出的文字或其它按鍵則會轉換成「在視窗中傳送按鍵」。

在預設模式記錄時會自動取得點擊的 UI 元素，點擊和文字輸入可以同時轉換到「填入視窗中的文字欄位」一個動作中。但使用影像錄製時，則要注意點擊和輸入文字會分別轉換成「滑鼠移動」及「鍵盤輸出」兩個動作。

接著，我們在「密碼」文字方塊中輸入密碼。點擊「密碼」文字方塊並輸入「asahi」，「錄製程式」視窗中會新增兩個和輸入「使用者 ID」時相同的動作。另外要注意的是，使用影像記錄時，密碼在「錄製程式」中不會自動加密，必須事後在動作設定中自行修改。

最後按下「登入」及「完成」。

操作過程會連同停止的時間都一起被記錄下來。停止的時間會被記錄成「等候」動作。若此動作實際上是不需等待的，可以將其刪除。此錄製模式過程中所擷取的影像，都會登錄於「影像」窗格中。

影像錄製的完整成果如上圖所示。

第 8 章

實戰演練：跨應用程式的自動化流程

透過本書第 4 章到第 7 章實際建立流程，我們已經了解 Power Automate Desktop 中應用程式及瀏覽器的基本操作。在實務工作中，我們可以透過這些基本操作的搭配達到工作流程自動化。為了讓讀者更了解實務上的運用，在本章我們以一個實戰案例來學習跨多個應用程式的流程建立步驟。

讀者可以先到本書下載網站下載實作中將使用到的 Excel 檔案，並儲存於桌面上。這個章節也將使用與第 5 章、第 7 章相同的網站和桌面應用程式。

- 來源資料存放於「訂單明細.xlsx」檔案

  請自行下載書附檔案，並將此檔案存放於「桌面」。

- Power Automate Desktop 練習網站 https://support.asahi-robo.jp/learn/

  瀏覽器使用 Microsoft Edge，並翻譯成中文網頁，請自行依之前步驟設定。

- Asahi.Learning.exe 示範程式

  應用程式可以儲存在任意的資料夾內。這個章節會和第 7 章一樣，以應用程式儲存於「C:\app\Asahi.Learning.App」中為前提做說明。

8-1　實際操作流程

在 Excel 檔「訂單明細.xlsx」中記錄了每個月的訂單內容。當「狀態」為「收訂」表示剛收到訂單，只要「訂單登錄」為「未輸入」時就必須到桌面應用程式 Asahi.Learning.exe 的「訂單輸入」視窗中輸入訂單資料。

而若「狀態」顯示為「銷售」表示已經產品出貨了，只要「銷售登錄」為「未輸入」時，則需要到「Power Automate Desktop 練習網站」的「銷售輸入」畫面上輸入資料。這裡使用「2021年4月」的資料。

需要輸入的資料如下：

狀態	訂單日期	出貨日期	銷售日期	公司名稱	商品編號	商品名稱	單價	數量	金額	訂單登錄	銷售登錄
銷售	2021/4/1	2021/4/3	2021/4/3	ASAHI SIGNAL 公司	0001	Power Automate Desktop 入門講座	10,000	10	100,000	已輸入	已輸入
銷售	2021/4/1	2021/4/3	2021/4/3	朝日 Avi 公司	0001	Power Automate Desktop 入門講座	10,000	3	30,000	已輸入	已輸入
收訂	2021/4/1			旭 OPEN 股份有限公司	0002	Power Automate Desktop 學習手冊	300,000	2	600,000	已輸入	未輸入
銷售	2021/4/2	2021/4/4	2021/4/4	朝日 ATLAS 公司	0003	Power Automate Desktop 特訓班	500,000	1	500,000	已輸入	未輸入
銷售	2021/4/2	2021/4/3	2021/4/3	朝陽 ENGINE	0002	Power Automate Desktop 學習手冊	300,000	2	600,000	已輸入	已輸入
收訂	2021/4/2			ASAHI Auto 有限公司	0001	Power Automate Desktop 入門講座	10,000	4	40,000	未輸入	未輸入
銷售	2021/4/3	2021/4/4	2021/4/4	旭 logic 股份有限公司	0003	Power Automate Desktop 特訓班	500,000	1	500,000	已輸入	未輸入
收訂	2021/4/3			Asahi VERGE 公司	0001	Power Automate Desktop 入門講座	10,000	3	30,000	已輸入	未輸入
收訂	2021/4/3			朝陽 SILVER 公司	0003	Power Automate Desktop 特訓班	500,000	1	500,000	未輸入	未輸入
銷售	2021/4/4	2021/4/5	2021/4/5	Asahi capsule 公司	0002	Power Automate Desktop 學習手冊	300,000	1	300,000	已輸入	未輸入
銷售	2021/4/4	2021/4/6	2021/4/6	旭日 SENSE 股份公司	0001	Power Automate Desktop 入門講座	10,000	5	50,000	已輸入	未輸入
收訂	2021/4/5			ASAHI ACTIVE 公司	0003	Power Automate Desktop 特訓班	500,000	1	500,000	未輸入	未輸入
銷售	2021/4/6	2021/4/7	2021/4/7	朝日 Solid 有限公司	0002	Power Automate Desktop 學習手冊	300,000	2	600,000	已輸入	未輸入
收訂	2021/4/6			Asahi Echo 股份公司	0003	Power Automate Desktop 特訓班	500,000	1	500,000	未輸入	未輸入
收訂	2021/4/7			朝比 INTER 公司	0001	Power Automate Desktop 入門講座	10,000	8	80,000	未輸入	未輸入

狀態為「收訂」且訂單登錄為「未輸入」(要輸入到「Asahi.Learning.exe」)

狀態	訂單日期	出貨日期	銷售日期	公司名稱	商品編號	商品名稱	單價	數量	金額	訂單登錄	銷售登錄
銷售	2021/4/1	2021/4/3	2021/4/3	ASAHI SIGNAL 公司	0001	Power Automate Desktop 入門講座	10,000	10	100,000	已輸入	已輸入
銷售	2021/4/1	2021/4/3	2021/4/3	朝日 Avi 公司	0001	Power Automate Desktop 入門講座	10,000	3	30,000	已輸入	已輸入
收訂	2021/4/1			旭 OPEN 股份有限公司	0002	Power Automate Desktop 學習手冊	300,000	2	600,000	已輸入	未輸入
銷售	2021/4/2	2021/4/4	2021/4/4	朝日 ATLAS 公司	0003	Power Automate Desktop 特訓班	500,000	1	500,000	已輸入	未輸入
銷售	2021/4/2	2021/4/3	2021/4/3	朝陽 ENGINE	0002	Power Automate Desktop 學習手冊	300,000	2	600,000	已輸入	已輸入
收訂	2021/4/2			ASAHI Auto 有限公司	0001	Power Automate Desktop 入門講座	10,000	4	40,000	未輸入	未輸入
銷售	2021/4/3	2021/4/4	2021/4/4	旭 logic 股份有限公司	0003	Power Automate Desktop 特訓班	500,000	1	500,000	已輸入	未輸入
收訂	2021/4/3			Asahi VERGE 公司	0001	Power Automate Desktop 入門講座	10,000	3	30,000	已輸入	未輸入
收訂	2021/4/3			朝陽 SILVER 公司	0003	Power Automate Desktop 特訓班	500,000	1	500,000	未輸入	未輸入
銷售	2021/4/4	2021/4/5	2021/4/5	Asahi capsule 公司	0002	Power Automate Desktop 學習手冊	300,000	1	300,000	已輸入	未輸入
銷售	2021/4/4	2021/4/6	2021/4/6	旭日 SENSE 股份公司	0001	Power Automate Desktop 入門講座	10,000	5	50,000	已輸入	未輸入
收訂	2021/4/5			ASAHI ACTIVE 公司	0003	Power Automate Desktop 特訓班	500,000	1	500,000	未輸入	未輸入
銷售	2021/4/6	2021/4/7	2021/4/7	朝日 Solid 有限公司	0002	Power Automate Desktop 學習手冊	300,000	2	600,000	已輸入	未輸入
收訂	2021/4/6			Asahi Echo 股份公司	0003	Power Automate Desktop 特訓班	500,000	1	500,000	未輸入	未輸入
收訂	2021/4/7			朝比 INTER 公司	0001	Power Automate Desktop 入門講座	10,000	8	80,000	未輸入	未輸入

狀態為「銷售」且銷售登錄為「未輸入」(要輸入到網站)

提示：

- 從「訂單明細.xlsx」檔案取得資料表，並使用「For each」動作對其進行迴圈處理。
- 對狀態顯示為「收訂」和「銷售」的項目設定條件。
- 狀態為「收訂」時輸入「訂單日期」，為「銷售」時輸入「銷售日期」。
- 使用變數中的屬性來取得 Excel 工作表「銷售日期」內的「年」、「月」、「日」。
- 也可以使用記錄功能。下一節會依序說明將動作新增到工作區的流程建立方法。

8-2　建立自動化流程

以下為建立流程的步驟。步驟的說明已進行簡化，讀者可以嘗試參考範例檔案以及第 4 章～第 7 章的說明來操作。

◆ 讀取 Excel 工作表

首先請開啟「訂單明細.xlsx」檔案，然後複製工作表「2021年4月」內的資料：

① 在工作區新增「啟動 Excel」動作，並於「文件路徑」中輸入儲存於桌面上的 Excel 檔案「訂單清單.xlsx」的絕對路徑。

② 在工作區新增「設定使用中的 Excel 工作表」動作。在「啟用工作表時搭配」欄位選取「名字」，「工作表名稱」則輸入「2021年4月」。

③ 在工作區新增「從 Excel 工作表中取得第一個可用欄/可用列」動作。從 Excel 工作表取得的第一個可用欄會形成變數 %FirstFreeColumn%，第一個可用列的變數則為 %FirstFreeRow%。

④ 在工作區新增「讀取自 Excel 工作表」動作。「取得」欄位設定為「儲存格範圍中的值」。「開始欄」設定第一欄，輸入「A」或「1」，「開始列」為第一行，輸入「1」。工作表上含有值的儲存格為第一個可用欄的前一欄，因此在「結尾欄」輸入「%FirstFreeColumn-1%」。「結尾列」也依樣設定為可用列的前一列，因此輸入「%FirstFreeRow-1%」。「進階」欄位設定「第一個行範圍包含欄名稱」為開啟，將第一列視為欄位名稱 (參考 6-3 節)。

這裡所使用的動作皆在「Excel」群組中。Excel 的操作可以參考第 6 章的說明。每個步驟都會附上該階段建立的流程圖 (如下圖)。完整流程可以直接複製書附第 8 章的流程文字檔內容。

1
啟動 Excel
使用現有的 Excel 程序啟動 Excel 並'C:\Users\ \Desktop\訂單明細.xlsx'開啟文件

2
設定使用中 Excel 工作表
啟用 Excel 執行個體 ExcelInstance 的工作表 '2021年4月'

3
從 Excel 工作表中取得第一個可用欄/可用列
取得執行個體已儲存至 ExcelInstance 之 Excel 文件使用中工作表中的第一個可用欄/可用列

4
讀取自 Excel 工作表
讀取範圍從欄 'A' 列 1 至欄 FirstFreeColumn - 1 列 FirstFreeRow - 1 的儲存格值，並將其儲存至 ExcelData

◆ 進入應用程式的輸入畫面

接著要分別登入示範的應用程式和練習網站。首先啟動 Asahi.Learning.exe，登入後進入「輸入畫面」：

① 在工作區新增「執行應用程式」動作。「應用程式路徑」欄位中輸入「C:\app\Asahi.Learning.App\Asahi.Learning.exe」。「應用程式啟動後」欄位則選取「等待應用程式載入」。

② 在工作區新增「填入視窗中的文字欄位」動作。取得「使用者 ID」文字方塊的 UI 元素並在「要填入的文字」中輸入「asahi」。

③ 在工作區新增「填入視窗中的文字欄位」動作。取得「密碼」文字方塊的 UI 元素並在「要填入的文字」中選取「直接加密文字輸入」並輸入「asahi」。

④ 在工作區新增「按一下視窗中的 UI 元素」動作。取得「登入」按鈕的 UI 元素。

⑤ 在工作區新增「按一下視窗中的 UI 元素」動作。登入後會顯示「功能選單」畫面，在此取得「輸入畫面」按鈕的 UI 元素。

這裡所使用的「執行應用程式」動作，位於「系統」群組中。其他動作則都位於「使用者介面自動化」群組中。7-2 節有更詳細的操作方法可參考。

5	**執行應用程式** 執行應用程式 'C:\app\Asahi.Learning.App\Asahi.Learning.exe'，並等待其載入
6	**填入視窗中的文字欄位** 用'asahi' 填入文字方塊 Edit 'TextBox'
7	**填入視窗中的文字欄位** 用●●●●● 填入文字方塊 Edit 'PasswordBox'
8	**按一下視窗中的 UI 元素** 按一下 UI 元素 Button '登入'
9	**按一下視窗中的 UI 元素** 按一下 UI 元素 Button '輸入畫面'

◆ 開啟「銷售輸入」網頁

接下來是要登入練習網站，啟動 Edge 瀏覽器後開啟 https://support.asahi-robo.jp/ 網址，並自動完成登入：

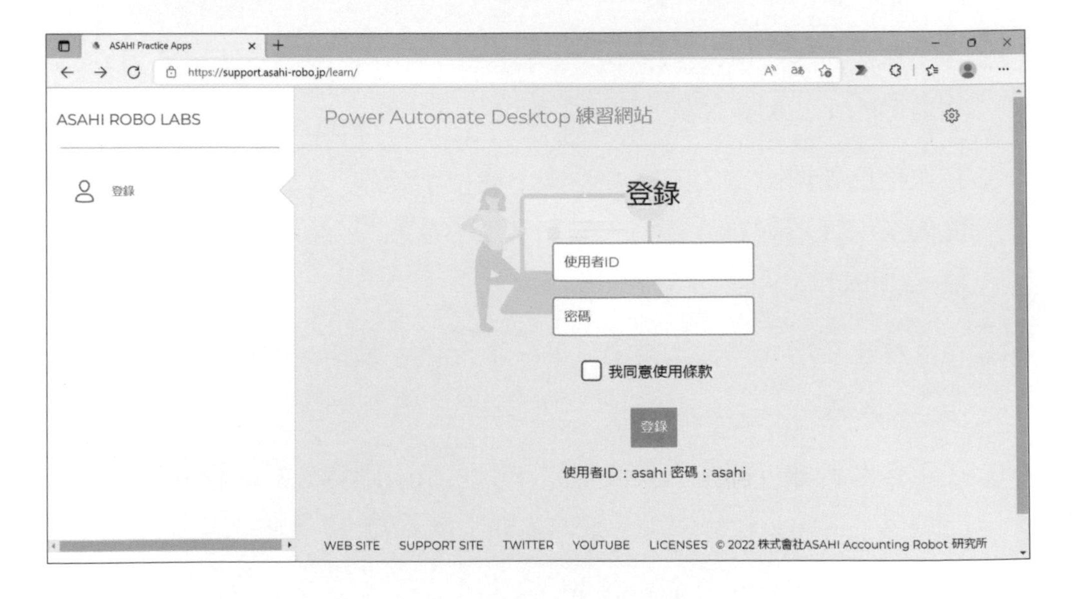

① 在工作區新增「啟動新的 Microsoft Edge」動作。在「初始 URL」欄位輸入 https://support.asahi-robo.jp/learn/。

② 在工作區新增「填入網頁上的文字欄位」動作。取得登入頁面的「使用者 ID」文字方塊的 UI 元素，並在「文字」欄位輸入「asahi」。

② 在工作區新增「填入網頁上的文字欄位」動作。取得登入頁面的「密碼」文字方塊的 UI 元素，並在「文字」欄位選取「直接加密文字輸入」並輸入「asahi」。

③ 在工作區新增「設定網頁上的核取方塊狀態」動作。取得「我同意使用條款」核取方塊的 UI 元素。

④ 在工作區新增「按下網頁上的按鈕」動作。取得「登錄」的 UI 元素。

⑤ 在工作區新增「按一下的網頁連結」動作。取得選單中的「銷售輸入」頁面連結的 UI 元素。

到這裡所使用的動作都位於「瀏覽器自動化」中。在 5-1 節中有詳細的操作步驟可以參考。

10	**啟動新的 Microsoft Edge** 啟動 Microsoft Edge，瀏覽至 'https://support.asahi-robo.jp/learn/'，並將執行個體儲存至 Browser
11	**填入網頁上的文字欄位** 使用模擬輸入在文字欄位 <input:text> 'userid' 中填入 'asahi'
12	**填入網頁上的文字欄位** 使用模擬輸入在文字欄位 <input:password> 'password' 中填入 ●●●●●
13	**設定網頁上的核取方塊狀態** 將核取方塊 <input:checkbox> 'Unchecked' 狀態設定為 已勾選
14	**按下網頁上的按鈕** 按下網頁按鈕 <input:submit> '登錄'
15	**按一下網頁上的連結** 按一下網頁的 <p> '銷售輸入'

◆ 找出不同狀態的訂單項目

先前曾經提過，依據訂單明細的狀態不同，要採取不同的動作。接著我們要利用「For each」迴圈，逐一處理資料表中的項目，再利用「If」動作找出不同狀態的訂單。

① 在工作區新增「For each」動作。在「要逐一查看的值」欄位輸入「%ExcelData%」，讓迴圈處理的次數為資料表的總列數。

② 在工作區新增「If」動作。設定條件為當資料表中的「狀態」等於「收訂」時。「If」動作需設置在「For each」動作區塊內。

If

標記動作區塊的開頭，該區塊會在符合此陳述式中指定的條件時執行 其他資訊

選取參數

第一個運算元: %CurrentItem['狀態']%

運算子: 等於 (=)

第二個運算元: 收訂

儲存 取消

③ 在工作區新增「Else if」動作。設定條件為當資料表中的「狀態」等於「銷售」時。

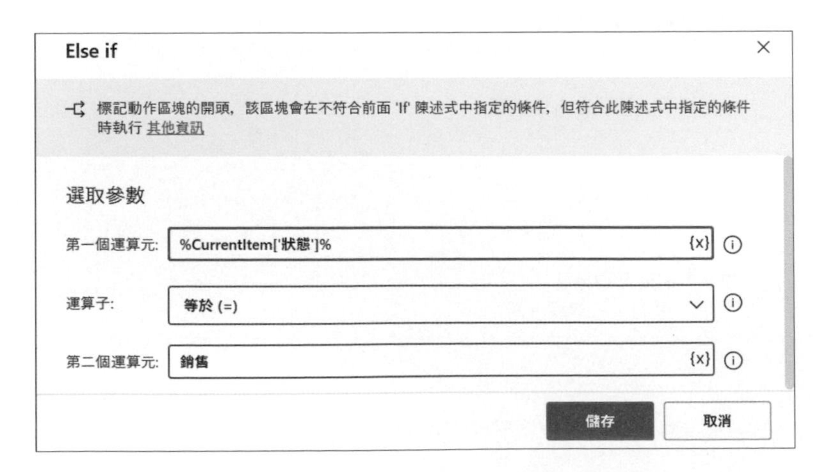

◆ 找出尚未登錄的訂單項目

在「If」區塊中設定「訂單登錄」為「未輸入」的條件並於「Else if」區塊中設定「銷售登錄」為「未輸入」的條件

① 在工作區的「If」區塊中新增「If」動作。設定條件為資料表中「訂單登錄」的值等於「未輸入」。

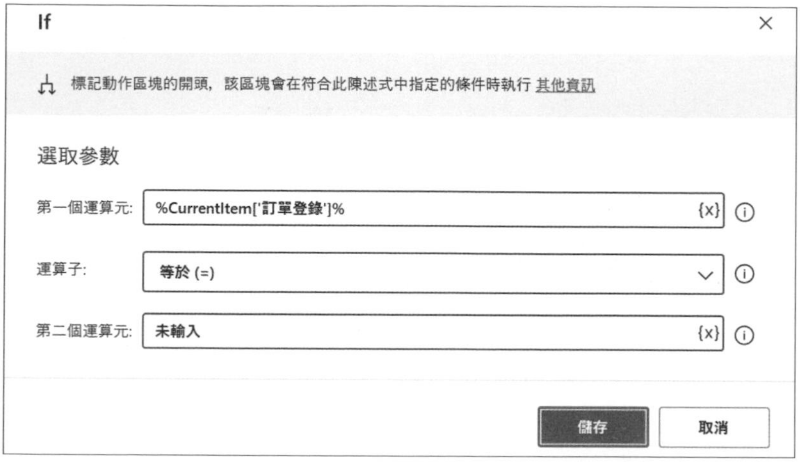

If

標記動作區塊的開頭，該區塊會在符合此陳述式中指定的條件時執行 其他資訊

選取參數

第一個運算元: %CurrentItem['訂單登錄']%

運算子: 等於 (=)

第二個運算元: 未輸入

儲存 取消

② 在工作區的「Else if」區塊中新增「If」動作。設定條件為資料表中「銷售登錄」的值等於「未輸入」。

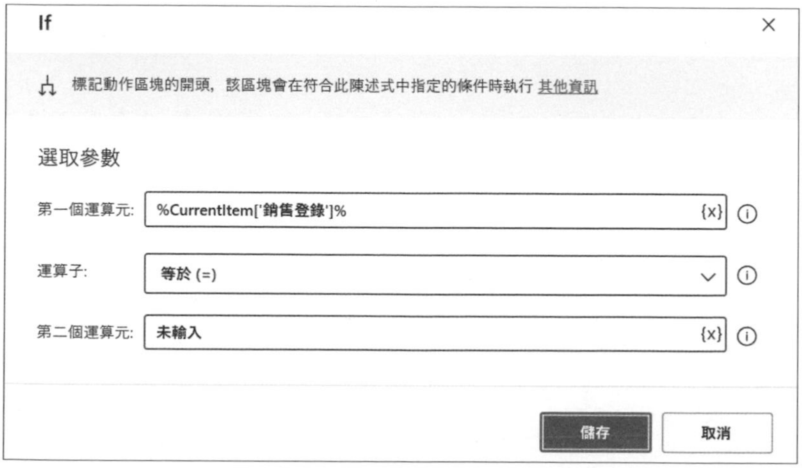

If

標記動作區塊的開頭，該區塊會在符合此陳述式中指定的條件時執行 其他資訊

選取參數

第一個運算元: %CurrentItem['銷售登錄']%

運算子: 等於 (=)

第二個運算元: 未輸入

儲存 取消

以上步驟所使用的「For each」動作位於「迴圈」群組中。「If」動作、「Else if」動作則位於「條件」群組中。操作的詳細步驟可以參考 5-4 及 6-4 節。

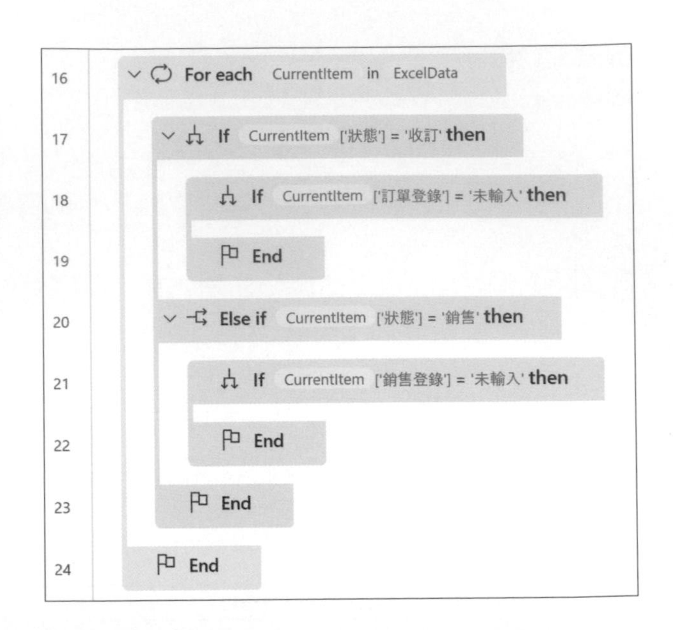

◆ 處理「收訂」狀態的訂單 - 登錄到桌面應用程式

剛剛「For each」動作中只有篩選出訂單項目，我們進一步新增實際要處理的動作才行。先處理「收訂」狀態的訂單，也就是要輸入到 Asahi.Learning.exe 應用程式中。

登記資料到桌面應用程式

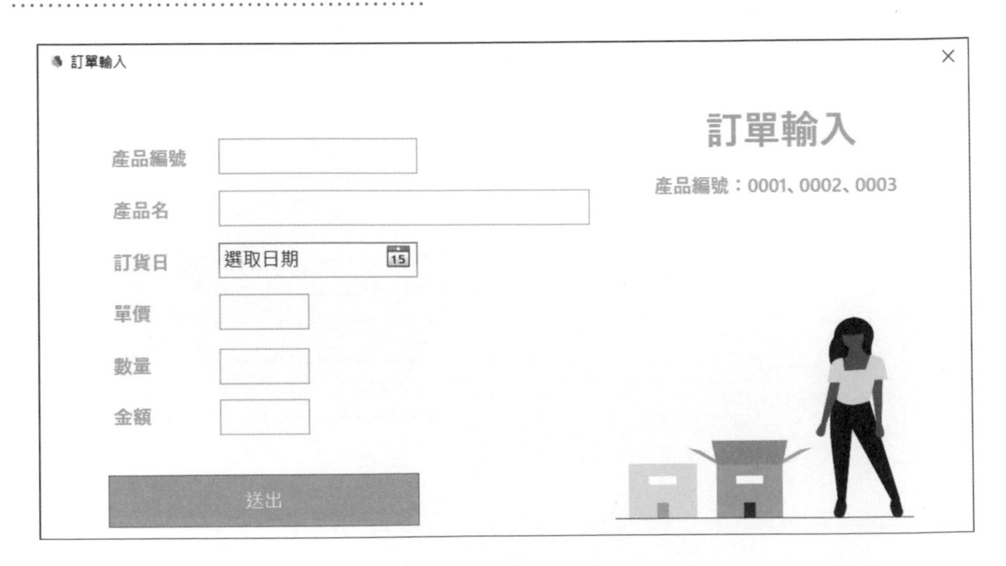

狀態	訂單日期	出貨日期	銷售日期	公司名稱	商品編號	商品名稱	單價	數量	金額	訂單登錄	銷售登錄
銷售	2021/4/1	2021/4/3	2021/4/3	ASAHI SIGNAL 公司	0001	Power Automate Desktop 入門講座	10,000	10	100,000	已輸入	已輸入
銷售	2021/4/1	2021/4/3	2021/4/3	朝日 Avi 公司	0001	Power Automate Desktop 入門講座	10,000	3	30,000	已輸入	已輸入
收訂	2021/4/1			旭 OPEN 股份有限公司	0002	Power Automate Desktop 學習手冊	300,000	2	600,000	已輸入	未輸入
銷售	2021/4/2	2021/4/4	2021/4/4	朝日 ATLAS 公司	0003	Power Automate Desktop 特訓班	500,000	1	500,000	已輸入	未輸入
銷售	2021/4/2	2021/4/3	2021/4/3	朝陽 ENGINE	0002	Power Automate Desktop 學習手冊	300,000	2	600,000	已輸入	已輸入
收訂	2021/4/2			ASAHI Auto 有限公司	0001	Power Automate Desktop 入門講座	10,000	4	40,000	未輸入	未輸入
銷售	2021/4/3	2021/4/4	2021/4/4	旭 logic 股份有限公司	0003	Power Automate Desktop 特訓班	500,000	1	500,000	已輸入	未輸入
收訂	2021/4/3			Asahi VERGE 公司	0001	Power Automate Desktop 入門講座	10,000	3	30,000	已輸入	未輸入
收訂	2021/4/3			朝陽 SILVER 公司	0003	Power Automate Desktop 特訓班	500,000	1	500,000	未輸入	未輸入
銷售	2021/4/4	2021/4/5	2021/4/5	Asahi capsule 公司	0002	Power Automate Desktop 學習手冊	300,000	1	300,000	已輸入	未輸入
銷售	2021/4/4	2021/4/6	2021/4/6	旭日 SENSE 股份公司	0001	Power Automate Desktop 入門講座	10,000	5	50,000	已輸入	未輸入
收訂	2021/4/5			ASAHI ACTIVE 公司	0003	Power Automate Desktop 特訓班	500,000	1	500,000	未輸入	未輸入
銷售	2021/4/6	2021/4/7	2021/4/7	朝日 Solid 有限公司	0002	Power Automate Desktop 學習手冊	300,000	2	600,000	已輸入	未輸入
收訂	2021/4/6			Asahi Echo 股份公司	0003	Power Automate Desktop 特訓班	500,000	1	500,000	未輸入	未輸入
收訂	2021/4/7			朝比 INTER 公司	0001	Power Automate Desktop 入門講座	10,000	8	80,000	未輸入	未輸入

① 在工作區「If」區塊中的「If」區塊內新增「填入視窗中的文字欄位」動作。取得並新增應用程式上的「產品編號」文字方塊的 UI 元素。「要填入的文字」欄位中輸入「%CurrentItem['商品編號']%」。

② 在工作區「If」區塊中的「If」區塊內新增「填入視窗中的文字欄位」動作。取得並新增應用程式上的「訂貨日」文字方塊的 UI 元素。「要填入的文字」欄位中輸入「%CurrentItem['訂單日期']%」

③ 在工作區「If」區塊中的「If」區塊內新增「填入視窗中的文字欄位」動作。取得並新增應用程式上的「數量」文字方塊的 UI 元素。「要填入的文字」欄位中輸入「%CurrentItem['數量']%」

④ 在工作區「If」區塊中的「If」區塊內新增「按一下視窗中的 UI 元素」動作。取得並新增應用程式上的「送出」按鈕的 UI 元素。

上述步驟所使用的動作皆位於「使用者介面自動化」群組中。詳細的操作步驟可以參考 7-3 節。

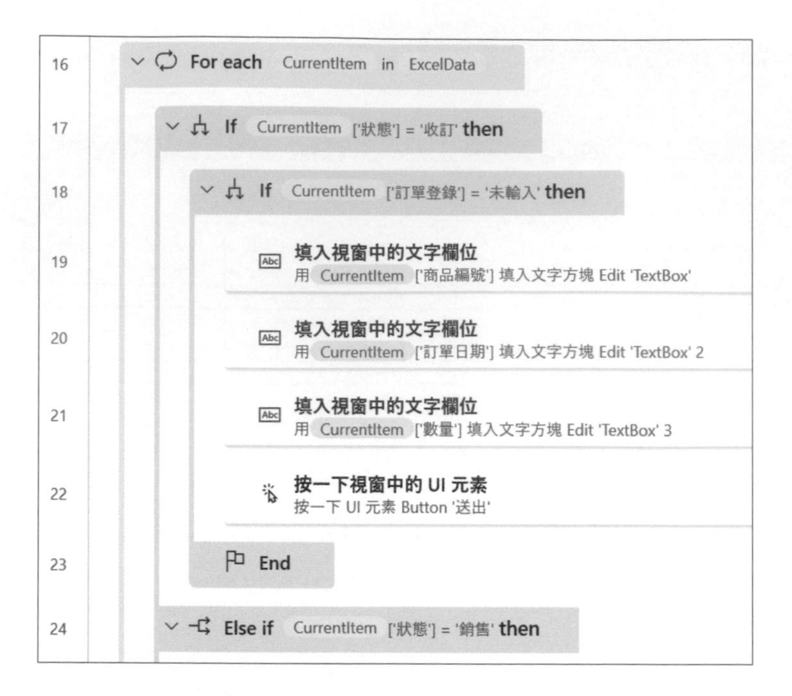

修改工作表「訂單登錄」欄位狀態

① 在工作區新增「設定變數」動作。設定要寫入儲存格的列號。Excel 工作表中記載的訂單明細第一列為欄位名稱，因此從第 2 列開始寫入。在「值」欄位中輸入列號的初始值「2」。

為了讓使用此流程的人都知道此變數為列號，因此在「設定」中將變數名稱變更為「%RowIndex%」。

② 由於「設定變數」必須在迴圈處理之前執行，因此將動作新增到「For each」區塊上方。

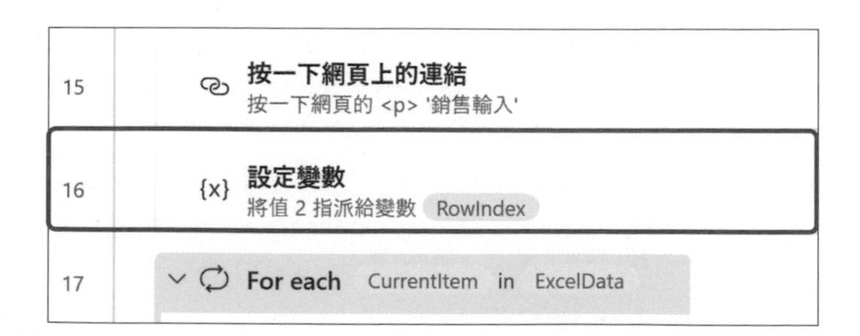

③ 在工作區「If」區塊中的「If」區塊內 新增「寫入 Excel 工作表」動作。在「要寫入的值」欄位中輸入「已輸入」。「寫入模式」欄位中選取「於指定的儲存格」，「資料行」輸入 Excel 工作表中「訂單登錄」的欄號「11」(或者也可以輸入「K」)。「資料列」則輸入「%RowIndex%」。

④ 「寫入 Excel 工作表」動作須新增於「按一下視窗中的 UI 元素」動作下方。

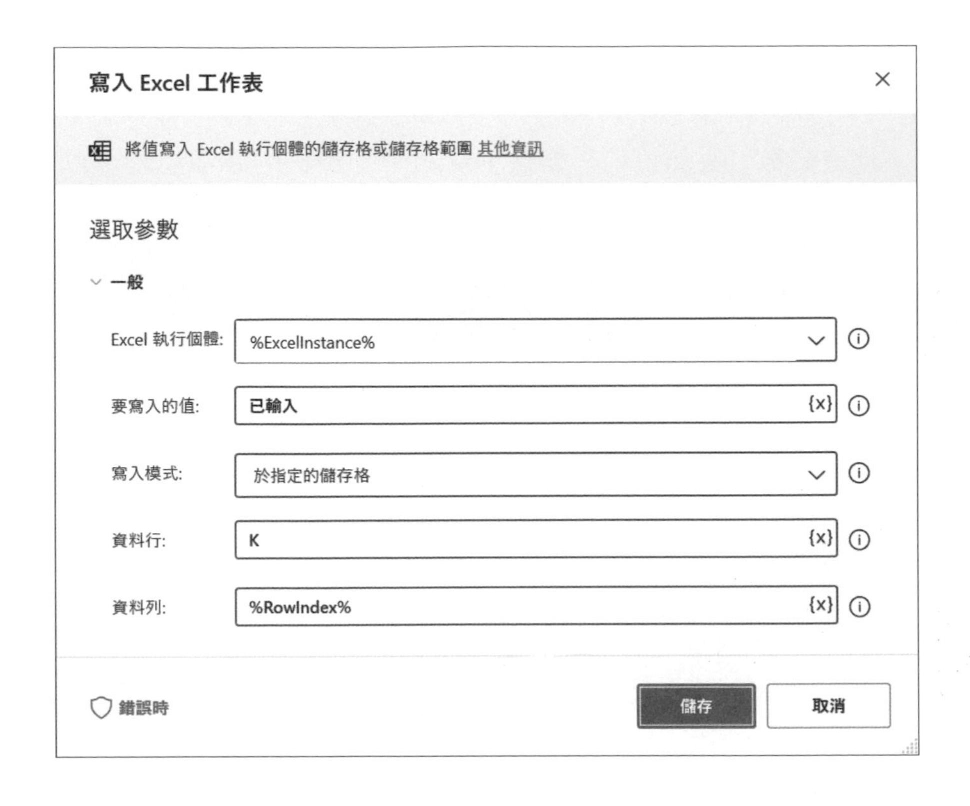

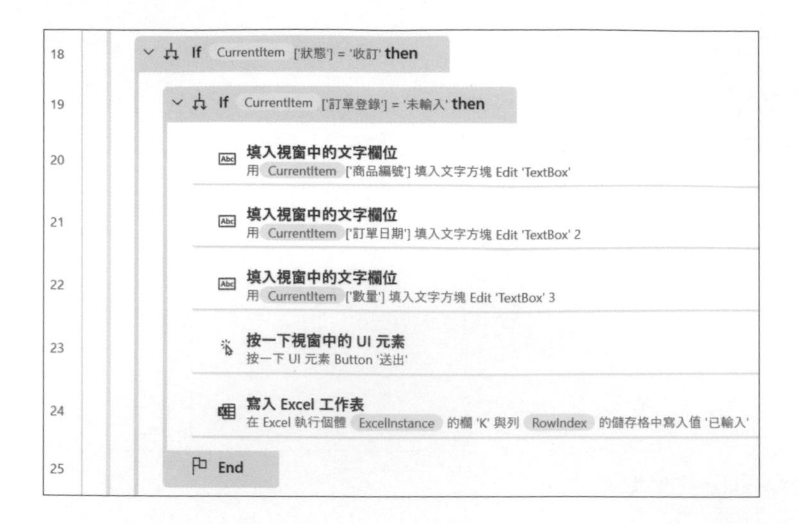

「設定變數」動作位於「變數」群組中。操作的詳細步驟可以參考 6-4 節。

◆ 處理「銷售」狀態的訂單 - 登錄到網站頁面

「銷售」狀態的訂單，則是要輸入到練習網站的「銷售輸入」頁面中。

登記資料到網站

狀態	訂單日期	出貨日期	銷售日期	公司名稱	商品編號	商品名稱	單價	數量	金額	訂單登錄	銷售登錄
銷售	2021/4/1	2021/4/3	2021/4/3	ASAHI SIGNAL 公司	0001	Power Automate Desktop 入門講座	10,000	10	100,000	已輸入	已輸入
銷售	2021/4/1	2021/4/3	2021/4/3	朝日 Avi 公司	0001	Power Automate Desktop 入門講座	10,000	3	30,000	已輸入	已輸入
收訂	2021/4/1			旭 OPEN 股份有限公司	0002	Power Automate Desktop 學習手冊	300,000	2	600,000	已輸入	未輸入
銷售	2021/4/2	2021/4/4	2021/4/4	朝日 ATLAS 公司	0003	Power Automate Desktop 特訓班	500,000	1	500,000	已輸入	未輸入
銷售	2021/4/2	2021/4/3	2021/4/3	朝陽 ENGINE	0002	Power Automate Desktop 學習手冊	300,000	2	600,000	已輸入	已輸入
收訂	2021/4/2			ASAHI Auto 有限公司	0001	Power Automate Desktop 入門講座	10,000	4	40,000	未輸入	未輸入
銷售	2021/4/3	2021/4/4	2021/4/4	旭 logic 股份有限公司	0003	Power Automate Desktop 特訓班	500,000	1	500,000	已輸入	未輸入
收訂	2021/4/3			Asahi VERGE 公司	0001	Power Automate Desktop 入門講座	10,000	3	30,000	已輸入	未輸入
收訂	2021/4/3			朝陽 SILVER 公司	0003	Power Automate Desktop 特訓班	500,000	1	500,000	未輸入	未輸入
銷售	2021/4/4	2021/4/5	2021/4/5	Asahi capsule 公司	0002	Power Automate Desktop 學習手冊	300,000	1	300,000	已輸入	未輸入
銷售	2021/4/4	2021/4/6	2021/4/6	旭日 SENSE 股份公司	0001	Power Automate Desktop 入門講座	10,000	5	50,000	已輸入	未輸入
收訂	2021/4/5			ASAHI ACTIVE 公司	0003	Power Automate Desktop 特訓班	500,000	1	500,000	未輸入	未輸入
銷售	2021/4/6	2021/4/7	2021/4/7	朝日 Solid 有限公司	0002	Power Automate Desktop 學習手冊	300,000	2	600,000	已輸入	未輸入
收訂	2021/4/6			Asahi Echo 股份公司	0003	Power Automate Desktop 特訓班	500,000	1	500,000	未輸入	未輸入
收訂	2021/4/7			朝比 INTER 公司	0001	Power Automate Desktop 入門講座	10,000	8	80,000	未輸入	未輸入

①在工作區「Else if」區塊中的「If」區塊內新增「填入網頁上的文字欄位」動作。取得並新增網頁上的「客戶名稱」文字方塊的 UI 元素。在「文字」欄位中輸入「%CurrentItem['公司名稱']%」。

②在工作區「Else if」區塊中的「If」區塊內新增「將文字轉換為日期時間」動作。由於網頁上的「銷售日期」分為「年份」、「月」、「日」三個文字方塊，因此我們需要使用變數中的屬性來取得 Excel 工作表「銷售日期」內的「年」、「月」、「日」分別取出。要使用變數中的屬性就必須利用動作來將變數值從文字形式轉換為日期形式。在「要轉換的文字」欄位中輸入「%CurrentItem['銷售日期']%」。轉換後的值會形成變數「%TextAsDateTime%」。

③在工作區「Else if」區塊中的「If」區塊內新增「設定網頁上的下拉式清單值」動作。

取得並新增網頁上的「銷售日期」中下拉式清單「年份」的 UI 元素。

「作業」欄位選取「依名稱選取選項」。

「選項名稱」可直接輸入「%TextAsDateTime.Year%」，也可以點擊 {x} 顯示變數清單。若點開變數清單中的「TextAsDateTime」左側的箭頭，會顯示「%TextAsDateTime%」可以使用的屬性清單。我們可以根據清單選取「.Year」屬性。這樣一來，選項名稱就設定為 Excel「銷售日期」中的「年」了。

④ 在工作區「Else if」區塊中的「If」區塊內新增「設定網頁上的下拉式清單值」動作。

取得並新增網頁上的「銷售日期」中下拉式清單「月」的 UI 元素。

「選項名稱」中輸入「%TextAsDateTime.Month%」(參考步驟 3)。

⑤ 在工作區「Else if」區塊中的「If」區塊內新增「設定網頁上的下拉式清單值」動作。

取得並新增網頁上的「銷售日期」中下拉式清單「日」的 UI 元素。

「選項名稱」中輸入「%TextAsDateTime.Day%」(參考步驟 3)。

⑥ 在工作區「Else if」區塊中的「If」區塊內新增「填入網頁上的文字欄位」動作。

取得並新增網頁上的「金額」文字方塊的 UI 元素。

「文字」欄位中輸入「%CurrentItem['金額']%」。

⑦ 在工作區「Else if」區塊中的「If」區塊內新增「按下網頁上的按鈕」動作。

取得並新增網頁上的「數據註冊」的 UI 元素。

這裡所使用的「將文字轉換為日期時間」動作位於「文字」群組中。其他的動作則皆位於「瀏覽器自動化」群組中。詳細的操作步驟可以參考 5-1 節的說明。

27　If CurrentItem ['銷售登錄'] = '未輸入' then

28　填入網頁上的文字欄位
使用模擬輸入在文字欄位 <input:text> 'customer' 中填入 CurrentItem ['公司名稱']

29　將文字轉換為日期時間
將文字 CurrentItem ['銷售日期'] 轉換為日期時間，並將其儲存至 TextAsDateTime

30　設定網頁上的下拉式清單值
選取 <select> '年份' 中的選項 TextAsDateTime .Year

31　設定網頁上的下拉式清單值
選取 <select> '月' 中的選項 TextAsDateTime .Month

32　設定網頁上的下拉式清單值
選取 <select> '日' 中的選項 TextAsDateTime .Day

33　填入網頁上的文字欄位
使用模擬輸入在文字欄位 <input:text> 'amount' 中填入 CurrentItem ['金額']

34　按下網頁上的按鈕
按下網頁按鈕 <button> '數據註冊'

修改工作表「銷售登錄」欄位狀態

① 在工作區「Else if」區塊中的「If」區塊內新增「寫入 Excel 工作表」動作。在「要寫入的值」欄位中輸入「已輸入」。「寫入模式」欄位中選取「於指定的儲存格」，「資料行」輸入 Excel 工作表中「訂單登錄」的欄號「12」(或者也可以輸入「L」)。「資料列」則輸入「%RowIndex%」。

② 「寫入 Excel 工作表」動作須新增於「按下網頁上的按鈕」動作下方。

◆ 設置變數遞增迴圈

① 在工作區「For each」區塊內新增「增加變數」動作。「變數名稱」欄位中輸入「%RowIndex%」。「增加的量」欄位中輸入「1」。「增加變數」動作須新增於「If」區塊之外。

「增加變數」動作位於「變數」群組中。

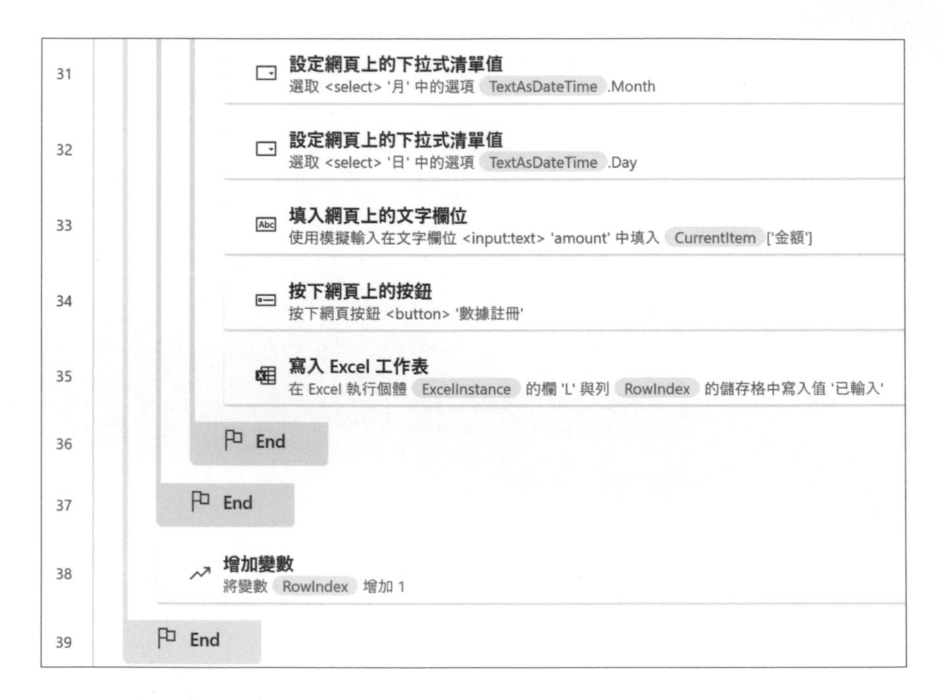

◆ 完成流程

儲存並關閉「訂單明細 .xlsx」

① 在工作區「For each」區塊外新增「關閉 Excel」動作。這裡我們不變更檔案名稱直接儲存檔案，因此在「在關閉 Excel 之前」欄位選取「儲存文件」。

「關閉 Excel」動作位於「Excel」群組中。

結束桌面應用程式

① 在工作區新增「關閉視窗」動作。「尋找視窗模式」欄位選取「透過視窗 UI 元素」。「視窗」欄位則從下拉式清單中選取「Window '訂單輸入'」。

② 在工作區新增「關閉視窗」動作。「尋找視窗模式」欄位選取「透過視窗 UI 元素」。「視窗」欄位則從下拉式清單中選取「Window '功能選單'」。

以上步驟中的動作位於「使用者介面自動化」群組「Windows」中。

關閉網頁

① 在工作區新增「關閉網頁瀏覽器」動作。

「關閉網頁瀏覽器」動作位於「瀏覽器自動化」群組中。下圖為到目前步驟的流程圖以及完成的檔案。整體圖片請參考範例檔案。

狀態	訂單日期	出貨日期	銷售日期	公司名稱	商品編號	商品名稱	單價	數量	金額	訂單登錄	銷售登錄
銷售	2021/4/1	2021/4/3	2021/4/3	ASAHI SIGNAL 公司	0001	Power Automate Desktop 入門講座	10,000	10	100,000	已輸入	已輸入
銷售	2021/4/1	2021/4/3	2021/4/3	朝日 Avi 公司	0001	Power Automate Desktop 入門講座	10,000	3	30,000	已輸入	已輸入
收訂	2021/4/1			旭 OPEN 股份有限公司	0002	Power Automate Desktop 學習手冊	300,000	2	600,000	已輸入	未輸入
銷售	2021/4/2	2021/4/4	2021/4/4	朝日 ATLAS 公司	0003	Power Automate Desktop 特訓班	500,000	1	500,000	已輸入	已輸入
銷售	2021/4/2	2021/4/3	2021/4/3	朝陽 ENGINE	0002	Power Automate Desktop 學習手冊	300,000	2	600,000	已輸入	已輸入
收訂	2021/4/2			ASAHI Auto 有限公司	0001	Power Automate Desktop 入門講座	10,000	4	40,000	已輸入	未輸入
銷售	2021/4/3	2021/4/4	2021/4/4	旭 logic 股份有限公司	0003	Power Automate Desktop 特訓班	500,000	1	500,000	已輸入	已輸入
收訂	2021/4/3			Asahi VERGE 公司	0001	Power Automate Desktop 入門講座	10,000	3	30,000	已輸入	未輸入
收訂	2021/4/3			朝陽 SILVER 公司	0003	Power Automate Desktop 特訓班	500,000	1	500,000	已輸入	未輸入
銷售	2021/4/4	2021/4/5	2021/4/5	Asahi capsule 公司	0002	Power Automate Desktop 學習手冊	300,000	1	300,000	已輸入	已輸入
銷售	2021/4/4	2021/4/6	2021/4/6	旭日 SENSE 股份公司	0001	Power Automate Desktop 入門講座	10,000	5	50,000	已輸入	已輸入
收訂	2021/4/5			ASAHI ACTIVE 公司	0003	Power Automate Desktop 特訓班	500,000	1	500,000	已輸入	未輸入
銷售	2021/4/6	2021/4/7	2021/4/7	朝日 Solid 有限公司	0002	Power Automate Desktop 學習手冊	300,000	2	600,000	已輸入	已輸入
收訂	2021/4/6			Asahi Echo 股份公司	0003	Power Automate Desktop 特訓班	500,000	1	500,000	已輸入	未輸入
收訂	2021/4/7			朝比 INTER 公司	0001	Power Automate Desktop 入門講座	10,000	8	80,000	已輸入	未輸入

紅底色儲存格為執行流程後變更的部分

MEMO

第 9 章

日期時間與檔案清單

9-1 日期的操作

Power Automate Desktop 還有提供其他許多的動作，本章會針對其中比較常用的動作群組做說明，相信可以讓您更輕鬆打造出所需要的自動化流程。首先介紹「日期時間」群組。

◆ 自訂日期和時間的格式

「日期時間」群組中最常用的動作就是「取得目前日期與時間」，之前我們在 3-3 節使用過，其功能就是取得流程執行當下的日期和時間，其所產生的日期變數為 %CurrentDateTime%，此變數原來是以日期形式顯示 (編註：也就是「月/日/年 時間」)，若要將此變數轉換為其他格式，則需要搭配使用「將日期時間轉換為文字」動作。只要將「將日期時間轉換為文字」動作的「要使用的格式」改為「自訂」，就可以取得文字格式的年月日或時間及星期。

請先確定工作區中已新增「取得目前日期與時間」動作，變數 %CurrentDateTime% 才會出現，接著再新增「將日期時間轉換為文字」動作。在「要轉換的日期時間」選項中選取變數「%CurrentDateTime%」，並在「要使用的格式」選項中選取「自訂」。

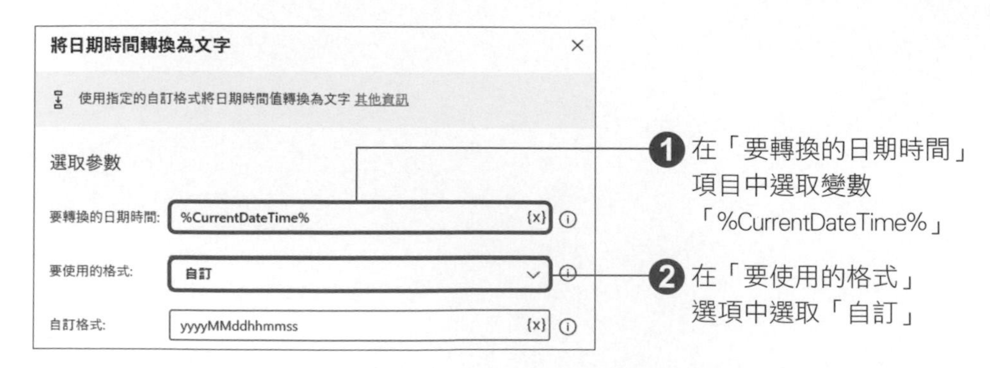

我們可以在「自訂形式」項目中輸入想要取得的值 (參考下表)。

yyyy	取得年份的值。例如：2022
MM	取得月份的值。例如：02
dd	取得日期的值。例如：25
hh	取得 12 小時制小時的值。例如：11
HH	取得 24 小時制小時的值。例如：23
mm	取得分鐘的值。例如：08
ss	取得秒鐘的值。例如：13
dddd	取得星期的值。例如：星期五

這裡我們在自訂格式選項中輸入「yyyyMMddHHmmss」。接著使用「顯示訊息」動作將要顯示的訊息設定為變數「%FormattedDateTime%」，就會取得年、月、日及時間 (小時、分鐘、秒鐘) 的值。

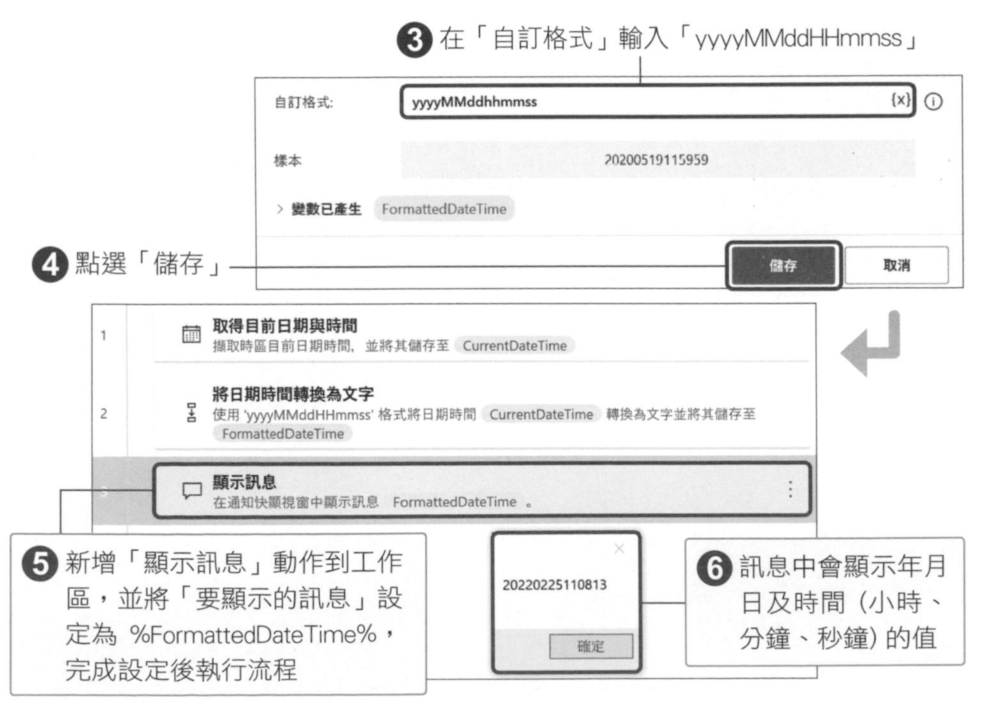

◆ 取得幾天前或幾天後的日期

「日期時間」群組也提供計算日期的動作，可以求得幾天前或幾天後的日期。

請先新增群組中的「加入至日期時間」動作，即可看到如下的畫面，在「日期時間」中選擇要進行加/減的日期變數。在「加」選項中輸入要加/減的天數，若是要減掉天數，請以負數表示，如「-1」。

「時間單位」中需要選擇要進行加/減的時間單位。可以從「秒」、「分鐘」、「小時」、「天」、「月份」、「年」來選擇。

加入至日期時間

在日期時間值加入 (或減去) 特定的秒、分鐘、小時或天數值 其他資訊

選取參數

一般

日期時間: %CurrentDateTime%

加: 7

時間單位: 天

變數已產生 ResultedDate

計算後的日期會存於 %ResultedDate% 變數中

儲存 取消

如上圖設定後，我們就可以得到 7 天後，也就是下週的日期了。

取得月初和月底的日期

除了計算指定天數的日期外，只要運用一些小技巧，也可以利用「加入至日期時間」動作來取得月初和月底的日期。

取得當月月初的值

請建立一個新流程，第一步先加入「取得目前日期與時間」動作，會產生「%CurrentDateTime%」變數，然後再新增「加入至日期時間」動作，在「加入至日期時間」動作中的「日期時間」中選取變數「%CurrentDateTime%」。

在「加」項目選取「%CurrentDateTime%」其屬性，這裡我們選擇「.Day」來取得目前的日期，接著減 1，再整體乘以 -1，將加法改成減法，最終輸入「%(CurrentDateTime.Day-1)*-1%」。

以 7 月 16 日為例，CurrentDateTime.Day 為16，再減 1 則是 15。由於要計算當月月初 (1 日) 的值，因此乘上 -1 來轉換為負值 -15，最後取得月初日期 7 月 1 日。以下為取得當月月初值的步驟。

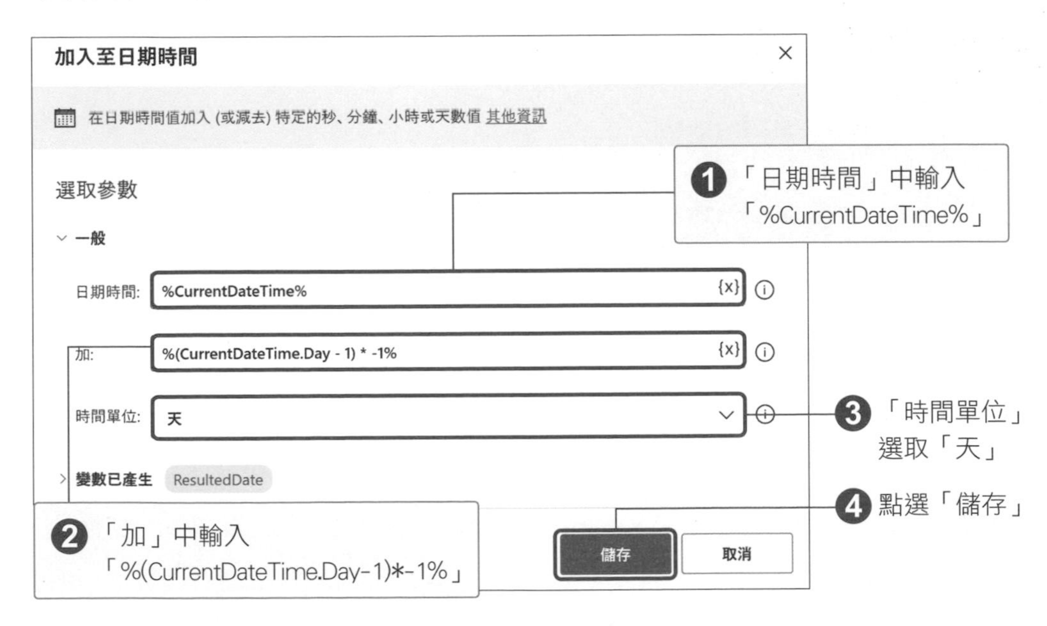

設定好的流程全貌如下圖。

1 取得目前日期與時間
擷取時區目前日期時間，並將其儲存至 CurrentDateTime

2 加入至日期時間
將 (CurrentDateTime .Day - 1) * -1 天 加入至 CurrentDateTime

除了上述方法，還可以使用「將日期時間轉換為文字」中選擇自訂項目，將格式設定為「yyyy/MM/01」，也可以取得當月月初的值 (編註：不過要注意，這樣取得的是文字格式，並非日期格式)。

取得當月月底的值

使用上述步驟求得的當月月初日期再加上 1 個月，就可以取得下個月月初日期。以 7 月 1 日為例，可以取得 8 月 1 日。再將下個月月初日期減掉 1 天，就可以取得當月月底的日期。取得當月月底日期的流程如下圖。

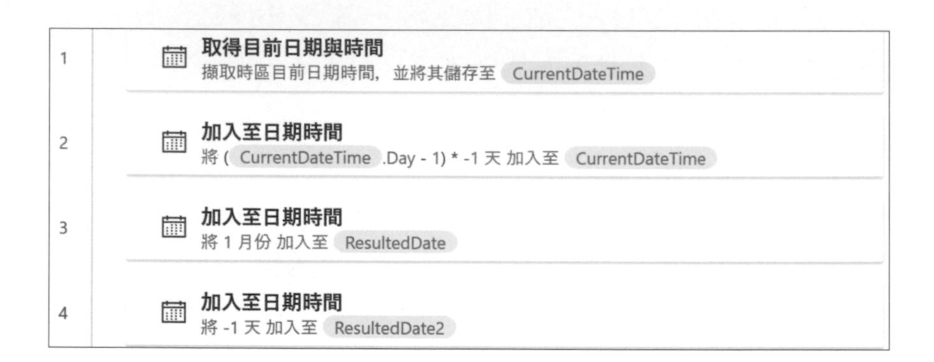

取得當月的總天數

每個月的天數都不同，若需要知道當月份的實際天數，可以延續先前範例來取得。將前一個範例下個月月初的日期「%ResultedDate2%」，減去這個月月初的日期「%ResultedDate%」，再設定「取得差異」的輸出單位為天數，即可知道當月總天數。

取得當月天數流程如下所示。

若流程中需要計算當月份的天數時，例如：整理出勤報表、報告每月營收可能會需要，上述方法就可派上用場。

9-2 檔案與資料夾的操作

當我們想要對資料夾內的檔案或子資料夾進行處理時，必須先取得該資料夾的路徑等資訊。此時，我們可以使用「取得資料夾中的子資料夾」及「取得資料夾中的檔案」動作來取得檔案或子資料夾的清單。

◆ 取得特殊資料夾

使用「取得特殊資料夾」動作可以取得「桌面」或「程式」等 Windows 中特殊資料夾的路徑。由於「桌面」或「程式」等資料夾的路徑都含有登入的使用者名稱，如：「C:\Users\<使用者名稱>\Desktop」。**當與其他使用者共用包含這些路徑的流程時，如果依照先前章節所使用的絕對路徑，會因為路徑中的使用者名稱不同而發生無法預期的錯誤**。因此，想要共用流程的話就必須去變更路徑資訊。不過要反覆修改使用者名稱其實也很麻煩，更簡單的方法是使用「取得特殊資料夾」動作，由於可以取得適當的路徑資訊，因此在共用流程時可以直接使用而不需去變更路徑。

我們可以在動作中的「特殊資料夾名稱」項目，選擇「文件」、「下載」、「桌面」等各種資料夾名稱，「特殊資料夾路徑」項目中則會顯示選取資料夾的路徑。

取得特殊資料夾

擷取 Windows 特殊資料夾的路徑 (如桌面、我的圖片、網際網路快取等) 其他資訊

選取參數

特殊資料夾名稱: 桌面

特殊資料夾路徑: C:\Users\\Desktop

› 變數已產生 SpecialFolderPath

取得的資料夾路徑會存在 %SpecialFolderPath% 變數

儲存 取消

◆ 取得資料夾中的檔案清單

使用「取得資料夾中的檔案」動作可以得到資料夾中的檔案清單。下面將示範如何取得圖中資料夾內的檔案。

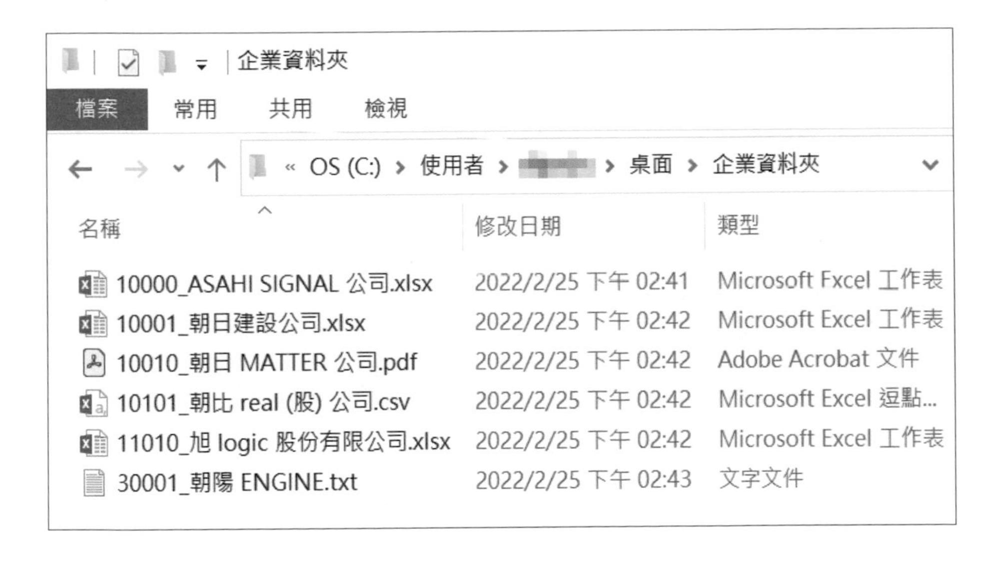

在「資料夾」選項中設定欲取得資料夾的絕對路徑或是包含絕對路徑的變數，並在「檔案篩選」選項中設定欲取得檔案的條件，我們可以使用萬用字元來篩選出檔名中含有特定文字或副檔名的檔案。這個範例中我們要找出所有檔案，輸入「*」。

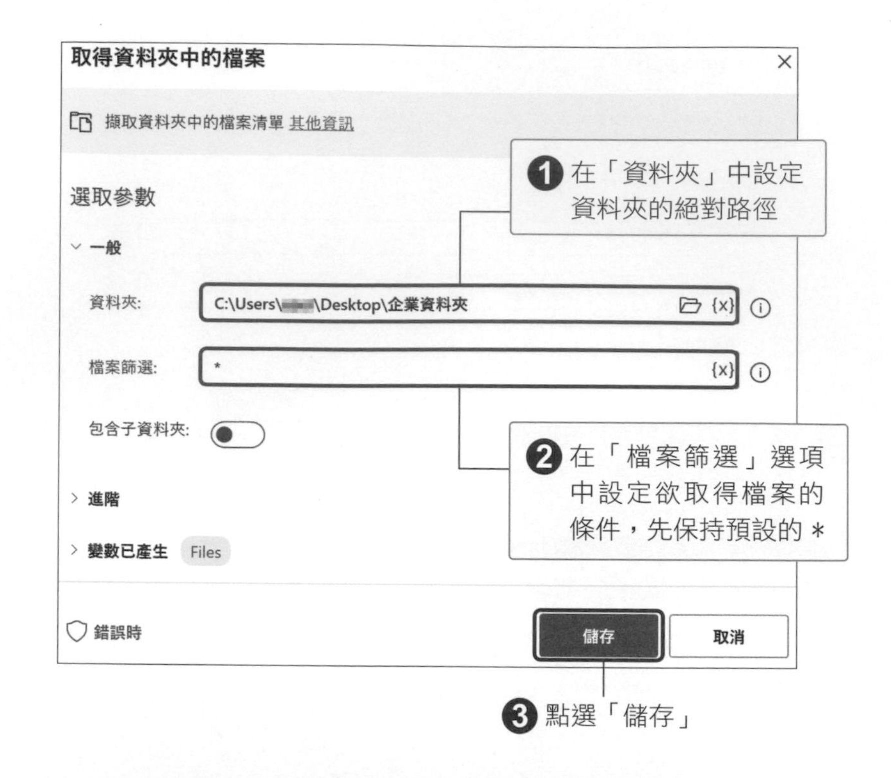

新增並執行動作後，我們可以查看動作中產生的變數 %Files% 中的變數資訊 (編註：此處未設定篩選條件的檔案清單內容，若要設定篩選條件可參考以下補充)。

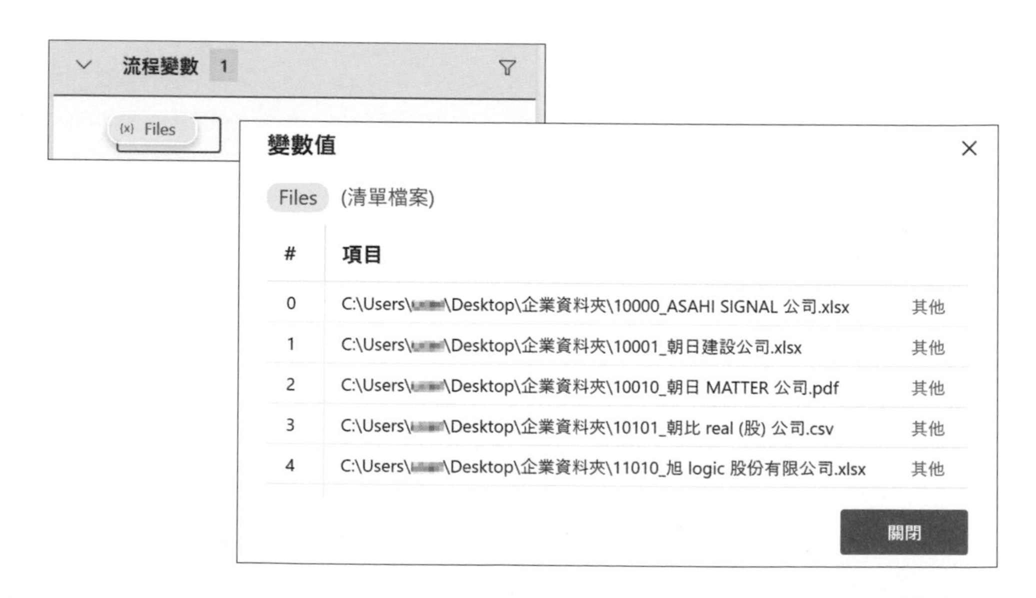

補充說明

我們可以使用「萬用字元」來篩選出檔案名稱中含有「ASAHI」文字、「.xlsx」或「.pdf」的檔案。「萬用字元」是一種表示文字中的未知字元的符號，其中包含「?」及「*」。「?」是指其中一個文字，「*」則是指 1 個字以上的文字串。以下為在「檔案篩選」項目中使用萬用字元時的各種結果。

- 「檔案篩選」中輸入「10000_ASAHI SIGNAL 公司.xlsx」，找到完全符合檔名和副檔名的檔案

10000_ASAHI SIGNAL 公司.xlsx　→顯示
10001_朝日建設公司.xlsx　→不顯示
10010_朝日 MATTER 公司.pdf　→不顯示
10101_朝比 real (股) 公司.csv　→不顯示
11010_旭 logic 股份有限公司.xlsx　→不顯示
30001_朝陽 ENGINE.txt　→不顯示

- 「檔案篩選」中輸入「*.xlsx」，找到附檔名為 .xlsx 的檔案

10000_ASAHI SIGNAL 公司.xlsx　→顯示
10001_朝日建設公司.xlsx　→顯示
10010_朝日 MATTER 公司.pdf　→不顯示
10101_朝比 real (股) 公司.csv　→不顯示
11010_旭 logic 股份有限公司.xlsx　→顯示
30001_朝陽 ENGINE.txt　→不顯示

▼ 接下頁

- 「檔案篩選」中輸入「*朝*」，只要檔名包含「朝」就會通過篩選

  10000_ASAHI SIGNAL 公司.xlsx →不顯示

  10001_朝日建設公司.xlsx →顯示

  10010_朝日 MATTER 公司.pdf →顯示

  10101_朝比 real (股) 公司.csv →顯示

  11010_旭 logic 股份有限公司.xlsx →不顯示

  30001_朝陽 ENGINE.txt →顯示

- 「檔案篩選」中輸入「1000?_*.xlsx」，找到檔名為 1000 開頭、_後面接任意名稱的 .xlsx 檔

  10000_ASAHI SIGNAL 公司.xlsx →顯示

  10001_朝日建設公司.xlsx →顯示

  10010_朝日 MATTER 公司.pdf →不顯示

  10101_朝比 real (股) 公司.csv →不顯示

  11010_旭 logic 股份有限公司.xlsx →不顯示

  30001_朝陽 ENGINE.txt →不顯示

第 10 章

快速打造流程的進階技巧

10-1 編輯 UI 元素

我們在建立自動化流程時，不管是網頁瀏覽自動化或是應用程式操作自動化等，都需要操控或設定畫面中的某些元件，以達到我們想要的目的。這些在 Power Automate Desktop 中都統稱為 UI 元素，我們必須指定到正確的 UI 元素，才能確保流程能做到我們要的效果。

先前我們是透過「新增 UI 元素」功能，直接點選要指定的元件，藉此取得正確的 UI 元素。本節我們將會說明如何編輯 UI 元素的選取器，可以排除介面元件名稱異動的錯誤，或是更有效率打造大量重複性的操作，例如：點選網頁中多個不同的連結等。

◆ UI 元素的表示法

我們在設定動作時，有時會需要新增 UI 元素，在選取操作畫面的元件後，在動作設定視窗中會出現「Computer > Window '桌面應用程式' > Button '登入'」之類的結果，這其實是簡化過的 UI 元素表示方式，指的就是電腦上的「桌面應用程式」視窗中的「登入」按鈕這個元件：

如果要編輯 UI 元素的選取器，甚至要手動指定 UI 元素，就得知道 UI 元素的完整表示法才行。

UI 元素的表示法是階層式指定元件，以下圖為例，若要指定下圖視窗中的按鈕，要依序指定「Computer > Window > Pane > Pane > Button」。

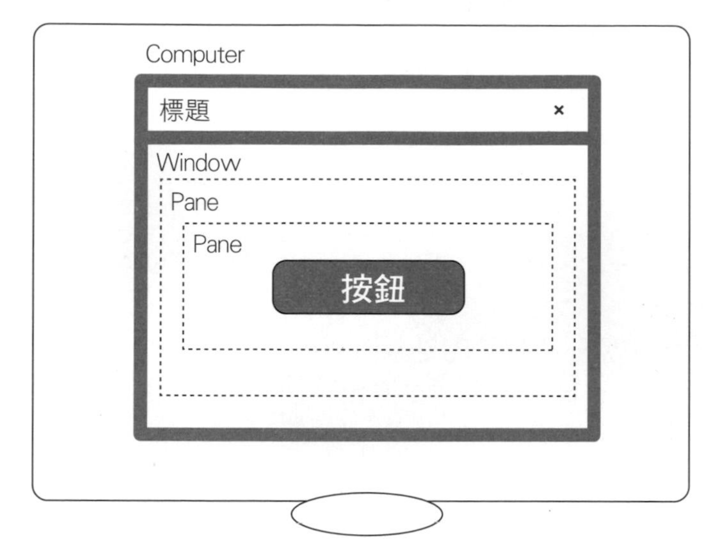

Computer > Window > Pane > Pane > Button

上圖中的按鈕只有一個，因此其實只要指定「Button」就可以找到按鈕。如果像下圖中同時存在兩個按鈕，用「Computer > Window > Pane > Pane > Button」會無法運作，因為會找到兩個按鈕，這時候就需要提供額外的元件資訊才能辨識你要指定的是哪一個。

以此處來說，我們想指定名為 OK 的按鈕，就可以加上 Name 屬性，也就是「Computer > Window > Pane > Pane > Button[Name="OK"]」。

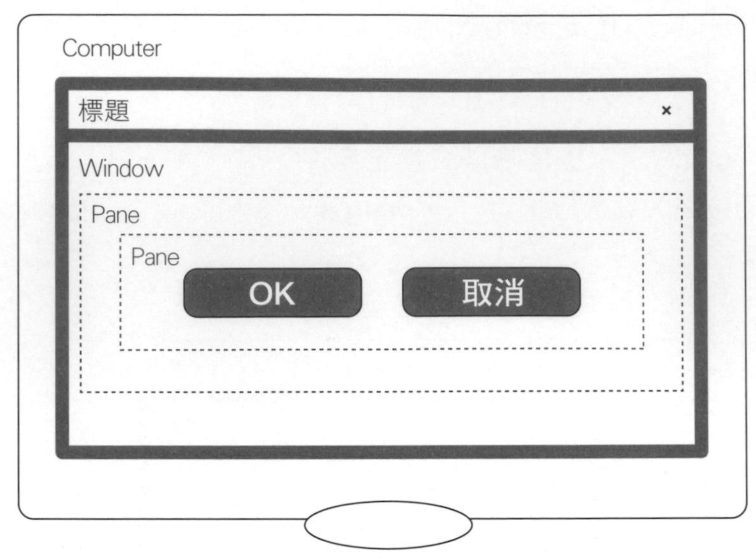

Computer > Window > Pane > Pane > Button

Power Automate Desktop 的 UI 元素，大致上就是依照上述的規則，一層層指定各元件，最後找到你要操作那個元件。由於每個元件都有各自的屬性，因此完整的 UI 元素就會複雜得多。

小編補充 回到最前面的那個範例，完整的 UI 元素可能長這樣：

```
Computer > Window[Name="桌面應用程式"][Process="Asahi.
Learning"] > button[Class="Button"][Id="login"][Name="登入"]
```

看起來很複雜吧！還好大部分時候，只要使用簡化的 UI 元素路徑就可以找到指定的元件。

Power Automate Desktop 將指定 UI 元素的功能稱為「選取器」，若要修改選取器則要使用「選取器建立器」。

「選取器建立器」有兩種介面，一種可以看到各元素的屬性，可透過點選來進行設定，稱為「視覺效果編輯器」(由於元件屬性會影響元件的外觀，因此稱為「視覺效果」)，另一種為「自訂」介面，能直接手動輸入修改 UI 元素，甚至也能使用變數，雖然彈性較大、不過也容易出錯。

◆ 開啟 UI 元素的選取器

對 UI 元素的細節有了進一步了解後，接著就帶您實際編輯 UI 元素的選取器。點選流程設計工具右側的圖示 ，切換至 UI 元素窗格，並在欲查看的 UI 元素按下滑鼠右鍵，選取「編輯」(或者也可以按兩下滑鼠左鍵)，於選取器視窗中點選「新的」按鈕。

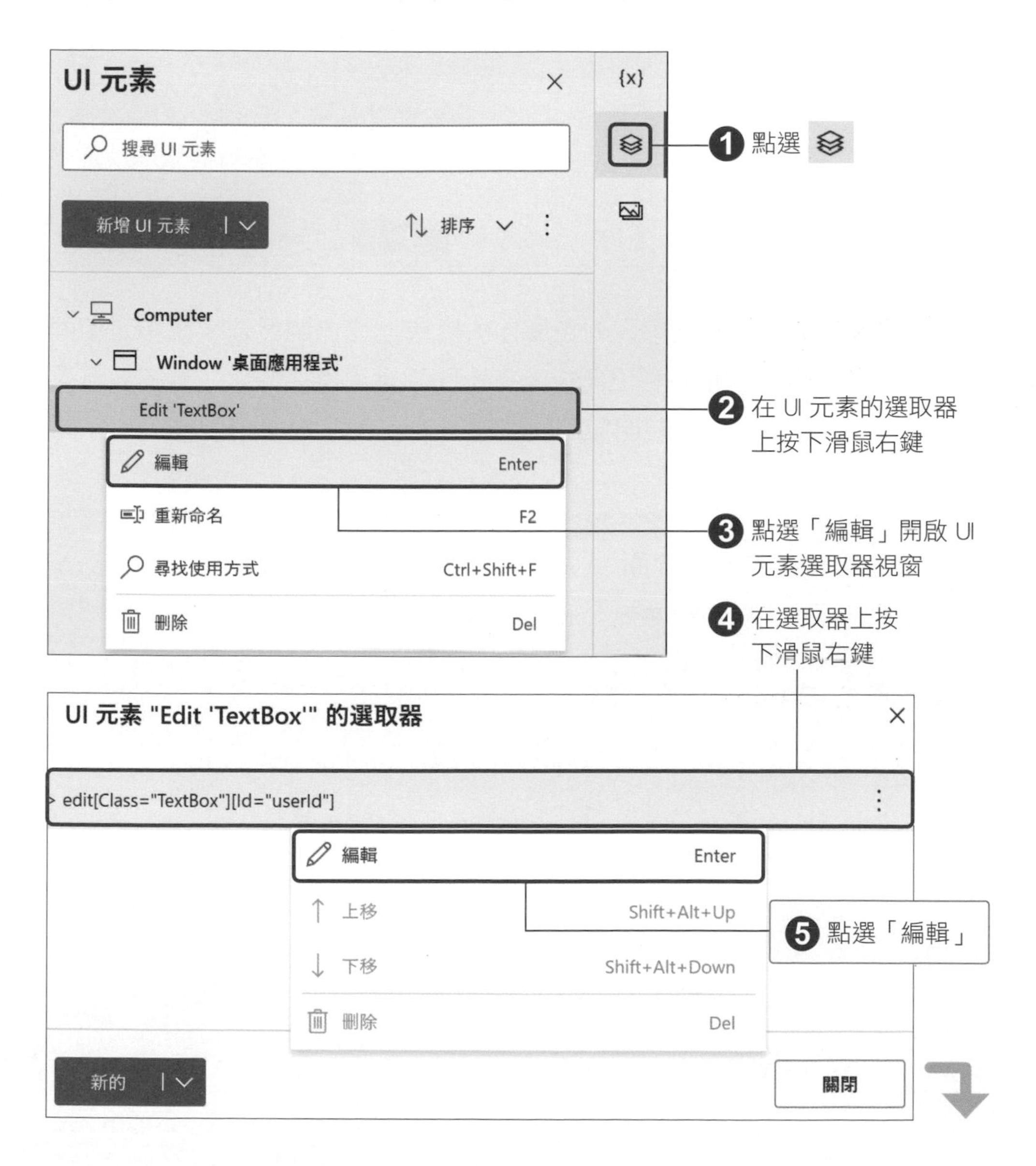

我們可以從上述畫面中，勾選屬性項目或是變更屬性值，來指定不同的 UI 元素，當自動化流程出錯或是有特殊的應用場景時，才會需要修改這裡的設定，稍後會一一說明使用的情境。

補充說明

選取器建立器的自訂介面

在「選取器建立器」中，只要關閉左下角的按鈕，就可以切換到「自訂」介面：

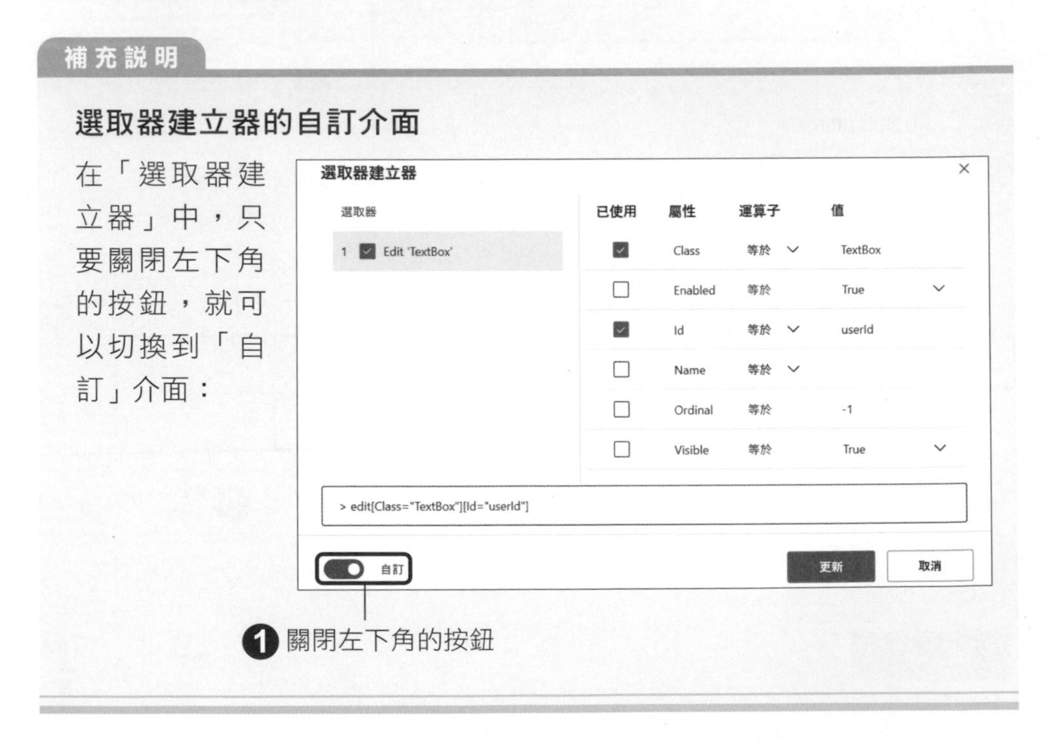

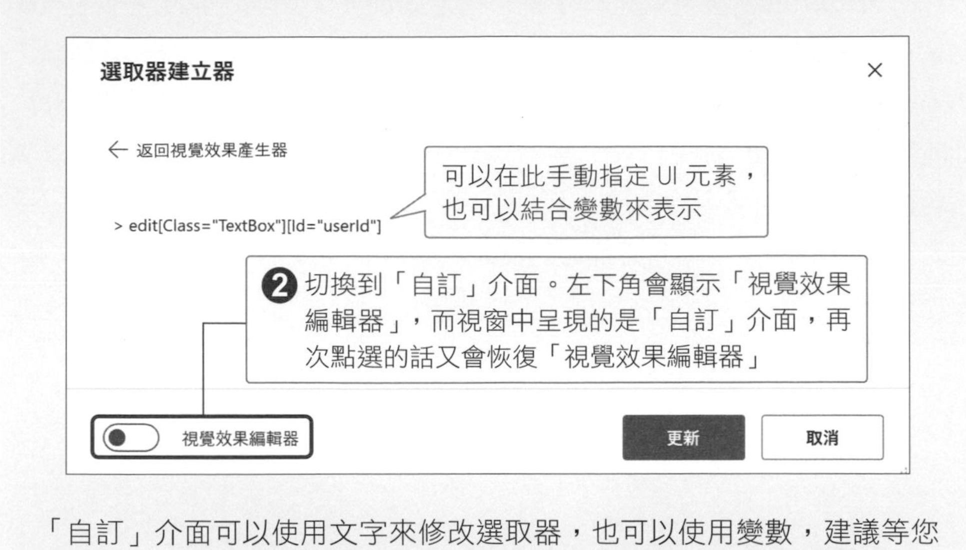

「自訂」介面可以使用文字來修改選取器，也可以使用變數，建議等您對指定 UI 元素更加有概念之後，再來使用。

◆ 依排列順序指定元件

有時候可能會發生按鈕名稱的 Name 屬性和顯示的按鈕名稱不同，或是發生按鈕名稱相同的情況，這時候我們可以使用以順序排列的 Ordinal 屬性。

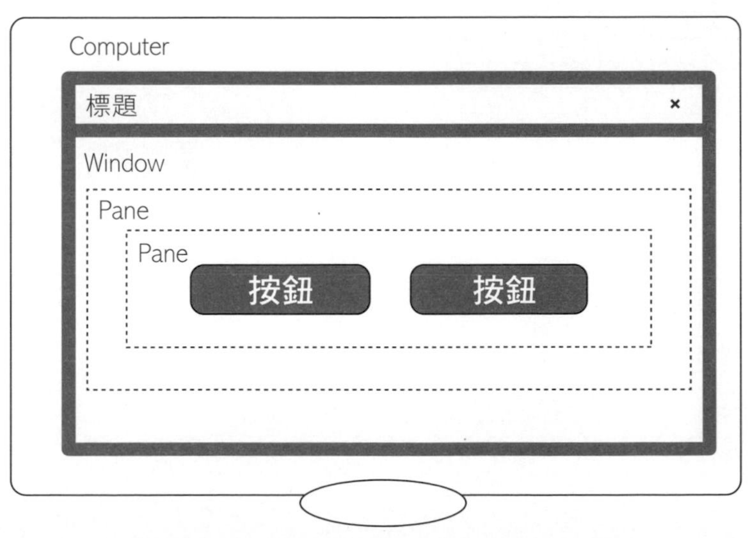

所謂 Ordinal 屬性就是以序號來指定個別 UI 元素，常用在條件相同的情況下。如上圖按鈕名稱相同的情況，使用選取器「Window > Pane > Pane > Button」會包含 2 個按鈕，若不使用屬性將無法確認是哪一個，此時使用 Ordinal 屬性「:eq」就可以依照按鈕的順序設定特定的按鈕。順序會由 0 開始編號，然後是 1、2、3、…以此類推。按鈕的正常順序不一定是由左至右計算，因此必須透過測試和錯誤檢查來確認順序。

左邊的按鈕	Computer > Window > Pane > Pane > Button:eq(0)
右邊的按鈕	Computer > Window > Pane > Pane > Button:eq(1)

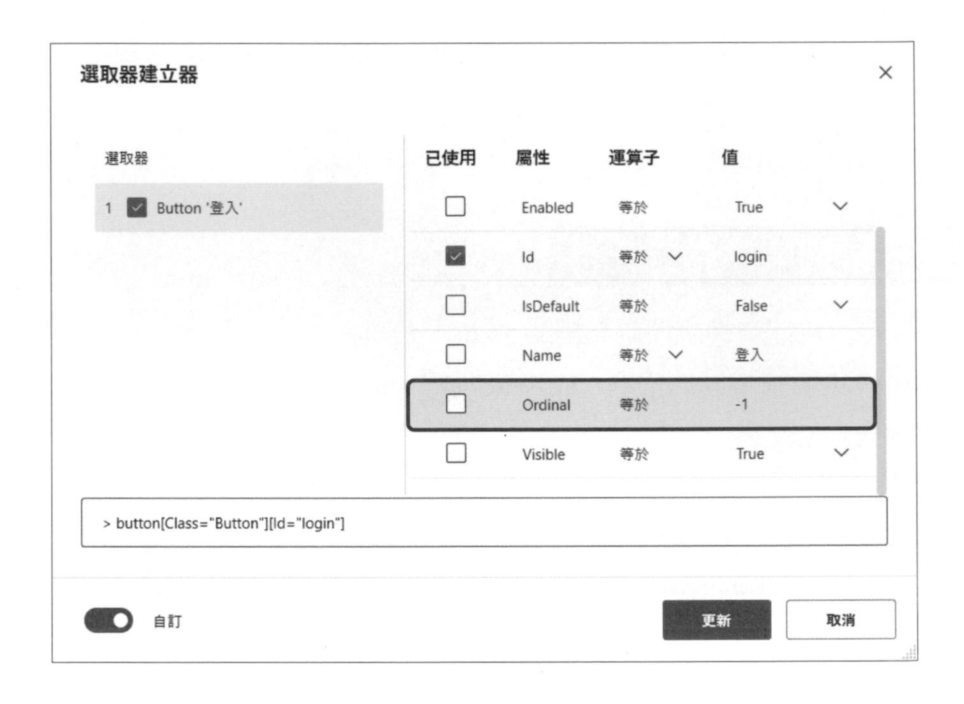

通常選取器上 Ordinal 屬性顯示為「:eq(-1)」，代表關閉排序的狀態。

補充說明

在使用 Name 等屬性設定按鈕名稱時，可以使用「運算子」來設定運算方式，各屬性都可以利用下拉式清單來選擇運算子。以 Name 屬性來說，可以選擇的運算子有「等於」「不等於」「包含」「起始值」「結束值」「規則運算式比對」。

◆ UI 元素的階層關係

UI 元素除了屬性外，也要注意其階層關係。先前提過指定 UI 元素時，並不一定要用完整表示法，Power Automate Desktop 只會擷取必要的 UI 元素路徑，但是遇到較複雜的應用程式介面時，就會以階層式的方式指定 UI 元素。

例如：Asahi.Learning.exe 應用程式中有些視窗畫面較為複雜，在新增 UI 元素時，就必須階層式的逐一指定元件。

例如：假設完整 UI 元素路徑是「Computer > Window > Pane > Pane > Button」，但是由於畫面中的按鈕只有一個，因此選取器只要指定「Button」就可以找到按鈕。

以下圖為例，畫面中有兩個視窗，要指定紅色框選的按鈕，必須特別指定是哪個視窗，因此在新增 UI 元素後，除了指定按鈕名稱為「是(Y)」，還需要指定視窗標題名稱為「這是視窗標題」，共兩層結構。

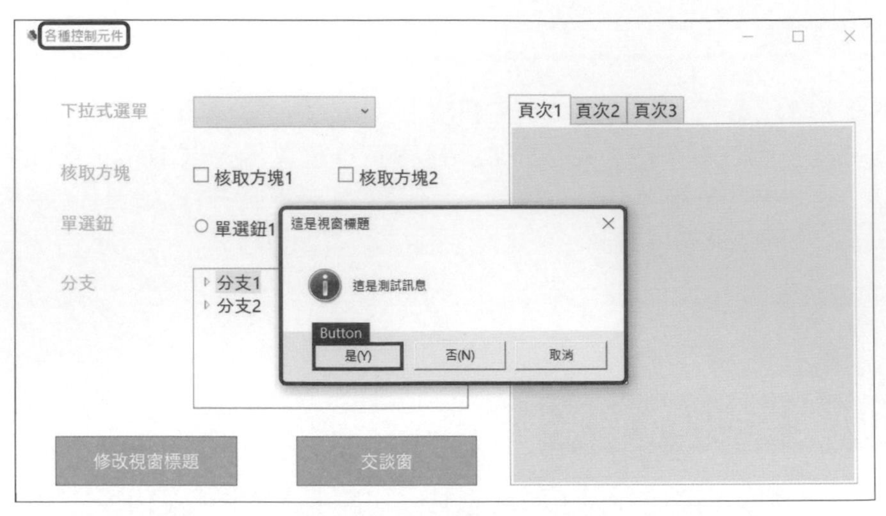

畫面上有兩個視窗（「各種控制元件」跟「這是視窗標題」）

選取器會出現兩層的結構

這樣一來，就能在多個視窗或是更複雜的介面情況下，也能指定要操作的對象。不過原則上這些都交給 Power Automate Desktop 處理即可，這邊只是讓您大概知道為什麼有時候會出現多層結構的 UI 元素選取器。

10-2 修正無法指定 UI 元素的錯誤

使用 Power Automate Desktop 時，有時候會在運作上發生一些問題，像是明明第一次可以順利執行，第二次卻不行、昨天可以執行，今天卻不行、或是應用程式更新後就無法執行等情況。有許多原因都有可能造成這些問題，不過常見的原因都是因為 UI 元素的屬性有改變所導致的，也許是軟體更新了、或是本來元件屬性就會變化，這些我們都可以透過修改 UI 元素，嘗試來修正錯誤。

我們一樣使用第 7 章的 Asahi.Learning.exe 應用程式為例，在「各種控制元件」視窗中有一個按鈕會改變視窗標題，導致原先建立的流程無法運作，我們將以此情境來示範如何修正這類型的錯誤。

錯誤 1

子流程	動作	錯誤
Main	1	按一下 失敗 (無法取得視窗)

執行流程後出現「按一下失敗 (無法取得視窗)」錯誤

畫面顯示流程中的第 1 個動作失敗，因此我們可以查看第 1 個動作的細節，眼尖的讀者可能很快看出端倪：

各種控制元件

下拉式選單

核取方塊 ☐ 核取方塊1 ☐ 核取方塊2

單選鈕 ○ 單選鈕1 ○ 單選鈕2

分支 分支1 分支2

修改視窗標題 交談窗

範例情境

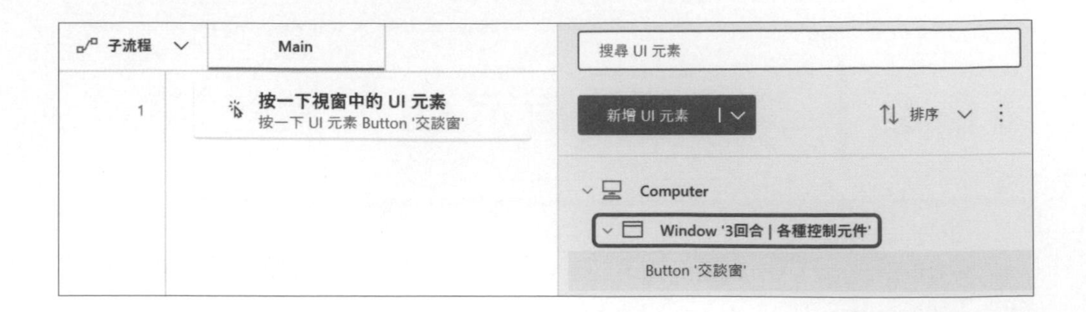

沒看出來也沒關係，我們雙按第 1 個動作中所設定的「UI 元素」，查看一下選取器的內容：

查看後可以得知視窗的選取器如下：

:desktop > window[Name="3回合 | 各種控制元件"][Process="Asahi.Learning"]

下圖為視窗「Window '3回合 | 各種控制元件'」這個視窗的選取器內容：

調查錯誤原因時要多蒐集相關資訊，因此我們也查看一下「Button '交談窗'」這個按鈕的選取器：

實際查看後就會發現視窗的標題顯示為「各種控制元件」，但選取器上登錄的名稱為「3回合 | 各種控制元件」。看來這就是造成流程執行失敗的原因。

原來畫面中「修改視窗標題」按鈕會改變「各種控制元件」視窗標題，因此，我們要修改 UI 元素，讓視窗標題有一些改變也可以運行。

我們在「3回合 | 各種控制元件」視窗的選取器中，將 Name 屬性的「運算子」從「等於」變更為「包含」，並將值變更為「各種控制元件」。這樣一來，視窗標題變更為包含「各種控制元件」字串的視窗，不論之後視窗標題變成幾回合都能指定的到。

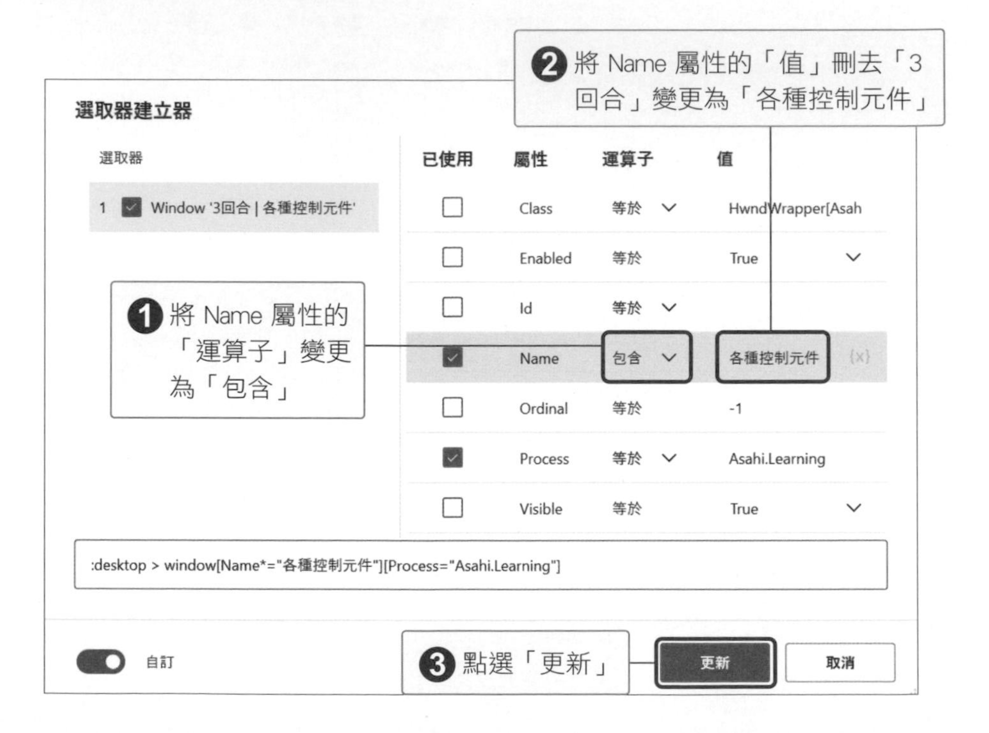

10-3 更有效率點選網頁中的連結

編輯 UI 元素有利於應付重複性的操作流程，讓建立流程的步驟更加有效率。以下將使用第 5 章出現過的練習網站 (https://support.asahi-robo.jp/learn/customers/) (編註：同樣翻譯成中文版網頁做示範)，我們要以「客戶清單」頁面來說明如何依照編號按下各個連結。

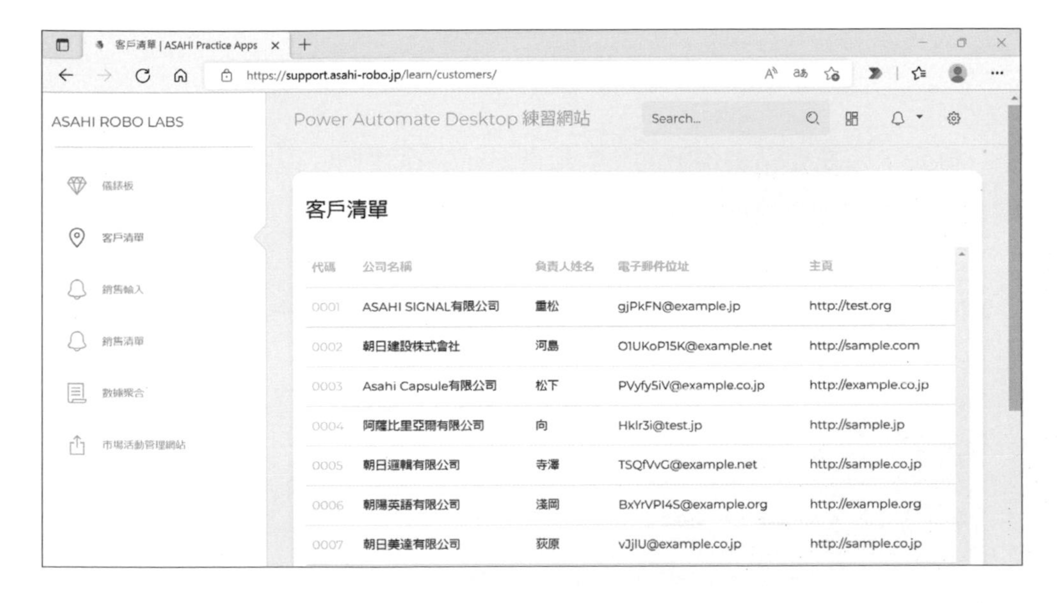

在此頁面中只要按一下「客戶清單」中的編號，就會跳轉到顯示詳細資料的頁面。

一般來說，我們必須一個一個新增 UI 元素，並設定動作。不過因為有大量超連結，會花費許多時間。若操作的對象為類似的元件，只要編輯 UI 元素，就可以使用一個 UI 元素按下多個位置。

以下將以按下編號的「0001」、「0002」、……等連結為範例進行說明。

客戶清單

代碼	公司名稱	負責人姓名	電子郵件位址	主頁
0001	ASAHI SIGNAL有限公司	重松	gjPkFN@example.jp	http://test.org
0002	朝日建設株式會社	河島	O1UKoP15K@example.net	http://sample.com
0003	Asahi Capsule有限公司	松下	PVyfy5iV@example.co.jp	http://example.co.jp
0004	阿薩比里亞爾有限公司	向	Hklr3i@test.jp	http://sample.jp
0005	朝日邏輯有限公司	寺澤	TSQfVvG@example.net	http://sample.co.jp
0006	朝陽英語有限公司	淺岡	BxYrVPI4S@example.org	http://example.org

要點選的連結

首先，確認要點選編號的 UI 元素，在這裡我們取編號「0001」的 UI 元素。選取器建立器如下圖。

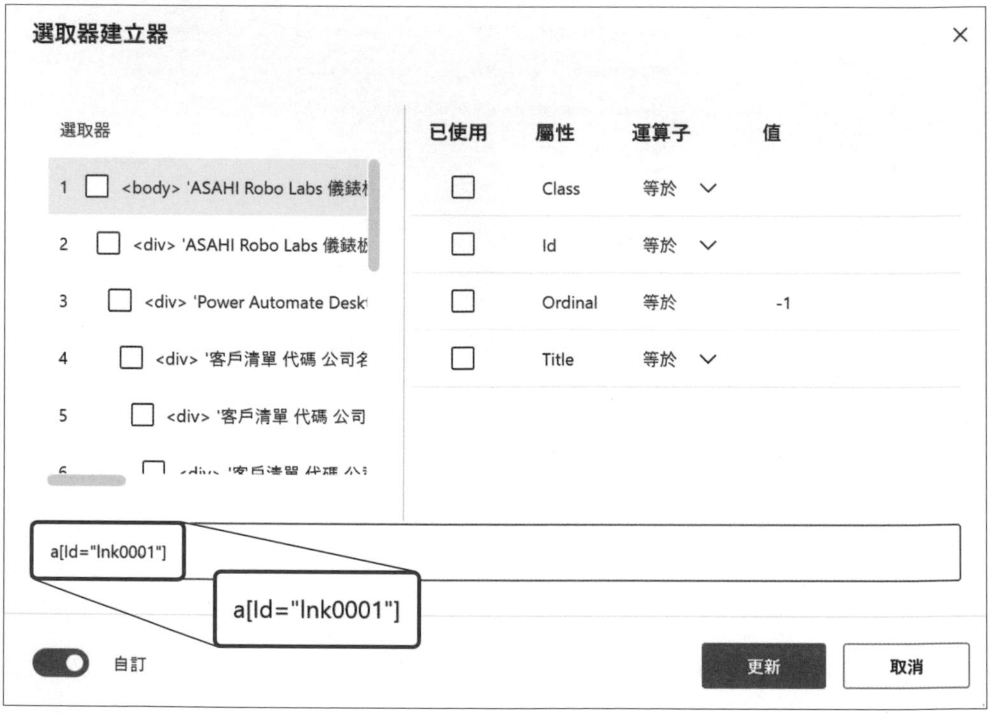

選取器建立器

選取器

1 <body> 'ASAHI Robo Labs 儀錶
2 <div> 'ASAHI Robo Labs 儀錶
3 <div> 'Power Automate Desk
4 <div> '客戶清單 代碼 公司
5 <div> '客戶清單 代碼 公司

已使用	屬性	運算子	值
	Class	等於	
	Id	等於	
	Ordinal	等於	-1
	Title	等於	

a[Id="lnk0001"]

a[Id="lnk0001"]

自訂

更新 取消

接著取得編號「0002」的 UI 元素。選取器建立器如下圖。

以下為取得之編號的 UI 元素比較表。

編號「0001」	a[Id="lnk0001"]
編號「0002」	a[Id="lnk0002"]

從上可知編號的 UI 元素是由選取器「a」，和屬性「Id」所構成。在這個頁面中為了區分多個編號，使用了屬性 Id 的值：「lnk001」、「lnk0002」。

以上述情形為基準，我們要編輯 UI 元素讓其能夠以 1 個 UI 元素來依序點選多個連結。這裡我們要使用選取器的變數，因此我們使用「設定變數」動作來建立變數 %RowNo%。並將變數值設定為「0」。

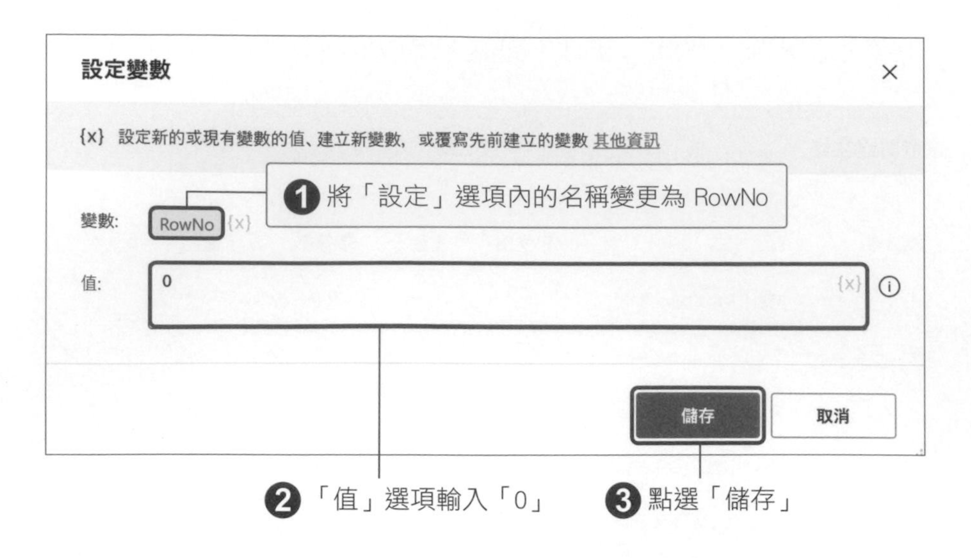

我們開啟剛取得的「0001」的選取器建立器來編輯 UI 元素。在「選取器」內將 <a> 的核取方塊打勾。在屬性中找到 Id 屬性，將其「運算子」變更為「包含」，並在值的欄位輸入「lnk」。原本設定的條件需要 Id 屬性為「lnk0001」時才會指定編號「0001」。但若運算子變更為「包含」，則只要 Id 屬性的值包含「lnk」，都包含在條件之中。如編號「0002」(Id 屬性為 Ink0002)、「0003」(Id 屬性為 Ink0003) 都包含在內。

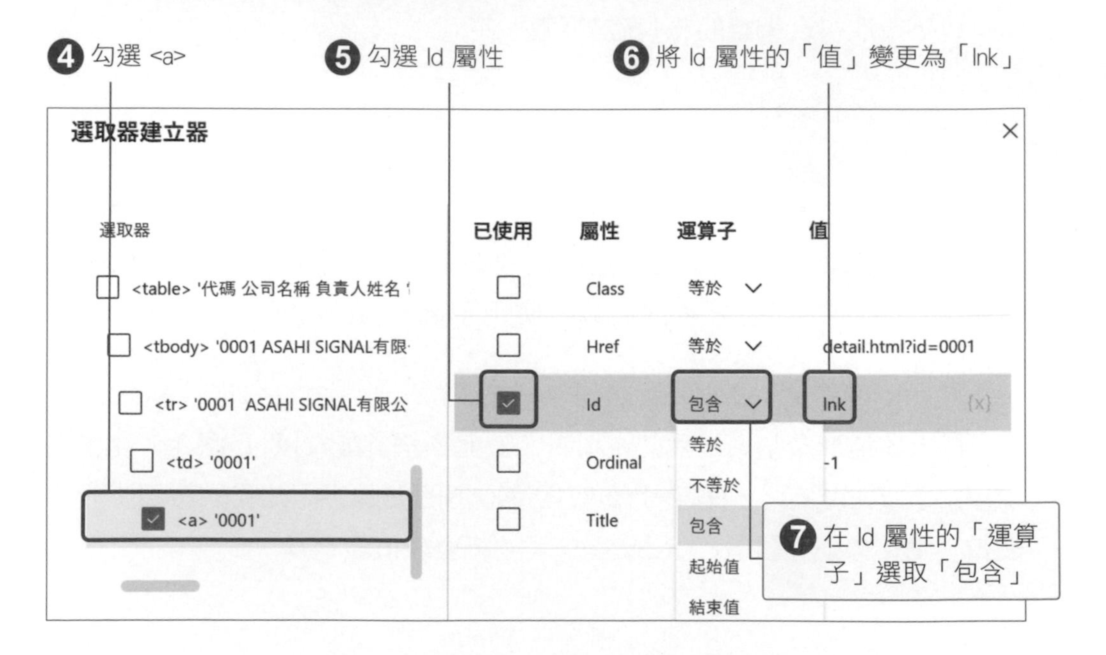

若只有設定 Id 屬性，則會有多個元素被指定，按一下的對象並非唯一。透過勾選 Ordinal 屬性，選取器就可以依序指定不同元素。

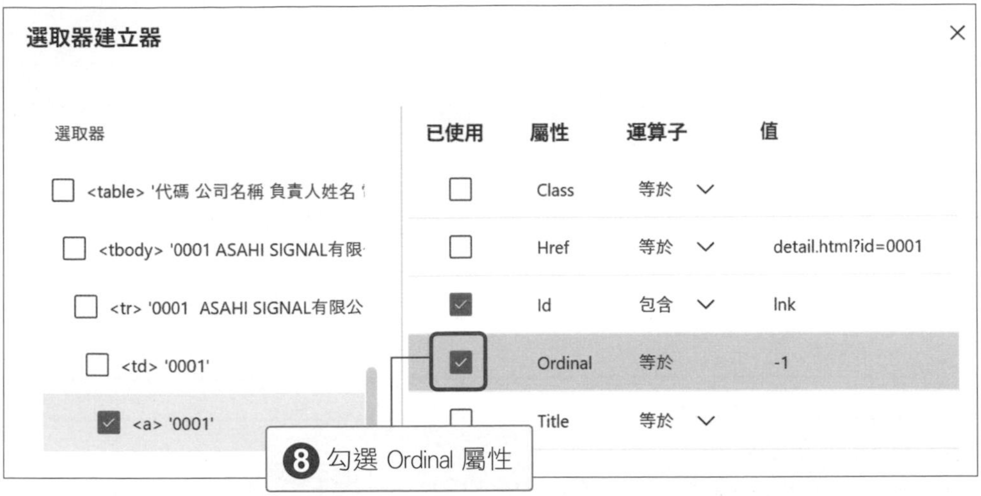

選取器建立器

選取器
☐ <table> '代碼 公司名稱 負責人姓名
☐ <tbody> '0001 ASAHI SIGNAL有限
☐ <tr> '0001 ASAHI SIGNAL有限公
☐ <td> '0001'
☑ <a> '0001'

已使用	屬性	運算子	值
☐	Class	等於	
☐	Href	等於	detail.html?id=0001
☑	Id	包含	lnk
☑	Ordinal	等於	-1
☐	Title	等於	

❽ 勾選 Ordinal 屬性

可以看到 Ordinal 屬性值預設為「-1」，雖然可以手動指定編號，不過此處要按的連結數量較多，我們需要讓 UI 元素選取器中的數字會自行改變，最快的方法就是使用變數。要使用變數，就必須將「選取器建立器」切換為「自訂」介面。 

選取器建立器

選取器
☐ <table> '代碼 公司名稱 負責人姓名
☐ <tbody> '0001 ASAHI SIGNAL有限
☐ <tr> '0001 ASAHI SIGNAL有限公
☐ <td> '0001'
☑ <a> '0001'

已使用	屬性	運算子	值
☐	Class	等於	
☐	Href	等於	detail.html?id=0001
☑	Id	包含	lnk
☑	Ordinal	等於	-1
☐	Title	等於	

a[Id*="lnk"]:eq(-1)

自訂　更新　取消

❾ 關閉選取器建立器左下角的按鈕

切換「自訂」介面後，就可以進行文字輸入和修改。我們刪除選取器中的「-1」，點選右上角的 {x} 圖示，從顯示的變數清單中選取事前建立好的變數 %RowNo%。

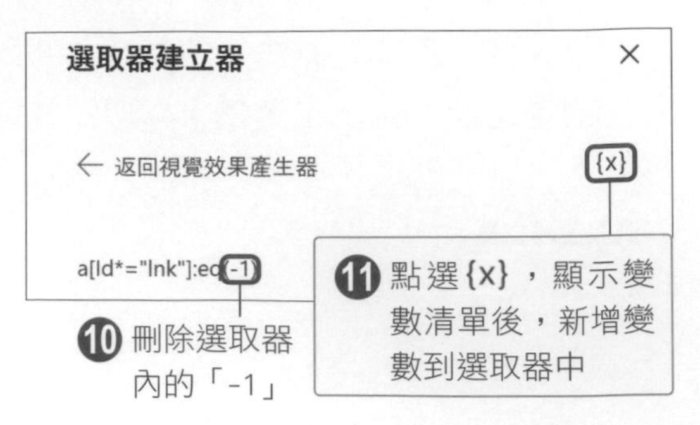

以下為已使用變數的選取器。

a[Id*="lnk"]:eq(%RowNo%)

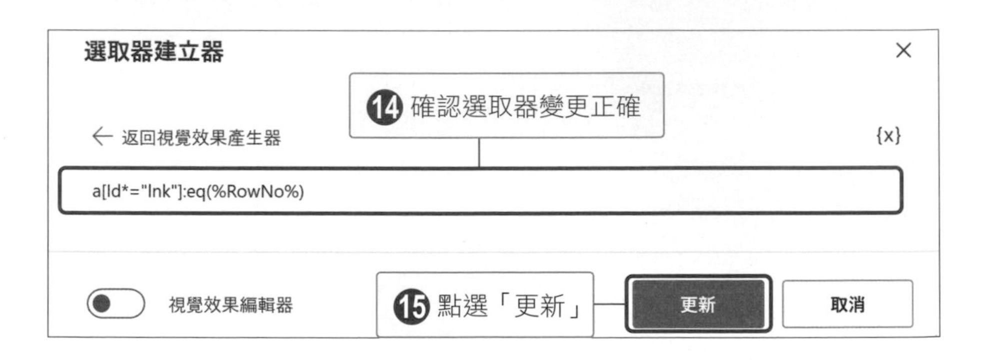

我們已經依照上述步驟成功編輯選取器。

接著，我們可以使用「變數」動作群組中的「增加變數」依 0、1、2、3、……的順序單位增加變數 %RowNo% 的值。這樣一來就可以由上而下，一一按下網頁中的各個編號的連結。

10-4 連線外部服務

Power Automate Desktop 使用 UI 元素或影像辨識來自動化網頁服務。然而，依賴 UI 元素或影像辨識來進行操作很可能會因網頁上的 UI 變更等視窗異常的情況，造成動作停止或是執行非預期的動作。

要進行 Web 服務的自動化，通常建議盡可能採用 Web API 的方式進行，運作上會比較穩定 (不易受網頁改變的干擾)。API 為 Application Programming Interface 的簡稱，是聯繫 Web 服務、應用程式或程序等不同服務之間的橋樑。經由特定的方式呼叫 API，就可以進行各式各樣的處理，像是以定義好的形式來讀取值或是進行資料的更新、刪除等作業。

◆ 使用外部服務的方法

請先確認想要操作的 Web 服務是否有提供 API。若有提供 API，可以使用「叫用 Web 服務」動作來呼叫 Web 服務 (API)，此動作位於「HTTP」動作群組中。

補充說明

若已經有付費授權的 Power Automate (可參考 p.2-10) 的話，Power Automate (雲端流程) 已經有內建連接器可以和其他服務連結建立自動化流程。若欲自動化的應用程式已有連接器，建議可以使用這些連接器來建立流程。

叫用 Web 服務
叫用 Web 服務並儲存回應文字 其他資訊
選取參數
一般
URL:
https://www.googleapis.com/calendar/v3/calendars/japanese_ja@holiday-calendar.google.com/event?%BODY%
方法:
GET
接受:
application/json
內容類型:
application/json
自訂標頭:

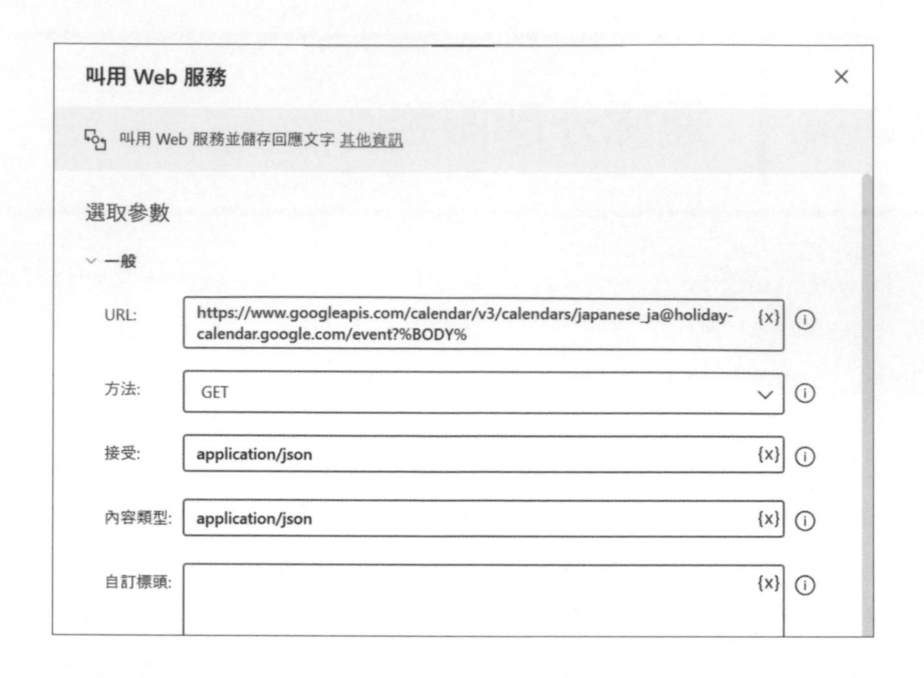

小編補充 此動作需要所需要輸入的設定，會依照不同 API 而不同，請自行參考各 Web 服務所提供的文件來設定。

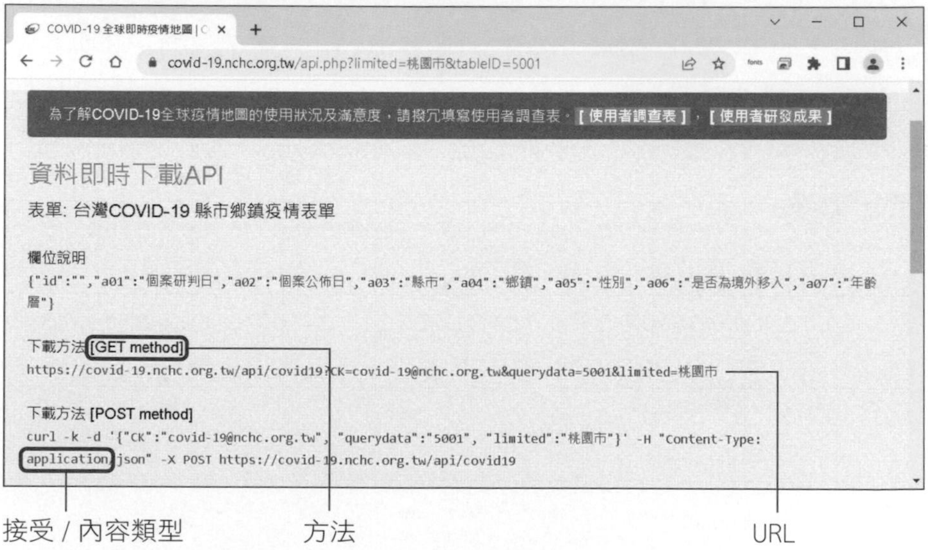

COVID-19 全球即時疫情地圖
covid-19.nchc.org.tw/api.php?limited=桃園市&tableID=5001
為了解COVID-19全球疫情地圖的使用狀況及滿意度，請撥冗填寫使用者調查表。[使用者調查表]，[使用者研發成果]
資料即時下載API
表單: 台灣COVID-19 縣市鄉鎮疫情表單
欄位說明
{"id":"","a01":"個案研判日","a02":"個案公佈日","a03":"縣市","a04":"鄉鎮","a05":"性別","a06":"是否為境外移入","a07":"年齡層"}
下載方法 [GET method]
https://covid-19.nchc.org.tw/api/covid19?CK=covid-19@nchc.org.tw&querydata=5001&limited=桃園市
下載方法 [POST method]
curl -k -d '{"CK":"covid-19@nchc.org.tw", "querydata":"5001", "limited":"桃園市"}' -H "Content-Type: application/json" -X POST https://covid-19.nchc.org.tw/api/covid19
接受 / 內容類型
方法
URL

10-5 例外處理

透過事前的預防處理，我們可以在一些容易發生錯誤的點上進行設定，減少因發生錯誤而造成流程停止的風險，這樣的處理我們稱為「例外處理」，也就是建立一個在發生非預期錯誤時，可以迴避錯誤/恢復運作的機制。

Power Automate Desktop 可以使用兩種方法來設定錯誤發生時的例外處理。

◆ 動作出錯的處理模式

第 1 種方法是在各動作中設定發生錯誤時接著要怎麼做，可以指定的處理方式包括：重試動作、設定變數、設定子流程、重複動作、進階設定等。

啟動 Excel
如果動作失敗，將會套用下列規則 其他資訊
發生錯誤時重試動作
次數 1 間隔 2 秒
所有錯誤 新規則 全部清除
繼續流程執行 擲回錯誤
例外處理模式
移至下一個動作
傳回至參數 儲存 取消

◆ 區塊錯誤處理

第 2 種方法是使用「流程控制」動作群組中的「區塊錯誤」動作來進行設定。這個動作可以針對多個動作的組合進行例外處理，處理的方法包括：設定變數、執行子流程、重複動作、移動到區塊的開頭/結尾等。

流程發生非預期錯誤的原因有很多種，也是造成流程停止的主因。像是 Windows 更新等動作裝置的影響、操作對象的應用程式/網頁結構的變更、出現異常訊息等都可能是流程非預期停止的原因。**建議使用者可以在應用程式發生變化、可能會出現特定訊息、進行重複處理的地方新增例外處理。**

10-6 將流程模組化

先前我們介紹過子流程可以讓自動化流程的步驟更好管理，不只如此，我們還可以將常用的子流程模組化讓其他流程也可以使用，這樣可以擁有「縮短建立、測試流程的時間」、「提升維護效率」等各種好處。

例如：網頁自動化常需要進行登入程序，若將登入網站的流程建立成模組，以後需要時只要使用「執行桌面流程」動作，就可以呼叫登入網站的流程，可以少做好幾個步驟。

◆ 模組化流程

跟一般流程不太一樣，由於模組化流程必須適用於不同的場合，必須在流程的動作中保有一些彈性，才方便依照需要修改必要的關鍵資訊。因此模組化流程通常需要建立變數來傳遞這些可能變動的資訊。不同流程使用變數的方式也會有所不同，此處我們以登入動作來做示範，讀者可以參考以下範例。

在變數窗格中的「輸出/輸入變數」中，建立名為「LoginID」的輸入變數以及名為「LoginDateTime」的輸出變數。設定變數時，將「變數名稱」和「外部名稱」設定為相同項目。當要從流程設計工具的外部引用變數時所使用的名稱就是「外部名稱」。

補充說明

輸入或輸出變數是以模組化流程為基準來判斷，輸出變數是模組化流程要傳送出去的值，而輸入變數則是其他流程載入模組化流程後，要將資訊傳入模組化流程所使用。

▼ 接下頁

以下面的範例來說，登入的使用者 ID 和密碼會依照其他流程登入不同的網站而有所不同，因此要設為**輸入變數**，由外部其他流程提供。而登入的動作實際是由模組化流程所進行，因此登入的日期和時間要設為**輸出變數**，待模組化流程完成登入後再傳遞給其他流程。

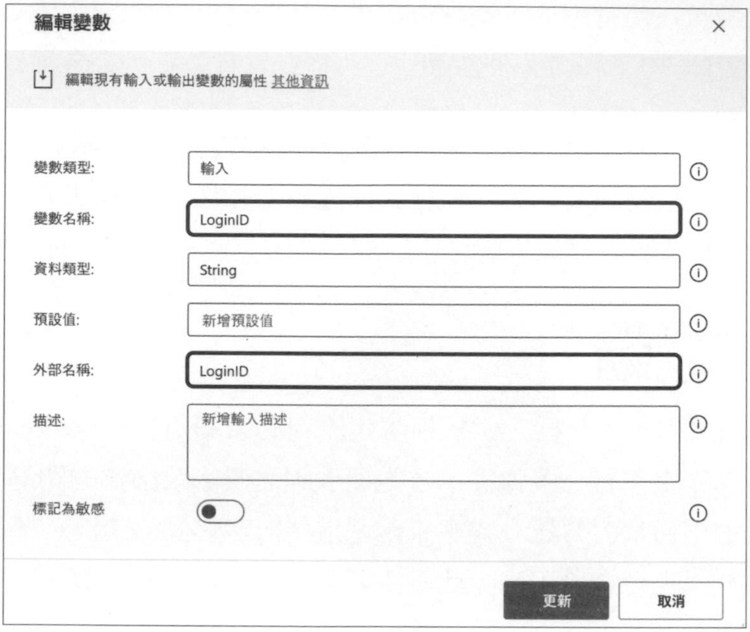

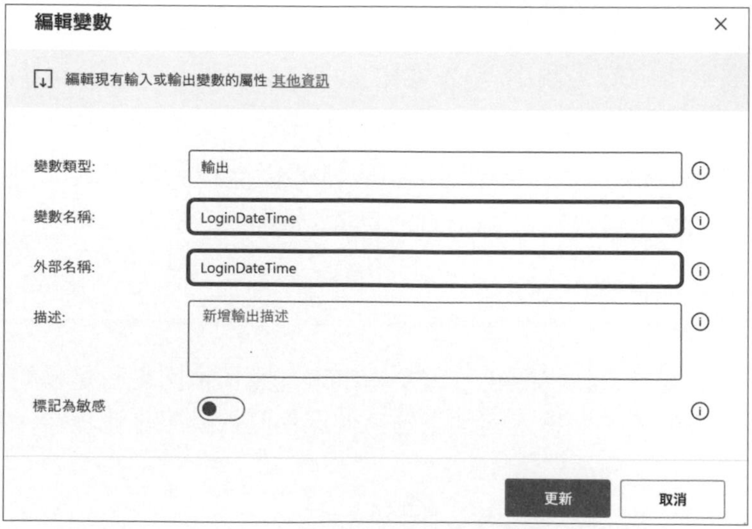

編輯變數

編輯現有輸入或輸出變數的屬性 其他資訊

變數類型: 輸入

變數名稱: LoginID

資料類型: String

預設值: 新增預設值

外部名稱: LoginID

描述: 新增輸入描述

標記為敏感

更新 取消

編輯變數

編輯現有輸入或輸出變數的屬性 其他資訊

變數類型: 輸出

變數名稱: LoginDateTime

外部名稱: LoginDateTime

描述: 新增輸出描述

標記為敏感

更新 取消

這個範例中需要建立顯示登入 ID 和登入時間的流程。由於要顯示登入的日期和時間，需要使用「取得目前的日期與時間」動作。並使用「顯示訊息」動作來表示取得的日期與時間以及載入流程後所接受到的值 (%LoginID%)。最後新增「設定變數」動作，將變數 %CurrentDateTime% 作為值指派給變數 %LoginDateTime%。

取得目前日期與時間
擷取時區目前日期時間，並將其儲存至 CurrentDateTime

顯示訊息
在標題為 '登入成功！' 的通知快顯視窗中顯示訊息 '登入ID：' LoginID '
您已成功登入!
登入時間：' CurrentDateTime 。

設定變數
將值 CurrentDateTime 指派給變數 LoginDateTime

呼叫並使用模組化流程

接著可以在主控台建立一個新流程，並新增「執行桌面流程」動作到它的工作區，此動作位於「執行流程」動作群組中。

在「桌面流程」選項中可以從流程清單中選取剛剛建立好的模組化流程。順道一提，付費授權的使用者可以在此執行共享的流程。若在模組化流程中有建立「輸入變數」，在此就可以進行該變數的設定，此處必須指定 %LoginID% 變數，也就是登入的帳號。若在模組化流程中有建立輸出變數的話，可以在「變數已產生」進行設定，此處會傳回 %LoginDateTime% 變數，也就是登入的日期和時間。

輸入變數中輸入的內容可以在模組化流程中使用，「變數已產生」的變數則為模組化流程中設定好的變數。

執行流程後會呼叫模組化流程，模組化流程會傳送登入 ID 及登入日期與時間過來，並以訊息顯示。

另外，在使用「執行桌面流程」動作時必須注意，在呼叫模組化流程後，必須等待模組化流程處理完成後才會進行其他動作。

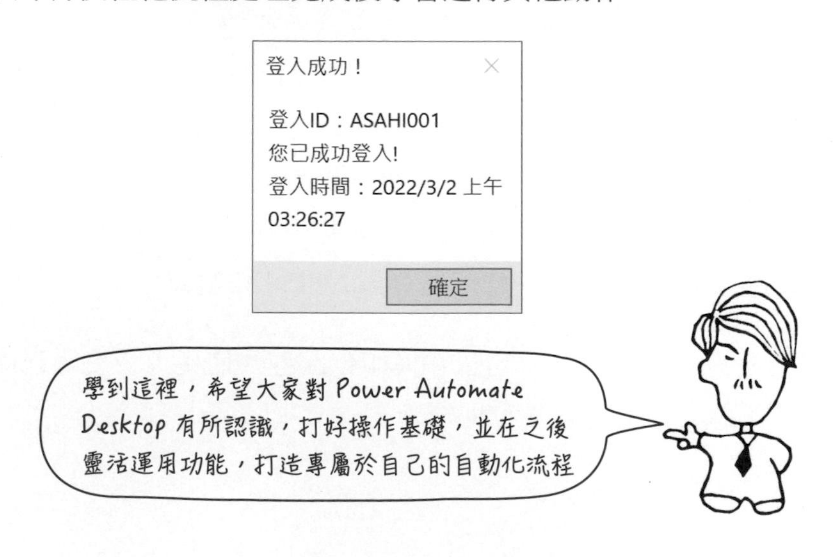

作者介紹

株式會社 ASAHI Accounting Robot 研究所

ASAHI Accounting Robot 研究所的前身為 ASAHI 會計師事務所 (稅理士法人あさひ会計) 內部的企業流程效率改善促進小組。該小組在 2018 年導入了 Power Automate Desktop 的前身 WinAutomation 後，成功削減了數千小時的工作時間，並於 2019 年 1 月獨立出來成為一間數位轉型 (DX) 公司，善於運用 RPA、零程式工具來改善企業流程。

該公司以「推動人與機器人的合作，用 RPA 改變日本的中小企業！」為核心理念，將 RPA、零程式開發工具及 AI 等數位轉型方法推廣至日本全國各地的會計師事務所與其他公司行號，不僅協助他們開發、導入此類工具，同時也協助開發人員的培育。

P o w e r   A u t o m a t e   D e s k t o p

P o w e r A u t o m a t e D e s k t o p